30 個範例學會 C++：

由基礎到專業的養成教材（附範例光碟）

彭建文　編著

 全華圖書股份有限公司　印行

序

這本書專為學校 C++ 程式設計課程、一般人士想自學 C++ 程式設計，進而培養專業求職能力而編撰的課程教材與完全自學手冊。

本書之撰寫理念、內容編排方式、特意設計的範例與練習程式，並不是為了讓讀者快速套用 C++ 函式使用技術、快速問答之內容；而是一本為了讓讀者能以循序漸進、札實練功的方式，最後能培養求職能力的教材。

C/C++ 程式語言至今仍然是受歡迎程式語言的前幾名；也一致被認為是最有效率的高階程式語言。因此，普遍在資訊業界仍然大量使用 C/C++ 語言。C++ 可以被視為是 C 的衍生或是增強版本；因此，C 的函式也能使用於 C++，所以通常在實際的系統實作上都是 C 與 C++ 混合著一起使用。

市面上 C++ 程式語言的書籍非常多，但多數為講解 C++ 的功能；是以程式語言為主軸的觀點，讓讀者去認識、學習 C++，所以內容比較艱澀也不容易理解；而不是以學習者的角度，去規劃如何學習 C++，並學習如何使用 C++ 來撰寫應用程式以解決日常的事務。因此，即使學了一段時間，也不知該如何從無到有寫出一支應用程式。

本書強調以學習者的角度，使用學校系統性授課的方式，將 C++ 以日常的工作事務為內容編寫生活化的 30 個範例與許多的練習題。讓學習者在一邊學習的同時，也能知道程式語言如何應用於處理日常的工作事務。每個範例、練習都有詳盡的說明；並且在範例之後都有重點整理與分析討論，可以加深與補充學習內容。

如果您在學校授課時，面臨挑選不到適合學校授課方式的教科書，都是選擇書本的部分內容授課，還要經常自己編寫範例；那麼本書將可以符合您的需求。本書的範例、範例中的練習說明，都是由淺至深安排；因此，可視課程時數的多寡，挑選合適的範例與練習授課，其餘的則交由學生自行課後研讀與練習。

希望本書能讓自學者以札實的方式學習 C++ 程式語言，增加邏輯思考的思維與具備求職能力。也期望本書能協助教師授課時有豐富的教材與內容，減輕教師的教學負擔。

彭建文 謹識

如何使用本書

本書之目的在於幫助讀者能夠以循序漸進以及扎實練功的方式熟悉 C++ 程式開發，並且快速累積經驗，培養求職能力。因此，非必要的內容、先備知識、可見於其他專業書籍探討的知識，皆視情況予以省略或是簡化其細節，藉以讓讀者能夠會意與了解，並有助於學習 C++ 程式即可。若有需要了解這些知識，專業書籍與網路上眾多的分享資訊，皆可滿足讀者所需，因此不再於本書中闡述。

本書中的所有程式範例使用 C++ 11 版本，開發整合環境為 Visual Studio Community 2019（VSC），也適用 Visual Studio Community 2017 以上版本。書本中所有範例、練習題皆額外付上了 Dev C++ 的程式碼，所使用的 Dev C++ 版本為 5.11。書本中使用 Dev C++ 與使用 VSC 所寫的程式碼幾乎是一樣的內容；差別只在於很少數 Dev C++ 的程式碼會需要多引入標頭檔，以及使用不同的函式；但這些並不影響所要學習的內容。

本書不是完整的 C++ 程式語言參考手冊，所以關於 C++ 的很多語法細節、太過艱深、偏僻的議題探討，並不在本書的討論範圍；因此，想更深入討解這些資訊的讀者，請參考相關的專業書籍。本書也不是 C++ 函式參考手冊；所以，書中所使用的 C++ 函式，都是在實際工作或是專題製作時常被使用的函式，而非全部的資料。

如何閱讀本書

建議 C++ 初學者或是沒有其他程式設計經驗的讀者，先詳細閱讀附錄 A-F；這些內容可以讓您對 C++ 以及 VSC 與 Dev C++ 開發整合環境有初步的了解。

本書的撰寫理念並非只介紹 C++ 之功能與語法，然後再搭配簡短的範例解說其功能；而是以自學或教學上最容易學習的方式編排進度與內容。範例程式都是以「如何解決實際生活的事務」為取材，著重以實作加上程式分析、邏輯思考為主軸；因此，程式敘述也比較長。內文撰寫方式也針對一般人在學習程式設計時，容易發生的疑惑、以及課堂授課時學生容易發生的學習問題。因此，建議初學者不要略讀這些內文而只做範例；應嘗試去了解內文所敘述的重點提示與分析探討，有助於養成良好的程式設計觀念。

在本書中，已經說明過的內容雖然後續也會出現，但就不再重複說明。例如：已經解說過的技巧、使用過的函式，就不會再重複解釋。讀者學習程式設計時，建議養成查詢 C++ 函式的完整說明文件的習慣，除了可以查詢最詳細的資料之外，還可以得到最新的資訊。C++ 很多的函式都不只僅有一種使用方法；本書無法全部涵蓋所有的說明，因此只會針對學習上需要的部分講解，其餘的資料還是必須自行查詢技術文件；這對於程式設計師的養成也是很重要的能力。

為了呈現實際業界在實務上的程式撰寫經驗與技巧，這些經驗與技巧大多是視情況而使用，不容易以獨立章節討論；所以會在範例中示範各種程式撰寫的不同方式，也會在範例中使用各種不同的表現技巧。因此，請多仔細研讀程式碼以及重點整理、分析與討論。

範例程式

書本中的程式範例與練習一共分為 3 種。

1. 依照學習進度而編寫的 30 個主要範例。這些範例包含了 C++ 程式語言的大部分範圍，以及製作大型專題、實際工作會使用的觀念與技術。

2. 講解每個主要範例的本文中還有數個完整的練習，這些練習用來介紹要完成此主要範例，所要學習的技術與觀念。這些練習都是由淺至深安排；因此，可以視自己的學習時間多寡、想了解到多深入，而自行決定。因此，不需要急著一次全部學完，可以在以後有時間或是有需要時，再回來學習。

3. 每個主要範例結束之前，都會有與此範例相關的本章習題，這些習題用來評估自己在這個主要範例相關的觀念與技術，培養了多少的實戰能力。

此外，每個範例除了分段深入講解之外，最後都會附上完整的程式碼列表，讀者可以從完整的程式碼列表，學習到完整的程式是如何的布局與安排。

章節安排

本書的編排方式略有些不同，把程式設計的基礎觀念、基本語法與開發環境操作置於附錄；因此，初學者可以先閱讀這些部分。本書內容分為 4 個部分：第一篇基礎篇、第二篇進階篇、第三篇深入篇與附錄。基礎篇為範例 1 至範例 10，進階篇為範例 11 至範例 20，深入篇則為範例 21 至範例 30。附錄則包含了 VSC 與 Dev C++ 的簡單操作、C++ 程式架構、資料型別、基本運算與初學者的 Q&A 等。

第一篇針對初學者而設計。學習完第一篇後，已經可以撰寫基礎的 C++ 程式，以及了解程式設計的思考邏輯；但尚不足以開發複雜的 C++ 程式。學習完第二篇的內容，已經可以獨自開發複雜的 C++ 程式，並且具備基本的求職能力。第三篇的內容則更深入探討 C++ 在職場上所使用到的進階技術與內容、並學習如何寫出更具有效率與彈性的程式。

本章習題

本書在每個主要範例結束之前，都有數題的本章習題。這些練習題都經過特別之難易安排與內容設計，並且刻意不明確地指出細節與特定的程式寫法，旨在訓練讀者的思考邏輯。因此，各憑讀者對該主要範例習得之多寡，以及思考問題是否周全，對所撰寫的習題結果自然會有不一樣之呈現。因此；讀者在撰寫練習題時，盡量能思考周全之後再著手撰寫程式。

使用之符號與表達用法

1. 書中本文的英數字體有 2 種：Times New Roman 與 Consolas；例如：數字的 0 與 0。本文中提及程式敘述內容時則使用 Consolas 字體，若只是一般的本文說明，則使用 Times New Roman 字體。

2. 書中所列之函式的參考資料表，皆以英文字母順序作排列，方便讀者查詢。

3. 語法中的中括弧 [ ] 表示為可選擇的項目；例如：

int 變數 1[= 初始值][, 變數 2,…];

這語法表示整數變數的宣告方式，而中括弧內是可省略的項目。

難易度安排

本書中所討論的主題，依照簡單至困難的內容，分別使用以下 3 種符號表式：
☺、☹、★。標示符號 ☺ 的內容為基礎必學的技術，學完標示 ☺ 符號的內容便具備了能寫簡單的 C++ 程式、處理簡單的小專題。標示 ☺ 符號的內容為進階的技術,學完標示 ☺ 符號的內容便具備了能寫複雜的 C++ 程式、複雜的專題,也能自行開發小型應用程式;並具備了基礎的求職能力。標示 ✪ 符號的內容為深入的技術,學完標示 ✪ 符號的內容便具備了能開發複雜的應用程式、大型的研究專題;並同時具備了專業的求職能力。

自學規劃

初學者建議從附錄開始閱讀,附錄分為 5 個部分,並且要仔細閱讀這些內容。接著閱讀第一篇。第一篇為基礎教材,共有 10 個範例;因此需要按照章節進度詳細閱讀與實作範例和練習。每一範例講解之後都會附有本章習題,建議盡量做完這些題目。

第二篇的教材內容偏向實務經驗,共有 10 個範例;這部分的範例都是在職場上開發系統時所需要的技巧與技術,尤其是陣列、自訂函式與資料處理的部分。範例 13 可視需求選擇性閱讀。

第三篇的內容是在發展大型應用程式以及開發系統時所需要的技術,共有 10 個範例。此篇的內容主要有 2 個主題:複合式資料型別與物件導向程式設計。若想以 C++ 程式語言做為求職之專業能力,則必須熟悉這些內容。

學校授課

本書在授課前,可以請學生先行閱讀附錄之內容。本書若為一學期的授課,則建議教授第一篇以及第二篇範例 11 與範例 12 標示 ☺ 符號的基礎內容。由於每個範例的內容很多,並且都是由簡單至複雜的安排;因此,若授課時間並不充裕,則比較複雜的範例可以選擇性的教授即可。若有足夠的時間,可以選擇標示 ☺ 符號的內容授課,或是讓學生自行研讀標示 ☺ 符號的內容。

若為兩學期的課程,第一學期可上至第一篇以及第二篇範例 11 與範例 12。第二學期則先複習第二篇的陣列之後,再教授第二篇的內容;若還有時間,則可以補充第三篇的範例 22 結構與範例 24-26 檔案處理。

附錄 A 爲 VSC 下載與安裝，可以請學生預先自行練習。附錄 B 爲 VSC 整合開發環境之認識與操作，並以一個簡單的範例作爲教學。附錄 C 說明 C++ 程式架構；因此，附錄 B 與附錄 C 適合於預備週進行教學。

附錄 D 則爲 C++ 的資料型態與變數觀念。內容較類似參考資料，授課者可以先讓學生大致上了解內容之後，再挑選需要的內容進行教學。附錄 E 爲初學者常問的問題，並以 Q&A 的方式回答。附錄 F 則是 Dev-C++ 的下載、安裝、整合開發環境與除錯介紹。

範例程式碼與資源

本書內容豐富，30 個主要範例與內文講解使用之練習程式，讀者可於本書的隨書光碟中自行使用。本書內容與範例講解詳細，涵蓋 C++ 大部分的實務應用技巧。因此，爲考量讀者學習與攜帶之便利性，特將深入篇的範例 23-30、Dev-C++ 相關操作的附錄內容，以電子書之型式放置於隨書光碟，讀者可以自視需求閱讀與學習。

養成良好的程式寫作習慣

1. 程式碼中之符號、變數，其字寬皆使用半形書寫，並不以全形方式書寫。例如底線是半形 "_"，而不是全形 "＿"；小括弧是半形 "("，而不是全形 "（"，否則 C++ 編譯器會視爲錯誤；特別是空格，是用眼睛無法區分出來半形還是全形，需特別留意。
2. 不要爲了省事，把所有的變數宣告成浮點數或是全域變數。
3. 隨時注意資料型別轉換與例外處理。
4. 變數宣告置於程式區塊最前面，不要在程式碼中的任意位置宣告變數。
5. 不要寫了一大段程式碼之後，才開始偵錯。
6. 養成隨時寫註解的習慣。
7. 程式碼中，適當的放置空列有助於閱讀程式碼。
8. 一列程式碼不宜過長，不容易閱讀。
9. 撰寫程式時，程式碼適當地縮排與排版，有助於閱讀與理解程式碼撰寫邏輯。
10. 少用 a、b、abc 諸如此類的變數命名方式，讓變數名稱能一目了然它們的用途。
11. 多在腦中思考程式該如何撰寫，拿出紙筆寫出大概的流程，然後再撰寫程式敘述。

隨書光碟內容

本書的隨書光碟提供下列章節與附錄的 PDF 檔：

○ 範例 23　路徑、目錄與檔案基本操作

○ 範例 24　檔案處理：文字檔

○ 範例 25　檔案處理：二進位檔

○ 範例 26　檔案處理：隨機存取

○ 範例 27　類別與物件：定義與宣告類別

○ 範例 28　類別與物件：建構元、解構元

○ 範例 29　類別與物件：繼承

○ 範例 30　樣板

○ 附錄 F　Dev-C++ 安裝、操作環境介紹與除錯

目 次

二、進階篇

三、深入篇

四、附錄

A. 下載與安裝Visual Studio C++

B. 建立第一支程式

C. Visual Studio C++除錯

D. 常用資料型別與基本運算

E. 初學者常見Q&A

F. Dev-C++安裝、操作環境介紹與除錯 💿

一、基礎篇

Example 01

基本輸出輸入

寫一購買食品的程式。有三種食品：泡麵、汽水與麵包。泡麵每包 15 元，汽水每罐 20.3 元，麵包每個 18.2 元。輸入三種食品的購買數量，並計算應付金額。執行結果需顯示食品名稱、食品單價、購買數量、三種食品的購買金額與應付的總金額。

一、學習目標

此範例用於示範 C++ 的基本輸入與輸出的方法。程式的執行結果大多是顯示於螢幕，非視窗表單類型的程式在將結果顯示於螢幕時，更需要透過輸出函式與格式化的指令，才能控制資料顯示於螢幕的樣式；並且，透過讀取鍵盤所輸入的資料，才能與使用者互動。C++ 使用 iostream 函式庫的 cout 與 cin 物件來顯示訊息與讀取鍵盤輸入的資料。

因為 C++ 程式也能使用 C 的函式庫與語法；因此，除了使用 cout 與 cin 物件之外，也時常使用 C 的 printf() 與 scanf() 此 2 個函式來讀取與顯示資料。

二、執行結果

如下圖左所示，輸入購買泡麵的數量，接著再連續輸入購買汽水與麵包的數量；輸入汽水數量與麵包數量之間使用空白隔開。輸入完畢後按 Enter 鍵，會顯示購買的商品名稱、單價、購買數量與相關的金額，如下圖右所示。

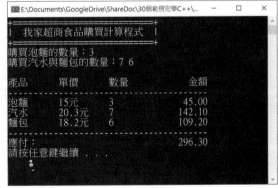

1-1　基本輸出方法

用於 C 與 C++ 程式顯示資料於螢幕的方法分別為 printf() 函式與 cout 物件。printf() 函式為 C 程式所使用，也能使用於 C++ 程式；而 cout 物件只能使用於 C++ 程式。由於我們寫的是 C++ 程式；因此，通常會把 C 與 C++ 的函式合併著使用。

1-1-1　使用 printf() 函式

C 與 C++ 都能使用 printf() 函式顯示資料於螢幕（寬字元版本則使用 wprintf() 函式）；使用 printf() 函式需引入 iostream 標頭檔或是 cstdio 標頭檔（C 程式則為引入 stdio.h 標頭檔），printf() 函式的語法如下所示。

    printf([" 格式化字串 ",] 資料 1 [, 資料 2, …]);

當沒有格式化字串時，後面只能接一個字串資料，例如：

    printf("Hello，你好 ");

格式化字串用於設定顯示資料的樣式，形式如下所示。

    "%[正負號 / 對齊方式][長度][. 小數位數][資料型別修飾] 格式化字元 "

正負號 / 對齊方式、長度、. 小數位數與資料型別修飾此 4 項都是可選擇的項目；因此，一個最基本的格式化字串單元為 "% 格式化字元 "，例如："%d" 表示顯示整數，"%f" 則為顯示浮點數；常被使用的格式化字元如下表所示。

格式化字元	輸出格式
c	字元。
s	字串。
d、i	十進位整數。
o	不帶正負號的八進位整數。
u	不帶正負號的十進位整數。
x	不帶正負號的十六進位整數，使用小寫 a、b、c、d、e、f。
X	不帶正負號的十六進位整數，使用大寫 A、B、C、D、E、F。
a、A	以十六進位表示雙精度點數。
e、E	浮點數，以科學記號表示，有效位數為 6 位數。
f、F	浮點數，預設 6 位小數位數。
g、G	浮點數，以精準度為依據自動使用 f（F）或是 e（E）的格式化字元。
%p	指標，以十六進位顯示位址。

Example 01　基本輸出輸入　　1-5

例如：

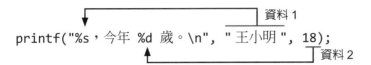

上述的 printf() 例子，格式化字串中有 2 個格式化字元："%s" 與 "%d"，分別為字串型別與整數型別的格式；因此，必須有 2 個相對應的資料填入此 2 個格式化字元的欄位，此 2 個資料便是字串 " 王小明 " 與數字 18。而在格式化字串裡除了格式化所使用到的符號與字元之外，其餘的文字會如實的顯示；因此，此敘述的顯示結果為：

王小明，今年 18 歲。

資料型別修飾

資料輸出的資料型別修飾用於搭配格式化字元，有以下旗標（Flag）可以使用。

旗標	輸出格式
F	far 型別的指標。
N	near 型別的指標。
h	顯示的值以 short int 表示。
l	顯示的值以 long int 表示。
ll	顯示的值以 long long int 表示。
L	顯示的值以 long double 表示。

例如，整數 12345678900 已經超過了 int（或 long int）的值域；因此，若要使用 printf() 函式顯示時，使用 "%d" 或 "%ld" 都會顯示錯誤的結果，所以必須使用 "%lld" 才會顯示正確的結果；如下所示：

```
printf("%lld\n", 12345678900);
```

資料對齊方式與顯示正負號

對齊方式與顯示正負號有以下旗標可以使用。

旗標	輸出格式
-	顯示資料靠左對齊。
+	顯示資料加上正負號。

printf() 的顯示結果預設為靠右對齊，因此可以使用 "%-" 使資料顯示的時候靠左對齊，並且可以使用 "%+" 顯示資料的正負符號。

資料顯示長度與前置填滿字元

若要設定顯示資料的長度，或是顯示不足所設定長度的資料時以 0 補足，可設定如下表的旗標。

旗標	輸出格式
n	n 為整數，用於設定資料顯示的長度。
0	設定 0 為前置填滿字元，用於配合顯示長度。

例如：顯示一數值 123 與一字元 'A'。123 顯示長度為 6，並且靠左對齊、需要顯示正負號，則 printf() 的格式化字串如下所示：

```
printf("%+-6d%c\n", +123, 'A');
```

此設定要顯示 2 個資料：數值 123 與字元 'A'，因此相對應的格式化字元為 "%d" 與 "%c"。並且由於數值 123 為正值，因此顯示結果如下所示。

```
+123   A
```

因為設定了 "-" 旗標所以 +123 向左靠齊。並且設定的顯示長度為 6，所以 +123 之後有 2 個空白（"+" 也佔了一個長度）。再舉另外一個例子：欲將整數 123 顯示為 6 個位數的長度，並且前置補 0；因此，printf() 的格式化字串如下所示：

```
printf("%06d", 123);
```

顯示結果如下所示。如果所設定的顯示長度小於欲顯示的資料長度時，則會自動調整長度以符合顯示的資料；因此，資料的內容並不會因此而被截斷。

```
000123
```

顯示浮點數

顯示浮點數時可以利用以下的格式化字串，來控制浮點數顯示的位數以及小數位數：

```
printf("%5.2f", 12.34567);
```

此格式化字串 "%5.2f" 表示浮點數總長度為 5 個位數（包含小數點），其中小數位數為 2 位，並且會自動四捨五入；所以此敘述會顯示：

```
12.35
```

Example 01　基本輸出輸入　1-7

📥 練習 1：printf() 基本練習

練習使用 printf() 函式顯示以下資料：

1. 顯示：" 王小明，全班排名：12%"。其中姓名與 12，使用字串 " 王小明 " 與變數 ranking。
2. 顯示 long long int 型別的整數 12345678900。
3. 先顯示靠左對齊之整數 123，顯示其正負號，並且顯示長度為 6；再接著顯示字元 'A'。
4. 顯示一整數 456；顯示長度為 6，前置字元補 0。
5. 顯示浮點數 58.07567，顯示長度為 5，小數位數長度為 3。

▍執行結果

```
王小明，全班排名：12%
12345678900
+123   A
000123
58.076
```

▍程式碼列表

```
1  #include <iostream>
2
3  int main()
4  {
5      int ranking= 12;
6
7      printf("%s，全班排名：%d%%\n", " 王小明 ", ranking);
8      printf("%lld\n", 12345678900);
9      printf("%+-6d%c\n", 123,'A'); // 靠左對齊
10     printf("%06d\n", 456); // 預設靠右對齊，並補 0
11     printf("%5.3f%%\n", 58.07567);
12
13     system("pause");
14 }
```

▍程式講解

1. 程式碼第 1 行引用標頭檔 iostream，否則 C++ 編譯器會出現找不到識別項 system() 與 printf() 函式的錯誤。

2. 程式碼第 5 行宣告一整數變數 ranking，並設定其初始值等於 12。

3. 程式碼第 7 行因為要顯示一個字串以及一個整數，所以在 printf() 函式裡的格式化字串也會有對應的格式化字元："%s" 與 "%d"。要輸出 "%"，則要使用 "%%"；"\n" 為換行逸出字元。

4. 程式碼第 8 行要顯示整數 12345678900，此整數的值域只有 long long int 型別才能有足夠的空間容納，因此在 printf() 的格式化字串裡要使用 "%ll" 旗標修飾。

5. 程式碼第 9 行要顯示標示正負號的資料，因此要使用格式化旗標 "%+"。顯示的資料要靠左對齊，因此要使用格式化旗標 "%-"。要輸出長度為 6 的資料，所以要使用長度的格式化旗標 "%6"。要顯示一個整數，並接著再顯示一個字元，因此使用的格式化字元為 "%d" 與 "%c"。綜合以上的顯示需求，此 printf() 函式的格式化字串為："%+-6d%c"。

6. 程式碼第 10 行要顯示長度為 6，並且前置字元補 0 的整數，因此 printf() 函式的格式化字串為："%06d"。

7. 程式碼第 11 行要顯示的長度為 5，小數位數為 3 位的浮點數，因此 printf() 函式的格式化字串為："%5.3f"。

1-1-2　使用 cout 輸出資料

cout 為 C++ 將資料顯示到螢幕所使用的物件；printf() 函式所提供的各種顯示格式，cout 也提供相對應的方式來處理。使用 cout 物件需先引入 iostream 標頭檔，並且也會使用 std 命名空間，以簡化撰寫 std::cout 的麻煩。

顯示不同型別的資料

cout 顯示不同型別的資料並不需要使用格式化字元，可以直接顯示資料；例如：要顯示字串與浮點數，如下所示。

```
cout << " 王小明 ";
cout << 12.345;
```

"<<" 在此時並不當成左旋運算子，而是串接運算子，透過 "<<" 將資料顯示於螢幕。並且透過串接運算子可以將不同的格式化命令、旗標與欲顯示的資料彼此串接在一起，再透過 cout 物件顯示於螢幕；例如：

```
string name = " 王小明 ";
int age = 18;

cout << name << "，今年 " << age << " 歲。" << endl;
```

Example 01　基本輸出輸入　1-9

顯示結果為：

　　　王小明，今年 18 歲。

上述片段程式宣告了字串變數 name，初始值等於 " 王小明 "，以及一個整數變數 age，初始值等於 18。再使用 cout 與 "<<" 將 4 個資料：name、"，今年 "、age、" 歲。" 連接在一起顯示；endl 為換行的意思，等於逸出字元的 "\n"，會使下一個顯示的資料顯示在下一列。

設定資料顯示長度

使用 cout 輸出資料，有 2 種控制顯示資料長度的方法；第 1 種使用 cout.width() 函式，例如：

```
cout.width(10);
cout << 123 << endl;
```

輸出結果為：

$$\underbrace{\qquad\qquad}123$$
前面填補了 7 個空白

cout.width(10) 設定了資料輸出的長度為 10，並且預設靠右對齊。因為數值 123 只佔了 3 個位數，因此多出來的 7 個位置便以預設的前置填滿字元（空白字元）填滿。cout.width() 只能對下一個顯示的資料有影響，如果後續的資料也要設定顯示長度，便要再次使用 cout.width() 設定顯示長度；此外，cout.width() 也能回傳目前所設定的資料顯示長度。

第 2 種使用 setw() 函式，使用 setw() 需引入 iomanip 標頭檔；例如：

```
cout << setw(10) << 123;
```

setw() 須放在顯示資料的前面，也只對後面接著的一個資料有效果；換句話說，若 2 個資料要設定顯示的長度，便各自要使用 setw() 做設定；例如：

```
cout << setw(15) << " 平均分數：" << setw(6) << 87.7;
```

輸出結果為：

setw(15)　　setw(6)

　　　　平均分數：　　87.7

填補 5 個空白　　填補 2 個空白

設定前置填滿字元

當顯示的資料長度比所設定的顯示長度還短時,便會以前置填滿字元填滿。cout 顯示資料時預設的前置填滿字元為空白字元;使用 cout.fill() 可以設定前置填滿字元,通常搭配 setw() 或是 cout.width() 函式一併使用;例如:

```
cout.fill('*');
cout << setw(10) << "Hello~";
```

則顯示結果為:

```
****Hello~
```

字串 "Hello~" 只有 6 個字元長度,比設定的顯示長度 10 少了 4 個字元,並且前置填滿字元設定為 '*'。預設的顯示是靠右對齊,因此在 "Hello~" 之前會被填滿 4 個 '*'。

設定格式化旗標

std::ios_base 類別的 fmtflag 物件提供了許多的旗標,這些旗標可用於控制資料顯示的形式;這些旗標可以使用 "<<" 運算子直接與 cout 串接,也能在 cout 中使用 setiosflags() 函式來設定旗標。或者,也能由 cout.setf() 與 cout.flags() 此 2 個函式來進行設定。以下為常被使用的旗標。

分類	旗標	說明
對齊方式	right	向右靠齊;前置填滿字元會填充於數值的左邊。
	left	向左靠齊;前置填滿字元會填充於數值的右邊。
	internal	前置填滿字元會填充於正負號與數值之間。
數值進位	dec	以 10 進位表示數值。
	hex	以 16 進位表示數值。
	oct	以 8 進位表示數值。
	showbase	顯示數值進位的基底。16 進位會顯示 0x 或 0X;8 進位顯示 0。
	noshowbase	取消 showbase。
浮點數相關	fixed	固定浮點數的小數位數。
	scientific	以科學記號表示浮點數。
	hexfloat	以 16 進位表示浮點數。
	defaultfloat	以預設的方式表示浮點數。
	showpoint	小數位數不足所設定的長度時予以補 0。
	unshowpoint	取消 showpoint。

Example 01　基本輸出輸入　1-11

數值相關	showpos	顯示數值的正負號。
	noshowpos	取消 showpos。
字母大小寫	uppercase	以大寫字母顯示。
	nouppercase	取消 uppercase。
顯示布林值	boolalpha	以 "true"、"false" 顯示布林值。
	noboolalpha	取消 boolalpha。

這些旗標一經設定之後，後續的資料顯示都會延續這些設定；因此，若要恢復原先的資料顯示格式，則需要重新設定這些旗標。以下使用整數 123，以 16 進位顯示、顯示進位基底為範例，講解不同的設定方式。

與 cout 串連並用的範例，如下所示：

```
1  cout << hex << showbase << 123 << endl;
2  cout << dec << noshowbase;
3  cout << 123;
```

直接與 cout 串連所使用的旗標，是屬於命空間 std；因此，若沒有宣告使用 std 命名空間，便要在旗標名稱前加上命名空間的名稱；例如：std::hex。程式碼第 1 行設定旗標 hex 與 showbase，第 2 行使用 dec 旗標恢復數值以 10 進位顯示，並使用旗標 noshowbase 取消顯示進位基底；此片段程式的輸出結果如下所示。

```
0x7b
123
```

若使用 setiosflags() 與 resetiosflags() 函式，則需引入 iomanip 標頭檔；如下所示：

```
1  cout << resetiosflags(ios::dec);
2  cout << setiosflags(ios::hex | ios::showbase); // 設定 16 進位顯示
3  cout << 123 << endl;
4  cout << resetiosflags(ios::hex | ios::showbase); // 取消 16 進位設定
5  cout << 123 << endl;
```

setiosflags() 函式所使用的旗標，是屬於 std::ios 命名空間，和與 cout 直接串連所使用的旗標分屬不同的命名空間。因此在旗標之前要加上 ios 的命名空間名稱以避免與 std 命名空間的旗標混淆。

程式碼第 1 行先使用 resetiosflag(ios::dec) 函式將數值恢復為 10 進位（使用 setiosflags() 輸出 16 與 8 進位數值時，建議先使用 resetiosflags() 恢復為 10 進位）。第 2 行使用 setiosflags() 設定 2 個旗標：16 進位與顯示進位基底；設定多個旗標可以使用 "|" 連接。第 3 行顯示數值 123。第 4 行使用 resetiosflag() 恢復原先的設定。

使用 cout.setf() 函式，如下所示：

```
1  cout.setf(ios::hex, ios::basefield);
2  cout.setf(ios::showbase);
3  cout << 123 << endl;
4  cout.unsetf(ios::showbase);
5  cout.unsetf(ios::hex);
```

cout.setf() 函式所使用的旗標，是屬於 std::ios 命名空間。程式碼第 1-2 行分別設定 16 進位與顯示進位基底，第 3 行顯示數值 123。第 4-5 行使用 cout.unsetf() 函式恢復原先的設定。

使用 cout.flags() 函式，如下所示。

```
1  cout.flags(ios::hex | ios::showbase);
2  cout << 123 << endl;
3  cout.flags(ios::dec);
```

cout.flags() 函式所使用的旗標屬於 std::ios 命名空間。設定多個旗標時，可使用 "|" 連接。程式碼第 3 行重新設定為 10 進位基底。

這些旗標除也能以變數的方式宣告然後再以 cout.flags() 函式進行設定，例如：

```
1  ios_base::fmtflags fmfg;
2  fmfg = cout.flags();
3  fmfg &= ~cout.basefield;
4  fmfg |= ios::hex;
5  fmfg |= ios::showbase;
6
7  cout.flags(fmfg);
8  cout << 123 << endl;
```

程式碼第 1 行宣告 ios_base::fmtflags 型別的變數 fmfg，第 2 行先透過 cout.flags() 函式取得目前的旗標設定狀態，並儲存於變數 fmtfg。第 3 行從目前的旗標狀態中，移除有關於進位基底的所有旗標設定。第 4-5 行重新將 16 進位與顯示進位基底這 2 個旗標，加入目前的旗標狀態。第 7 行使用 cout.flags() 設定新的旗標狀態，第 8 行顯示數值 123。

Example 01　基本輸出輸入　　1-13

顯示浮點數

浮點數可以使用 cout 直接顯示於螢幕，預設的總長度為 6 位數（包含小數點），並且小數的部分會自動四捨五入；如果要控制其小數部分的輸出位數，則需要額外的設定。有 2 種方式可以控制浮點數的小數顯示位數。

第 1 種方式使用 cout.precision() 函式。此函式一旦設定之後，後續的浮點數便會按照此格式顯示，一直到重新設定 cout.precision() 為止。例如：

```
1  cout.precision(3);
2  cout << 12.3456 << endl;
3  cout << fixed << 12.3456 << endl;
```

則輸出結果為：

```
12.3
12.346
```

程式碼第 1 行設定浮點數顯示長度為 3 位數；因此，第 2 行只能輸出 12.3。第 3 行加上了旗標 "fixed"，此時 cout.precision(3) 會變成強制顯示浮點數的小數部分為 3 位數；因此，12.3456 只取小數部分 3 位數並四捨五入，得到顯示結果 12.346。cout.precision() 函式也能用來取得目前所設定的浮點數顯示位數。

第 2 種方法使用 setprecision() 函式。此函式一旦設定之後，後續的浮點數便會按照此格式顯示，一直到重新設定 setprecision() 為止；使用此函式需引入 iomanip 標頭檔。例如：

```
cout << setprecision(3) << 12.3456;
```

輸出結果為：

```
12.3
```

設定對齊方向

cout 顯示資料時預設是靠右對齊，並且有 3 種方法可以設定對齊的方式；下列範例搭配了 cout.fill('*') 與 setw(10)，藉以更容易觀察設定對齊方向的結果。

第 1 種方式使用 left、right 與 internal 此 3 個旗標；一但改變了對齊方式之後，會持續影響後續資料的對齊方式。例如：顯示數值 -123，輸出寬度為 10，前置填滿字元為 '*'；並使用 left、right 與 internal 此 3 個旗標進行對齊，如下所示。

```
1  cout.fill('*');
2  cout << setw(10) <<left << -123 << endl;
3  cout << setw(10) << right << -123 << endl;
4  cout << setw(10) << internal << -123 << endl;
```

輸出結果為：

```
-123******
******-123
-******123
```

常數 left 與 right 會使輸出的資料分別靠左與靠右對齊，數值 -123 只佔了 4 個位數，因此其餘的 6 個空位則由 '*' 填補。而常數 internal 則會在正負號與數值之間填補 '*'，若沒有顯示正負號，其效果如同 right。

第 2 種方式使用 cout.setf() 函式；例如：靠左對齊，如下所示。

```
cout.setf(ios::left);
```

若要取消設定則使用 cout.unsetf() 函式，如下所示。

```
cout.unsetf(ios::left);
```

第 3 種方式使用 cout.flags() 函式；例如：靠左對齊，如下所示。

```
cout.flags(ios::left);
```

↪ 練習 2：格式化命令與旗標

練習使用 cout 輸出以下資料：

1. 固定顯示浮點數 58.0725。小數位數 3 位。
2. 一布林變數 fg 等於 false，使用 "true"、"false" 顯示其值。
3. 一浮點數 58.0725，使用科學記號顯示其值。
4. 一整數 123 分別使用 10、16 與 8 進位顯示其值；並顯示進位基底。此 3 個值顯示在同一列。
5. 有 2 個變數："王小明" 與 80。顯示 "姓名：王小明　　，分數：　　80"；姓名顯示長度為 8 並靠左對齊，分數顯示長度為 6 並靠右對齊。

▌ 執行結果

```
58.073
false
0x1.d09p+5
123  0x7b 0173
姓名：王小明　，分數：　　80
```

Example 01　基本輸出輸入　1-15

程式碼列表

```
1  #include <iostream>
2  #include <iomanip>
3  using namespace std;
4
5  int main()
6  {
7      bool fg = false;
8
9      cout << fixed << setprecision(3) << 58.0726 << endl;
10
11     cout << setiosflags(ios::boolalpha) << fg << endl;
12
13     cout.setf(ios::scientific);
14     cout << 58.0725 << endl;
15
16     cout.flags(ios::showbase| ios::left);
17     cout << setw(5) << dec << 123 << setw(5) << hex << 123
18         << setw(5) << oct << 123 << endl;
19
20     cout << "姓名：" << setw(8) << left << "王小明" << "，分數："
21         << setw(6) << right << dec << 80 << endl;
22
23     system("pause");
24 }
```

程式講解

1. 程式碼第 1-3 行引用標頭檔 iostream 與 iomanip，並且宣告使用 std 命名空間。
2. 程式碼第 7 行宣告一個布林變數 fg，初始值等於 false。
3. 程式碼第 9 行使用 fixed 旗標固定小數點位數，以及使用 setprecision(3) 設定小數顯示長度為 3；因此，浮點數 58.0726 顯示的時候會固定顯示 3 位小數位數，並且自動四捨五入。
4. 程式碼第 11 行使用 setiosflags() 以及旗標 ios::boolalpha，因此變數 fg 會以文字 "false" 顯示。
5. 程式碼第 13 行先使用 cout.setf() 函式與旗標 ios::scientific 設定顯示格式；因此，第 14 行的浮點數 58.0725 會以科學記號的方式顯示。
6. 程式碼第 16 行先使用 cout.flags() 函式與 2 個旗標 ios::showbase、ios::left 設定顯示格式；因此，之後顯示的資料都會靠左對齊與顯示進位基底。第 17-18 行連續使用 setw(5) 與旗標 dec、hex、oct 顯示 10 進位、16 進位與 8 進位表示的數值 123。

7. 程式碼第 20 行使用 setw(8) 與旗標 left 來顯示文字 " 王小明 ";使用 setw(6) 與 2 個旗標 right、dec 來顯示數值 80。因為在第 18 行使用了旗標 oct 來顯示 8 進位數值 123;因此,在此需要再次使用旗標 dec 讓之後的數值恢復以 10 進位顯示。

1-2　基本輸入方法

C 與 C++ 基本的讀取輸入資料方法分別是 scanf() 函式與 cin 物件,除了這 2 個最常被使用的讀取方式之外,還有 cin.get()、cin.getline()、gets_s()、getch()、getchar() 與 getche() 等函式;這些也是經常被使用的讀取資料的函式。

1-2-1　getchar()、getch()、getche()、gets_s() 與 getline()

getchar()、getch() 與 getche() 此 3 個函式皆可讀取一個字元。getchar() 函式需引入 string 標頭檔,getch() 與 getche() 函式則需引入 conio.h 標頭檔。gets_s() 與 getline() 函式都用於讀取一列字串,可包含空白字元,需各自引入 iostream 與 string 標頭檔;此 5 個函式的差別如下表所列。

函式	標頭檔	說明
getchar()	string	讀取一個字元,並回傳讀取的字元。
getline()	string	讀取一列字串,將讀取的資料儲存於 string 型別或字元陣列的變數。
getche()	conio.h	讀取一個字元,並回傳讀取的字元。輸入資料後不需按 Enter,輸入的字元會自動顯示在螢幕上。
getch()	conio.h	讀取一個字元,並回傳讀取的字元;輸入資料後不需按 Enter。
gets_s()	iostream	讀取一列字串,將讀取的字串儲存在字元陣列。

gets_s() 函式是 gets() 的安全版本。由於 gets() 無法檢查所讀取的字串是否超過字元陣列的容量,所以在 C11 版本開始已經廢除了此函式(C++11 版本也不再建議使用,C++14 則已經廢除了此函式),而改採用 gets_s() 函式;因此,在 VS C++ 2015 版本開始也不再支援 gets()。gets() 的寬字元版本為 getws(),gets_s() 的寬字元版本為 getws_s();此 4 個函式的用法如下所示。

Example 01　基本輸出輸入　1-17

```
1  char c;
2  char cstr[5];
3
4  c = getch();
5  c = getche();
6  c = getchar();
7  gets_s(cstr, 4);
```

程式碼第 1-2 行分別宣告了 1 個字元變數 c 與 1 個字元陣列 cstr，其長度等於 5（若此陣列用於儲存字串，則能放資料的長度只有 4）。第 4-6 行分別示範使用不同的函式讀取使用者所輸入的字元，並儲存於變數 c。第 7 行示範使用 gets_s() 函式讀取字串；使用此函式需要 2 個參數：儲存所輸入字串的字元陣列 cstr，以及此字元陣列能儲存資料的長度 4；輸入資料的長度若超過此設定長度便會發生錯誤。

若是用 getline() 函式讀取字串便不會有上述的錯誤發生。使用 getline() 函式需傳入 2 個引數，第 1 個為讀取資料的來源，第 2 個引數為接收資料的字串變數；如下範例所示，程式碼第 6 行使用 getline() 函式從標準資料輸入來源 cin 讀取資料，並儲存於變數 str。

```
1  #include <iostream>
2  #include <string>
3  using namespace std;
4       ⋮
5  string str;
6  getline(cin, str);
```

使用 getchar() 函式時，若輸入的資料超過 1 個字元，則只有第 1 個字元會被讀取，其餘多出來的字元會留在輸入緩衝區中，自動當成下一個輸入的資料；因此，通常在讀取資料之後會加上如下的敘述，清除輸入緩衝區內的剩餘資料。

```
cin.ignore(128, '\n');
```

使用鍵盤輸入資料時，所輸入的資料會先儲存於輸入緩衝區，此敘述會從輸入緩衝區讀取 128 個字元，直到遇到 '\n' 為止；因此，此敘述的目的是為了讀取所有還被保留在輸入緩衝區內的資料（清空輸入緩衝區）。128 只是個大概的長度，可以視實際的情形或是保守的情況而做調整，例如：設為 80 或是 256 都可以；如下範例：

```
1  char c, b;
2
3  c = getchar();
4  cin.ignore(128, '\n');
5  b = getchar();
```

1-2-2　使用 scanf() 函式讀取資料

scanf() 函式為 C 的標準讀取資料的函式，然而在 C++ 程式中也經常被使用；scanf_s() 為 scanf() 的安全版本，相對應的寬字元版本為 wscanf() 與 wcanf_s()。scanf() 函式會回傳一個整數，代表有幾個變數成功讀取了輸入的資料；若並無需要此資訊也可以不接收此回傳的整數。使用 scanf() 函式需引入 iostream 標頭檔，並搭配格式化字串；如下所示：

> scanf(" 格式化字串 ", 變數 1 [, 變數 2，…]);

而格式化字串只包含了 3 種形式，如下所示：

> "%[長度][資料型別修飾] 格式化字元 "

例如以下範例：

```
1  int a;
2  float fl;
3  char str[5];
4  long long int lli;
5
6  scanf("%d", &a);
7  scanf("%4s", str);
8  scanf("%f %lld", &fl, &lli)
```

程式碼第 1-4 行分別宣告不同型別的變數，用於儲存輸入的資料。第 6 行使用格式化字串 "%d" 儲存整數型別的資料，第 7 行使用格式化字串 "%4s" 儲存長度小於等於 4 個字元的字串資料，第 8 行同時讀取 1 個浮點數與 1 個 long long 型別的整數，其格式化字字串分別對應 "%f" 與 "%lld"。scanf() 函式在讀取數值型別的資料時，負責接此數值的變數都必須使用傳址呼叫（詳細內容請參考範例 19）的方式；所以程式碼第 6 與 8 行的變數 a、fl 與 lli，都多加了 "&" 求址運算子。

第 8 行程式碼示範使用 scanf() 函式一次讀取多個輸入值；須注意在輸入不同的資料時需使用空白隔開；例如：輸入 12.3 與 1234567890，則在輸入時如下所示：

> 12.3 1234567890

12.3 會被儲存於變數 fl，而 1234567890 會被儲存於變數 lli。

雖然 scanf() 可以設定讀取資料的長度，但是當輸入的資料超過設定的讀取長度時，這些多多出來的資料會被保留在輸入緩衝區內，當成下一個被讀取的資料；因此，當再次使用讀取資料的函式讀取資料時，這些被保留在輸入緩衝區內的資料，便會自動送出給這些函式，因而造成讀取到不正確的資料，例如：

Example 01　基本輸出輸入　1-19

```
1  int a;
2  char c;
3
4  cout << " 輸入一整數：";
5  scanf("%3d", &a);
6
7  cout << " 輸入字元：";
8  c = getchar();
9
10 cout << endl << "a=" << a << endl;
11 cout << "c=" << c << endl;
```

程式碼第 5 行讀取 3 個字元長度的整數並儲存於變數 a，第 8 行則使用 getchar() 函式讀取一個字元，第 10 與 11 行分別顯示變數 a 與 c。

當輸入整數 1234 並按 Enter 之後，輸入緩衝區內的資料為：

1	2	3	4	'\n'

數值 123 會被讀取並儲存於變數 a；因此輸入緩衝區的內容剩下：

			4	'\n'

當程式執行到第 8 行時，因為 getchar() 函式需要讀取一個字元，輸入緩衝區內的 4 會自動輸出給 getchar() 函式，並儲存於變數 c；因此讀者在執行此程式時會發現，輸入整數 1234 並按 Enter 之後，不需要再鍵入任何字元給 getchar() 函式就會直接輸出最後的結果，如下所示：

```
輸入一整數：1234
輸入字元：
a=123
c=4
```

而輸入緩衝區內尚剩餘一個字元提供給下一個輸入需求，如下所示。

				'\n'

爲了避免如此的情形發生，需在 2 個輸入的函式之間使用 cin.ignore() 函式去讀取輸入緩衝區內剩餘的所有資料；因此，程式碼修改如下所示。

```
 1  int a;
 2  char c;
 3
 4  cout << " 輸入一整數：";
 5  scanf("%3d", &a);
 6  cin.ignore(128, '\n');
 7  cout << " 輸入字元：";
 8  c = getchar();
 9
10  cout << endl << "a=" << a << endl;
11  cout << "c=" << c << endl;
```

當程式碼執行到第 6 行時，cin.ignore() 函式會讀取 128 個長度的資料，直到遇到 '\n' 爲止；因此，在輸入緩衝區內的 2 個資料：4 與 '\n' 就會被讀取。此時輸入緩衝區內無剩下任何資料；所以程式執行到第 8 行 getchar() 時，便會停下來等待輸入資料。

⤷ 練習 3：scanf() 函式練習

寫一溫度轉換程式，使用 scanf() 函式讀取攝氏溫度後，轉換爲華氏溫度。

▌ 解說

溫度轉換的計算可能會產生浮點數；因此需要注意變數之間的型別轉換，以及選擇適當的變數型別。

▌ 執行結果

```
輸入攝氏溫：37
華氏溫度 = 98.60
```

▌ 程式碼列表

```
 1  #pragma warning(disable : 4996)
 2  #include <iostream>
 3  using namespace std;
 4
 5  int main()
 6  {
```

Example 01　基本輸出輸入　1-21

```
7      float c, f; /// 攝氏溫度與華氏溫度
8
9      system("cls"); // 清除螢幕
10
11     cout << " 輸入攝氏溫:";
12     scanf("%f", &c);
13     f = c * 1.8 + 32;
14     printf(" 華氏溫度 = %5.2f\n", f);
15
16     system("pause");
17  }
```

程式講解

1. 程式碼第 1 行取消編號 4996 的警告訊息。

2. 程式碼第 2-3 行引用標頭檔 iostream，並且宣告使用 std 命名空間。

3. 程式碼第 7 行宣告 2 個浮點數 c 與 f，分別代表輸入的攝氏溫度與華氏溫度。

4. 程式碼第 9 行清除螢幕。

5. 程式碼第 11 行顯示輸入攝氏溫度的提示訊息。

6. 程式碼第 12 行使用 scanf() 函式與格式化字串 "%f" 取得輸入的攝氏溫度，並儲存於變數 c；因為變數 c 的型別為浮點數，因此格式化字串才使用 "%f"。

7. 程式碼第 13 行計算轉換後的華氏溫度；攝氏溫度轉華氏溫度的公式如下：

   華氏溫度 = 攝氏溫度 × 1.8 + 32

8. 程式碼第 14 行使用 printf() 函式顯示轉換後的華氏溫度。此處的格式化字串為 " 華氏溫度 = %5.2f\n"；其中字串 " 華氏溫度 =" 會如實顯示，而 "%5.2f" 會設定華氏溫度以 2 位整數與 2 位小數的浮點數形式顯示。

1-2-3　使用 cin 物件讀取輸入資料

cin 物件是 C++ 的標準讀取資料的物件，透過 cin 讀取使用者所輸入的資料；使用 cin 物件需要引入 iostream 標頭檔，也可以宣告使用 std 命名空間。cin 會根據接收資料的變數型別，將輸入的資料自動轉型給變數；因此，輸入的資料若無法自動轉型以符合變數的型別時便會發錯誤。

使用 cin 讀取資料

下列為使用 cin 讀取資料的範例,分別示範:讀取整數、浮點數、字元、字串,以及讀取多筆輸入資料。需注意,cin 會將輸入資料之後,按下 Enter 鍵所產生的換行字元 '\n' 保留在輸入緩衝區中。

```
 1  int a, b, d;
 2  float f;
 3  char c;
 4  string str;
 5
 6  cin >> a;
 7  cin >> f;
 8  cin >> c;
 9  cin >> str;
10  cin >> b >> d;
```

程式碼第 1 行宣告 3 個整數變數 a、b 與 c,第 2 行宣告一個浮點數變數 f,第 3 與 4 行分別宣告了字元型別的變數 c 與字串型別的變數 str。第 6 行將輸入的資料儲存於變數 a,第 7 行將輸入的資料存於變數 f。第 8 行讀取一個字元,並儲存於變數 c。第 9 行則讀取字串,並儲存於變數 str。第 10 行示範連續輸入 2 個資料,並儲存於變數 b 與 d;同時輸入多個資料時,以空白隔開不同的輸入資料。

輸入字元時為了避免輸入過長的資料,因而造成後續讀取資料錯誤,此時也能搭配 cin.ignore() 函式。

若字元陣列型別的變數的長度無法容納所讀取的資料時,則此變數就無法自動補上 '\0' 作為字串結尾。當把此變數當成字串處理時便會發生錯誤。因此,建議使用字元陣列儲存使用者輸入的字串資料時,使用 cin.get() 與 cin.getline() 函式會更安全;如下範例:

```
 1  char cstr[5];
 2
 3  cin >> cstr;
```

程式碼第 1 行宣告一字元陣列變數 cstr,長度等於 5;因此,可以容納 4 個字元長度的字串資料。當使用者輸入字串 "ab" 之後並按 Enter,此字元陣列的內容為:

a	b	'\0'		

Example 01　基本輸出輸入　　1-23

若輸入 "abcdef " 之後並按 Enter，此字元陣列的內容為：

a	b	c	d	e

雖然 cin 會自動取讀取適當長度的輸入資料儲存於 cstr，但被當成是字串結尾的 '\0' 卻無法加入此陣列；雖然不會造成程式錯誤，但這已經不是正常的字串了，在後續程式中的處理有可能會發生問題。

使用 cin.get() 與 cin.getline()

除了使用 cin 物件讀取字元和字串之外，cin 物件還有 get() 與 getline() 函式可以用來讀取字元或字串。get() 函式可以用來讀取字元以及字串，以下為使用範例。

```
1  char c, d;
2
3  c = cin.get();
4  cin.ignore(10, '\n');
5  d = cin.get();
```

使用 cin.get() 函式讀取一個字元，當輸入資料的長度大於一個字元時，剩下的資料會被留在輸入緩衝區；此外，須注意輸入資料後按 Enter 鍵所產生的 '\n'，也會被留在輸入緩衝區內；因此，可以搭配 cin.ignore() 函式避免造成後續讀取資料錯誤。使用 cin.get() 讀取字串的範例如下所示。

```
1  char cstr[5];
2
3  cin.get(cstr, 5);
4  cin.ignore(80,'\n');
5  cin.get(cstr, 5, '#');
```

程式碼第 1 行宣告一字元陣列 cstr，長度等於 5；因此，可以容納 4 個字元長度的字串資料。第 3 行使用 cin.get() 函式讀取資料，並帶有 2 個參數：第 1 個參數為變數 cstr，用於儲存讀取的資料；第 2 個參數為整數 5，用於設定所要讀取的資料長度（真正能儲存資料的長度為 4）。若輸入的資料超過所設定的讀取長度時，超過的資料會被留在輸入緩衝區中。

第 5 行程式碼雖然可以讀取 4 個長度的資料，但是 cin.get() 的第 3 個參數設定 '#' 為中止讀取字元；因此，即使輸入了 4 個長度的資料，例如輸入了：

```
ab#c
```

因為第 3 個字元為 '#'，所以真正會被儲存到變數 cstr 中的只有 "ab"。但須注意，如果設定了中止讀取字元，則只有輸入的資料中包含了中止讀取字元，或是輸入的資料已經到達指定的輸入長度，否則即使按了 Enter 鍵也是會持續輸入資料。

cin.getline() 函式用於讀取一列資料，並且可以接受空白字元當成輸入資料的一部分；如下範例。連續使用 cin.getline() 讀取資料時，若輸入資料的長度超過變數可以容納的長度時，會造成多餘的資料被保留在輸入緩衝區內，使得下一個 cin.getline() 無法正確地讀取資料；請參考分析與討論的第 1 點來解決此問題。

```
1  char cstr[5];
2
3  cin.getline(cstr, 5);
4  cin.getline(cstr, 5, '#');
```

cin.getline() 函式與 cin.get() 函式用法相同，差別在於 cin.get() 函式會把按 Enter 之後所產生的 '\n' 留在輸入緩衝區，而 cin.getline() 函式則不會。

此外，cin.getline() 函式可以接受輸入空白字元。因此；當需要把空白字元當成輸入的資料時，便可以使用 cin.getline() 函式。

練習 4：使用 cin 讀取字元

寫一程式，使用 cin.get() 函式連續讀取 2 個字元，並分別儲存於字元型別的變數 a 與 b，接著再使用 cin.get() 函式讀取一個 2 位數的整數，並儲存於字元陣列型別的變數 c；最後將此 3 個變數相加，並顯示其相加之後的結果。

解說

字元型別的資料可以被視為數值，因此可以直接進行數值運算。

執行結果

```
輸入一個字元 a：a
輸入一個字元 b：A
輸入一個兩位數的數值 c：12
三數相加等於：174
```

Example 01　基本輸出輸入　1-25

程式碼列表

```
1  #include <iostream>
2  using namespace std;
3
4  int main()
5  {
6      char a, b;
7      char c[3];
8      int sum = 0;
9
10     cout << " 輸入一個字元 a：";
11     a = cin.get();
12     cin.ignore(80, '\n');
13
14     cout << " 輸入一個字元 b：";
15     b = cin.get();
16     cin.ignore(80, '\n');
17
18     cout << " 輸入一個兩位數的數值 c：";
19     cin.get(c,3);
20
21     sum = a + b + atoi(c);
22     cout << " 三數相加等於：" << sum << endl;
23
24     system("pause");
25 }
```

程式講解

1. 程式碼第 6-8 行宣告變數。第 7 行宣告字元陣列型別的變數 c，因為要儲存一個 2 位數的整數，所以其陣列長度等於 3。第 8 行整數變數 sum 用於儲存 3 個變數相加後的結果，剛宣告的變數其預設值不為 0；因此，將其預設值先設定為 0。

2. 程式碼第 10-12 行用於顯示輸入提示與讀取字元，並儲存於變數 a。第 14-16 行與 10-12 行作用相同，讀取字元後儲存於變數 b。第 18-19 行則用於讀取 2 位數的整數並儲存於變數 c。

3. 程式碼第 21 行將 3 個變數相加後儲存於變數 sum。因為字元型別的資料 a 與 b 可以直接做算術運算，而變數 c 則透過 atoi() 函式轉型為數值，因此 3 個變數可以彼此相加。

三、範例程式解說

1. 建立專案，並於專案屬性中停用 4996 警告。

2. 程式碼第 5-7 行引入 iostream 與 iomanip 標頭檔，並使用 std 命名空間。

```
5  #include <iostream>
6  #include <iomanip>
7  using namespace std;
```

3. 開始於 main() 主函式中撰寫程式。程式碼第 11 行宣告 3 個整數變數 noodle、soda 與 bread，分別用於儲存泡麵、汽水與麵包的購買數量。第 12 行宣告 3 個浮點數 mNoodle、mSoda 與 mBread，分別儲存購買三種食品的費用。第 13 行宣告一浮點數 total 用於儲存購買 3 種食品的總費用。

```
11  int noodle, soda, bread;   // 泡麵、汽水、麵包
12  float mNoodle, mSoda, mBread;// 購買食品的費用
13  float total; // 應付金額
```

4. 程式碼 15-17 行，先將三種食品購買的數量設定為 0。

```
15  noodle = 0;
16  soda = 0;
17  bread = 0;
```

5. 程式碼第 19 行先清除畫面，第 20-22 行使用 printf() 函式顯示標題。

```
19  system("cls"); // 清除螢幕
20  printf("+============================+\n");
21  printf("|   我家超商食品購買計算程式   |\n");
22  printf("+============================+\n");
```

6. 程式碼第 24 行顯示購買泡麵的提示訊息，第 25 行使用 scanf() 函式與格式化字串 "%d" 讀取資料並儲存於變數 noodle。第 26 行顯示購買汽水與麵包的提示訊息，第 27 行使用 cin 物件，連續讀取汽水與麵包的購買數量，並儲存於變數 soda 與 bread，第 28 行輸出換行，以避免後續的顯示資料連接在一起顯示。

```
24  printf("%s", " 購買泡麵的數量：");
25  scanf("%d", &noodle); // 讀取購買泡麵的數量
26  cout << " 購買汽水與麵包的數量：";
27  cin >> soda >> bread;   // 讀取購買汽水與麵包的數量
28  cout << endl;
```

Example 01　基本輸出輸入　1-27

7. 程式碼 31-33 行分別計算泡麵、汽水與麵包的購買金額，第 34 行則計算購買所有食品的總金額。

```
31  mNoodle = noodle * 15;
32  mSoda = soda * 20.3;
33  mBread = bread * 18.2;
34  total = mNoodle + mSoda + mBread;
```

8. 程式碼第 36-39 行顯示購買結果的標題；使用 setw() 函式與 left、right 旗標控制欄位的輸出位置與對齊方向。第 42-44 輸出購買泡麵的資訊；其中變數 mNoodle 固定顯示小數 2 位並靠右對齊。

```
36  // 顯示標題
37  cout << setw(10) << left << " 產品 " << setw(10) << " 單價 "
38      << setw(10) << " 數量 " << setw(10) << right << " 金額 " << endl;
39  cout << "-------------------------------------\n";
40
41  // 泡麵的購買資訊
42  cout << setw(10) << left << " 泡麵 " << setw(10) << "15 元 "
43      << setw(10) << noodle << setw(10) << right << fixed
44      << setprecision(2) << mNoodle << endl;
```

9. 程式碼第 47-49 行顯示購買汽水的資訊；變數 mSoda 固定顯示小數 2 位並靠右對齊。第 52-54 行顯示購買麵包的資訊；變數 mBread 也是固定顯示小數 2 位並靠右對齊。

```
46  // 汽水的購買資訊
47  cout << setw(10) << left << " 汽水 " << setw(10) << "20.3 元 "
48      << setw(10) << soda << setw(10) << right << fixed
49      << setprecision(2) << mSoda << endl;
50
51  // 麵包的購買資訊
52  cout << setw(10) << left << " 麵包 " << setw(10) << "18.2 元 "
53      << setw(10) << bread << setw(10) << right << fixed
54      << setprecision(2) << mBread << endl;
```

10. 程式碼第 57-58 行顯示購買總金額，變數 total 靠右對齊。

```
57  cout << "-------------------------------------\n";
58  cout << " 應付 : " << setw(34) << right << total << endl;
59
60  system("pause");
```

重點整理

1. C++ 可以視為是 C 的擴充再加上物件導向程式設計的功能；因此，在 C 可以使用的函式也都能在 C++ 上使用。所以不必拘泥一定要使用 C++ 所提供的函式。

2. 不同系統平台上所使用的 C/C++ 函式會有些差異；因此，在使用函式之前可以查閱一下函式說明比較不易出錯。

3. 不同的整合開發環境，所提供的功能與支援的 C++ 版本也不同。

4. C/C++ 中有些函式提供更安全的版本。

5. 在處理不同國家或地區的文字字串時，應使用寬字元版的資料型別與函式。

6. 多使用 cin.ignore() 函式清除在輸入緩衝區內的資料，以避免下一個輸入讀取到錯誤的資料。

分析與討論

1. 連續使用 cin.getline() 讀取資料時，若輸入資料的長度超過變數可以容納的長度時，會造成多餘的資料被保留在輸入緩衝區內，使得下一個 cin.getline() 無法正確地讀取資料；例如下面的程式敘述第 3 行，若輸入的資料長度超過 5 個位元組，便會發生此問題；而此時 ios::failbit 也會被設定為 true。要解決此問題，可以先使用 cin.clear() 函式重新設定輸入資料流，接著再使用 cin.ignore() 函式讀取輸入緩衝區內剩餘的資料；如下程式敘述第 4-8 行所示：

```
1  char cstr[5];
2
3  cin.getline(cstr, 5);
4  if (cin.rdstate() == ios::failbit)
5  {
6      cin.clear();
7      cin.ignore(80, '\n');
8  }
9  cin.getline(cstr, 5, '#');
```

程式敘述第 4 行使用 cin.rdstate() 函式判斷若目前的輸入資料流的狀態等於 ios::failbit，則執行第 6-7 行將資料流重新設定，並讀取輸入緩衝區內的所有資料。因此，第 9 行的 cin.getline() 函式便能正常地讀取接下來輸入的資料。

Example 01 基本輸出輸入 1-29

程式碼列表

```
1   /*
2       範例1：此範例用於示範 C++ 的基本輸入與輸出的方法
3       注意：先停用 4996 警告。
4   */
5   #include <iostream>
6   #include <iomanip>
7   using namespace std;
8
9   int main()
10  {
11      int noodle, soda, bread;    // 泡麵、汽水、麵包
12      float mNoodle, mSoda, mBread;// 購買食品的費用
13      float total; // 應付金額
14
15      noodle = 0;
16      soda = 0;
17      bread = 0;
18
19      system("cls"); // 清除螢幕
20      printf("+============================+\n");
21      printf("|   我家超商食品購買計算程式   |\n");
22      printf("+============================+\n");
23
24      printf("%s", "購買泡麵的數量：");
25      scanf("%d", &noodle); // 讀取購買泡麵的數量
26      cout << "購買汽水與麵包的數量：";
27      cin >> soda >> bread;   // 讀取購買汽水與麵包的數量
28      cout << endl;
29
30      // 應付金額
31      mNoodle = noodle * 15;
32      mSoda = soda * 20.3;
33      mBread = bread * 18.2;
34      total = mNoodle + mSoda + mBread;
35
36      // 顯示標題
37      cout << setw(10) << left << " 產品 " << setw(10) << " 單價 "
38          << setw(10) << " 數量 " << setw(10) << right << " 金額 " << endl;
39      cout << "--------------------------------------\n";
40
```

```
41       // 泡麵的購買資訊
42       cout << setw(10) << left << " 泡麵 " << setw(10) << "15 元 "
43            << setw(10) << noodle << setw(10) << right << fixed
44            << setprecision(2) << mNoodle << endl;
45
46       // 汽水的購買資訊
47       cout << setw(10) << left << " 汽水 " << setw(10) << "20.3 元 "
48            << setw(10) << soda << setw(10) << right << fixed
49            << setprecision(2) << mSoda << endl;
50
51       // 麵包的購買資訊
52       cout << setw(10) << left << " 麵包 " << setw(10) << "18.2 元 "
53            << setw(10) << bread << setw(10) << right << fixed
54            << setprecision(2) << mBread << endl;
55
56       // 顯示應付金額
57       cout << "----------------------------------------\n";
58       cout << " 應付 : " << setw(34) << right << total << endl;
59
60       system("pause");
61   }
```

本章習題

1. 使用 printf() 顯示下列訊息。其中 " 王 小 明 "、" 大 湖 "、"1.23"、"$324" 與 "20.34%" 使用數值或變數的方式顯示，不能直接寫在 printf() 函式的格式化字串裡面。

   王小明去 " 大湖 " 市場買魚，
   他挑了一條重 1.23 臺斤的魚，花掉了 $324 元，
   佔了他所帶的錢的 20.34%。

2. 使用 cout 物件改寫第 1 題。

3. 寫一程式，使用 scanf() 函式輸入臺斤，並轉換成公斤。

4. 寫一程式，使用 cin 物件輸入 2 整數，並計算此 2 數相加、相減、相乘與相除的結果。

5. 寫一程式，輸入購買麵粉的數量以及每公斤的價錢，以及輸入付款金額。計算應付金額與找零。

6. 承第 5 題，除了找零之外，還需要顯示找零的幣值數量：500、100 元各幾張，50、10、5 與 1 元硬幣各幾個。

Example 02 判斷敘述 if

目前電影分級制為:「限制級 18+」須滿 18 歲、「輔導級 15+」須滿 15 歲、「輔導級與輔級 12+」須滿 12 歲、「保護級 6+」須滿 6 歲、「普遍級」一般觀眾皆可以觀看。寫一判斷觀看分級電影的程式,輸入年齡並顯示可以觀看哪些種類的電影。

一、學習目標

此範例用於示範 C++ 的 if 判斷敘述。C++ 有 2 種的選擇與判斷敘述:if…else 與 switch…case,其中 if…else 判斷敘述中的 if 敘述可以單獨使用。程式有了這些敘述才可以讓程式具有判斷與選擇的能力;因此,才能讓程式更有變化與更符合我們的思考判斷。

二、執行結果

如下圖左,輸入年齡之後,便會顯示該年齡可以觀賞的電影分級種類,如下圖右所示。

2-1 if 判斷敘述

if 為 C++ 最基本的判斷敘述,其語法如下所示:

```
if ( 條件運算式 )
{
    程式敘述;  ← if 的程式區塊
}
```

上述語法可以解釋為：「如果條件運算式成立，則執行程式敘述」。條件運算式是一個判斷式，判斷結果只有 true 或 false，例如：x>5、(x+3)<=7 等的形式；以下為一個簡單的範例：

```
if ( x >= 5 )
{
    cout << " 今日特餐已經售完 ";
}
```

上述程式碼解釋為：如果 x 大於等於 5，則顯示 " 今日特餐已經售完 "。如果左右大括弧內的程式敘述只有一行時，可以省略左右大括弧；如下所示。

```
if ( x >= 5 )
    cout << " 今日特餐已經售完 ";
```

此外，須注意一點：if() 敘述之後不需要加分號，如果加了分號之後，雖然程式語法正確，但執行結果完全不一樣：

`if ( x >= 5 ) ;` ◀── 獨立的一行敘述

`cout << " 今日特餐已經售完 ";` ◀── 獨立的一行敘述，與 if() 敘述無關

因為 if() 敘述之後加了分號，表示此行程式敘述已經結束，與下一行程式敘述並無關係，所以無論 x 是否大於等於 5，下面的程式敘述都會被執行，顯示 " 今日特餐已經售完 "。

練習 1：if 判斷敘述 -1

法律規定年齡滿 18 歲才能考摩托車駕照。寫一程式輸入年齡，若滿 18 歲則顯示 " 可以考摩托車駕照 "。

▌ 解說

此題目只要求判斷年齡可以考摩托車駕照，並沒有要求判斷不能考摩托車駕照；因此，只需要 if 判斷敘述。

▌ 執行結果

```
輸入年齡：20
可以考摩托車駕照
```

Example 02　判斷敘述 if　2-3

程式碼列表

```
1  #include <iostream>
2  using namespace std;
3
4  int main()
5  {
6      int age;
7
8      cout << " 輸入年齡 : ";
9      cin >> age;
10
11     if (age >= 18)
12         cout << " 可以考摩托車駕照 " << endl;
13
14     system("pause");
15 }
```

程式講解

1. 程式碼第 1-2 行引入 iostream 標頭檔與宣告使用 std 命名空間。
2. 程式碼第 6 行宣告一個整數變數 age，用於儲存輸入的年齡。
3. 程式碼第 8 行顯示輸入提示，第 9 行讀取輸入的變數並儲存於變數 age。
4. 程式碼第 11-12 行判斷所輸入的年齡是否大於等於 18，若符合此條件則顯示 " 可以考摩托車駕照 "。

練習 2：if 判斷敘述 -2

辦理銀行帳戶需攜帶雙證件，寫一程式輸入 Y 或 N 判斷是否攜帶雙證件。若有攜帶雙證件則顯示 " 可以辦理銀行開戶 "，若沒有帶雙證件則顯示 " 請攜帶雙證件 "。輸入 Y 或 N 以外的資料，則顯示 " 請重新輸入 "。

解說

此題目需要輸入字元 'Y' 或是 'N'，而不像練習 1 輸入數值資料。然而 if() 敘述內的條件運算式可以接受運算結果等於 true 或是 false 的運算式；所以無論輸入的資料是何種型別，只要能形成條件運算式的運算結果等於 true 或是 false 即可；因此，此練習題的 if() 條件運算式應該為如下的形式：

```
        if( 輸入的資料 =='Y' )
        {
            顯示 " 可以辦理銀行帳戶 ";
        }
                 ⋮
        if( 輸入的資料 =='N' )
        {
            顯示 " 請攜帶雙證件 ";
        }
```

此外，上述 2 個 if() 敘述的條件判斷式所判斷的是大寫的字母，但是使用者可能輸入大寫或是小寫的字母；因此，必須先將輸入的字元一律轉換為大寫字母，才能正確進行判斷。小寫字元可以使用 toupper() 函式轉換為大寫字元，使用方式如下所示；使用 toupper() 函式需引入 iostream 標頭檔。

```
        #include <iostream>

        char ch;
        ch = toupper('a');
```

▌ 執行結果

是否攜帶雙證件？(Y/N)y
可以辦理銀行開戶

▌ 程式碼列表

```
1  #include <iostream>
2  using namespace std;
3
4  int main()
5  {
6      char ch;
7
8      cout << " 是否攜帶雙證件？(Y/N)";
9      cin >> ch;
10     ch = toupper(ch);
11
12     if (ch == 'Y')
13     {
14         cout << " 可以辦理銀行開戶 " << endl;
```

Example 02　判斷敘述 if　2-5

```
15          exit(0);
16      }
17
18      if (ch == 'N')
19      {
20          cout << " 請攜帶雙證件 " << endl;
21          exit(0);
22      }
23
24      cout << " 請重新輸入 " << endl;
25      system("pause");
26  }
```

程式講解

1. 程式碼第 1-2 行引入 iostream 標頭檔與宣告使用 std 命名空間。
2. 程式碼第 6 行宣告一個字元變數 ch。此題目需要使用者輸入一個字元,用以表示是否有攜帶雙證件;因此,變數 ch 便是用於儲存使用者所輸入的資料。
3. 程式碼第 8 行顯示輸入的提示訊息,第 9 行讀取一個字元,並儲存於變數 ch。使用者輸入的資料可能為大寫或是小寫的英文字母,因此第 10 行先將輸入的字元,使用 toupper() 函式先轉換為大寫的英文字母,並儲存於變數 ch。
4. 程式碼第 12-16 行處理有攜帶雙證件的情形。第 12 行判斷輸入的資料若等於字元 'Y',則顯示 " 可以辦理銀行開戶 ",接著便執行 exit(0) 函式,此函式會結束程式執行。
5. 程式碼第 18-22 處理沒有攜帶雙證件的情形。第 18 行判斷輸入的資料若等於字元 'N',則顯示 " 請攜帶雙證件 ",接著執行 exit(0) 函式結束程式。
6. 程式碼第 24 行處理輸入錯誤的情形。如果使用者輸入了 Y 或是 N,則一定會執行第 12-16 行或是第 18-22 行的程式敘述,並會結束程式。因此,若執行到了第 24 行的程式敘述,一定是輸入了 Y 或是 N 以外的資料,所以顯示 " 請重新輸入 "。

三、範例程式解說

1. 建立專案,並於程式碼第 4-5 行引入 iostream 標頭檔,並使用 std 命名空間。

```
4  #include <iostream>
5  using namespace std;
```

2. 開始於 main() 主函式中撰寫程式。程式碼第 9 行宣告一整數變數 age，用於儲存輸入的年齡。第 12 行顯示輸入的提示訊息，第 13 行讀取輸入的值並儲存於變數 age。

```
 9  int age; // 年齡
10
11  system("cls");
12  cout << " 輸入年齡 : ";
13  cin >> age;
```

3. 程式碼第 15 行判斷年齡是否小於 0；若年齡小於 0 則顯示第 17 行的訊息，並且第 18 行結束程式。敘述 return 意為返回上層的程式；因為 main() 主函式已經是最上層的程式了，因此執行 return 敘述時便表示結束程式。

```
15  if (age < 0)
16  {
17      cout << " 輸入錯誤 " << endl;
18      return 0; // 結束程式
19  }
```

4. 程式碼第 23 行判斷年齡是否大於等於 18 歲，如果是的話就顯示 " 限制級 18+、"。

```
21  cout << " 可以觀看的電影有 : " << endl;
22
23  if (age >= 18)
24      cout << " 限制級 18+、 ";
```

5. 程式碼第 26 行判斷年齡是否大於等於 15 歲，如果是的話就顯示 " 輔導級 15+、"。第 29 行判斷年齡是否大於等於 12 歲，如果是的話就顯示 " 輔導級 12+、"。

```
26  if(age>=15)
27      cout << " 輔導級 15+、 ";
28
29  if (age >= 12)
30      cout << " 輔導級 12+、 ";
```

Example 02　判斷敘述 if　2-7

6. 程式碼第 32 行判斷年齡是否大於等於 6 歲，如果是的話就顯示 " 保護級、 "。如果上述的年齡都不符合的話，就只會顯示第 35 行 " 普遍級 "。

```
32  if (age >= 6)
33      cout << " 保護級、 ";
34
35      cout << " 普遍級 " << endl;
36
37  system("pause");
```

重點整理

1. if 敘述之後不需加分號；加了分號之後的語法解釋會與原來不同。
2. if 敘述的程式區塊內如只有一行程式敘述時，可以省略左右大括弧。

程式碼列表

```
1   /*
2       範例 2：此範例用於示範 C++ 的判斷敘述 if
3   */
4   #include <iostream>
5   using namespace std;
6
7   int main()
8   {
9       int age; // 年齡
10
11      system("cls");
12      cout << " 輸入年齡：";
13      cin >> age;
14
15      if (age < 0)
16      {
17          cout << " 輸入錯誤 " << endl;
18          return 0; // 結束程式
19      }
20
21      cout << " 可以觀看的電影有：" << endl;
22
23      if (age >= 18)
24          cout << " 限制級 18+、 ";
25
```

```
26        if(age>=15)
27            cout << " 輔導級 15+、 ";
28
29        if (age >= 12)
30            cout << " 輔導級 12+、 ";
31
32        if (age >= 6)
33            cout << " 保護級、 ";
34
35        cout << " 普遍級 " << endl;
36
37        system("pause");
38 }
```

本章習題

1. 輸入 2 個數值，並比較其大小。

2. 寫一程式判斷是否能申請獎學金。輸入學期成績與曠課節數，學期成績必須大於等於 90 分，並且曠課節數必須少於 10 節課，則顯示 " 符合申請資格 "。若不符合申請條件，則顯示不符合的原因。

Example 03

判斷敘述 if...else

申請里長獎學金須符合以下條件：1. 居住在本里、2. 平均成績須達 80 分或需有清寒證明。
寫一程式判斷申請者是否符合申請獎學金資格。若符合申請條件則顯示 " 符合申請資格 "。
若不符合申請條件，則顯示 " 不符合申請資格 "。

▌ 一、學習目標

此範例用於示範 C++ 的 if…else 判斷敘述。if…else 判斷敘述比 if 判斷敘述更來得方
便。除了判斷 if 的條件運算式成立的情形之外，還加上了條件判斷式不成立時的 else 敘
述。

此外，要判斷多個條件運算，需要使用條件運算子 "||" 與 "&&" 的組合；多個條件的判斷式
又稱為複合條件判斷式。

▌ 二、執行結果

如下圖左所示，輸入是否居住在本里、是否有清寒證明，再輸入成績；最後會顯示是否符合
申請獎學金的資格，如下圖右所示。

申請獎學金的結果為符合申請條件與不符合申請條件；因此，可以使用 if…else 判斷敘述
來處理。此外，因為申請的條件包含 2 個部分：第 1 個條件為居住在本里，這是必要的條
件；第 2 個條件有兩項，但只要符合其中一項就行了。所以這些條件需要經過組合；多個條
件的判斷也稱為複合條件判斷式。

3-1　if...else 判斷式

判斷敘述 if…else 比單獨的 if 敘述更具有完整性：包含了 if 的條件運算式等於 true 需要做的事情，以及條件運算式等於 false 所要做的事情；其語法如下所示。

```
if ( 條件運算式 )
{
    程式敘述 1;  ◄—— if 的程式區塊
}
else
{
    程式敘述 2;  ◄—— else 的程式區塊
}
```

上述語法可解釋為：「如果條件運算式成立，則執行程式敘述 1；否則執行程式敘述 2」。例如，範例 2 的練習 1 當輸入的年齡小於 18 歲時並不會任何的顯示，若使用 if…else 敘述改寫則顯示的結過會更容易明瞭，如下所示。

```
if (age >= 18)
    cout << " 可以考摩托車駕照 " << endl;
else
    cout << " 尚未到達考照年齡 " << endl;
```

當年齡大於等於 18 時，if 敘述的條件判斷式的結果等於 true，所以會執行屬於 if 的程式敘述，顯示 " 可以考摩托車駕照 "。當年齡小於 18 時，if 的條件運算式其結果等於 false，因此會執行屬於 else 的程式敘述，顯示 " 尚未到達考照年齡 "。

上述程式敘述中，屬於 if 的程式敘述或是屬於 else 的程式敘述，因為都只有一行程式敘述，所以都省略了左右大括弧。

📤 練習 1：if...else 判斷敘述

寫一判斷成績是否及格的程式。若輸入的成績大於等於 60 分，則顯示 " 及格 "，否則顯示 " 不及格 "；此外，若輸入的成績小於 0，則顯示 " 成績輸入錯誤 " 並結束程式。

▌解說

此題目有 2 個需求：1. 成績輸入小於 0 則顯示錯誤訊息並結束程式，因此使用 if 判斷敘述即可。2. 成績判斷需分辨及格與不及格，因此需使用 if…else 判斷敘述。

Example 03　判斷敘述 if…else　3-3

執行結果

程式碼列表

```
1  #include <iostream>
2  using namespace std;
3
4  int main()
5  {
6      int score;
7
8      cout << " 輸入成績 : ";
9      cin >> score;
10
11     if (score < 0)
12     {
13         cout << " 成績輸入錯誤 ";
14         exit(0);
15     }
16
17     if (score >= 60)
18         cout << " 及格 " << endl;
19     else
20         cout << " 不及格 " << endl;
21
22     system("pause");
23 }
```

程式講解

1. 程式碼第 1-2 行引入 iostream 標頭檔與宣告使用 std 命名空間。
2. 程式碼第 6 行宣告一個整數變數 score，用於儲存輸入的成績。
3. 程式碼第 11-15 行，若輸入的成績 score 小於 0，則顯示訊息 " 成績輸入錯誤 "，並使用 exit(0) 結束程式。
4. 程式碼第 17-20 行，使用 if…else 敘述判斷變數 score 是否大於等於 60。若大於等於 60 則顯示 " 及格 "；否則顯示 " 不及格 "。

3-2　複合條件判斷式

處理日常事務往往需要更多的判斷條件，例如：需要判斷年齡、學歷、專業領域、健康狀況等；又可稱為複合條件判斷。在 if 或 if…else 敘述裡可以使用條件運算子 "||" 與 "&&" 組合多個條件運算式處理複合的條件判斷。例如，申請獎學金須要滿足 2 個條件：平均成績達 85 分以上，並且資訊概論成績須達 90 分以上；因此 if 敘述的條件運算式如下所示。

```
if ( ( 平均成績 >= 85) && ( 資訊概論成績 >= 90) )
    cout << " 符合申請資格 ";
else
    cout << " 不符合申請資格 ";
```

因為申請獎學金的 2 個條件都必須滿足，因此使用 "&&" 運算子。例如：平均成績為 88 分，則第 1 個條件運算式（平均成績 >= 85）的結果為 true；若資訊概論成績為 92 分，則第 2 個條件運算式（資訊概論成績 >= 90）的結果為 true。2 個條件皆為 true，因此 if 敘述的條件運算式視為：

```
if ( true && true )
```

上述的條件運算結果等於 true，所以符合申請資格。若平均成績為 75 分，則第 1 個條件運算式（平均成績 >= 85）的結果為 false，因此 if 敘述的條件運算式視為：

```
if ( false && true )
```

上述的條件運算結果等於 false，所以不符合申請資格。

↪ 練習 2：行動電話舊客戶續約方案

申請行動電話舊客戶續約優惠方案需要符合 2 個條件：1. 提供雙證件、2. 門號使用超過 3 年以上。寫一程式判斷申請者是否符合申請資格。

▌ 解說

此題目需要滿足 2 個條件才能符合申請資格；換句話說第 1 個條件運算式要等於 true，第 2 個條件運算式也要等於 true。所以 2 個條件運算式需使用 "&&" 串接起來，形成複合條件運算式。

▌ 執行結果

```
是否有雙證件 (Y/N)：y
門號是否使用超過 3 年以上 (Y/N)：n
不符合申請資格
```

Example 03　判斷敘述 if…else　3-5

程式碼列表

```
1  #include <iostream>
2  using namespace std;
3
4  int main()
5  {
6      char ch1,ch2; /// 雙證件、門號使用超過 3 年以上
7
8      ch1 = 'N'; // 預設沒有雙證件
9      ch2 = 'N'; // 預設門號沒有使用超過 3 年以上
10
11     cout << " 是否有雙證件 (Y/N)：";
12     cin >> ch1;
13     ch1 = toupper(ch1);
14     cin.ignore(80, '\n');
15
16     cout << " 門號是否使用超過 3 年以上 (Y/N)：";
17     cin >> ch2;
18     ch2 = toupper(ch2);
19     cin.ignore(80, '\n');
20
21     if ( ch1 == 'Y' && ch2 == 'Y' )
22         cout << " 符合申請資格 " << endl;
23     else
24         cout << " 不符合申請資格 " << endl;
25
26     system("pause");
27  }
```

程式講解

1. 程式碼第 1-2 行引入 iostream 標頭檔與宣告使用 std 命名空間。

2. 程式碼第 6 行宣告了 2 個字元變數 ch1 與 ch2，分別代表是否有雙證件，以及門號是否使用了 3 年以上。

3. 程式碼第 8-9 行將 ch1 與 ch2 的預設值設定為大寫字元 'N'，表示預設的情形是沒有雙證件以及門號沒有使用了 3 年以上。

4. 程式碼第 11-14 行讀取是否有雙證件的設定。第 12 行讀取輸入的字元並儲存於變數 ch1。使用者輸入的字元可能是大寫或是小寫字元，因為第 21 行 if 敘述在判斷時使用的是大寫字元的 'Y' 與 'N'；因此，第 13 行使用 toupper() 函式先將輸入的字元轉換為大寫字元。第 14 行使用 cin.ignore() 函式讀取剩餘在輸入緩衝區內的資料。

5. 程式碼第 16-19 行讀取門號是否使用了 3 年以上的設定。第 17 行讀取輸入的字元並儲存於變數 ch2。第 18 行使用 toupper() 函式先將輸入的字元轉換為大寫字元。第 19 行使用 cin.ignore() 函式讀取剩餘在輸入緩衝區內的資料。

6. 程式碼第 21-24 行判斷是否符合申請資格。因為申請的 2 個條件都必須成立，因此條件運算式為：(ch1 == 'Y' && ch2 == 'Y')。

練習 2 是比較簡單的複合條件判斷式，日常生活中有很多的事情的判斷會有更多的先後順序與條件；例如：某一幼兒園徵求師資的條件為：年齡需滿 18 歲、專科畢業（含）以上或擁有與幼教相關之專業，則以 if…else 敘述表示應如下所示：

```
if ( ( 年齡 >= 18) && (( 學歷 >= 專科畢業 ) || ( 專業 == 幼教相關 )) )
    cout << " 符合應聘資格 ";
else
    cout << " 不符合應聘資格 ";
```

由徵求師資的條件可知道有 2 個必備的條件（所以使用 "&&"）：1. 年齡需滿 18 歲，2. 必須專科畢業（含）以上或擁有與幼教相關之專業；其中第 2 個條件中的 2 個子條件只要符合其中一項即可（因此使用 "||"）。所以 if 的條件運算的組合方式為：

第 1 個條件須成立。　　第 2 個條件須成立。

if ((年齡 >= 18) && ((學歷 >= 專科畢業) || (專業 == 幼教相關)))

其中一個子條件符合，則第 2 個條件就成立了。

三、範例程式解說

1. 建立專案，並於程式碼第 1-2 行引入 iostream 標頭檔，並使用 std 命名空間。

```
1  #include <iostream>
2  using namespace std;
```

2. 開始於 main() 主函式中撰寫程式。程式碼第 6-7 行宣告變數，整數變數 iScore 用於儲存輸入的平均成績，字元變數 cLoc 與 cProof 分別儲存代表是否居住本里以及是否有清寒證明的字元 'Y' 或 'N'。第 9-10 將 cLoc 與 cProof 的預設值設定為 'N'，表示未居住在本里以及沒有清寒證明。

```
6  int iScore; // 平均成績
7  char cLoc, cProof;
8
9  cLoc = 'N'; // 預設未居住本里
10 cProof = 'N'; // 預設未有清寒證明
```

Example 03 判斷敘述 if…else 3-7

3. 程式碼第 12 行顯示提示訊息，第 13 行讀取輸入的字元，並儲存於變數 cLoc。第 14 行使用 toupper() 函式先將輸入的字元轉換為大寫字元，第 15 行使用 cin.ignore() 函式讀取在輸入緩衝區中剩餘的資料。

```
12  cout << " 是否居住在本里 (Y/N)：";
13  cin >> cLoc;
14  cLoc = toupper(cLoc);
15  cin.ignore(80, '\n');
```

4. 程式碼第 17 行顯示提示訊息，第 18 行讀取輸入的字元，並儲存於變數 cProof。第 19 行使用 toupper() 函式先將輸入的字元轉換為大寫字元，第 20 行使用 cin.ignore() 函式讀取在輸入緩衝區中剩餘的資料。

```
17  cout << " 是否有清寒證明 (Y/N)：";
18  cin >> cProof;
19  cProof = toupper(cProof);
20  cin.ignore(80, '\n');
```

5. 程式碼第 22 行顯示提示訊息，第 23 行讀取輸入的平均成績，並儲存於變數 iScore。

```
22  cout << " 輸入平均成績：";
23  cin >>iScore;
```

6. 程式碼第 25-28 判斷是否符合申請資格。因為平均成績達 80 分與有清寒證明只要其中一個條件成立即可，因此第 2 個條件運算式為：（iScore >= 80 || cProof == 'Y'）。再加上居住在本里為必要條件；因此，完整的複合條件運算式如第 25 行所示。

```
25  if (cLoc == 'Y' && ( iScore >= 80 || cProof == 'Y'))
26      cout << " 符合申請資格 " << endl;
27  else
28      cout << " 不符合申請資格 " << endl;
29
30  system("pause");
```

重點整理

1. if 判斷敘述與 if…else 判斷敘述的使用時機並沒有一定的方式與原則，通常視各自撰寫程式的習慣，以及視功能需求而決定。

2. if…else 敘述的複合判斷條件太多或是過於複雜，反而會造成程式碼閱讀上的困難；因此，可以轉換為多個 if…else 判斷敘述，或是改用巢狀的 if…else 判斷敘述。

分析與討論

1. if…else 可以使用條件運算子 "?:"（又可稱爲三元條件運算子：Ternary conditional operator）予以簡化其形式；如下形式。

    　　條件運算式 ? 條件成立的結果 : 條件不成立的結果

    「條件成立的結果」與「條件不成立的結果」都必須爲運算式。例如，年齡滿 18 歲才可以買酒的例子：年齡大於等於 18 歲，則可以買酒，否則不能買酒。整數變數 age 爲年齡，布林變數 buyWine 表示是否可以買酒；如下所示：

    ```
    if(age >= 18)
        buyWine = true;
    else
        buyWine = false;
    ```

    若改以三元運算子來表示，則如下所示：

    ```
    (age>=18) ? buyWine=true : buyWine=flase;
    ```

    若是巢狀的 if…else，也可以使用三元運算子來表示。例如：成績小於 60 分則爲 C 等，60-79 分爲 B 等，80 以上則爲 A 等；程式架構如下所示：

    ```
    1  int score;    // 分數
    2  string str;   // 分數等第
    3
    4  cin >> score;
    5
    6  if (score < 60 )
    7      str="C";
    8  else
    9  {
    10     if (score >= 80)
    11         str="A";
    12     else
    13         str="B";
    14 }
    ```

    若以三元運算子表示，則如下所示：

    ```
    1  int score;    // 分數
    2  string str;   // 分數等第
    3
    4  cin >> score;
    5
    6  score < 60 ? str = "C" : score>=80 ? str = "A" : str = "B";
    ```

Example 03 判斷敘述 if…else 3-9

程式碼第六行自動視同：

> score < 60 ? str = "C" : (score>=80 ? str = "A" : str = "B");

這是因為三元運算子是右向關聯（Right-associative）運算子的關係。當然，依照題目的要求，也能改成如下的程式架構：

```
1  int score;   // 分數
2  string str;  // 分數等第
3
4  cin >> score;
5
6  if (score >= 60)
7     {
8          if (score >= 80)
9              str = "A";
10         else
11             str = "B";
12    }
13    else
14         str = "C";
```

若以三元運算子的方式，則如下所示：

> score >=60 ? (score >= 80 ? str = "A" : str = "B") : str="C";

因此，是否要使用三元運算子來簡化程式碼，則視自己的程式寫作習慣；如果巢狀的 if…else 超過了 2 層以上，此時若使用三元運算子來表達原來的巢狀 if…else 結構，應該會讓程式碼不易閱讀與理解。此外，由於使用三元運算子的表達式時，只能接受運算式，這也限制了三元運算式在應用上的彈性。

程式碼列表

```
1  #include <iostream>
2  using namespace std;
3
4  int main()
5  {
6      int iScore; // 平均成績
7      char cLoc, cProof;
8
9      cLoc = 'N'; // 預設未居住本里
```

```
10        cProof = 'N'; // 預設未有清寒證明
11
12        cout << " 是否居住在本里 (Y/N)：";
13        cin >> cLoc;
14        cLoc = toupper(cLoc);
15        cin.ignore(80, '\n');
16
17        cout << " 是否有清寒證明 (Y/N)：";
18        cin >> cProof;
19        cProof = toupper(cProof);
20        cin.ignore(80, '\n');
21
22        cout << " 輸入平均成績：";
23        cin >>iScore;
24
25        if (cLoc == 'Y' && ( iScore >= 80 || cProof == 'Y'))
26            cout << " 符合申請資格 " << endl;
27        else
28            cout << " 不符合申請資格 " << endl;
29
30        system("pause");
31  }
```

本章習題

1. 輸入年齡，判斷是否已達到可以買酒的年齡。若達到買酒的年齡則顯示：" 已達到買酒年齡 "；否則顯示 " 尚未達到買酒的年齡 "。

2. 承第 1 題，輸入年齡時，增加判斷年齡是否正確的判斷式。

3. 寫一申請獎學金的程式，申請條件為：1. 數學成績須高於 90 分，2. 英文成績須滿 90 分，3. 平均成績須達 85 分。若成績輸入小於 0 分或大於 100 分，需顯示錯誤訊息。

4. 輸入國文、英文與數學三科成績，判斷是否符合申請獎學金的資格。申請條件為：1. 平均成績須達 85 分，2. 三科成績皆不得低於 80 分。

Example 04

巢狀 if...else

有一網頁製作公司徵求工程師的條件如下：1. 大學畢業學歷，2. 男生須役畢，3. 須有程式設計專長；寫一程式檢查應徵者是否符合條件。若符合申請條件則顯示 " 符合申請資格 "。若不符合申請條件，則顯示哪個條件不符合申請資格。

▌ 一、學習目標

在 if 或是 if…else 敘述內還有其他的 if 或 if…else 判斷敘述，就稱之為巢狀 if…else。日常生活中的事物，時常會需要比一個 if…else 更複雜的判斷；例如：必須先達成什麼條件之後，再做另一種條件的判斷，此時便會使用到巢狀的 if…else。

本範例需要判斷 3 種條件：學歷、性別與專長，若是男生還需要額外判斷是否役畢。這些條件判斷並沒有先後的順序，因此也能使用多個單層的 if…else 來進行判斷；但若使用巢狀的 if…else 來撰寫這些條件的判斷式，會讓程式顯得更有結構，以及日後維護程式碼時顯得更容易閱讀與了解。

▌ 二、執行結果

如下圖左，輸入性別、是否大學畢業、是否具備程式設計專長；如果性別為男性還需要輸入是否役畢。最後會顯示是否符合應徵資格或是沒有符合資格的原因，如下圖右所示。

4-1　巢狀 if...else 架構

巢狀 if…else 判斷敘述並沒有一定的型式，因此可以依照程式的功能需求去組織適當的巢狀 if…else 架構；下圖為巢狀 if…else 的一個例子。

此巢狀 if…else 一共有 2 層，最外層為第一層 if…else 敘述。在第一層的 if 程式區塊中包含了另一個 if 判斷敘述（第二層的 if…else 判斷敘述）與程式敘述 1；當條件運算式 1 成立時會執行此部分的程式敘述。第一層的 else 程式區塊中包含了另一個 if…else 判斷敘述（第二層的 if…else 判斷敘述）與程式敘述 5；當條件判斷式 1 不成立時會執行此部分的程式敘述。

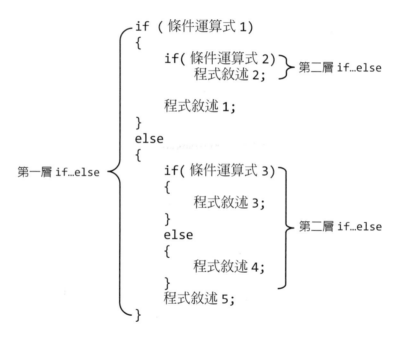

本範例中若輸入的性別為男性，則需要額外判斷是否役畢；所以先用性別來做為第一層 if..else 的條件運算式，然後根據輸入男性或女性再去分別處理學歷、專長、是否役畢等的 if…else 敘述；因此會形成巢狀 if…else 的判斷結構。

↪ 練習 1：計算打折後之購物金額

寫一購物金額打折程式。若購物金額超過 5000 元，並且有購買化妝品，則超過 5000 元的部分可以打九折。

▌ 解說

此題目的重點在於：「若…，並且…則…」的邏輯；亦即可以分為 2 個部份來做判斷：「若…」這是一個部分；而「並且…則…」又是另外一個判斷的部分。而後者是一個雙重的

Example 04　巢狀 if…else　　4-3

條件，須購買化妝品並且超過 5000 元的部分才能打折，所以這就是一個雙層的 if…else 判斷結構。

執行結果

```
輸入金額：6000
是否購買了化妝品 (Y/N)？y
總金額 =5900
```

程式碼列表

```cpp
 1  #include <iostream>
 2  using namespace std;
 3
 4  int main()
 5  {
 6      int money;
 7      int total;
 8      char yn;
 9
10      cout << " 輸入金額：";
11      cin >> money;
12
13      if (money <= 5000)
14          total = money;
15      else
16      {
17          cout << " 是否購買了化妝品 (Y/N)？";
18          cin >> yn;
19          yn = toupper(yn);
20
21          if (yn == 'Y')
22              total = 5000 + round((money - 5000) * 0.9);
23          else
24              total = money;
25      }
26
27      cout << " 總金額 =" << total << endl;
28
29      system("pause");
30  }
```

程式講解

1. 程式碼第 1-2 行引入 iostream 標頭檔與宣告使用 std 命名空間。
2. 程式碼第 6-8 行分別宣告整數變數 money 與 total，用於儲存輸入的購買金額與最後的總金額。字元變數 yn 用於儲存輸入是否購買化妝品的 'Y' 或 'N'。
3. 程式碼第 13-25 行為一個巢狀的 if…else 結構。第 13-14 行判斷購買的金額如果小於等於 5000 元則不打折，否則執行第 15-25 行的 else 程式區塊。第 17-19 行讀取輸入的資料並儲存於變數 yn，並使用 toupper() 函式將輸入的資料轉為大寫字母。
4. 第 21-24 行判斷是否購買了化妝品，如果有購買化妝品則執行第 22 行，重新計算打折後的價錢，將消費超過 5000 元的部分打九折；round() 函式用於將打折後的價錢四捨五入。否則執行第 24 行。第 27 行顯示最後的消費金額。

練習 2：轉換成績等第

成績分為 A-E 五個等第。90-100 分為 A，80-89 分為 B，70-79 分為 C，60-69 分為 D，其餘分數為 E。寫一程式輸入分數，並顯示此分數的等第。

解說

此題目也可以只使用單層的 if…else 敘述來處理，但會顯得複雜。若換個思考方式：排除 A 等第的 90 分及以上的分數，剩下的就是 89 分及以下的分數。然後再從 B 等第的 89 分及以下的分數中，排除 80 分及以上的分數，剩下的就是 79 分及以下的分數；依照此種邏輯，自然就形成了巢狀 if…else 結構；並且程式撰寫會顯得更清楚。

執行結果

```
輸入分數 (0-100)：88
等第：B
```

程式碼列表

```cpp
1  #include <iostream>
2  using namespace std;
3
4  int main()
5  {
6      int score;
7
8      cout << " 輸入分數 (0-100)：";
```

Example 04　巢狀 if…else　　4-5

```
9      cin >> score;
10
11     //----------------------------
12     if (score >= 90)
13         cout << " 等第：A" << endl;
14     else
15     {
16         if(score>=80)
17             cout << " 等第：B" << endl;
18         else
19         {
20             if(score>=70)
21                 cout << " 等第：C" << endl;
22             else
23             {
24                 if(score>=60)
25                     cout << " 等第：D" << endl;
26                 else
27                     cout << " 等第：E" << endl;
28             }
29         }
30     }
31
32     system("pause");
33 }
```

程式講解

1. 程式碼第 1-2 行引入 iostream 標頭檔與宣告使用 std 命名空間。
2. 程式碼第 6 行宣告整數變數 score，用於儲存輸入的分數。
3. 程式碼第 8-9 行讀取輸入的分數，並儲存於變數 score。
4. 程式碼第 12-30 行為巢狀 if…else 結構，用於判斷分數的等第。第 12-13 行首先判斷大於等於 90 分以上的分數，則顯示為等第 A；如果分數低於 90 分則會執行第 14-30 行的 else 程式區塊。

   第 16-17 行判斷大於等於 80 分以上的分數，則顯示為等第 B；如果分數低於 80 分則會執行第 18-29 行的 else 程式區塊。第 20-21 行判斷大於等於 70 分以上的分數，則顯示為等第 C；如果分數低於 70 分則會執行第 22-28 行的 else 程式區塊。第 24-27 行如果分數大於等於 60 分，顯示為等第 D；否則顯示等第 E。

三、範例程式解說

1. 建立專案，並於程式碼第 1-2 行引入 iostream 標頭檔，並使用 std 命名空間。

```
1  #include <iostream>
2  using namespace std;
```

2. 開始於 main( ) 主函式中撰寫程式。程式碼第 6-9 行宣告變數，字串變數 strSex 用於儲存輸入的性別：" 男 " 或 " 女 "。字元變數 graduated、pSkill、mFinished 分別代表是否大學畢業、是否具備程式設計能力與是否役畢。

```
6  string strSex;
7  char graduated;   //Y：大學畢業，N：未達大學畢業
8  char  pSkill; //Y：具備程式設計能力，N：不具備
9  char mFinished; //Y：役畢，N：尚未服役
```

3. 程式碼第 11-12 行讀取輸入的性別，並儲存於變數 strSex。第 14-15 行讀取輸入的大學畢業狀態，並儲存於變數 graduated，第 16 行將輸入的字元轉換爲大寫字元。第 18-19 行讀取輸入是否具備程式設計能力的狀態，並儲存於變數 pSkill，第 20 行將輸入的字元轉換爲大寫字元。

```
11  cout << " 輸入性別 ( 女 / 男 )：";
12  cin >> strSex;
13
14  cout << " 是否大學畢業 (Y/N)：";
15  cin >> graduated;
16  graduated = toupper(graduated);
17
18  cout << " 是否具備程式設計專長 (Y/N)：";
19  cin >> pSkill;
20  pSkill = toupper(pSkill);
```

4. 程式碼第 22-54 行爲一個 4 層的巢狀 if…else 敘述結構。第一層 if…else 敘述用於判斷性別。性別若爲女性，則執行第 23-33 行 if 程式區塊；若爲男性則執行第 35-54 行 else 程式區塊。

   如下圖所示，本範例中若輸入的性別爲男性，則需要額外判斷是否役畢；所以先用性別來做爲第一層 if..else 的條件運算式，然後根據輸入男性或女性再去分別處理學歷、專長、是否役畢等的 if…else 敘述。因此會形成巢狀 if…else 的判斷結構。

Example 04　巢狀 if…else　4-7

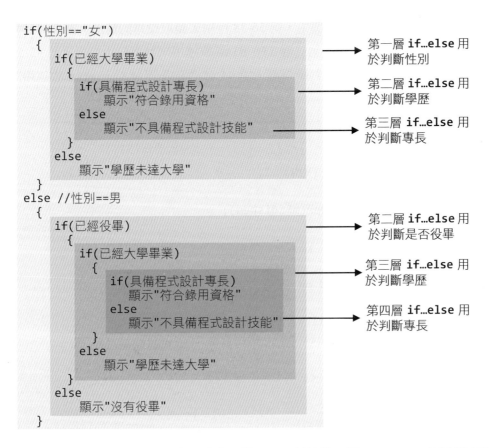

在性別為女性的 if 程式區塊中，第 24-32 行的第二層 if…else 敘述用來判斷學歷，第 26-29 行的第三層 if…else 敘述用來判斷是否具備程式設計專長。

```
22  if (strSex == "女") // 女
23  {
24      if (graduated == 'Y')
25      {
26          if (pSkill == 'Y')
27              cout << "符合錄用資格" << endl;
28          else
29              cout << "不具備程式設計技能" << endl;
30      }
31      else
32          cout << "學歷未達大學" << endl;
33  }
```

在性別為男性的 else 程式區塊中，第 36-38 行用來讀取役畢的情形，並儲存於變數 mFinished 中。第 40-53 行的第二層 if…else 敘述用來判斷是否役畢，第 42-50 行的第三層 if…else 敘述用來判斷學歷，第 44-47 行的第四層 if…else 敘述用來判斷是否具備程式設計專長。

```
34  else  // 男
35  {
36      cout << " 是否役畢 (Y/N)：";
37      cin >> mFinished;
38      mFinished = toupper(mFinished);
39
40      if (mFinished == 'Y')
41      {
42          if (graduated == 'Y')
43          {
44              if (pSkill == 'Y')
45                  cout << " 符合錄用資格 " << endl;
46              else
47                  cout << " 不具備程式設計技能 " << endl;
48          }
49          else
50              cout << " 學歷未達大學 " << endl;
51      }
52      else
53          cout << " 沒有役畢 " << endl;
54  }
```

分析與討論

1. 巢狀 if…else 敘述並沒有固定寫法或是結構，都是視實際的情況而決定該如何寫此巢狀的 if…else 結構。

2. 是否使用單層或是巢狀的 if…else 敘述並沒有一定的規定，只要能夠完成正確的判斷或是簡化程式的撰寫複雜度，都可以視自己的程式撰寫習慣來決定。

3. 巢狀 if…else 結構也不宜太多層，會造成程式碼閱讀困難以及過於複雜的程式流程；此時可以將巢狀的 if…else 結構轉化為多個單層的 if…else 結構或是數個層數較少的巢狀 if…else 結構。

Example 04　巢狀 if…else　4-9

程式碼列表

```
1  #include <iostream>
2  using namespace std;
3
4  int main()
5  {
6      char graduated;   //Y: 大學畢業，N：未達大學畢業
7      string strSex;
8      char  pSkill; //Y: 具備程式設計能力，N：不具備
9      char mFinished; //Y: 役畢，N：尚未服役
10
11     cout << " 輸入性別（女 / 男）: ";
12     cin >> strSex;
13
14     cout << " 是否大學畢業 (Y/N) : ";
15     cin >> graduated;
16     graduated = toupper(graduated);
17
18     cout << " 是否具備程式設計專長 (Y/N) : ";
19     cin >> pSkill;
20     pSkill = toupper(pSkill);
21
22     if (strSex == " 女 ") // 女
23     {
24         if (graduated == 'Y')
25         {
26             if (pSkill == 'Y')
27                 cout << " 符合錄用資格 " << endl;
28             else
29                 cout << " 不具備程式設計技能 " << endl;
30         }
31         else
32             cout << " 學歷未達大學 " << endl;
33     }
34     else   // 男
35     {
36         cout << " 是否役畢 (Y/N) : ";
37         cin >> mFinished;
38         mFinished = toupper(mFinished);
39
40         if (mFinished == 'Y')
```

```
41          {
42              if (graduated == 'Y')
43              {
44                  if (pSkill == 'Y')
45                      cout << " 符合錄用資格 " << endl;
46                  else
47                      cout << " 不具備程式設計技能 " << endl;
48              }
49              else
50                  cout << " 學歷未達大學 " << endl;
51          }
52          else
53              cout << " 沒有役畢 " << endl;
54      }
55  }
```

本章習題

1. 輸入 3 個整數，並比較 3 數的大小關係（不考慮任 2 數相等的情形）。

2. 某服飾店舉辦周年慶促銷活動，消費金額超過 5000 元便可以優惠價加購保養品（一組 500 元）；若保養品購買 2 組或 2 組以上，則保養品可以打 8 折。寫一程式計算購買的總金額。若消費金額達 4000 元，則以 95 折計算最後的金額。

3. 電費每度 2.82 元，電費分段計費方式為：高於 400 至 600 度的部分，每度 3.3 元；高於 600 至 800 度的部分，每度 4.6 元；超過 800 度的部分則每度 5.5 元。寫一程式，輸入用電度數，並計算電費。

4. 衣服 1 件 250 元，買 5 件以下不打折，買 5-10 件打 85 折；買 11 件以上則打 8 折。寫一程式，輸入購買的數量，並計算購買金額。

Example 05 選擇敘述 switch...case

寫一郵局分行全名查詢程式：輸入郵局分行代號，顯示郵局全名。（假設只有4間郵局：002825 平溪郵局、0011323 金山郵局、0011354 瑞芳九份郵局、0311555 烏來郵局）。

一、學習目標

switch…case 選擇敘述又稱爲多重選擇判斷敘述，與 if…else 判斷敘述都能作爲程式在處理判斷決策時，所使用的 2 種方法；然而在使用時機上有些不一樣的區別：if…else 適合判斷 " 某一個範圍 "，而 switch…case 則適合用於判斷 " 不連續的單點值 "。此範例要輸入的郵遞區號是不連續的某些值，因此適合使用 switch…case 來處理。

二、執行結果

如下圖左，輸入郵遞區號並按 Enter 後，會出現相對應的地區；如下圖右所示。

switch…case 選擇敘述會將「比對運算式的值」逐一比對每個 case 關鍵字之後的常數值；若比對到相同的值時，便會執行該程式區塊的程式碼；switch…case 的語法如下所示。

```
switch（比對運算式）
{
    case 常數值 1:
        程式敘述區塊 1;          ◄── 一個 case 區段。
        break;
    case 常數值 2:
        程式敘述區塊 2;
        break;
            :
    [default:
        程式敘述區塊;             ◄── default 區段，非必要。
        break; ]
}
```

switch() 敘述內的比對運算式可以是一個運算式或是一個數值型別的變數。比對運算式所運算的結果，會逐一比對每個 case 關鍵字之後的常數值；當比對到相同的值時便會執行該 case 區段內的程式敘述，接著遇到 break 命令後便離開 switch…case 敘述。

若比對不到任何一個 case 關鍵字之後的常數值，便會執行 default 區段內的程式敘述；如果沒有 default 區段便會直接離開 switch…case 敘述。因此，default 區段通常是用來預防當所有 case 關鍵字的常數值都無法與比對運算式比對成功，則用 default 區段內的程式碼來做例外處理；例如：提醒使用者輸入了錯誤的值；詳見練習 1。

須注意，若 case 區段沒有 break 命令，則雖然已經比對到了某個 case 區段的常數值，並且也執行了該 case 區段內的程式碼；但因為沒有 break 命令，因此會繼續比對下一個 case 關鍵字的常數值，一直遇到 break 敘述而離開 switch…case 結構；詳見練習 2。

5-1　switch…case 的一般形式

switch…case 適合使用於判斷數個單點的值，雖然使用 if…else 判斷敘述一樣可做到相同的事情，但是當需要判斷的單點值變多時，使用 if…else 便顯得複雜與麻煩；此時使用 switch…case 便能簡化這些判斷步驟。

練習 1：查詢電話號碼區碼

寫一電話區碼查詢程式：輸入地點的編號查詢該地區的電話號碼區碼。（假設只有 4 個地區：1. 新北市、2. 桃園市、3. 高雄市、4. 花蓮市）。

解說

這是一個標準的 switch…case 結構的程式。4 個地區各有索引值：1-4，因此很適合當作 case 關鍵字的常數值，分別為「case 1」-「case 4」。

執行結果

```
輸入地區的編號：(1. 新北市，2. 台中市，3. 高雄市，4. 花蓮市 )：3
電話區碼：07
```

Example 05　選擇敘述 switch…case　　5-3

程式碼列表

```
1  #include <iostream>
2  using namespace std;
3
4  int main()
5  {
6      int index;
7      string str;
8
9      cout << " 輸入地區的編號：(1. 新北市，2. 台中市，3. 高雄市，4. 花蓮市 )：";
10     cin >> index;
11
12     switch (index)
13     {
14         case 1: str = " 電話區碼：02";
15             break;
16
17         case 2: str = " 電話區碼：04";
18             break;
19
20         case 3: str = " 電話區碼：07";
21             break;
22
23         case 4: str = " 電話區碼：03";
24             break;
25
26         default: str = " 輸入錯誤 ";
27             break;
28     }
29
30     cout << str << endl;
31     system("pause");
32 }
```

程式講解

1. 程式碼第 1-2 行引入 iostream 標頭檔與宣告使用 std 命名空間。
2. 程式碼第 6-7 行宣告 2 個變數，整數型別的 index 用於儲存使用者輸入的 1-4 編號。
   字串變數 str 則用於顯示電話區碼。
3. 程式碼第 9-10 行顯示輸入訊息，以及讀取輸入的值並儲存於變數 index。

4. 程式碼第 12-28 行為 switch…case 結構，用於判斷電話區碼所屬的地區。例如：當 index 等於 2 時，遇到第 14 行的第 1 個 case 關鍵字，其常數值為 1 並不符合 index 的值，因此會繼續往下比對。第 17 行的第 2 個 case 關鍵字的常數值為 2，與 index 的值相同；因此會將 " 電話區碼：04" 設定給變數 str，並且執行到第 18 行 break 敘述便離開 switch…case 結構。其餘的 case 關鍵字的常數值與 index 的比對方式皆相同。

5. 若 index 的值不屬於 4 個 case 關鍵字的常數值，便會執行第 26-27 行的 default 區段，將變數 str 設定為 " 輸入錯誤 "，並離開 switch…case 結構。

6. 程式碼第 30 行顯示變數 str 於螢幕。

5-2　多 case 區段

使用 switch…case 進行選擇判斷時，若多個 case 關鍵字的單點值所要做的是相同的事情，便可以使用多 case 區段的技巧以簡化複雜或過於冗長的 switch…case 結構；例如下列片段程式碼：

```
switch(value)
{
    case 2:
    case 7: 程式敘述 1;
            break;

    case 3:
    case 5: 程式敘述 2;
            break;
}
```

上述 switch() 敘述的 value 的值若等於 2，則會與第一個 case 關鍵字的常數值 2 相符合；但因為 case 2 之後並沒有 break 敘述，因此程式還會繼續比對下一個 case 7。雖然 value 與 case 7 兩者比對後並不相同，但因為 case 2 之後沒有 break 敘述，所以還是會執行程式敘述 1；接著遇到了 break 敘述，便離開 switch…case 敘述。相同的方式，若 value 的值等於 3 或 5，則會執行程式敘述 2。

Example 05　選擇敘述 switch…case　　5-5

📤 練習 2：多 case 區段

寫一程式，輸入月份並判斷此月份屬於哪一個季節。

▊ 解說

12 個月分別屬於 4 個季節，如果使用每 1 個月 1 個 case 區段來處理這個問題，則一共需要 12 個 case 區段；這樣的方式並不會比使用連續的 if…else 判斷敘述好多少。但若以 4 個季節的角度來看此問題，每個季節包含了 3 個月；因此，以 4 個季節當作 case 關鍵字的常數值，然後使用多 case 區段便可輕鬆處理這個問題。

▊ 執行結果

```
輸入月份：9
秋季
```

▊ 程式碼列表

```cpp
1  #include <iostream>
2  #include <string>
3  using namespace std;
4
5  int main()
6  {
7      int month;
8      string str;
9
10     cout << " 輸入月份 : ";
11     cin >> month;
12
13     switch (month)
14     {
15         case 3:
16         case 4:
17         case 5: str = " 春季 ";
18             break;
19
20         case 6:
21         case 7:
22         case 8: str = " 夏季 ";
23             break;
```

```
24
25          case 9:
26          case 10:
27          case 11: str = " 秋季 ";
28              break;
29
30          case 12:
31          case 1:
32          case 2: str = " 冬季 ";
33              break;
34
35          default: str = " 輸入錯誤 ";
36              break;
37      }
38
39      cout << str << endl;
40      system("pause");
41  }
```

程式講解

1. 程式碼第 1-3 行引入 iostream 與 string 標頭檔，並宣告使用 std 命名空間。
2. 程式碼第 7-8 行宣告 2 個變數：整數變數 month 與字串變數 str，分別用於讀取使用者輸入的月份以及季節的名稱。
3. 程式碼第 10-11 行顯示提示訊息以及讀取使用者所輸入的月份。
4. 程式碼第 13-37 行為一個 switch…case 結構，用於判斷輸入的月份屬於哪個季節。第 15-18 行若輸入的月份等於 3、4 或 5，則變數 str 等於 " 春季 "。

   例如：當 switch() 敘述內 month 的值若等於 3 時，雖然會與第 15 行的 case 關鍵字的常數值 3 比對成功，但因為第 15 行 case 關鍵字並沒有相對應的 break 敘述；因此會繼續比對下去。當比對到第 16 行的 case 關鍵字，雖然 case 關鍵字的常數值 4 並不符合 month 的值，但也因為沒有遇到 break 關鍵字，所以會繼續比對第 17 行。第 17 行的 case 關鍵字常數值為 5，雖然與 month 比對失敗，但因為有了敘述 str = " 春季 "，便會執行此程式敘述；接著遇到了 break 敘述，便離開了 switch…case 結構。

5. 程式碼第 20-33 行的夏、秋與冬季的判斷皆以此類推。
6. 程式碼第 35-36 行為 default 區段；當 month 的值不在 1-12 的範圍內時，便會執行此段程式碼。

Example 05　選擇敘述 switch…case　5-7

三、範例程式解說

1. 建立專案，程式碼第 1-3 行引入 iostream 與 string 標頭檔，並宣告使用 std 命名空間。

```
1  #include <iostream>
2  #include <string>
3  using namespace std;
```

2. 開始於 main() 主函式中撰寫程式。程式碼第 7-8 行宣告字串變數 str 與整數變數 index，用於儲存使用者輸入的字串資料，以及儲存 str 轉型為整數後的值。

```
7  string str;
8  int index;
```

3. 程式碼第 11-12 行讀取使用者輸入的資料並儲存於變數 str，以及使用函式 stoi() 將 str 轉型為數值，並儲存於變數 index。若此字串的前置字元為 "0"，例如："00123"，則轉型為數值之後 "00" 會自動刪除；因此轉換後的數值等於 123。

```
10  cout << " 輸入郵局代號 : ";
11  cin >> str;
12  index = stoi(str);
```

4. 程式碼第 14-35 行為一個 switch…case 結構。第 16-18 行比對 index 的值若等於 2825，則變數 str 設定為 " 平溪郵局 "，並離開 switch…case 結構。第 20-22 行、第 24-26 行與第 28-30 行都是類似的程式敘述。若沒有讓任何一個 case 關鍵字的常數值能與 index 比對成功，則執行 default 關鍵字的程式區塊，將變數 str 設定為 " 輸入錯誤 "，並離開 switch…case 結構。

```
14  switch (index)
15      {
16          case 2825:
17              str = " 平溪郵局 ";
18              break;
19
20          case 11323:
21              str = " 金山郵局 ";
22              break;
23
24          case 11354:
```

```
25              str = " 瑞芳九份郵局 ";
26              break;
27
28          case 311555:
29              str = " 烏來郵局 ";
30              break;
31
32          default:
33              str = " 輸入錯誤 ";
34              break;
35      }
```

5. 程式碼第 37 行顯示變數 str 的值。

```
37  cout << str << endl;
38  system("pause");
```

分析與討論

1. if…else 判斷敘述適合用於判斷 " 某一個範圍 "，而 switch…case 則適合用於判斷 " 不連續的的單點值 "。

2. 使用 if…else 或是 switch…case 作為判斷的敘述，可以視自己的程式撰寫習慣與分析問題之後的結果而定。

程式碼列表

```
1  #include <iostream>
2  #include <string>
3  using namespace std;
4
5  int main()
6  {
7      string str;
8      int index;
9
10     cout << " 輸入郵局代號 : ";
11     cin >> str;
12     index = stoi(str);
13
14     switch (index)
15     {
```

Example 05　選擇敘述 switch…case　5-9

```
16          case 2825:
17              str = " 平溪郵局 ";
18              break;
19
20          case 11323:
21              str = " 金山郵局 ";
22              break;
23
24          case 11354:
25              str = " 瑞芳九份郵局 ";
26              break;
27
28          case 311555:
29              str = " 烏來郵局 ";
30              break;
31
32          default:
33              str = " 輸入錯誤 ";
34              break;
35      }
36
37      cout << str << endl;
38      system("pause");
39  }
```

本章習題

1. 分數分為 A-E 五個等第。90-100 分為 A，80-89 分為 B，70-79 分為 C，60-69 分為 D，其餘分數為 E。寫一程式輸入分數，使用 switch…case 敘述判斷此分數的等第。

2. 使用 switch…case 選擇敘述寫一郵遞區號查詢程式：輸入郵遞區號，顯示地區的全名。（假設只有 4 個地區：汐止區 221、瑞芳區 224、蘆洲區 247、土城區 236）

3. 使用 switch…case 模擬一選單，選單的項目有：1. 新增檔案，2. 開啟舊檔，3. 儲存檔案，4. 結束。例如：輸入 1，則顯示 " 新增檔案 "；輸入 2 則顯示 " 開啟舊檔 "，以此類推。若輸入 1-4 以外的值，則顯示 " 輸入錯誤 "。

4. 寫一程式，輸入出生日期，並判斷為何種星座。提示：一併使用 switch…case 與 if…else 敘述；先使用 switch…case 區分 12 個月份，接著在每個月分的 case 區段中，再使用 if…else 敘述判斷星座；以下為 12 星座之日期參考。

水瓶座 1/21~2/19	雙魚座 2/20~3/20	牡羊座 3/21~4/19	金牛座 4/20~5/20
雙子座 5/21~6/21	巨蟹座 6/22~7/22	獅子座 7/23~8/22	處女座 8/23~9/22
天秤座 9/23~10/23	天蠍座 10/24~11/21	射手座 11/22~12/20	摩羯座 12/21~1/20

Example 06

重複敘述 for

寫一程式，輸入一個文字並儲存於字串變數 str。使用 for 重複敘述讓字串 str 從 Console 視窗的第 10 列第 5 行移動到第 10 列第 20 行的位置。

▌ 一、學習目標

本範例學習 C++ 的重複敘述：for（或稱為 for 迴圈）。for 重複敘述應用於處理反覆執行的步驟、或是有規律變化的反覆步驟。在日常生活中有許多事情是重複性的步驟；或是雖然內容不完全相同，但有一定的變化規則。例如：學校新生入學之前要先編好學號，而學號是依照一定規律的遞增數字；如果這些學號是人工編寫，不僅繁瑣累人也容易謄寫錯誤。

劇院的訂票系統也是一個很好的例子；當天最後一場節目演出結束之後，要清除所有座位的訂票資訊。假設劇院有 300 個座位，若要售票人員使用滑鼠逐一點按螢幕上的 300 個座位，才能清除訂票資訊，這是多麼麻煩的事情。清除 300 個座位的訂票資訊是執行 300 次相同的步驟；因此，可以使用 for 重複敘述來處理，會顯得輕鬆又容易。

▌ 二、執行結果

程式執行之後需要輸入一個字串，例如：輸入 "Hello"。接著此字串 "Hello" 便會從 Console 視窗的第 10 列第 5 行移動到第 10 列第 20 行的位置；如下圖所示。

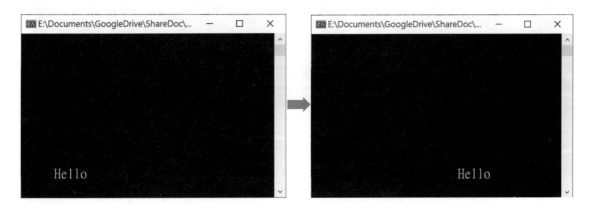

6-1 控制 Console 視窗的游標位置

控制資料在 Console 視窗的顯示位置

非視窗表單的應用程式其輸出的結果，顯示於所謂的 Console 視窗；在 Windows 作業系統的 Console 視窗又稱為「命令列提示字元」，只能顯示字元。要開啟命令列提示字元視窗可於 Windows 作業系統的搜尋功能鍵入「cmd」，如下圖所示。

或是 [開始]>[Windows 系統]>[命令提示字元]；如下圖所示。

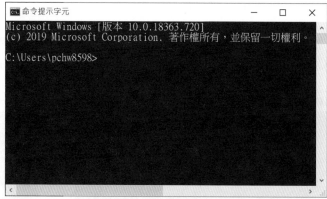

C/C++ 的標準函式庫中，並沒有特別針對 Console 視窗提供控制顯示的函式。在 Windows 作業系統之下，Visual Studio C/C++ 提供了對 Console 視窗的相關控制函式，使用這些函式需引入 windows.h 標頭檔。要控制資料顯示在 Console 視窗的特定位置，需使用到 SetConsoleCursorPosition() 函式，如下列程式片段所示。

Example 06　重複敘述 for　　6-3

```
1  #include <iostream>
2  #include <windows.h>
3  using namespace std;
4      ⋮
5  COORD point;
6
7  point.X = 20;  // 資料顯示的行位置
8  point.Y = 10;  // 資料顯示的列位置
9  // 設定游標的位置
10 SetConsoleCursorPosition(GetStdHandle(STD_OUTPUT_HANDLE), point);
11 cout << "Hello C++"; // 顯示字串
```

程式碼第 2 行引入 windows.h 標頭檔，第 5 行宣告一個 COORD 型別的變數 point，用於指定資料輸出於 Console 視窗的位置。COORD 是一個結構型別（請參考範例 22），並有 2 個結構成員：X 與 Y。第 7-8 行將欲顯示資料的座標（第 20 行，第 10 列）先設定給變數 point。

使用 GetStdHandle()函式取得裝置的 Handle　　　標準輸出裝置：螢幕的 Handle 常數　　　游標的位置

SetConsoleCursorPosition(GetStdHandle(STD_OUTPUT_HANDLE), point);

第 10 行使用 SetConsoleCursorPosition() 函式設定游標位置資料（即資料顯示的座標），並需要傳入 2 個參數：Console 視窗的 Handle、游標的座標；如上所示。程式碼第 11 行顯示字串 "Hello C++"；由於在第 10 行設定新的游標座標：（第 20 行，第 10 列），因此字串 "Hello C++" 便會顯示於此座標所指定的位置。

6-2　for 重複敘述基本形式

for 重複敘述會依據所設定的條件，重複執行所屬的程式區塊內的程式敘述；其語法如下所示。另一種以範圍為基礎的 for 重複敘述，於範例 11 的 11-3 節中介紹。

> for(變數1初始設定[, 變數2初始設定…]; 執行條件; 變數1迭代[, 變數2迭代…])
> {
> 　　程式敘述；
> }

for() 敘述的小括弧裡有 3 組條件：變數初始設定、執行條件與變數迭代。for() 小括弧裡的變數又可稱為迴圈變數；並且可以同時設定多個迴圈變數。變數迭代指的是迴圈變數的遞增或是遞減變化。當迴圈變數符合執行條件時才會執行程式敘述，否則結束 for 重複敘述；因此，此 3 個條件決定了這個 for 重複敘述的執行次數。

例如下面一個簡單的例子：使用 for 重複敘述，計算 1 累加到 5。

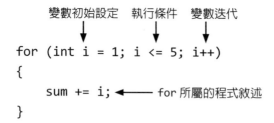

```
for (int i = 1; i <= 5; i++)
{
    sum += i;  ← for 所屬的程式敘述
}
```

變數 sum 為一整數變數，初始值等於 0。上述的 for 重複敘述有一個整數型別的迴圈變數 i，其初始值等於 1，當 i 小於等於 5 才會執行 for 所屬的程式區塊內的程式敘述；並且變數迭代為 i++。此 for 重複敘述可以解釋為：

> 一開始迴圈變數 i=1，當變數 i 小於等於 5 時，便執行 sum+=i，並再將變數 i 累加 1；接著再重新判斷執行條件，若執行條件仍然滿足，則繼續執行程式敘述；反覆這些步驟一直到執行條件不滿足，離開 for 重複敘述為止。

因此，迴圈變數 i 的值的變化為：1 → 2 → 3 → 4 → 5 → 6。當變數 i 等於 6 時，因為不滿足 i<=5 的執行條件，所以結束 for 重複敘述；因此，程式敘述 sum+=i 一共被執行了 5 次。詳細的推演過程如下圖所示。

執行次數	i	sum	i<=5	sum+=i
1	1	0	true	1
2	2	1	true	3
3	3	3	true	6
4	4	6	true	10
5	5	10	true	15
6	6	15	false	

第 6 次 i 等於 6，不符合執行條件

當 for 重複敘述執行了 5 次之後，也等於執行了 1+2+3+4+5；所以最後 sum 的值等於 15。

因此，要讓一個顯示在螢幕上的文字移動，便要持續在新的座標顯示此文字，並且要持續抹去舊位置上的文字，在視覺上便有文字在螢幕上移動的效果；如下流程所示。當顯示 "Hello" 之後需要延遲一小段時間，然後再抹去文字；如此才不至於顯示與抹去文字的速度太快，看不出有移動效果，或是文字移動時發生閃爍的情形。

Example 06　重複敘述 for　　6-5

```
for(  產生新的座標初始值 ；  座標符合移動範圍的條件 ；  座標值迭代  )
{
        設定新的座標 ；
        在新座標顯示 "Hello";
        延遲一小段時間 ；
        使用空白字串抹去在螢幕上已經顯示的 "Hello" 文字 ；
}
```

本範例使用了空白內容的字串覆蓋在舊位置的文字，藉以達到抹去舊文字的效果；例如：若文字內容為 "Hello"，則此 "　　　　　" 空白字串便為 5 個長度的空白字元。

練習 1：for 重複敘述

輸入一個大於 3 的正整數 a，並計算 3 累加到 a 的值。

解說

for 重複敘述中的迴圈變數的初始值、執行條件、變數迭代的變化，都是可以視需要而變化；因此，假設 for 重複敘述的迴圈變數名稱為 i，則此練習題的 for 重複敘述應為如下之形式。

```
for( int i=3;  i<=a;  i++)
{
        程式敘述 ；
}
```

執行結果

```
輸入一個比 3 大的正整數：5
3 累加到 5 的值等於 12
```

程式碼列表

```
1  #include <iostream>
2  using namespace std;
3
4  int main()
5  {
6      int a;
7      int sum = 0;
8
```

```
9       cout << " 輸入一個比 3 大的正整數 : ";
10      cin >> a;
11
12      if(a<=3)
13      {
14          cout << " 輸入錯誤 ";
15          exit(0);
16      }
17
18      for (int i = 3; i <= a; i++)
19          sum += i;
20
21      cout << "3 累加到 " << a << " 的值等於 " << sum << endl;
22      system("pause");
23  }
```

程式講解

1. 程式碼第 1-2 行引入 iostream 標頭檔與宣告使用 std 命名空間。

2. 程式碼第 6-7 行宣告 2 個變數,整數變數 a 用於計算累加,以及整數變數 sum 用於儲存累加的結果。

3. 程式碼第 9-10 行顯示輸入提示訊息,以及讀取輸入的資料,並儲存於變數 a。

4. 程式碼第 12-16 行,如果輸入的資料 a 小於計算累加的起始值 3,則顯示錯誤訊息並結束程式。

5. 程式碼第 18-19 行使用 for 重複敘述計算從 3 至 a 的累加,並將結果儲存於變數 sum。

6. 程式碼第 21 行將累加的結果顯示於螢幕。

6-3　迴圈變數與變數迭代

for 重複敘述的迴圈變數、執行條件與變數迭代,只要是數值的形式則都符合 for 的語法;因此,可以透過改變迴圈變數的初始值與變數迭代,達到所需要的執行需求。

⤴ 練習 2：迴圈變數與變數迭代

寫一程式,使用 for 重複敘述將數值 2.0 累加至 -1.2,每次累加 -0.2。

Example 06　重複敘述 for　　6-7

解說

此練習題所要累加的數值與範圍皆為浮點數：從 2.0 至 -1.2，是遞減的一個形式，而變數迭代也是負的浮點數：-0.2；因此，此練習題的 for 重複敘述的形式應如下所示：

```
for( double i=2.0; i>=-1.2; i-=0.2)
{
    程式敘述；
}
```

由於從 2.0 累加至 -1.2，此累加是一個的遞減的過程：

2.0 → 1.8 → 1.6…-1.0 → -1.2

因此執行條件為：

i>=-1.2

而不是

i<=-1.2

否則因為迴圈變數的初始值為 2.0，for 重複敘述一開始便無法滿足執行條件，因此並不會執行 for 重複敘述。

執行結果

```
i= 2.00, sum= 2.00
i= 1.80, sum= 3.80
i= 1.60, sum= 5.40
    :
i= -1.00, sum= 8.00
i= -1.20, sum= 6.80
```

程式碼列表

```
1 #include <iostream>
2 #include <iomanip>
3 using namespace std;
4
5 int main()
6 {
7     double a, b;
8     double sum = 0;
```

```
 9
10     a = 2.0;
11     b = -1.2;
12
13     for (double i = a; i >= b; i -= 0.2)
14     {
15         sum += i;
16         cout << fixed << setprecision(2) << "i= " << i
17             << ", sum= " << sum << endl;
18     }
19
20     system("pause");
21 }
```

程式講解

1. 程式碼第 1-3 行引入 iostream 與 iomanip 標頭檔，並宣告使用 std 命名空間。
2. 程式碼第 7-8 行宣告 3 個 double 型別的變數 a、b 與 sum。a 與 b 作為計算累加的初始數值與結束數值。變數 sum 則儲存累加的結果。
3. 程式碼第 10-11 行設定累加的初始值與結束值給變數 a 與 b。
4. 程式碼 13-18 行使用 for 重複敘述計算累加的值，並儲存於變數 sum。第 16 行使用輸出格式化設定：fixed 與 setprecision(2)，指定輸出 2 位小數位數。

6-4　多迴圈變數

for 重複敘述中可以同時有多個迴圈變數，以方便處理更複雜的程式邏輯；這些迴圈變數可以彼此獨立，或者有相依的關係。

練習 3：上下樓梯遊戲

有一樓梯共 10 階，瑪莉和約翰在玩上下樓梯的遊戲，瑪莉在樓梯下面，約翰在樓梯的上面，每次瑪莉走上去一個階梯，約翰走下來一個階梯。寫一個程式，使用 for 重複敘述顯示兩人走 10 次，每一次兩人在樓梯的哪個位置。

解說

一開始的時候瑪莉在樓梯最下面：第 1 階，而約翰在樓梯最上面：第 10 階。瑪莉每次往上走一階，約翰則往下走一階；因此，瑪莉 10 次所走的樓梯位置為：

第 1 階→第 2 階→第 3 階→第 4 階→第 5 階→第 6 階→第 7 階→第 8 階→第 9 階→第 10 階

Example 06　重複敘述 for　　6-9

而約翰 10 次所走的樓梯位置為：

　　　第 10 階→第 9 階→第 8 階→第 7 階→第 6 階→第 5 階→第 4 階→第 3 階→第 2 階→第 1 階

從兩人每一次所走的樓梯位置可以推論出以下規律。瑪莉（Mary）在樓梯的位置變化可以使用一個變數迭代為遞增的 for 重複敘述來表示：

```
for( int Mary=1; Mary<=10; Mary++)
{
      程式敘述；
}
```

約翰（John）在樓梯的位置變化可以使用一個變數迭代為遞減的 for 重複敘述來表示：

```
for( int John=10; John>=1; John--)
{
      程式敘述；
}
```

因此，合併此 2 個 for 重複敘述便可組合為一個多迴圈變數的 for 重複敘述，並同時解決瑪莉和約翰各自走樓梯的問題；如下所示：

```
for( int Mary=1, John=10; Mary<=10; Mary++, John--)
{
      程式敘述；
}
```

▋ 執行結果

```
瑪莉在第  1 階梯，約翰在第 10 階梯。
瑪莉在第  2 階梯，約翰在第  9 階梯。
瑪莉在第  3 階梯，約翰在第  8 階梯。
            ⋮
瑪莉在第  8 階梯，約翰在第  3 階梯。
瑪莉在第  9 階梯，約翰在第  2 階梯。
瑪莉在第 10 階梯，約翰在第  1 階梯。
```

▋ 程式碼列表

```
1  #include <iostream>
2  using namespace std;
3
4  int main()
```

```
 5  {
 6      for (int Mary = 1, John = 10; Mary <= 10; Mary++, John--)
 7      {
 8          cout << " 瑪莉在第 " << Mary << " 階梯，約翰在第 "
 9              << John << " 階梯。" << endl;
10      }
11
12      system("pause");
13  }
```

程式講解

1. 程式碼第 1-2 行引入 iostream 標頭檔與宣告使用 std 命名空間。

2. 程式碼第 6-10 行建立多迴圈變數的 for 重複敘述，變數 Mary 代表瑪莉目前在樓梯的位置，變數 John 代表約翰目前在樓梯的位置。

   瑪莉每一次往上走一個階梯，因此變數迭代為 Mary++；約翰每一次往下走一個階梯，因此變數迭代為 John--。兩人走的次數相同，因此執行條件可以使用 Mary<=10 或是 John>=1。

3. 程式碼第 8-9 行顯示瑪莉和約翰在樓梯的位置。

三、範例程式解說

1. 建立專案，程式碼第 1-3 行引入 iostream 與 windows.h 標頭檔，並宣告使用 std 命名空間。引入 windows.h 標頭檔是為了使用 Visual Studio C/C++ 所提供的控制 Console 視窗的函式。

```
1  #include <iostream>
2  #include <windows.h>
3  using namespace std;
```

2. 開始於 main() 主函式中撰寫程式。程式碼第 7-9 行宣告變數，COORD 型別的變數 point 用於設定在螢幕上顯示資料的座標，字串型別的變數 str 與 strSpace 分別用於儲存輸入的文字，以及用於抹除文字所用的空白字元字串。整數變數 len 用於儲存字串 str 的長度。

```
7  COORD point;
8  string str, strSpace = "";
9  int len;
```

Example 06　重複敘述 for　6-11

3. 程式碼第 11-12 顯示輸入的提示，以及讀取輸入的文字並儲存於變數 str。第 14 行
使用字串類別的 length() 函式取得 str 的長度，並儲存於變數 len。第 15-16 行建
立與 str 相同長度的空白字元字串。第 18 行清除 Console 視窗。

```
11  cout << " 輸入一個字串：";
12  cin >> str;
13
14  len = str.length(); // 取出字串的長度
15  for (int i = 0; i < len; i++) // 使用空白填滿字串 strSpace
16      strSpace += " ";
17
18  system("cls");   // 清除螢幕
```

4. 程式碼第 20-32 行為一個 for 重複敘述，用於處理字串 str 在 Console 視窗裡移動。
第 20 行迴圈變數 posX 作為字串顯示在 Console 視窗的行座標，初始值等於 5，變數
迭代為 posX++，執行條件為 posX<=20。posX 的變化為：5 → 6 → 7…19 → 20；所
以此 for 重複敘述會執行 16 次。

第 22-23 行將欲設定的新的游標位置：第 10 列第 posX 行先儲存於變數 point 的 X 與
Y。第 25 行使用 SetConsoleCursorPosition() 函式設定新的游標座標，接著第 26 行
在此游標位置顯示字串 str，第 28 行使用 Sleep(200) 讓程式暫停 0.2 秒。第 30 行重
新再設定一次游標的位置，第 31 行在此位置顯示字串 strSpace，由於字串 strSpace
的內容是與 str 相同長度的空白字元字串，藉以覆蓋原來的字串 str 的內容。

```
20  for (int posX = 5; posX <= 20; posX++)
21  {
22      point.X = posX;
23      point.Y = 10; // 游標位置
24      // 設定游標的位置
25      SetConsoleCursorPosition(GetStdHandle(STD_OUTPUT_HANDLE), point);
26      cout << str; // 顯示字串
27
28      Sleep(200); // 暫停 0.2 秒
29
30      SetConsoleCursorPosition(GetStdHandle(STD_OUTPUT_HANDLE), point);
31      cout << strSpace;      // 清除字串
32  }
33
34  system("pause");
```

分析與討論

1. for() 敘述的小括弧之後並不加分號，雖然加了分號之後在程式語法上並無錯誤，但是執行的邏輯是不相同的；如下範例：

```
1   #include <iostream>
2   using namespace std;
3
4   int main()
5   {
6       for (int i = 0; i < 5; i++) ;  ◄────────┐
7       {                                         │  此兩部分為彼此獨立
8           程式敘述 ;                         ◄───┘  的程式區塊
9       }
10  }
```

如程式碼第 6 行，當 for() 敘述之後加了分號，則此第 6 行程式碼即為獨立的程式區段（for 重複敘述會被執行：迴圈變數做 5 次的變數迭代之後即結束），與下面第 7-9 行的程式碼毫無關係；此 2 個方框的程式區段形成了 2 個獨立的程式區段；因此，不管程式碼第 6 行的 for 重複敘述的執行條件為何，程式碼第 7-9 行一定會被執行，而且也只會被執行一次而已。

2. for() 敘述內的迴圈變數也可以在 for 重複敘述之外宣告；其變數的有效範圍不同（參閱範例 20）；例如下列範例：

```
1   #include <iostream>
2   using namespace std;
3
4   int main()
5   {
6       for (int i = 0; i < 5; i++)
7       {
8           cout << i << endl;
9       }
10                              ──── 發生語法錯誤
11      cout << i << endl;
12  }
```

上述程式碼第 6-9 行為一個簡單的 for 重複敘述，迴圈變數 i 的初始值等於 0，執行條件 i<5，變數迭代為 i++；程式碼第 8 行將迴圈變數 i 顯示出來。因此，迴圈變數 i 的變化為：0→1→2→3→4 。程式碼第 11 行在 for 重複敘述之外，將變數 i 再顯示一次；但是卻出現錯誤訊息：

識別項 "i" 未定義

Example 06　重複敘述 for　6-13

這是因為迴圈變數 i 一旦離開了 for 重複敘述之後便會失效；迴圈變數 i 只在 for 重複敘述內有效。現在再將迴圈變數 i 宣告在 for 重複敘述之外；如下範例所示：程式碼第 6 行宣告整數變數 i，並將此變數當成 for 重複敘述的迴圈變數。

```
1  #include <iostream>
2  using namespace std;
3
4  int main()
5  {
6      int i;          ←———— 變數 i 宣告為全域變數
7
8      for (i = 0; i < 5; i++)
9      {
10         cout << i << endl;
11     }
12
13     cout << i << endl;
14 }
```

當迴圈變數宣告在 for 重複敘述之外時，上述程式碼正確執行；這是因為此時變數 i 宣告為全域變數的關係，其變數有效範圍為整支程式。

3. for 重複敘述允許多個迴圈變數，但這些迴圈變數也可以不宣告在 for() 的敘述中，一樣可以完成相同的事情；因此，是否要使用多迴圈變數則視自己的習慣與需求決定。例如下列程式碼：

```
1  #include <iostream>
2  using namespace std;
3
4  int main()
5  {
6      int sum = 0;
7
8      for (int i = 0, j=1; i < 5; i++,j+=2)
9      {
10         sum = i + j;
11         cout << sum <<endl;
12     }
13 }
```

程式碼第 8 行的 for 重複敘述中有 2 個迴圈變數：i 與 j，初始值分別為 0 與 1；其中 j 的變數迭代為 j+=2，因此 j 的變化為 1 → 3 → 5 → 7 → 9。此程式的主要目的是將每次 i 與 j 的值相加之後儲存於變數 sum，並顯示 sum 的值。

若不在 for 重複敘述中使用多迴圈變數，則要達到上述程式相同的目的，可以改為如下程式碼：

```cpp
 1  #include <iostream>
 2  using namespace std;
 3
 4  int main()
 5  {
 6      int sum = 0;
 7      int j = 1;
 8
 9      for (int i = 0; i < 5; i++)
10      {
11          sum = i + j;
12          cout << sum << endl;
13          j += 2;
14      }
15  }
```

程式碼第 7 行將原本的迴圈變數 j 宣告在 for 重複敘述之外，而原本 j 的變數迭代則寫於程式碼第 13 行。此程式所做的事情與原先的程式碼是一樣的結果。

程式碼列表

```cpp
 1  #include <iostream>
 2  #include <windows.h>
 3  using namespace std;
 4
 5  int main()
 6  {
 7      COORD point;
 8      string str, strSpace = "";
 9      int len;
10
11      cout << " 輸入一個字串：";
12      cin >> str;
13
14      len = str.length(); // 取出字串的長度
```

Example 06　重複敘述 for　6-15

```
15      for (int i = 0; i < len; i++) // 使用空白填滿字串 strSpace
16          strSpace += " ";
17
18      system("cls");   // 清除螢幕
19
20      for (int posX = 5; posX <= 20; posX++)
21      {
22          point.X = posX;
23          point.Y = 10; // 游標位置
24          // 設定游標的位置
25          SetConsoleCursorPosition(GetStdHandle(STD_OUTPUT_HANDLE), point);
26          cout << str; // 顯示字串
27
28          Sleep(200); // 暫停 0.2 秒
29
30          SetConsoleCursorPosition(GetStdHandle(STD_OUTPUT_HANDLE), point);
31          cout << strSpace;  // 清除字串
32      }
33
34      system("pause");
35  }
```

本章習題

1. 輸入 2 個整數 a 與 b，並使用 for 重複敘述計算 a 累加到 b 的值。
2. 使用 for 重複敘述，分別計算 1-10 的奇數與偶數的累加結果。
3. 使用 for 重複敘述與其迴圈變數，完成下面的輸出顯示：

```
0
01
012
0123
01234
012345
0123456
01234567
012345678
0123456789
```

4. 使用 for 重複敘述與多迴圈變數，依照以下之順序顯示文字：

```
Az、By、Cx...Xc、Yb、Za
```

Example

07

多層 for 重複敘述

Visual Studio C/C++ 可以針對 Windows 系統的 Console 視窗設定文字與文字背景的顏色；文字與背景各有 16 種顏色。寫一程式，使用空白字元組合成為字串，並利用此空白字元的字串，組合為一個矩形方塊，並依序變化 16 種顏色。

▌ 一、學習目標

本範例學習 C++ 的多層 for 重複敘述：for 重複敘述的程式區塊中，還有其他的 for 重複敘述；此種多個重複敘述彼此重疊的情形，便稱之為多層的重複敘述（巢狀迴圈）。多層重複敘述在撰寫程式時經常被使用，用於簡化程式的流程。

▌ 二、執行結果

如下圖所示，由空白字元所組成的 5 列字串，字元顏色與背景顏色皆由顏色 0 逐漸變化到顏色 15。下列 3 張圖由左至右分別為顏色 1、6 與 14：藍色、銘黃色與亮黃色。

7-1 多層 for 重複敘述

for 重複敘述的程式區塊中還有其他的 for 重複敘述，稱之為多層的 for 重複敘述；如下所示：

```
for( int i=1; i<=5; i++)◄──── 第一層 for 重複敘述
{
    for( int j=0; j<3; j++)◄──── 第二層 for 重複敘述
    {
        程式敘述 A;
    }
    程式敘述 B;
}
```

上述為一個 2 層 for 重複敘述，第 1 層的 for 重複敘述的迴圈變數為整數 i，其程式區塊包含 2 個部分：迴圈變數為 j 的 for 重複敘述，與程式敘述 B。第 2 層的 for 重複敘述的迴圈變數為 j，其程式區塊的內容為程式敘述 A。迴圈變數 i 的變化為 1→2→3→4→5；因此，第 1 層 for 重複敘述會執行 5 次。迴圈變數 j 的變化為 0→1→2，所以第 2 層的 for 重複敘述一共執行 3 次。

因為第 2 層的 for 重複敘述位於第 1 層的 for 迴圈敘述的程式區塊裡面；因此，每當第 1 層的 for 執行 1 次，第 2 層的 for 重複敘述就會執行 3 次，所以程式敘述 A 也相同地被執行 3 次；而程式敘述 B 則只會執行 1 次。當整個 for 重複敘述執行完畢時，程式敘述 A 則被執行了 15 次，而程式敘述 B 則執行了 5 次。

練習 1：顯示圖案

寫一程式，使用雙層 for 重複敘述，顯示如下之星號圖案。

```
*
**
***
****
*****
```

解說

此星號圖案的顯示規則為：第一列顯示 1 個星號，第二列顯示 2 個星號，第三列顯示 3 個星號，第四列顯示 4 個星號，第五列顯示 5 個星號；因此，可以歸納出以下的規則：

1. 一共有 5 列，每一列要做相同的事情：列印星號
2. 假設其中某列為第 i 列，則第 i 列需顯示 i 顆星號

從第 1 點可以知道「列印星號」這事情要反覆做 5 次；因此，可以使用 for 重複敘述來處理。從第 2 點也能知道，「列印幾顆星號」這件事情也是反覆的步驟；所以也可以使用 for 重複敘述來處理。因此，就會形成一個 2 層的 for 重複敘述的架構，如下所示：

```
for( int num=1; num<=5; num++)
{
    for( int star=1; star<=num; star++)
    {
        ⋮
    }
    ⋮
}
```

Example 07　多層 for 重複敘述　　7-3

第 1 層 for 重複敘述控制列印 5 列的星號，所以迴圈變數 num 的初始值等於 1，執行條件為 num<=5，變數迭代為 num++。第 2 層 for 重複敘述控制每一列星號的數量，所以迴圈變數 star 的初始值等於 1，執行條件為 star<=num，變數迭代為 star++；利用這個執行條件來控制列印與列數相同數量的星號。例如：當迴圈變數 num 等於 1，則值執行條件為 start<=1，便列印 1 顆星號；當迴圈變數 num 等於 3，則值執行條件為 start<=3，便列印 3 顆星號；以此類推。

執行結果

```
*
**
***
****
*****
```

程式碼列表

```cpp
1   #include <iostream>
2   using namespace std;
3
4   int main()
5   {
6       string str = "";
7
8       for (int num = 1; num<= 5; num++)
9       {
10          for (int star = 1; star <= num; star++)
11          {
12              str += "*";
13          }
14          cout << str << endl;
15          str = "";
16      }
17
18      system("pause");
19  }
```

程式講解

1. 程式碼第 1-2 行引入 iostream 標頭檔與宣告使用 std 命名空間。
2. 程式碼第 6 行宣告一個字串型別的變數 str，用於串接星號 "*" 字串。

3. 程式碼第 8-16 行為一個 2 層的 for 重複敘述，第 1 層用於控制列印 5 列的星號，迴圈變數 num 的初始值等於 1，執行條件為 num<=5，變數迭代為 num++。第 2 層 for 重複敘述控制每一列星號的數量，所以迴圈變數 star 的初始值等於 1，執行條件為 star<=num，變數迭代為 star++。
4. 程式碼第 12 行將星號 "*" 字串串接於變數 str 中；因此，第 2 層的 for 重複敘述執行多少次，字串 str 便會串接這麼多個星號 "*" 字串。
5. 程式碼第 14 行顯示串接好星號的字串 str。第 15 行清除字串 str 的內容；如此才能重新串接新的星號。

練習 2：顯示九九乘法表

寫一程式，使用雙層 for 重複敘述，顯示如下排列之九九乘法。

解說

九九乘法表的被乘數與乘數，都是有規律的變化，其範圍都是 1 → 2 → 3…8 → 9，因此可以知道被乘數與乘數可以個別由 for 重複敘述來處理；如下所示。

1. 被乘數的 for 重複敘述：for(int 被乘數 =1; 被乘數 <=9; 被乘數 ++)
2. 乘數的 for 重複敘述：for(int 乘數 =1; 乘數 <=9; 乘數 ++)

以 1 的乘法為例：1×1=1、1×2=2…1×9=9，可以歸納出規則：被乘數執行 1 次，乘數執行 9 次；執行完 1 的乘法接著執行 2 的乘法：2×1=2、2×2=4…2×9=18；以此類推。因此，若以整數變數 i 當成被乘數，整數變數 j 當成乘數，整數 p 為乘積，便可以將九九乘法表示為一個 2 層的 for 重複敘述的結構；如下所示。

```
for( int i=1; i<=9; i++)
{
    for( int j=1; j<=9; j++)
    {
        p = i * j;
    }
        ⋮
}
```

當第 1 層 for 的迴圈變數 i 等於 1，則第 2 層 for 的迴圈變數 j 則從 1 → 2 → 3…8 → 9，因此乘積 p 的值為：1、2、3…8、9。接著迴圈變數 i 執行變數迭代 i++ 之後等於 2，則迴圈變數 j 又從 1 → 2 → 3…8 → 9，因此乘積 p 的值為：2、4、6…16、18。以此類推，當第 1 層 for 的迴圈變數 i 等於 9，則第 2 層 for 的迴圈變數 j 則從 1 → 2 → 3…8 → 9，因此乘積 p 的值為：9、18、27…72、81。

Example 07　多層 for 重複敘述　7-5

執行結果

```
1*1= 1, 1*2= 2, 1*3= 3, 1*4= 4, 1*5= 5, 1*6= 6, 1*7= 7, 1*8= 8, 1*9= 9
2*1= 2, 2*2= 4, 2*3= 6, 2*4= 8, 2*5=10, 2*6=12, 2*7=14, 2*8=16, 2*9=18
3*1= 3, 3*2= 6, 3*3= 9, 3*4=12, 3*5=15, 3*6=18, 3*7=21, 3*8=24, 3*9=27
4*1= 4, 4*2= 8, 4*3=12, 4*4=16, 4*5=20, 4*6=24, 4*7=28, 4*8=32, 4*9=36
5*1= 5, 5*2=10, 5*3=15, 5*4=20, 5*5=25, 5*6=30, 5*7=35, 5*8=40, 5*9=45
6*1= 6, 6*2=12, 6*3=18, 6*4=24, 6*5=30, 6*6=36, 6*7=42, 6*8=48, 6*9=54
7*1= 7, 7*2=14, 7*3=21, 7*4=28, 7*5=35, 7*6=42, 7*7=49, 7*8=56, 7*9=63
8*1= 8, 8*2=16, 8*3=24, 8*4=32, 8*5=40, 8*6=48, 8*7=56, 8*8=64, 8*9=72
9*1= 9, 9*2=18, 9*3=27, 9*4=36, 9*5=45, 9*6=54, 9*7=63, 9*8=72, 9*9=81
```

程式碼列表

```cpp
1  #pragma warning(disable : 4996)
2  #include <iostream>
3  #include <string>
4  using namespace std;
5
6  int main()
7  {
8      string str = "";
9      char product[3];
10
11     for (int i = 1; i <= 9; i++)
12     {
13         for (int j = 1; j <= 9; j++)
14         {
15             sprintf(product, "%2d", i * j);
16             str += to_string(i) + "*" + to_string(j) + "=" + product;
17             if (j != 9)
18                 str += ", ";
19         }
20
21         cout << str << endl;
22         str = "";
23     }
24
25     system("pause");
26 }
```

程式講解

1. 程式碼第 1 行宣告停止 4996 的警告，如此在使用函式 sprintf() 時才不至於發生錯誤。

2. 程式碼第 2-4 行引入 iostream 與 string 標頭檔與，並宣告使用 std 命名空間。

3. 程式碼第 8-9 行宣告變數。字串變數 str 用於儲存乘法計算的輸出結果，長度為 3 的字元陣列變數 product 用於儲存乘法的乘積。

4. 程式碼第 11-23 行為一個 2 層的 for 重複敘述結構。第 1 層用於表示九九乘法表的被乘數，迴圈變數 i 的初始值等於 1，執行條件 i<=9，變數迭代為 i++。第 2 層表示九九乘法表的乘數，迴圈變數 j 的初始值等於 1，執行條件 j<=9，變數迭代為 j++。

5. 程式碼第 15 行使用 sprintf() 函式，將九九乘法表裡的每一個乘積都轉為固定長度為 2 的字元字串，並儲存於變數 product。

   為了顯示九九乘法表時的整齊性，九九乘法表的每一個乘法在顯示時都能夠有相同的長度；例如：1×1=1 與 2×9=18 的乘積 1 與 18 其長度不一樣，在顯示時便會不整齊；所以，將 1×1 的乘積 1 轉換為字串 " 1"，將 2×9 的乘積 18 也轉換為字串 "18"，如此所有九九乘法表的每個乘法的乘積都會有相同長度。

6. 程式碼第 16 行將要顯示的乘法結果先各自轉換為字串並串接在一起，再儲存到變數 str；例如：要顯示 3×4=12，則如下列字串之組合。

$$\underset{❶}{\underline{\text{to\_string(i)}}} + \underset{❷}{\underline{\text{"*"}}} + \underset{❸}{\underline{\text{to\_string(j)}}} + \underset{❹}{\underline{\text{"="}}} + \underset{❺}{\underline{\text{product}}}$$

$$\frac{❶}{3} \quad \frac{❷}{*} \quad \frac{❸}{4} \quad \frac{❹}{=} \quad \frac{❺}{12}$$

   被乘數的部分由 to_string(i) 所產生，乘數由 to_string(j) 產生，乘積則由 product 產生；乘號與等於符號則由字串 "*" 與 "=" 產生；因此，將這 5 個部分串接起來便可以得到字串 "3*4= 12"。

   由於第 2 層的 for 重複敘述會執行 9 次，並且將此 9 個乘法所產生的字串以 "+=" 運算子串接並儲存到變數 str。以 1 的乘法為例，將每次的乘法所產生的字串："1*1= 1"、"1*2= 2"、"1*3= 3"…"1*8= 8"、"1*9= 9" 串接之後，變數 str 內容等於：

   "1*1= 1, 1*2= 2, 1*3= 3, 1*4= 4, 1*5= 5, 1*6= 6, 1*7= 7, 1*8= 8, 1*9= 9"

   第 17-18 行判斷如果不是該乘法的最後一個，則在字串之後加上逗號 ","，如此顯示到畫面上比較容易清楚分辨每一個乘法運算的乘積。

Example 07　多層 for 重複敘述　　7-7

7. 程式碼第 21-22 行將乘法的結果顯示到螢幕上，並將變數 str 的內容清除；否則舊的內容也會被串接到下一個新的乘法所串接的字串裡。

7-2　設定文字與文字背景顏色

Visual Studio C/C++ 提供了設定 Console 視窗相關的函式，也能用於設定文字與其背景的顏色；使用這些函式時需引入 windows.h 標頭檔。

文字與文字背景顏色

文字與其背景所能使用的基本顏色已經事先被定義好了，如下表所示。

分類	常數值	說明
文字顏色	FOREGROUND_RED	紅色。
	FOREGROUND_GREEN	綠色。
	FOREGROUND_BLUE	藍色。
	FOREGROUND_INTENSITY	亮度。
文字背景顏色	BACKGROUND_RED	紅色。
	BACKGROUND_GREEN	綠色。
	BACKGROUND_BLUE	藍色。
	BACKGROUND_INTENSITY	亮度。

文字或文字背景的顏色，都是由各自的這 4 種基本顏色再去組合產生其他的顏色；所以各自可以組合 16 種顏色。組合顏色時使用 "|" 運算子將不同的顏色做組合；例如：FOREGROUND_BLUE|FOREGROUND_GREEN 則為淺藍色。不同組合之後所能產生的文字顏色，如下表所列。

編號	組合	顏色
0	0	黑色
1	FOREGROUND_BLUE	藍色
2	FOREGROUND_GREEN	綠
3	FOREGROUND_BLUE|FOREGROUND_GREEN	水藍
4	FOREGROUND_RED	紅

5	FOREGROUND_RED|FOREGROUND_BLUE	紫色
6	FOREGROUND_RED|FOREGROUND_GREEN	土黃
7	FOREGROUND_RED|FOREGROUND_GREEN|FOREGROUND_BLUE	淺灰
8	FOREGROUND_INTENSITY	灰
9	FOREGROUND_BLUE|FOREGROUND_INTENSITY	淡藍
10	FOREGROUND_GREEN|FOREGROUND_INTENSITY	淡綠
11	FOREGROUND_GREEN|FOREGROUND_BLUE|FOREGROUND_INTENSITY	亮藍
12	FOREGROUND_RED|FOREGROUND_INTENSITY	淺紅
13	FOREGROUND_RED|FOREGROUND_BLUE|FOREGROUND_INTENSITY	淺紫
14	FOREGROUND_RED|FOREGROUND_GREEN|FOREGROUND_INTENSITY	淡黃
15	FOREGROUND_RED|FOREGROUND_GREEN|FOREGROUND_BLUE|FOREGROUND_INTENSITY	白

文字的背景色，也與文字顏色的產生方式相同，不同組合之後所能產生的背景顏色，如下表所列。

編號	組合	顏色
0	0	黑色
1	BACKGROUND_BLUE	藍色
2	BACKGROUND_GREEN	綠
3	BACKGROUND_BLUE|BACKGROUND_GREEN	水藍
4	BACKGROUND_RED	紅
5	BACKGROUND_RED|BACKGROUND_BLUE	紫色
6	BACKGROUND_RED|BACKGROUND_GREEN	土黃
7	BACKGROUND_RED|BACKGROUND_GREEN|BACKGROUND_BLUE	淺灰
8	BACKGROUND_INTENSITY	灰
9	BACKGROUND_BLUE|BACKGROUND_INTENSITY	淡藍
10	BACKGROUND_GREEN|BACKGROUND_INTENSITY	淡綠
11	BACKGROUND_GREEN|BACKGROUND_BLUE|BACKGROUND_INTENSITY	亮藍
12	BACKGROUND_RED|BACKGROUND_INTENSITY	淺紅

Example 07　多層 for 重複敘述　　7-9

13	BACKGROUND_RED|BACKGROUND_BLUE|BACKGROUND_INTENSITY	淺紫
14	BACKGROUND_RED|BACKGROUND_GREEN|BACKGROUND_INTENSITY	淡黃
15	BACKGROUND_RED|BACKGROUND_GREEN|BACKGROUND_BLUE|FOREGROUND_INTENSITY	白

設定文字與文字背景的顏色

設定 Console 視窗的文字顏色與文字背景色，如下程式碼所示。

```
1  #include <iostream>
2  #include <windows.h>
3  using namespace std;
4
5  int main()
6  {
7      HANDLE   hConsole;
8
9      hConsole = GetStdHandle(STD_OUTPUT_HANDLE);
10     SetConsoleTextAttribute(hConsole, 文字與文字背景顏色 );
11     cout << "Hello";
12 }
```

首先需先引入 windows.h 標頭檔，並且宣告一個 HANDLE 型別的變數，用於取得 Console 視窗的 Handle，如程式碼第 7 行。第 9 行取得 Console 視窗的 Handle，並儲存於變數 hConsole。第 10 行使用 SetConsoleTextAttribute() 函式設定文字與文字背景的顏色；其中，文字與文字背景顏色有 2 種指定的方式，如下所說明。

1. 使用顏色常數

使用上述的文字顏色常數與文字背景常數來做設定。例如要設定文字顏色為紫色，文字背景顏色為水藍色：文字紫色為 FOREGROUND_RED|FOREGROUND_BLUE，文字背景水藍色為 BACKGROUND_BLUE|BACKGROUND_GREEN。將文字顏色與文字背景顏色使用 "|" 運算子連接起來即可；則如下所示：

```
SetConsoleTextAttribute(hConsole, FOREGROUND_RED|FOREGROUND_BLUE|
                        BACKGROUND_BLUE|BACKGROUND_GREEN);
```

2. 使用顏色編號

文字顏色與文字背景顏色的顏色編號都是 0-15，顏色也相同。一個顏色由一個位元組所組成，低 4 個位元為文字顏色，高 4 個位元為文字背景顏色，如下圖左所示。

紫色的顏色編號為 5（二進位值 **101**），淺藍色的顏色編號為 3（二進位值 **011**），因此顏色的設定如上圖右所示；使用 SetConsoloeTextAttribute() 函式設定，則如下所示。

```
SetConsoleTextAttribute(hConsole, 5 + (3 << 4));
```

使用 system() 命令設定文字與 Console 視窗的顏色

除了改變文字與文字背景的顏色，也可以使用 system() 函式改變整個 Console 視窗的顏色；其命令格式如下所示。

```
system("color 顏色設定 ");
```

顏色設定是一個 2 位數的 16 進位數值，分別代表 Console 視窗的顏色編號與文字顏色編號；例如：

```
1e
```

16 進位數字 **1** 等於 10 進位數字的 **1**，即表示設定 Console 視窗的顏色為藍色，16 進位數字 e 等於 10 進位數值的 **14**，表示設定文字顏色為淡黃色。因此，要設定 Console 視窗為藍色，文字為淡黃色；則如下所示。

```
system("color 1e");
```

↪ 練習 3：顯示文字與文字背景顏色

寫一程式，使用巢狀 for 重複敘述，在 Console 視窗中顯示所有的文字顏色與文字背景顏色的搭配組合。

▊ 解說

文字顏色與文字背景顏色各自有 16 種顏色；先固定一種文字背景顏色，然後在此顏色上顯示 16 種顏色的文字；接著再換另一種文字背景顏色，再顯示 16 種顏色的文字於其上。如此反

Example 07　多層 for 重複敘述　7-11

覆這 2 個步驟一直到 16 種文字背景顏色都各自顯示 16 種不同顏色的文字；如此便形成了一個 2 層 for 重複敘述的結構。

若整數變數 back 與 fore 分別代表文字背景與文字顏色編號，整數變數 color 表示為組合後之顏色值，HANDLE 型別的變數 hConsole 為 Console 視窗的 Handle；則此 2 層的重複敘述的結構應如下所示：

```
 1  for( int back=0; back<16; back++)
 2  {
 3      for( int fore=0; fore<16; fore++)
 4      {
 5          color = fore + (back << 4);
 6          SetConsoleTextAttribute(hConsole, color);
 7                 ⋮
 8      }
 9                 ⋮
10  }
```

程式碼第 1-10 行為第 1 層的 for 重複敘述，用來處理文字背景顏色的變化。第 3-8 行為第 2 層的 for 重複敘述，用於處理文字顏色的變化。文字背景顏色改變 1 次，文字顏色改變 16 次；因此，一共有 256 種的顏色組合。第 5 行使用 fore 與 back 兩個顏色編號來計算組合之後的顏色值，第 6 行使用 SetConsoleTextAttribute() 設定文字與文字背景的顏色。

執行結果

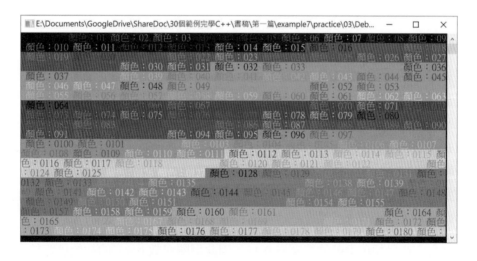

程式碼列表

```
1  #include <iostream>
2  #include <windows.h>
3  using namespace std;
4
5  int main()
6  {
7      HANDLE  hConsole;
8      int color;
9
10     hConsole = GetStdHandle(STD_OUTPUT_HANDLE);
11
12     for (int back = 0; back < 16; back++)
13     {
14         for (int fore = 0; fore < 16; fore++)
15         {
16             color = fore + (back << 4);
17             SetConsoleTextAttribute(hConsole, color);
18             cout << " 顏色：" << cout.width(3)<< color;
19         }
20     }
21
22     SetConsoleTextAttribute(hConsole, 15);
23     system("pause");
24 }
```

程式講解

1. 程式碼第 1-3 行引入 iostream 與 windows.h 標頭檔，並宣告使用 std 命名空間。

2. 程式碼第 7 行宣告 HANDLE 型別的變數 hConsole，用於取得 Console 視窗的 Handle。第 8 行宣告整數變數 color，代表組合之後的顏色值。

3. 程式碼第 10 行使用 GetStdHandle() 函式取得 Console 視窗的 Handle，並儲存於變數 hConsole。

4. 程式碼第 12-20 行為一個 2 層的 for 重複敘述；第 1 層的迴圈變數 back 用於代表文字背景顏色編號，第 2 層的迴圈變數 fore 代表文字顏色編號。

   因為文字背景顏色編號的範圍為 0-15，因此迴圈變數 back 的初始值等於 0，執行條件為 back<16，變數迭代為 back++。文字顏色編號的範圍也是 0-15，所以迴圈變數 fore 的初始值、執行條件、變數迭代都與迴圈變數 back 相同。

Example 07 多層 for 重複敘述 7-13

5. 程式碼第 16 行使用變數 back 與 fore 組合爲顏色值，並儲存於變數 color。第 17 行使用 SetConsoleTextAttribute() 函式設定文字與文字背景的顏色。
6. 程式碼第 18 行顯示文字以及變數 color 的值；顯示的顏色會是經由第 16 行所計算的顏色值。
7. 程式碼第 22 行重新將文字的顏色與文字背景的顏色，重新設定爲白色與黑色。

▌三、範例程式解說

1. 建立專案，程式碼第 1-3 行引入 iostream 與 windows.h 標頭檔，並宣告使用 std 命名空間。

```
1  #include <iostream>
2  #include <windows.h>
3  using namespace std;
```

2. 開始於 main() 主函式中撰寫程式。程式碼第 7-8 行宣告變數，HANDLE 型別的變數 hConsole 用於儲存 Console 視窗的 Handle，COORD 型別的變數 point 用於儲存 Console 視窗裡的游標座標。

```
7  HANDLE  hConsole;
8  COORD point; // 設定游標位置
```

3. 程式碼第 11 行使用 GetStdHandle() 函式取得 Console 視窗的 Handle，並儲存於變數 hConsole。

```
11  hConsole = GetStdHandle(STD_OUTPUT_HANDLE);
```

4. 程式碼第 13-25 行爲一個 2 層的 for 重複敘述。第 1 層用於控制顏色的變化，迴圈變數 color 初始值等於 0，執行條件爲 color<16，變數送代爲 color++；表示顏色的變化爲 0-15。第 2 層用於顯示 5 列的空白字元字串，迴圈變數 y 的初始值等於 10，執行條件爲 y<15，變數送代爲 y++；因此，會在 Console 視窗的第 10-14 列繪製 5 列的空白字元字串。

```
13  for (int color = 0; color < 16; color++) // 顏色變化從 1-15
14  {
15      for (int y = 10; y < 15; y++) // 顯示三列的空白字串
16      {
17          SetConsoleTextAttribute(hConsole, color + (color << 4));
18          point.X = 20;
```

```
19          point.Y = y;
20          SetConsoleCursorPosition(hConsole, point);
21          cout << "            "<<endl;
22      }
23
24      Sleep(300); // 暫停 0.3 秒
25  }
```

第 17 行使用 SetConsoleTextAttribute() 函式將文字與文字背景設定為相同
的顏色。第 18-19 行先將欲設定游標的座標儲存於 point 變數，第 20 行再使用
SetConsoleCursorPosition() 函式設定游標座標。第 21 行於設定的座標顯示 8
個空白字元的字串。由於文字與文字背景的顏色相同，因此會在畫面上看到一個顏色
方塊。第 24 行使用 Sleep() 函式暫停 0.3 秒後，再回到第 1 層 for 重複敘述。

5. 程式碼第 27 行將文字與文字背景的顏色，重新設定為白色與黑色。

```
27  SetConsoleTextAttribute(hConsole, 15);
28  system("pause");
```

分析與討論

1. 多層的重複敘述除了 for 迴圈之外還有 while 迴圈，使用多層的重複敘述可以簡化
   複雜的程式邏輯；但是，包覆過多層的重複敘述，不但沒有簡化程式的執行邏輯，反
   而會增加程式的複雜度、降低程式的執行效率。

   因此，3 層以內的多層重複敘述在實際的應用上已經足以應付大部分的情形，甚至有
   的程式設計師會將超過 2 層以上的重複敘述，化簡為多個 1 層或是 2 層的重複敘述，
   以增加程式的執行效率。

程式碼列表

```
1  #include <iostream>
2  #include <windows.h>
3  using namespace std;
4
5  int main()
6  {
7      HANDLE  hConsole;
8      COORD point; // 設定游標位置
9
```

Example 07　多層 for 重複敘述　　7-15

```cpp
10      // 取得 Console 視窗的 handle
11      hConsole = GetStdHandle(STD_OUTPUT_HANDLE);
12
13      for (int color = 0; color < 16; color++) // 顏色變化從 1-15
14      {
15          for (int y = 10; y < 15; y++) // 顯示三列的空白字串
16          {
17              SetConsoleTextAttribute(hConsole, color + (color << 4));
18              point.X = 20;
19              point.Y = y;
20              SetConsoleCursorPosition(hConsole, point);
21              cout << "          "<<endl;
22          }
23
24          Sleep(300); // 暫停 0.3 秒
25      }
26
27      SetConsoleTextAttribute(hConsole, 15);
28      system("pause");
29  }
```

本章習題

1. 使用巢狀 for 重複敘述，重寫範例 6 的本章習題第 3 題。

2. 使用巢狀 for 重複敘述，完成下面的輸出顯示：

    ```
    0
    10
    210
    3210
    43210
    543210
    6543210
    76543210
    876543210
    9876543210
    ```

3. 使用 for 重複敘述顯示以下圖案。

    ```
    *           *****
    **          ****            *
    ***         ***           ***
    ****        **           *****
    *****        *
    ```

4. 輸入文字與文字背景各自的起始與結束的顏色編號，使用巢狀 for 重複敘述顯示有的顏色組合。

Example
08

重複敘述 while

小明開始存錢購買平板電腦。寫一程式讓小明先輸入平板電腦的價錢,接著持續記錄小明每次輸入存了多少錢。當小明儲存足夠的錢後,提醒小明已經存夠買平板電腦的錢了。

▎一、學習目標

本範例學習 C++ 的重複敘述:while(或稱為 while 迴圈)。while 與 for 重複敘述之差別在於 for 重複敘述有明確的迴圈變數初始值、執行條件與變數迭代;所以可以很清楚地知道 for 重複敘述會被執行多少次。

而在 while 重複敘述中只有明確的執行條件,只要滿足執行條件則 while 重複敘述便會一直執行下,一直到執行條件不滿足為止。因此,有可能一開始就不滿足執行條件,所以不執行 while 重複敘述;也有可能會無窮盡地執行下去,造成無窮的迴圈。

此範例每一次小明所存的錢並不是固定的金額;所以無法知道小明存幾次之後的錢才足夠買平板電腦。因此,適合使用 while 重複敘述來撰寫此範例程式。

▎二、執行結果

如下圖左所示,先輸入平板電腦的價錢,接著開始輸入欲儲存多少錢。每儲存一次錢,便會顯示已經儲存了多少錢,還差多少錢才能買平板電腦;如下圖右所示。

```
E:\Documents\GoogleDrive\ShareDoc\30個範...    —    □    ×
輸入平板電腦的價錢:1500
此次儲存多少錢:300
已經儲存了 300 元,尚差 1200 元
此次儲存多少錢:300
已經儲存了 600 元,尚差 900 元
此次儲存多少錢:
```

```
E:\Documents\GoogleDrive\ShareDoc\30個範...    —    □    ×
輸入平板電腦的價錢:1500
此次儲存多少錢:300
已經儲存了 300 元,尚差 1200 元
此次儲存多少錢:300
已經儲存了 600 元,尚差 900 元
此次儲存多少錢:500
已經儲存了 1100 元,尚差 400 元
此次儲存多少錢:500
已經儲存了 1600 元已經可以買平板電腦了。
請按任意鍵繼續 . . .
```

8-1　前測式 while

while 重複敘述如同 for 重複敘述一般，當符合執行條件時，會反覆執行所屬的程式區塊內的程式敘述；其語法如下所示。

```
while( 執行條件 )
{
    程式敘述 ;
    控制條件 ;
        ⋮
}
```

while 命令之後立即接著執行條件，因此又稱為前測式 while。當 while 的執行條件成立（等於 true）時，便會重複執行左右大括弧程式區塊內的程式敘述，一直到執行條件不成立（等於 false）為止。因此，while 重複敘述有一個特色：可能一開始就不符合執行條件，所以不執行 while 重複敘述；也有可能不確定會執行多少次的 while 重複敘述，因此一直反覆執行，一直到不符合執行條件為止。例如：

```
while( num<10 && start==true )
{
    程式敘述 ;
    控制條件 ;
        ⋮
}
```

上述 while 重複敘述的執行條件為複合運算關係式，必須同時滿足 num<10 以及 start 等於 true 才會執行；至於 while 重複敘述何時停止，便要靠控制條件。

while 重複敘述不像 for 重複敘述，有迴圈變數初始值、執行條件與變數迭代，因此可以明確知道 for 重複敘述會執行幾次；而 while 重複敘述必須靠改變控制條件，造成不滿足執行條件而結束 while 重複敘述。例如：

```
int i=0;

while( i<=10 )
{
    程式敘述 ;
        ⋮
    i++; ←──── 控制條件
}
```

Example 08 重複敘述 while　8-3

上述片段程式碼宣告了一個整數變數 i，其初始值等於 0。while 重複敘述的執行條件為 i<=10；因此當變數 i 小於等於 10 時，便會反覆執行左右括弧內的程式敘述，包括程式敘述 i++。i 的變化由 0 → 1 → …10 → 11，當 i 等於 11 時便不滿足執行條件，因而結束 while 重複敘述。若沒有 i++ 此行敘述，則變數 i 永遠等於 0，永遠滿足執行條件，因此這個 while 重複敘述將不斷地執行下去，沒有結束的時候，形成無窮迴圈；此時程式將沒有反應，如同電腦當機了一般。因此，在此 while 重複敘述的結構中，程式敘述 i++ 便稱之為控制條件。

⤳ 練習 1：while- 累加 1 至 10

使用 while 重複敘述撰寫 1 至 10 的累加程式。

▍ 解說

使用 while 重複敘述要注意設定控制條件，以避免造成無窮盡的迴圈。

▍ 執行結果

```
i=1, sum=1
i=2, sum=3
i=3, sum=6
i=4, sum=10
i=5, sum=15
i=6, sum=21
i=7, sum=28
i=8, sum=36
i=9, sum=45
i=10, sum=55
```

▍ 程式碼列表

```cpp
 1  #include <iostream>
 2  using namespace std;
 3
 4  int main()
 5  {
 6      int  i = 1;
 7      int sum = 0;
 8
 9      while (i <= 10)
10      {
11          sum += i;
```

```
12
13          cout << "i=" << i << ", sum=" << sum << endl;
14          i++;
15      }
16
17      system("pause");
18  }
```

┃ 程式講解

1. 程式碼第 1-2 行引入 iostream 標頭檔與宣告使用 std 命名空間。

2. 程式碼第 6-7 行宣告 2 個整數變數 i 與 sum，i 的初始值等於 1；sum 用於儲存累加的值。

3. 程式碼第 9-15 行為一個 while 重複敘述，執行條件為 i<=10，第 14 行為控制條件 i++，因此變數 i 的變化為：1→2→…9→10；當 i 等於 11 時便不符合執行條件，不會再繼續執行 while 重複敘述。第 11 行將 i 的值累加後儲存於變數 sum，第 13 行顯示變數 i 的值與累加的結果。

8-2　while 無窮迴圈

日常生活中有不少的應用，會讓程式一直反覆在迴圈中重複執行；例如：打磚塊遊戲裡的球不停地在反彈。或是飲料販賣機的程式，一直在等待使用者投錢以及選擇飲料的按鍵被按下，接著投遞飲料、找零錢；這些步驟不停地反覆執行。諸如此類的應用，都是反覆不停的重複相同的步驟、做相同的事情，此時便可以應用無窮迴圈的方式來撰寫程式；無窮迴圈的形式如下圖左所示。while 重複敘述的執行條件為 true，因此會不斷地重複執行這個 while 迴圈裡的程式敘述。

```
          ⋮                                    ⋮
    while( true )                         while( true )
    {                                     {
        程式敘述；                             程式敘述；
          ⋮                                   if( 條件運算式 )
    }                                             break;
                                                ⋮
                                          }
```

無窮迴圈不代表就沒有結束的時候，例如打磚塊遊戲可以選擇結束遊戲、飲料販賣機關掉電源就能停止運作。因此在撰寫無窮迴圈的程式時，也可以設計一個機制結束程式執行；如上

Example 08　重複敘述 while　　8-5

圖右所示。當 if 判斷敘述內的條件運算式成立時，便會執行 break 命令，因而離開 while 重複敘述。

練習 2：左右反彈球

寫一反彈球程式。以一個空白字元當成球，讓球在螢幕上左右反覆不停地移動；當球遇到 Console 視窗的邊緣時，球便會反向移動。並且，當按下任意鍵時便結束執行。

解說

在此練習題中要解決 3 個問題：1. 球不停地移動，2. 球在遇到 Console 視窗的左右邊框時會反向移動，3. 按下任何鍵則球停止移動並結束程式。

球不停地移動

文字在 Console 視窗裡顯示的位置也是游標（Cursor）的位置，以（行，列）來表示；通常也以數學座標的形式來表示：（X，Y）；視窗的左上角爲（0，0），意即第 0 行第 0 列。例如：字元 'B' 顯示在第 15 行第 5 列，會以這樣的形式表示：（15，5）；如下圖所示。

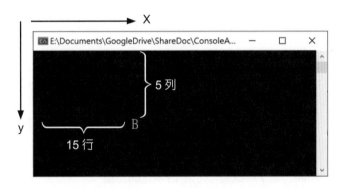

此練習題要求使用一個空白的字元當成球；因此，所謂的球 " 移動 " 便是指改變顯示在 Console 視窗的空白字元的位置。因此，當不斷地改變字元的顯示位置，在視覺上便覺得球在移動。而要讓球不停地移動可使用 while 重複敘述，並且使用無窮迴圈的方式；此概念如同下列的形式：

```
while( true )
{
        ⋮
    改變游標的位置 ;
    顯示空白字元 ;
        ⋮
}
```

球遇到 Console 視窗邊緣會反彈

以球往左移動爲例,當球從右邊不斷地向左邊移動時,最後會遇到 Console 視窗的左邊緣,此時球必須改變移動方向,往右邊移動;就如同球遇到了邊界而反彈的效果;如下圖所示。

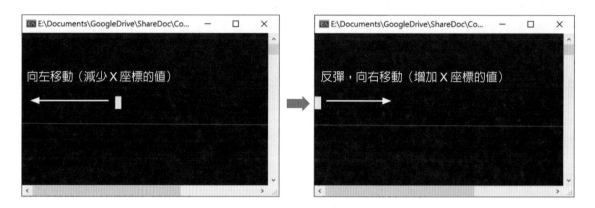

因此,所謂的球碰到視窗的左邊緣而反彈,並且改變移動的方向,就是判斷這個空白字元的顯示位置的 X 座標是不是等於或是小於 0(視窗的第 0 行);如果是的話,表示此字元已經被顯示在視窗的第 0 行了(碰到視窗的左邊緣),所以不能再往左移動(減少 X 座標的值),要改成向右移動(增加 X 座標的值)。因此,以程式碼大致上的形式如下所示:

```
1  COORD point;          // 游標的座標
2  int move = -1;        // 每次字元在 X 方向移動的值
3      ⋮
4  if(point.X <= 0)   // 判斷字元顯示的 X 座標是否已經小於等於視窗的最左邊界
5      move = -move;   // 改變移動方向
6      ⋮
7  point.X += move;     // 改變顯示空白字元的位置
8  SetConsoleCursorPosition(hConsole, point); // 設定游標的位置
9  cout << ' ';          // 顯示空白字元
```

程式碼第 1 行宣告了一個 COORD 型別的變數 point 用於表示游標的位置。第 2 行宣告了一個整數變數 move,用於表示游標的 X 座標每次要改變的值;其初始值等於 -1,表示一開始是向左移動。第 4-5 行判斷若游標的 X 座標小於等於 0,則改變 move 的正負號(例如:-1 會變成 1)。第 7 行將游標的 X 座標加上 move,作爲下一次新的游標的 X 座標;move 的值若是正值,則游標的 X 座標值會增加,表示下一次的游標會往右移動;若 move 的值爲負值,則游標的 X 座標值會減少,表示下一次的游標會往左移動。第 8 行設定新的游標位置,第 9 行在游標位置顯示空白字元。

Example 08　重複敍述 while　8-7

相同的方式，當球持續往右移動（move 的值為正值），一直碰到視窗的右邊界時，也需要改變移動方向（move 的值改為負值）：向左移動，如同球反彈一般；如下圖所示。

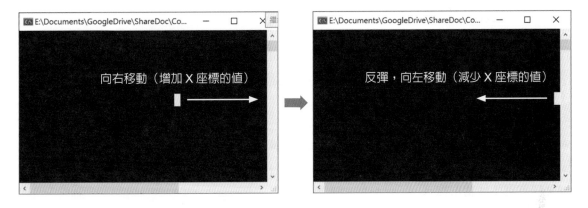

因此，判斷球是否碰到視窗的右邊界的程式碼的形式如下所示：

```
1       ⋮
2  if(point.X >= 視窗的右邊界 )
3      move = -move;
4       ⋮
```

按任意鍵球停止移動，並結束程式

scanf() 函式與 cin 物件使用於讀取使用者輸入的資料；此二者在讀取使用者輸入值的時候，程式會等待使用者輸入資料；但反彈球不能因為等待使用者按任意鍵而停止移動，因此不能使用 scanf() 函式與 cin 物件來偵測使用者是否按了按鍵。

kbhit() 函式則可以隨時測試是否有任何鍵被按下，如果沒有按鍵被按下則回傳 0，否則回傳被按下的按鍵的 ASCII 碼值。例如：按下了 'a' 則 kbhit() 函式回傳 97。使用 kbhit() 函式需引入 conio.h 標頭檔，Visual Studio C++ 提供了另一個較安全的版本：_kbhit() 函式，其功能和回傳值與 kbhit() 一樣。

使用 while 重複敍述與 kbhit() 函式完成本範例的要求：「按任意鍵停止球移動，並結束程式」的程式架構可如下所示：

```
1       ⋮
2  while(true)
3  {
4      if(kbhit())
5          break;
```

```
6
7       球移動與其它處理；
8  }
9  exit(0);
```

程式碼第 2-8 行為 while 無窮迴圈,第 4 行判斷如果有按鍵被按下,則執行第 5 行 break 指令離開 while 迴圈,並執行第 9 行 exit(0) 結束程式。

執行結果

如下圖左所示,剛開始代表球的空白字元往左移動,碰到 Console 視窗的左邊緣後反彈並改變移動方向,往右移動。在球碰到 Console 視窗的右邊緣後也會反彈,往右移動。並且,當按下任意鍵後便結束程式。

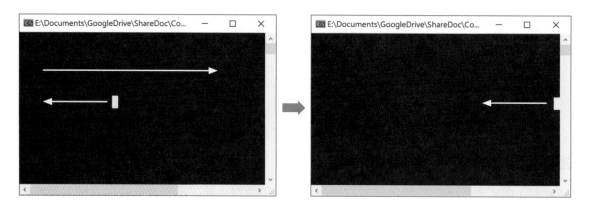

程式碼列表

```
1  #pragma warning(disable : 4996)
2  #include <iostream>
3  #include <Windows.h>
4  #include <conio.h>
5  using namespace std;
6
7  int main()
8  {
9      COORD point; // 游標的座標
10     HANDLE hConsole; // 記錄 Console 視窗的 Handle
11     CONSOLE_CURSOR_INFO curInfo; // 游標資訊
12     SMALL_RECT rect;
13     int move; // 球的移動量
14     char ch = ' '; // 當成球的空白字元
15     int cWidth, cHeight; // 用於設定 Console 視窗的 size
```

Example 08　重複敘述 while　　8-9

```
16    bool fg;
17
18    move = 2;
19    point.X = 2;
20    point.Y = 10;
21
22    hConsole=GetStdHandle(STD_OUTPUT_HANDLE);
23
24    // 取消顯示游標
25    curInfo.bVisible = false; // 不顯示游標
26    curInfo.dwSize = 1; // 要設定大小，游標的 bVisible 設定為 fasle 才有效
27    SetConsoleCursorInfo(GetStdHandle(STD_OUTPUT_HANDLE), &curInfo);
28
29    // 設定 Console 視窗的大小
30    cWidth = 60, cHeight = 20; // 不同解析度的螢幕，設定的大小不同
31    rect.Top = 0;
32    rect.Left = 0;
33    rect.Bottom = cHeight -1 ;
34    rect.Right = cWidth -1 ;
35    fg=SetConsoleWindowInfo(GetStdHandle(STD_OUTPUT_HANDLE), TRUE, &rect);
36    if (!fg)
37    {
38        cout << " 請重新調整 cWidth 與 cHeight 的大小 ";
39        exit(0);
40    }
41
42    //------------------------------------------------
43    while (true)
44    {
45        if (kbhit()) // 若有按鍵則離開 while 重複敘述
46            break;
47
48        if (point.X <= 0 || point.X >= rect.Right)
49            move = -move;
50
51        // 使用藍色畫上空白字元
52        SetConsoleTextAttribute(hConsole, 3 + (3 << 4));
53        // 設定游標位置
54        SetConsoleCursorPosition(hConsole, point);
55        cout <<ch; // 顯示藍色的空白字元
56
57        Sleep(50); // 暫停 0.05 秒
```

```
58
59          // 設定
60          SetConsoleTextAttribute(hConsole, 0);
61          SetConsoleCursorPosition(hConsole, point);
62           cout << ch;
63
64          // 設定新的游標位置
65          point.X += move;
66      }
67
68      exit(0);
69 }
```

程式講解

1. 程式碼第 1 行取消 4996 警告。第 2-4 行分別引入需要的標頭檔，第 5 行宣告使用 std 命名空間。

2. 程式碼第 9-16 宣告變數。COORD 型別的變數 point 用於儲存與設定游標的位置，HANDLE 型別的變數 hConsole 用於儲存 Console 視窗的 Handle。CONSOLE_CURSOR_INFO 型別的變數 curInfo 用於取得與設定游標的資訊。

   SMALL_RECT 型別的變數 rect 用於設定 Console 視窗的大小；SMALL_RECT 是個結構型別，其有 4 個結構成員：Top、Left、Bottom 與 Right。整數型別的變數 move 用於表示球的移動量與移動的方向，負值表示往左移動，正值表示往右移動。字元型別的 ch 變數，初始值為一個空白字元，當成在 Console 視窗裡移動的球。整數變數 cWidth 與 cHeight 用於指定與設定 Console 視窗的寬與高。

3. 程式碼第 30-35 行用於重新設定 Console 視窗的大小為 60×20。第 30 行先將 cWidth 與 cHeight 給與初始值 60 與 20，之後會用於設定 Console 視窗的寬與高。第 31-34 行指定 Console 視窗內的顯示的區域為（0，0）-（cWidth-1，cHeight-1）；因為 Console 視窗的右邊與底部要各自保留捲軸列的空間，所以是（cWidth-1，cHeight-1）而不是（cWidth，cHeight）。最後，第 35 行使用 SetConsoleWindowInfo() 函式重設 Console 視窗。

4. 由於不同螢幕的解析度與 DPI 不同；因此，程式碼第 36-40 行需要判斷程式碼第 35 重設 Console 視窗大小是否成功。若回傳值 fg 等於 true 則表示設定成功，若 fg 等於 false 便表示設定失敗，則重新設定 cWidth 與 cHeigth 的值然後再重新設定。

5. 程式碼第 43-66 行為 while 重複敘述，其執行條件為 true，因此這個 while 重複敘述為一個無窮迴圈。此 while 內的程式敘述可以分為 6 個部分，如下所示。

Example 08　重複敘述 while　8-11

```
while(true)
{
```

❶　　　偵測若有按任意鍵，則離開 while 重複敘述；

❷　　　偵測游標的位置若是碰到或超過了 Console 視窗的左右邊界，
　　　　則改變移動的方向

❸　　　設定藍色為 Console 視窗的文字與文字背景的顏色；
　　　　設定 Console 視窗內游標的位置；
　　　　顯示字元 ch;

❹　　　暫停 0.05 秒；

❺　　　重新設定黑色為 Console 視窗的文字與文字背景的顏色；
　　　　設定 Console 視窗內游標的位置；
　　　　顯示字元 ch;

❻　　　改變游標的 X 方向的位置；

```
}
```

比對第 3 部分與第 5 部分的程式碼可以發現：除了設定的顏色不同之外，其餘的程式碼是相同的。第 3 部分的程式碼在視窗上顯示一個藍色的空白字元，第 4 部分讓程式暫停 0.05 秒之後，第 5 部分的程式碼再使用黑色於相同的位置顯示一個黑色的字元，第 6 部分的程式碼設定下一次顯示字元的 X 座標。如此的循環造成了視覺上覺得這個藍色的字元在 Console 視窗裡不停地移動。

6. 程式碼第 45-46 行偵測如果按鍵被按下，則離開 while 重複敘述。

7. 程式碼第 48-49 行判斷游標的 X 方向的位置，若是等於或是超過 Console 視窗的左右邊界時，則改變變數 move 的正負號；如此，在第 65 行設定新的游標的 X 座標時，便會造成游標在 X 方向上的改變。

8. 程式碼第 52 行設定藍色為文字與文字背景的顏色，第 54 行設定游標的位置，第 55 行在此位置顯示字元 ch。

9. 程式碼第 57 行使用 Sleep() 函式讓程式暫停 0.05 秒。

10. 程式碼第 60 行設定黑色為文字與文字背景的顏色，第 61 行設定游標的位置，第 62 行在此位置顯示字元 ch。

11. 程式碼第 65 行將游標的 X 座標加上移動量 move；如此，下一次顯示字元的位置就會不一樣，造成球在移動的視覺效果。

8-3   後測式 do...while

後測式 do…while 與前測式 while 重複敘述的語法只差別在執行條件的位置，後測試 do…while 重複敘述的語法如下所示。

```
do
{
    程式敘述 ;
    控制條件 ;
         ⋮
}while( 執行條件 );
```

由於執行條件放置於整個重複敘述之後，所以稱之為後測式。後測式 do…while 至少會執行一次程式區塊內的程式敘述，然後再依據執行條件判斷是否要繼續執行下一回合。

⤷ 練習 3：號碼牌 10 連抽

寫一程式，每次抽 10 次介於 1-10 之間的號碼牌。若抽出的 10 張號碼牌中，有超過 5 張以上的號碼大於 5，則可以再抽一次。

▌ 解說

要隨機抽取 1-10 之間的號碼，需要使用到亂數的功能；請參考 8-4 節。由題意了解每次都先抽 10 次號碼牌之後，統計號碼大於 5 的牌有多少張，最後再判斷是否可以繼續下一次抽牌；因此，可以知道以下 3 件事情：

1. 不知道可以抽幾回合的牌
2. 先抽牌
3. 最後才判斷是否可以繼續抽牌

由第 1 點可以知道使用 while 會比使用 for 重複敘述更適合此題目。由第 2、3 點也可以知道使用後測式 do…while 會比前測式 while 更符合程式撰寫的邏輯。

▌ 執行結果

此次一共抽取了 3 次的 10 連抽。第 1 次有 7 張牌的號碼大於 5，所以進行第 2 次的 10 連抽。第 2 次有 7 張牌的號碼大於 5，所以進行第 3 次的 10 連抽。第 3 次只有 4 張牌的號碼大於 5，並沒有超過 5 張，因此結束程式。

```
第 1 次：3, 10, 6, 9, 2, 8, 10, 9, 8, 2,
第 2 次：8, 7, 9, 3, 10, 5, 6, 7, 7, 5,
第 3 次：2, 7, 9, 5, 5, 2, 2, 4, 7, 8,
```

Example 08 重複敘述 while 8-13

程式碼列表

```cpp
1  #include <iostream>
2  #include <time.h>
3  using namespace std;
4
5  int main()
6  {
7      time_t t;
8      int v; // 儲存亂數產生的值
9      int num; // 亂數大於 5 的個數
10     int no = 0; // 執行第幾次
11
12     // 產生亂數種子
13     srand((unsigned)time(&t));
14
15     do
16     {
17         num = 0;
18         no++;
19         cout << " 第 " << no << " 次 : ";
20
21         for (int i = 0; i < 10; i++)
22         {
23             v = (rand()%10)+1;
24             cout << v << ", ";
25
26             if (v > 5)
27                 num++;
28         }
29
30         cout << endl;
31     } while (num > 5);
32
33     system("pause");
34 }
```

程式講解

1. 程式碼第 1-3 行引入 iostream 與 time.h 標頭檔,並宣告使用 std 命名空間。

2. 程式碼第 7-10 行宣告變數。第 7 行宣告 time_t 型別的變數 t,當成亂數種子。第 8 行整數變數 v 用於儲存產生的亂數。第 9 行整數變數 num 用於計算每次 10 連抽中,號碼大於 5 的牌的數量。第 10 行整數變數 no 用於記錄一共執行了幾次的 10 連抽。

3. 程式碼第 13 行使用 srand() 函式進行亂數初始化。

4. 程式碼 15-31 行為一個後測式 do…while 重複敘述；第 31 行的執行條件為 num>5，所以只有當產生的 10 連抽號碼牌中，有超過 5 張的號碼大於 5，才會繼續執行下一次的迴圈。其中第 21-28 行的 for 重複敘述用於產生 10 連抽的號碼牌，並統計號碼大於 5 的牌有幾張。

第 17 行將變數 num 設定為 0，表示每一回合抽牌的開始，大於 5 的號碼牌張數等於 0。第 18 行將變數 no 加 1，表示這是第 no 次的回合 10 連抽。第 19 行顯示這次第幾次的 10 連抽。

第 21-28 行使用 for 重複敘述進行 10 連抽。迴圈變數 i 的初始值等於 0，執行條件為 i<10，變數迭代為 i++；所以 for 重複敘述會執行 10 次。第 23 行產生 1-10 的亂數，並儲存於變數 v。第 24 行顯示所產生的亂數。第 26-27 行判斷若產生的號碼大於 5，則將 num 加 1，統計號碼大於 5 的數量。

8-4　亂數

亂數指的是所產生的數值是無法被預測。亂數常被使用於模擬各種不可預測的事物上，透過這些亂數數值去模擬各種隨機發生的事情，藉以預期所產生的結果與影響。例如：模擬不同交通狀況的路口發生車禍的機率；或是模擬在不同的地區，便利商店客戶的年齡層；最常見的應用就是電玩遊戲裡的擲骰子，或是隨機抽獎。

電腦所產生的亂數，是以數學的方式進行模擬而產生的數值，並不是真的如同大自然界裡隨機發生無法預測的事物；而是電腦所產生的亂數，其亂度足夠大到難以預測。

亂數產生器初始化

產生亂數之前，需要先初始化亂數產生器，如下所示。需先引入 iosteam 標頭檔，並使用 srand() 函式初始化亂數產生器。srand() 函式需要傳入 1 個引數，這個引數用於初始化亂數產生器，因此稱為亂數種子。

```
#include <iostream>
    ⋮
srand( 亂數種子 );
    ⋮
```

使用 srand() 須注意以下 2 點：

Example 08　重複敘述 while　8-15

1. srand() 只需被執行一次，否則每次都會產生相同的亂數
2. 使用相同的亂數種子，則每次程式執行時都會產生相同的亂數。

因此，除非要產生相同的亂數，否則必須讓程式每次執行時，都使用不同的亂數種子去初始化亂數產生器；以下是 2 種被普遍使用的方式。

第 1 種方式

```
#include <iostream>
#include <time.h>
    ⋮
srand((unsigned)time(NULL));
    ⋮
```

srand() 函式的亂數種子使用 time() 函式。time() 函式可以傳入一個 time_t 結構型別的引數，並回傳從 1970 年一月 1 日 00 時 00 分開始算起，距今的時間（以秒為單位）。例如：

```
1 #include <iostream>
2 #include <time.h>
3     ⋮
4 time_t t;
5 unsigned int ui;
6
7 ui = time(&t);
8 cout << t << endl;
9 cout << ui << endl;
```

在筆者的電腦顯示 2 個相同的值 1587887968，此值會依據執行此程式的時間而有所不同。使用 time() 函式需引入 time.h 標頭檔，程式碼第 4 行宣告了 1 個 time_t 結構型別的變數 t，第 5 行宣告了一個無正負號的整數變數 ui，用於儲存 time() 函式的回傳值。第 7 行呼叫 time() 函式，並以傳址呼叫的方式傳入引數 t。第 8-9 行顯示 t 與 ui 的值。

當 time() 函式不傳入引數時，便會自動以執行此敘述當時的時間當作引數。因此，初始化亂數產生器的第 1 種方式，便是使用 time(NULL) 函式，且不傳入引數（NULL 表示不使用引數）的方式自動取得經過的時間。由於經過的時間不會是負值，所以才會在 time(NULL) 之前加上 unsigned 修飾字。

第 2 種方式

第 2 種初始化亂數產生器的方式與第 1 種則大同小異，如下所示。與第 1 種方式的差別只在於 time() 函式傳入了一個 time_t 型別的引數 t。

```
#include <iostream>
#include <time.h>
    ⋮
time_t t;
srand((unsigned)time(&t));
    ⋮
```

產生亂數

當初始化了亂數產生器之後，便可以開始使用 rand() 函式產生亂數，其用法如下所示。

```
int v;

v = rand();
```

rand() 函式會回傳一個介於（0，RAND_MAX-1）之間的任意整數。RAND_MAX 爲 rand() 所能產生的最大數值，在不同的作業系統上的 C/C++ 所定義的 RAND_MAX 並不一定相同；例如：在 PC 上此值通常是 32767，但在 MAC 電腦上的 C/C++ 的 RAND_MAX 值則更大：2147483647。

若需要連續產生多個亂數，則可以搭配 for 或是 while 重複敘述；例如：連續產生 10 個亂數：

```
int v;

for(int i=0; i<10; i++)
{
    v = rand();
    cout << v << endl;
}
```

產生指定範圍的亂數

rand() 產生亂數的範圍爲（0，RAND_MAX-1），若能將這些隨機數值限定在所指定的範圍內，會比隨意產生亂數來得更實用。首先將亂數從 1 開始產生數值，在實際的事物應用上會比從 0 開始來得更有實用的價值。

Example 08　重複敘述 while　8-17

```
int v;

v=rand()+1;
```

既然 rand() 產生的亂數範圍爲（0，RAND_MAX-1）；因此，將產生的亂數加 1 之後，則亂數範圍則會變爲（1，RAND_MAX）；即所產生的亂數最小值爲 1。

接下來是限制所產生的亂數在所需要的範圍內；例如：模擬擲骰子，要產生的點數都是 1-6 的亂數，如下所示。

```
int v;

v=rand()%6 + 1;
```

首先，要產生 6 之內的亂數，則可以利用求餘數的運算：%。任何數除以 6 之後的餘數一定等於 0-5 之任何一數，所以 rand()%6 所產生的亂數介於（0，5）；因此，將此結果加 1：rand()%6+1 所能產生的亂數範圍則變成（1，6）。

因此，可以得知若要產生（1，a）範圍的亂數，則如下所示。

```
rand() % a + 1;
```

若是要產生非從 1 開始的某範圍的亂數，例如：產生（a，b）之間的亂數，則如下所示。

```
rand() % (b-a+1) + a;
```

例如：產生 25-60 之間的亂數，則如下所示。

```
rand() % 36 + 25;
```

練習 4：亂數練習

寫一程式，產生下列亂數：1. 產生 10 個亂數、2. 產生 1-10 之間的 10 個亂數、3. 產生 23-60 之間的 10 個亂數。

解說

此練習題要產生 3 種不同形式的亂數；第 1 種只需使用 rand() 函式搭配 for 重複敘述，連續產生 10 個亂數即可。第 2 種需要改變亂數從 1 開始，並且使用求餘運算，讓亂數的範圍限制在 10 之內。第 3 種所產生的亂數被限制在固定的範圍之內，需使用到產生（a，b）之間亂數的公式。

執行結果

```
--- 產生 10 個亂數 ---
30690, 16647, 31931, 17191, 1662, 12055, 31261, 13446, 13580, 23978,

--- 產生 1-10 之間的 10 個亂數 ---
9, 6, 1, 1, 1, 6, 8, 7, 10, 5,

--- 產生 23-60 之間的 10 個亂數 ---
34, 24, 41, 24, 51, 47, 25, 31, 50, 58,
```

程式碼列表

```
1  #include <iostream>
2  #include <time.h>
3  using namespace std;
4
5  int main()
6  {
7      time_t t;
8      int v;
9
10     srand((unsigned)time(&t));
11
12     cout << "--- 產生 10 個亂數 ---" << endl;
13     for (int i = 0; i < 10; i++)
14         cout << rand() << ", ";
15
16     cout << "\r\n\r\n";
17
18     cout << "--- 產生 1-10 之間的 10 個亂數 ---" << endl;
19     for (int i = 0; i < 10; i++)
20     {
21         v = (rand() % 10) + 1;
22         cout << v << ", ";
23     }
24
25     cout << "\r\n\r\n";
26     cout << "--- 產生 23-60 之間的 10 個亂數 ---" << endl;
27     for (int i = 0; i < 10; i++)
28     {
29         v = (rand() % 38) + 23;   //60-23+1=38
```

Example 08　重複敘述 while　8-19

```
30        cout << v << ", ";
31    }
32
33    system("pause");
34 }
35
```

程式講解

1. 程式碼第 1-3 行引入 iostream 與 time.h 標頭檔，並宣告使用 std 命名空間。

2. 程式碼第 7-8 行分別宣告變數。time_t 型別的變數 t 被當 time() 函式的引數，用於初始化亂數產生器。整數型別的變數 v 則用於儲存產生的亂數。

3. 程式碼第 10 行使用 srand() 函式初始化亂數產生器。

4. 程式碼第 13-14 行，使用 for 重複敘述與 rand() 函式，產生 10 個亂數。

5. 程式碼第 19-23 行，使用 for 重複敘述產生 10 個介於 1-10 之間的亂數。第 21 行使用求餘運算 %10 將亂數限制在（0，9），最後再將所產生的亂數加上 1，使得亂數的範圍變成（1，10）。

6. 程式碼第 27-31 行，使用 for 重複敘述產生 10 個介於 23-60 之間的亂數。第 29 行使用產生（a，b）之間亂數的公式：

    rand() % (b-a+1) + a;

a 等於 23，b 等於 60，帶入上述公式之後，所得如下所示：

    rand() % 38 + 23;

三、範例程式解說

1. 建立專案，程式碼第 1-2 行引入 iostream 標頭檔與宣告使用 std 命名空間。

```
1 #include <iostream>
2 using namespace std;
```

2. 開始於 main() 主函式中撰寫程式。程式碼第 6-8 行宣告變數，整數變數 total 為目前的存款金額，整數變數 money 為每次儲存的錢，整數變數 price 為遊戲機的價錢。

```
6 int total=0; // 總共儲存的錢
7 int money; // 每次儲存的錢
8 int price; // 遊戲機的價錢
```

3. 程式碼第 10 行顯示輸入的提示訊息。第 11 行讀取輸入的遊戲機價錢，並儲存於變數 price。第 13-17 行判斷如果輸入的價錢是負數或等於 0，則顯示錯誤訊息並結束程式。

```
10  cout << " 輸入遊戲機的價錢：";
11  cin >> price;
12
13  if (price <= 0)
14  {
15      cout << " 輸入錯誤 ";
16      exit(0);
17  }
```

4. 程式碼第 20-33 行為 while 重複敘述，執行條件為 total<price，即當所儲存的錢還不足以購買遊戲機時，就會反覆執行 while 重複敘述內的程式敘述。第 22-23 行顯示輸入的提示訊息，以及讀取欲儲存的金額，並儲存於變數 money。第 24-32 行為一個 if…else 判斷敘述，第 24-25 行判斷若輸入的儲存金額為負數或是等於 0，則顯示錯誤訊息；否則執行第 26-32 行，判斷錢是否已經存夠足以購買遊戲機。第 28 行將輸入的金額 money 累加到存款金額 total，第 30-31 行判斷如果存款尚不足購買遊戲機，則顯示其差額。

```
20  while (total < price)
21  {
22      cout << " 此次儲存多少錢：";
23      cin >> money;
24      if (money <= 0)
25          cout << " 輸入金額錯誤，重新輸入。" << endl;
26      else
27      {
28          total += money;
29          cout << " 已經儲存了 " << total << " 元 ";
30          if (price > total)
31              cout << " ，尚差 " << price - total << " 元 " << endl;
32      }
33  }
```

5. 當儲存足夠了購買遊戲機的錢之後離開了 while 重複敘述，便會執行程式碼第 34 行，顯示 " 已經可以買遊戲機了。"。

```
34  cout << " 已經可以買遊戲機了。" << endl;
35  system("pause");
```

Example 08　重複敘述 while　8-21

重點整理

1. for 與 while 重複敘述都可以用於明確知道執行次數時使用；而 while 重複敘述則更適用於不確定會被執行多少次的時候使用。

2. 使用 while 重複敘述，除非是故意設計成無窮迴圈，否則須留意控制條件的設計，才能讓 while 重複敘述持續執行到不滿足執行條件為止，才能結束 while 重複敘述。

3. do…while 重複敘述至少會執行一次。

4. for 或是 while 重複敘述可以視需要而混合搭配，形成巢狀的迴圈。

5. 產生多個亂數之間最好有些時間間隔，以免產生相同或差別不大的亂數。

6. 傳統 C/C++ 所提供的亂數產生功能雖然比較基本，但採用的是快速、方便的使用方式；所產生的亂數品質雖比較不好，但足以應付一般的應用。C++ 11 開始的版本專門提供了亂數函式庫，並且提供了利用各種不同的機率分布，來產生所需要的亂數，因此可以得到品質更精確的亂數。

7. 要結束無窮迴圈除了使用 if 判斷敘述加上 break 命令之外，還可以設計不同的方式來結束無窮迴圈；請參考本章習題第 5 題。

分析與討論

1. 在練習 2 的左右反彈球程式碼中，程式碼第 45-46 行在 while 無窮迴圈裡使用了 if 判斷式與 kbhit() 函式來偵測是否有按鍵被按下，並且離開 while 重複敘述。這樣的寫法可以使用更精簡的方式來處理；例如下列程式。

此程式會反覆讀取並顯示使用者所按下的按鍵，若使用者按下的按鍵為 'q' 則結束程式。程式碼第 9 行直接把 !_kbhit() 當成是 while 的執行條件，因為 _kbhit() 函式如果偵測不到有按鍵被按下時會回傳 0（false），所以當在 _kbhit() 前面加了 '!' 運算元時，當沒有任何按鍵被按下，則 !0=1（true），因此形成了另一種形式的無窮迴圈；這也是很經常被使用的技巧。

```
1  #include <iostream>
2  #include <conio.h>
3  using namespace std;
4
5  int main()
6  {
7      char c;
8
9      while (!_kbhit())
10     {
```

```
11              c = _getch();
12              cout << c;
13
14              if (c == 'q')
15                  exit(0);
16          }
17      system("pause");
18  }
```

程式碼列表

```
1  #include <iostream>
2  using namespace std;
3
4  int main()
5  {
6      int total=0; // 總共儲存的錢
7      int money; // 每次儲存的錢
8      int price; // 遊戲機的價錢
9
10     cout << " 輸入遊戲機的價錢 : ";
11     cin >> price;
12
13     if (price <= 0)
14     {
15         cout << " 輸入錯誤 ";
16         exit(0);
17     }
18
19     //-----------------------------------------
20     while (total < price)
21     {
22         cout << " 此次儲存多少錢 : ";
23         cin >> money;
24         if (money <= 0)
25             cout << " 輸入金額錯誤，重新輸入。" << endl;
26         else
27         {
28             total += money;
29             cout << " 已經儲存了 " << total << " 元 ";
30             if (price > total)
31                 cout << " ，尚差 " << price - total << " 元 " << endl;
```

Example 08　重複敘述 while　8-23

```
32            }
33        }
34        cout << " 已經可以買遊戲機了。" << endl;
35        system("pause");
36 }
```

本章習題

1. 使用前測式 while 重複敘述，計算 1-10 的奇數累加。

2. 使用後測式 do…while 重複敘述，計算 1-10 的偶數累加。

3. 一台液晶螢幕為 18000 元，每星期儲存 1500 元；使用 do…while 重複敘述寫一程式，顯示每次存錢的金額、購買螢幕的差額，以及多少個星期之後可以存足夠的錢。

4. 使用無窮迴圈，產生 20-60 之間的亂數。當所產生的亂數等於 53 時則結束程式。

5. 使用無窮迴圈寫一選單模擬程式。選單有 4 個項目：1. 新增資料、2. 刪除資料、3. 顯示資料與 4. 結束程式。例如：輸入 1 後並按 Enter 鍵，則顯示 " 新增資料完畢 "，以此類推。輸入 4 後並按 Enter 鍵，則結束程式。

Example

09

break 與 continue

小明想買遊戲機，因此開始存錢。從星期一開始每天儲存 100 元，但是星期六、日不存錢。寫一程式，輸入遊戲機的價錢，計算需要幾天才能存滿足夠的錢，以及存了多少錢。

一、學習目標

重複敘述（for、while）的執行過程中，有時會因為執行條件臨時改變，或是在某些特定情形之下，需要臨時中止重複敘述或是略過重複敘述中的某部分程式敘述。使用 break 指令可以離開重複敘述，中止重複敘述執行；而使用 continue 指令則可以略過其後的程式敘述，再從下一回合繼續執行重複敘述。

二、執行結果

如下圖左，先輸入遊戲機的價錢。只有星期一至五每天儲存 100 元，因此共需 15 天才能儲存足夠的錢，如下圖右所示。

9-1　break

以 for 重複敘述為例，當遇到 break 指令時會直接中斷執行並離開 for 重複敘述。通常 break 指令用於重複敘述還在執行，但遇到某些預定的情形、或是例外情況時，需要臨時中止執行並離開 for 重複敘述。因此，這些預定的條件或是狀況需要使用 if 判斷敘述事先定義於重複敘述之中；break 指令的語法如下圖左所示。

如下圖左之語法所示，for 重複敘述中有程式敘述 1-3 以及一個 if 判斷式。當執行了程式敘述 1 之後，若 if 判斷敘述內的條件運算式成立，則立即退出 for 重複敘述；程式敘述 2 與 3 並不會被執行。

下圖右之例子中，if 判斷式的條件運算式為 i==5；因此，當 i 等於 5 的時候便符合了 if 的判斷式，因此執行到 break 指令之後便會離開 for 重複敘述。

```
for(...)
{
    程式敘述 1;
    if( 條件運算式 )
    {
        ⋮
        break;
    }
    程式敘述 2;
    程式敘述 3;
}
```

直接離開 for 重複敘述

```
for(int i=1; i<=10; i++)
{
    程式敘述 1;
    if(i == 5)
    {
        ⋮
        break;
    }
    程式敘述 2;
    程式敘述 3;
}
```

練習 1：設定 break 中斷點

寫一計算累加 1 到 10 的程式，並可設自行定 break 指令的值。

解說

欲計算 1 至 10 的累加，可以使用 for 重複敘述；並可輸入一個介於 1-10 之間的整數，當作是 break 指令的判斷值。

執行結果

```
輸入 break 點 (1-10)：4
i=1，累加 =1
i=2，累加 =3
i=3，累加 =6
break：結束執行
```

Example 09　break 與 continue　9-3

程式碼列表

```
1  #include <iostream>
2  using namespace std;
3
4  int main()
5  {
6      int bk;
7      int sum = 0;
8
9      cout << " 輸入 break 點 (1-10)：";
10     cin >> bk;
11
12     // 輸入範圍判斷
13     if (bk < 1 || bk>10)
14     {
15         cout << " 輸入錯誤 ";
16         exit(0);
17     }
18
19     // 使用 for 計算累加
20     for (int i = 1; i <= 10; i++)
21     {
22         if (i == bk)
23         {
24             cout << "break：結束執行 " << endl;
25             break;
26         }
27
28         sum += i;
29         cout << "i=" << i << ", 累加 =" << sum << endl;
30     }
31
32     system("pause");
33 }
```

程式講解

1. 程式碼第 1-2 行引入 iostream 標頭檔與宣告使用 std 命名空間。

2. 程式碼第 6-7 行宣告 2 個整數變數：bk 與 sum，分別用於儲存判斷執行 break 命令的值，以及 1-10 累加的值。

3. 程式碼第 9-10 行顯示輸入的提示，以及讀取輸入的值，並儲存於變數 bk 中當作執行 break 指令的判斷值。

4. 程式碼第 13-17 行爲一個 if…else 判斷敘述，用於判斷輸入的值是否介於 1-10 之間。因爲累加的範圍是 1 到 10，輸入的 break 值若是小於 1 或是大於 10，則不符合累加的範圍；因此，在第 15-16 行便顯示錯誤信息並離開程式。

5. 程式碼第 20-30 行爲一個 for 重複敘述，用於計算 1-10 的累加；迴圈變數 i 初始值等於 1，執行條件爲 i<=10，變數迭代爲 i++。第 22-26 行判斷如果迴圈變數 i 若等於變數 bk，則第 25 行執行 break 指令並離開 for 重複敘述。

若不符合第 22 行的判斷敘述，便會執行第 28 行的程式敘述：累加迴圈變數 i 的值，並儲存於變數 sum；第 29 行顯示累加的結果。

9-2　continue

以 for 重複敘述爲例，當遇到 continue 指令時會直接略過其後的程式敘述，再從 for 的下一回合開始執行。通常 continue 指令用於重複敘述還在執行，但遇到某些預定的情形之下，必須略過部分的程式敘述。因此，這些預定的條件需要使用 if 判斷敘述事先定義於重複敘述之中；continue 指令的語法如下圖左所示。

```
for(…)                          for(int i=1; i<=10; i++)
{                               {
    程式敘述 1;                      程式敘述 1;
    if( 條件運算式 )                 if(i == 5)
    {                               {
        ⋮                              ⋮
        continue;                       continue;
    }                               }
    程式敘述 2;                      程式敘述 2;  } i 等於 5 時，此兩行
    程式敘述 3;                      程式敘述 3;  } 程式敘述會被略過
}                               }
```

如上圖左之語法所示，for 重複敘述中有程式敘述 1-3 以及一個 if 判斷式。當執行了程式敘述 1 之後，若 if 判斷敘述內的條件運算式成立而執行了 continue 指令，因此略過程式敘述 2 與 3，再從 for 的下一回合開始執行。

上圖右之例子中，if 判斷式的條件運算式爲 i==5；因此，當 for 重複敘述的變數迭代到了 i 等於 5 的時候便符合了 if 的判斷式；因此，略過此次的程式敘述 2 與 3，再重新進入 for 的下一回合。變數迭代 i++ 後 i 等於 6，並不會符合 if 的判斷式，因此程式敘述 2 與 3 又會被執行。

Example 09　break 與 continue　9-5

🔀 練習 2：continue

寫一計算累加 1 到 10 的程式，並可自行設定 continue 的值。

解說

欲計算 1 至 10 的累加，可以使用 for 重複敘述；並可輸入一個介於 1-10 之間的整數，當作是 continue 的判斷值。

執行結果

```
輸入 continue 點 (1-10)：4
i=1，累加 =1
i=2，累加 =3
i=3，累加 =6
continue：略過剩下的程式敘述
i=5，累加 =11
i=6，累加 =17
i=7，累加 =24
i=8，累加 =32
i=9，累加 =41
i=10，累加 =51
```

程式碼列表

```cpp
1  #include <iostream>
2  using namespace std;
3
4  int main()
5  {
6      int co;
7      int sum = 0;
8
9      cout << endl << " 輸入 continue 點 (1-10)：";
10     cin >> co;
11
12     if (co < 1 || co>10)
13     {
14         cout << " 輸入錯誤 ";
15         exit(0);
16     }
17
```

```
18        for (int i = 1; i <= 10; i++)
19        {
20            if (i == co)
21            {
22                cout << "continue：略過剩下的程式敘述 " << endl;
23                continue;
24            }
25
26            sum += i;
27            cout << "i=" << i << ", 累加 =" << sum << endl;
28        }
29
30        system("pause");
31    }
```

程式講解

1. 程式碼第 1-2 行引入 `iostream` 標頭檔與宣告使用 `std` 命名空間。

2. 程式碼第 6-7 行宣告 2 個整數變數：`co` 與 `sum`，分別用於儲存輸入的 `continue` 的判斷值以及 **1-10** 累加的值。

3. 程式碼第 9-10 行顯示輸入的提示，以及讀取輸入的值，並儲存於變數 `co` 中當作 `continue` 的判斷值。

4. 程式碼第 12-16 行為一個 `if…else` 判斷敘述，用於判斷輸入的值是否介於 **1-10** 之間。因為累加的範圍是 **1** 到 **10**，輸入的 `continue` 值若是小於 **1** 或是大於 **10**，則不符合累加的範圍；因此，在第 14-15 行便顯示錯誤信息並離開程式。

5. 程式碼第 18-28 行為一個 `for` 重複敘述，用於計算 **1-10** 的累加；迴圈變數 `i` 初始值等於 **1**，執行條件為 `i<=10`，變數迭代為 `i++`。第 20-24 行判斷如果迴圈變數 `i` 若等於變數 `co`，則第 23 行執行 `continue` 指令；因此，第 26-27 行程式碼會被略過，也就是此次的迴圈變數 `i` 的值不會被累加到變數 `sum` 裡，也不會顯示這次累加的結果。

   接著回到第 18 行執行 `for` 重複敘述的變數迭代，繼續下一回合的 `for` 重複敘述。

Example 09　break 與 continue　9-7

三、範例程式解說

1. 建立專案，程式碼第 1-2 行引入 iostream 標頭檔與宣告使用 std 命名空間。

```
1  #include <iostream>
2  using namespace std;
```

2. 開始於 main() 主函式中撰寫程式。程式碼第 6-8 行宣告變數；整數變數 total 用於儲存遊戲機的價錢，整數變數 money 用於表示已經儲存了多少錢。整數變數 day 與 week 則分別表示存錢經過了多少天，以及表示一星期中的第幾天；例如：week=1 表示星期一、week=7 表示星期日。

```
6  int total;
7  int money = 0;
8  int day = 0, week = 0;
```

3. 程式碼第 10-11 行顯示輸入訊息以及讀取遊戲機的價錢，並儲存於變數 total。第 13-17 行如果輸入的價錢小於等於 0，則顯示錯誤訊息並結束程式。

```
10  cout << "輸入遊戲機的價錢：";
11  cin >> total;
12
13  if (total <= 0)
14  {
15      cout << "輸入錯誤，重新輸入 ";
16      exit(0);
17  }
```

4. 程式碼 19-35 為一個 while() 重複敘述結構，其執行條件為 true 表示這是一個無窮執行的 while() 重複敘述；因此，需要靠另外設定的控制條件（第 33-34 行）才能離開此 while() 重複敘述。

   程式碼第 21-22 行分別將變數 day 與 week 各自加 1，表示過了一天。第 24-29 行為一個 if 判斷結構，用來處理假日不需要存錢的細節。第 24 行判斷如果當天為星期六或是星期日，則第 26 行再繼續判斷是否為星期日；如果是星期日便將變數 week 設定為 0，讓下一回合執行到第 22 行時，讓變數 week 再從星期一算起。並且執行第 28 行 continue 指令；因此，便會略過第 31-34 行的程式敘述。

第 24 行使用除餘運算 "%" 判斷 week 是否為星期六或是星期日；例如：當星期六時 week 等於 6，因此 week % 6 等於 0。判斷 week 是否為星期日也是相同的方式。

```
19  while (true)
20  {
21      day++;
22      week++;
23
24      if ((week % 6 == 0) || (week % 7 == 0))
25      {
26          if (week % 7 == 0)
27              week = 0;
28          continue;
29      }
30
31      money += 100;
32
33      if (money >= total)
34          break;
35  }
```

如果 week 不是星期六或是星期日，便會執行第 31 行將變數 money 累加 100，表示儲存了 100 元。第 33 行判斷如果儲存的錢 money 大於等於遊戲機的錢 total，表示已經存夠了錢，因此會執行第 34 行的 break 指令，離開 while() 重複敘述；否則再重新執行第 19 行的 while() 敘述。

5. 若是儲存夠了錢便會執行程式碼第 34 行的 break 指令而離開 while() 重複敘述，執行第 37-38 行程式碼，顯示一共儲存了多少錢，以及一共花了多少天儲蓄。

```
37  cout << " 總共存了：" << money << " 元 " << endl;
38  cout << " 共花了 " << day << " 天 " << endl;
39
40  system("pause");
```

重點整理

1. continue 指令，通常是重複敘述在特定條件之下需略過一部份的程式敘述所使用的指令，而 break 指令也是相同，差別在於會脫離整個重複敘述。

2. 在這個範例中，示範了在重複敘述中使用 if…else 判斷敘述，如此的程式撰寫方式是很常用的技巧。

3. continue 指令只能放於重複敘述中，否則會出現錯誤。

Example 09   break 與 continue   9-9

程式碼列表

```cpp
1  #include <iostream>
2  using namespace std;
3
4  int main()
5  {
6      int total;
7      int money = 0;
8      int day = 0, week = 0;
9
10     cout << " 輸入遊戲機的價錢 : ";
11     cin >> total;
12
13     if (total <= 0)
14     {
15         cout << " 輸入錯誤，重新輸入 ";
16         exit(0);
17     }
18
19     while (true)
20     {
21         day++;
22         week++;
23
24         if ((week % 6 == 0) || (week % 7 == 0))
25         {
26             if (week % 7 == 0)
27                 week = 0;
28             continue;
29         }
30
31         money += 100;
32
33         if (money >= total)
34             break;
35     }
36
37     cout << " 總共存了 : " << money << " 元 " << endl;
38     cout << " 共花了 " << day << " 天 " << endl;
39
40     system("pause");
41 }
```

本章習題

1. 寫一程式，計算 1 至 100 的累加結果；並排除可被 5 整除的數值。

2. 接續範例 8 的本章習題第 4 題，累加除了可被 5 整除之外的所有亂數。除了顯示累加後的總合之外，也要顯示被略過累加的亂數，與程式結束前被略過累加的次數。

3. 寫一猜拳程式，輸入 1 代表剪刀，2 代表石頭，3 代表布，4 則結束程式；輸入其他值則顯示輸入錯誤之後，並重新輸入。

Example
10

輸入檢查與例外處理

寫一點餐程式，餐飲項目有：綜合果汁 80 元、拿鐵咖啡 120 元、水果拼盤 85 元、手工餅乾 75 元與下午茶套餐 300 元；輸入編號 1-5 分別代表這些餐點，輸入 6 則結束程式。點餐須達到最低消費 250 元，輸入非數字的資料時顯示錯誤訊息：" 請輸入數字。"，輸入不正確的餐飲編號則顯示錯誤訊息 " 輸入錯誤，重新輸入。"。若輸入正確的餐點編號後則顯示點餐總金額，並判斷是否已經達到最低消費金額。若尚未達到最低消費金額，則繼續點餐；否則顯示：" 已達最低消費 "，並結束程式。

一、學習目標

使用者輸入資料時，有可能輸入錯誤的資料；例如：需要輸入數字但卻輸入了字母、輸入超過範圍的資料等，這些錯誤的資料都會造成程式發生錯誤。因此，在檢查使用者輸入資料的正確性時，通常包含了 2 個部分：資料型別錯誤檢查與資料範圍檢查。

例如：需要輸入數字資料但卻輸入了字母，這種錯誤屬於資料型別的錯誤；需輸入 0-100 的數字，卻輸入了負數或是大於 100 的數，這種錯誤屬於資料範圍的錯誤。因此，本範例要學習如何檢查輸入資料的型別錯誤與資料範圍的錯誤。

二、執行結果

如下圖左，若輸入的資料不是正確編號 1-6，而是 "t"，則顯示錯誤訊息 " 請入數字 "。如下圖右，輸入餐飲編號 1-5 時，會顯示點餐總金額，並顯示與最低消費金額的差額。

10-1 資料檢查函式

C/C++ 提供了用來檢查資料的一組函式，使用這些檢查資料的函式需引入 ctype.h；這些函式也有相對應的寬字元版本，需引入 cwctype 或 wctype.h 標頭檔。若是在 Visual Studio C++ 整合環境中只要引入 iostream 就可以了；並且 Visual Studio C++ 也提供了這些函式的安全版本。

這些函式都需傳入一個被檢查的整數，此整數即為 ASCII 碼的數值，也能使用字元來代替；函式說明如下表所示。

函式	函式說明
isalnum(a)	檢查 a 是否為字母或是數字。若是，則回傳為非 0 之整數。a 為 int 型別。
isalpha(a)	檢查 a 是否為字母。若是，則回傳為非 0 之整數。a 為 int 型別。
isblank(a)	檢查 a 是否為空白字元。若是，則回傳為非 0 之整數。a 為 int 型別。
iscntrl(a)	檢查 a 是否為控制字元。若是，則回傳為非 0 之整數。a 為 int 型別。
isdigit(a)	檢查 a 是否為數字字元。若是，則回傳為非 0 之整數。a 為 int 型別。
isgraph(a)	檢查 a 是否為空白字元以外可打字的字元。若是，則回傳為非 0 之整數。a 為 int 型別。
islower(a)	檢查 a 是否為小寫字母字元。若是，則回傳為非 0 之整數。a 為 int 型別。
isprint(a)	檢查 a 是否為包含空白字元可列印的字元。若是，則回傳為非 0 之整數。a 為 int 型別。
ispunct(a)	檢查 a 是否為符號類的字元。若是，則回傳為非 0 之整數。a 為 int 型別。
isspace(a)	檢查 a 是否為空格字元。若是，則回傳為非 0 之整數。a 為 int 型別。
isupper(a)	檢查 a 是否為大寫字母字元。若是，則回傳為非 0 之整數。a 為 int 型別。
isxdigit(a)	檢查 a 是否為用於表示 16 進位的字元。若是，則回傳為非 0 之整數。a 為 int 型別。
tolower(a)	將 a 轉換為小寫字母，回傳轉換後的結果。a 與回傳值為 int 型別。
toupper(a)	將 a 轉換為大寫字母，回傳轉換後的結果。a 與回傳值為 int 型別。

寬字元版的函式則針對寬字元作處理，例如 isalnum() 相對應的寬字元版本為 iswalnum()、isalpha() 函式的寬字元版本為 iswalpha()，以此類推。

而 Visual Studio C++ 所提供的安全性版本，例如：isalnum() 函式的安全性版本為 _isalnum_l() 函式、iswalnum() 函式的安全性版本為 _iswalnum_l() 函式，以此類推；安全性版本的函式都需要傳入 locale_t 型別的地區參數，其用法請參考附錄 D 的 D-3 節。

Example 10　輸入檢查與例外處理　10-3

isblank(a) 的 C++ 版本從 C++ 11 開始才提供此函式。iscntrl() 函式用於檢查是否為控制字元，所謂的控制字元指的是 ASCII 碼的 32-126 此範圍之外的字元，也就是一般打字時所無法使用的字元；因此，此函式也常被使用於檢查文字中是否出現了非打字所用的字元。

ispunct() 函式檢查是否為符號類的字元，即 ASCII 碼的這幾個範圍：58–64、91–96 與 123–126；即這些字元：「!"#$%&'()*+,-./:;<=>?@[\]^_`{|}~」。isspace() 函式檢查是否為空格字元（white-space），空格字元除了空白字元之外，還包含了：'\t'、'\n'、'\v'、'\f' 與 '\r'。isxdigit() 函式檢查是否為用於表示 16 進位的字元，即 '0'-'9'、'a'-'f' 與 'A'-'F'。

例如，下列程式碼用來分析一個字串裡面是否包含非字母與數字的字元。

```
 1        ⋮
 2  int len; // 用於儲存字串的長度
 3  string str="john1 23@abc.com";
 4
 5  len = str.size(); // 取得字串的長度
 6
 7  for (int i = 0; i < len; i++)
 8  {
 9      if(!isalnum(str[i]))
10          cout << str[i] << endl;
11  }
12        ⋮
```

程式碼第 5 行使用字串類別的 size() 函式取得字串變數 str 的長度，並儲存於變數 len。第 7-11 為一個 for 重複敘述，第 9 行偵測字串裡的第 i 個字元若不是字母或數字，則第 10 行將此字元顯示出來。

練習 1：檢查輸入資料

寫一程式，可判斷鍵盤按下的按鍵是屬於以下哪一類的字元：字母、數字、符號，以及非以上 3 類之按鍵；若按 'q' 或 'Q' 則結束程式。

解說

此練習題要求當按下按鍵 'q' 或 'Q' 時才結束程式，因此可以知道這是一個在無窮迴圈裡執行的程式。其次，要判斷按鍵是屬於字母、數字、符號與其他按鍵，因此分別需要使用到 isalpha()、isdigit()、isalnum() 與 isgraph() 此 4 個函式。

isalnum() 用於檢查按鍵為字母或數字，因此 !isalnum() 便是非字母與非數字的按鍵，就是符號。相同的方式，isgraph() 用於檢查空白字元以外可打字的字元，所以 !isgraph() 便是非字母、非數字、與非符號之外的字元了。

執行結果

```
輸入一個字元 ( 輸入 'Q' 結束程式 )：r -> 是一個字母
輸入一個字元 ( 輸入 'Q' 結束程式 )：E -> 是一個字母
輸入一個字元 ( 輸入 'Q' 結束程式 )：4 -> 是一個數字
輸入一個字元 ( 輸入 'Q' 結束程式 )：不是字母、數字或符號
輸入一個字元 ( 輸入 'Q' 結束程式 )：# -> 是一個符號
輸入一個字元 ( 輸入 'Q' 結束程式 )：q -> 是一個字母
結束程式
```

程式碼列表

```cpp
1  #include <iostream>
2  #include <conio.h>
3  using namespace std;
4
5  int main()
6  {
7      char c;
8
9      cout << " 輸入一個字元 ( 輸入 'Q' 結束程式 )：";
10     while (true)
11     {
12         if (_kbhit())
13         {
14             c = _getch();
15
16             if (c <= 0 || c >= 255) // 超過資料檢查函式可接受的範圍時，
17                 c = 1;              // 就將 c 設定為 1，以避免發生錯誤。
18
19             if (!isgraph(c))        // 不是可顯示的輸入資料
20             {
21                 cout << " 不是字母、數字或符號 " << endl;
22                 while (_kbhit())    // 將留在鍵盤輸入緩衝區內的資料清空
23                     _getche();
24
25                 continue;
26             }
```

Example 10　輸入檢查與例外處理　10-5

```
27
28            cout << c << " -> ";
29
30            if (isalpha(c))
31                cout << "是一個字母 " << endl;
32
33            if (isdigit(c))
34                cout << "是一個數字 " << endl;
35
36            if (!isalnum(c))
37                cout << "是一個符號 " << endl;
38
39            if (toupper(c) == 'Q')
40            {
41                cout << "結束程式 " << endl;
42                break;
43            }
44
45            cout << " 輸入一個字元 ( 輸入 'Q' 結束程式 ) : ";
46        }
47    }
48
49    system("pause");
50 }
```

程式講解

1. 程式碼第 1-3 行引入 iostream、conio.h 標頭檔與宣告使用 std 命名空間。
2. 程式碼第 7 行宣告一個字元變數 c，用於讀取輸入的按鍵值。
3. 程式碼第 10-47 行為一個 while 無窮迴圈，迴圈裡面只一個 if 敘述區塊（第 12-46 行）用於判斷是否有按鍵被按下；此 if 敘述區塊內再依次處理以下事情：讀取按鍵值、判斷此按鍵為哪一類的按鍵，以及判斷是否要結束程式。
4. 程式碼第 12 行使用 _kbhit() 函式當成 if 判斷敘述的條件運算式，若有按鍵被按下，則再由第 14 行 _getch() 函式讀取被按下的按鍵值。因為 _kbhit() 函式並不會等待按鍵被按下；因此，若沒有按鍵被按下時就會不斷的重複 while 無窮迴圈，不會因程式為了等待按鍵而造成暫停的情形。使用 _getch() 讀取按鍵時並不需要按 Enter 鍵，否則每次最後偵測到的按鍵都會是 Enter 鍵。
5. 第 16-17 行判斷若是按了字母、數字、符號之外的按鍵時，所讀取到的鍵盤值 c 有可能會小於 0 或是大於 255，若將此值用於後續的資料判斷函式時會發生錯誤，因此就將此值隨便設定為一個非可打字的字元；為了方便起見，就將此值設定為 1。

6. 程式碼第 19-26 行使用 !isgraph() 函式判斷按鍵值 c 若爲非打字之字元，則第 21 行顯示 " 不是字母、數字或符號 "，並且第 22-23 行使用 while 重複敘述，持續以 _kbhit() 函式與 _getche() 函式讀取輸入緩衝區內的所有資料，藉以清空輸入緩衝區；最後再使用 continue 指令略過後續的判斷按鍵種類的程式碼。

7. 程式碼第 30-31 行使用 isalpha() 函式判斷按鍵值 c 是否爲字母。第 33-34 使用 isdigit() 函式判斷按鍵值 c 是否爲數字。第 36-37 使用 !isalnum() 函式判斷鍵值 c 是否爲符號。

8. 程式碼第 39-43 行先使用 toupper() 函式將鍵盤值一律轉爲大寫；因此，即使是小寫的字母 'q'，都能正確地判斷是否等於大寫的 'Q'。若等於大寫的 'Q'，則使用 break 指令離開 while 無窮迴圈，結束程式。

10-2　例外處理 try...catch

使用者在執行程式時會發生例外的狀況，即超出了程式可以控制的範圍，使得程式在無預警的情形之下無法繼續執行。在這些例外狀況中，有些情形是由 C++ 定義的標準例外狀況，有些則需要由使用者自行處理；但都是透過 try…catch 結構來掌控。換句話說：若能處理更多的例外狀況，程式的執行就能更穩定。

try...catch 基本結構

使用最基本的 try…catch 結構來處理 C++ 內定的基本例外狀況，其語法如下所示。

```
try
{
    有可能會發生例外狀況的程式敘述；           } try 區塊
        ⋮
}
catch( 例外狀況類型 )
{
    發生例外時，要處理的程式敘述；            } catch 區塊
}
```

首先要將有可能發生例外狀況的程式碼撰寫於 try 區塊中，當程式敘述發生例外的錯誤情形時，程式會自動跳至 catch 區塊並執行區塊內的程式敘述；例如：

Example 10　輸入檢查與例外處理　　10-7

```
1  #include <iostream>
2  using namespace std;
3
4  int main()
5  {
6      char c;
7      string str = "12345";
8
9      try
10     {
11         c=str.at(10);
12     }
13     catch (...)
14     {
15         cout << "out of boundry" << endl;
16     }
17
18     system("pause");
19 }
```

程式碼第 7 行宣告了一個長度為 5 的字串變數 str，其內容為字串 "12345"。接著在 try 的區塊中，第 11 行使用字串類別的 at() 函式（請參考範例 14），欲取出變數 str 的第 10 個字元。因為變數 str 的長度只有 5，因此 str.at(10) 已經超過了變數 str 的長度範圍了，所以就引發了例外狀狀況，接著便程式會自動跳至 catch 的區塊執行；因此，在 Console 視窗便會顯示 "out of boundary"。

第 13 行 catch 敘述之後並沒有特別指定例外狀況類型（所以使用 "…"），因此只要發生任何的 C++ 內定的例外狀況類型，都會被 catch 給捕捉到發生了例外狀況。

此範例也能使用 C++ 的 out_of_range 標準例外狀況類別，此類別特定針對存取變數時，超過其空間或長度而設定的例外狀況；因此，第 13-16 行可以改寫如下。第 15 行的 what() 函式可以回傳 C++ 預設的錯誤訊息。

```
13 catch (out_of_range &e)
14 {
15     cout << e.what() << endl;
16 }
```

throw：拋出擲回物件

除了 C++ 所提供的標準例外狀況類型之外，也可以自行定義例外狀況類型；如此，可以讓程式掌控除了 C++ 標準例外狀況之外的例外狀況；其架構如下所式。

```
try
{
              ⋮
    throw 擲回物件 ;
}
catch( 例外狀況類型 )
{
    發生例外時，要處理的程式敘述 ;
}
```

在 try 區塊中，可以視需求自行使用 throw 命令拋出擲回物件，程式立即跳到 catch 區段去執行；因此，可以搭配使用 if 判斷敘述，當 if 判斷式成立時，使用 throw 命令拋出擲回物件。例如：輸入欲提款的金額，輸入的金額不得低於 100 元；程式碼片段如下所示。

```
1        ⋮
2   int money;
3
4   try
5   {
6       cout << " 輸入提款金額 : ";
7       cin >> money;
8       if (money < 100) throw NULL;
9       cout << " 已提款 " << money << " 元 " << endl;
10  }
11  catch (...)
12  {
13      cout << " 輸入錯誤，提款金額至少為 100 元 " << endl;
14  }
```

程式碼第 5-10 行為 try 區塊，第 12-14 行為 catch 區塊。第 7 行讀取輸入的金額之後，第 8 行判斷如果輸入的金額小於 100，則使用 throw 拋出 NULL。之所以拋出 NULL 是因為在第 11 行 catch 並沒有特別指定例外狀況類型（使用 "…"），表示沒有特定例外狀況需要傳遞到 catch 區塊來處理的擲回物件。當執行 throw 之後會立刻轉移到 catch 區塊執行，因此會顯示 " 輸入錯誤，提款金額至少為 100 元 "，也就不會執行到第 9 行的程式敘述。

Example 10　輸入檢查與例外處理　　10-9

自訂例外狀況類型

catch 的例外狀況類型，除了 C++ 所預設的標準例外狀況之外，也能自訂例外狀況類型。使用自訂例外狀況類型的好處，在於能夠傳遞相同型別但內容不同的擲回物件；如此可以增加 catch 區塊內程式敘述在處理例外狀況的彈性。例如，下列程式碼片段：

```
1          ⋮
2  int money;
3
4      try
5      {
6          cout << " 輸入提款金額：";
7          cin >> money;
8          if (money <= 0) throw " 提款金額不能小於 0 元 ";
9          if (money < 100) throw " 提款金額不能低於 100 元 ";
10
11         cout << " 已提款 " << money << " 元 " << endl;
12     }
13     catch (char const *e)
14     {
15         cout << e << endl;
16     }
```

此段程式碼與上一個程式碼片段所做的事情相同，差別在於程式碼第 8-9 行以及 catch 區塊。第 13 行的 catch 之後的例外狀況類型，是一個 char const * 型別的參數 e。char const* 為字元指標（請參考範例 16），通常用於表示字元陣列的字串；因此參數 e 所接收的資料便是字串。

第 8 與 9 行程式敘述為 2 個 if 判斷式，第 8 行判斷輸入的值若小於等於 0，則使用 throw 拋出訊息 " 提款金額不能小於 0 元 "。第 9 行判斷輸入的值若小於 100，則使用 throw 拋出訊息 " 提款金額不能低於 100 元 "。這兩個擲回物件會傳入 catch 的例外狀況類別的引數 e，因此第 15 行便能使用相同的程式敘述，依不同的情形顯示不一樣的訊息。

多 catch 區段

上一個程式片段雖然有 2 個 if 判斷式拋出了訊息，這 2 個訊息都是字串，是相同的資料型別。若程式需要拋出不同型別的擲回物件時，便可以使用多 catch 區段的方式來處理。例如，相同的提款程式，但在提款之前須輸入一個提款上限；若提款的金額超過此上限，便顯示例外狀況；程式片段如下所示。

```
 1          :
 2  int money, limit;
 3
 4  cout << " 設定提款上限 : ";
 5  cin >> limit;
 6
 7  try
 8  {
 9      cout << " 輸入提款金額 : ";
10      cin >> money;
11      if (money <= 0) throw " 提款金額不能小於 0 元 ";
12      if (money < 100) throw " 提款金額不能低於 100 元 ";
13      if (money > limit) throw limit;
14
15      cout << " 已提款 " << money << " 元 " << endl;
16  }
17  catch (char const *e)
18  {
19      cout << e << endl;
20  }
21  catch (int ex)
22  {
23      cout << " 提款金額不能超過 " << ex << " 元 " << endl;
24  }
```

程式碼第 4-5 行顯示提示訊息，以及讀取所輸入的提款上限，並儲存於變數 limit。第 11-13 行為 3 個 if 判斷式，並依照不同的情形拋出不同的擲回物件。這 3 種例外狀況分別為：提款金額小於等於 0、提款金額低於 100 元，以及提款金額超過提款上限。前 2 種例外狀況所拋出的擲回物件的類型都是字串，第 3 種則是拋出提款的上限值，是一個整數；因此，需要 2 個 catch 區塊才能接收這 3 個擲回物件。

程式碼第 17-24 為 2 個 catch 區塊，第一個區塊是第 17-20 行，第 2 個區塊為第 21-24 行。第 1 個 catch 區塊所接收的例外狀況類型為字串，第 2 個 catch 區塊接收的例外狀況類型為整數。因此，第 11-12 行 if 判斷敘述所拋出的字串會由第 1 個 catch 所接收，而第 13 行 if 判斷敘述所拋出的整數 limit 則會由第 2 個 catch 所接收。

Example 10　輸入檢查與例外處理　10-11

練習 2：try...catch 練習

產生一個介於 0-49 之間的亂數，當亂數可被 5 整除時則結束程式。若亂數可被 4 整除，則拋出 " 被 4 整除 "。若亂數可被 3 整除，則拋出此亂數，並於相對應的 catch 區塊中，將此亂數加 2 之後顯示。

解說

此練習要求 3 種情形：亂數可被 3、4 與 5 整除；被 5 整除時要結束程式，因此使用 if 判斷敘述即可。而被 3 和 4 整除時分別拋出不同型別的擲回物件：數值與字串；因此，需要 2 個 catch 區塊分別來處理這 2 種不同型別的擲回物件。

執行結果

```
亂數 =36
被 4 整除
亂數 =44
被 4 整除
亂數 =9
9 + 2=11
亂數 =25
結束程式
```

程式碼列表

```cpp
1  #include <iostream>
2  #include <time.h>
3  using namespace std;
4
5  int main()
6  {
7      int v;
8
9      srand((unsigned)time(NULL));
10
11     while (true)
12     {
13         try
14         {
15             v = rand() % 50;
16             cout << " 亂數 =" << v << endl;
17
```

```
18              if ((v % 5) == 0)
19              {
20                  cout << " 結束程式 " << endl;
21                  exit(0);
22              }
23
24              if ((v % 4) == 0)
25                  throw " 被 4 整除 ";
26
27              if ((v % 3) == 0)
28                  throw v;
29          }
30          catch (char const* str)
31          {
32              cout << str << endl;
33          }
34          catch (int e)
35          {
36              cout << e << " + 2=" << e+2 << endl;
37          }
38      }
39
40      system("pause");
41  }
```

程式講解

1. 程式碼第 1-3 行引入 iostream、time.h 標頭檔與宣告使用 std 命名空間。

2. 程式碼第 7 行宣告了一個整數變數 v，用於儲存產生的亂數。

3. 程式碼第 9 行使用 srand() 函式初始化亂數產生器。

4. 程式碼第 11-38 為一個 while 重複敘述的無窮迴圈，用於產生亂數、處理亂數被 3、4 與 5 整除的三種情形。整個無窮迴圈裡面只有一個 try…catch 例外狀況處理結構，第 13-29 行為 try 區塊，第 30-33 為第 1 個 catch 區塊，第 34-37 為第 2 個 catch 區塊。

5. 程式碼第 13-29 為 try 區塊，區塊內第 15 行使用 rand() 函式產生亂數，並使用求餘運算子 "%" 將亂數限制於 0-49 之間。第 18-22 行判斷若產生的亂數可以被 5 整除，則顯示訊息 " 結束程式 " 並結束程式。第 24-25 行判斷若亂數可被 4 整除，則拋出 " 被 4 整除 "；此拋出物件為字串，因此會被第 1 個 catch 所捕捉。第 27-28 行判斷若亂數可被 3 整除，則拋出此亂數；此拋出物件為整數，因此會被第 2 個 catch 所捕捉。

Example 10　輸入檢查與例外處理　10-13

6. 程式碼第 30-33 行爲第 1 個 catch 區塊。例外狀況類型爲字串，因此從第 25 拋出的字串訊息會被此 catch 所捕捉；第 32 行顯示此訊息。

7. 程式碼第 34-37 行爲第 2 個 catch 區塊。例外狀況類型爲整數，因此從第 28 拋出的亂數會被此 catch 所捕捉；第 36 行將此亂數加 2 之後再顯示。

三、範例程式解說

1. 建立專案，程式碼第 1-3 行引入 iostream 與 conio.h 標頭檔，並宣告使用 std 命名空間。

```
1  #include <iostream>
2  #include <conio.h>
3  using namespace std;
```

2. 開始於 main() 主函式中撰寫程式。程式碼第 7-9 行分別宣告了整數變數 total、字元變數 select 與布林變數 fg，分別表示點餐的總金額、點餐的編號與用來控制 while 迴圈執行的執行條件。

```
7  int total = 0;   // 點餐總金額
8  char select;     // 點餐編號
9  bool fg = true; // 迴圈執行旗標
```

3. 程式碼第 11-65 行爲一個 while 重複敘述，當 fg 等於 true 時則會持續執行此重複敘述。其內部程式之架構如下所示。第 18-64 行爲一個 try…catch 結構，在第 18-48 行 try 區塊中，處理了：讀取輸入值、判斷輸入是否非數字、判斷輸入是否超過範圍與計算點餐金額此 4 項事情。而第 49-52 行爲第 1 個 catch 結構，用於顯示錯誤訊息。第 53-64 行爲第 2 個 catch 結構，用於判斷是否已達最低消費金額。

```
11  while (fg)
    {
        顯示餐點菜單
18      try
        {
            讀取輸入值
            判斷輸入是否非數字
            判斷輸入是否超過範圍
            計算點餐金額
48      }
```

```
49        catch (char const* str)
          {
              顯示錯誤訊息
52        }
53        catch (int e)
          {
              判斷是否已達最低消費金額
64        }
65   }
```

4. 程式碼第 13-16 行顯示餐點的菜單。

```
13   //----------- 顯示餐點選項 ----------------------
14   cout << "\n1.   綜合果汁  80\n2.   拿鐵咖啡 120\n3.   水果拼盤  85\n";
15   cout << "4.   手工餅乾  75\n5. 下午茶套餐 300\n6.    結束程式 \n";
16   cout << "=================\n 輸入編號點餐：";
```

5. 程式碼第 18-48 行為 try 區塊。第 20 行使用 getchar() 函式讀取輸入值，並儲存於
   變數 select，第 22 行使用 cin.ignore() 函式讀取於留在輸入緩衝區內的資料，
   清空輸入緩衝區。第 24-25 行使用 !isdigit() 函式判斷非數字按鍵值，並拋出 " 請
   輸入數字。\n" 訊息，此訊息會由第 1 個 catch 所接收。

```
18   try
19   {
20       select=getchar();
21
22       cin.ignore(80, '\n');
23
24       if (!isdigit(select))// 非輸入數字
25       throw " 請輸入數字。\n";
26
27       if (select < '1' || select>'6')   // 輸入超過範圍
28       throw " 輸入錯誤，重新輸入。\n";
29
30       switch (select)   // 計算餐點金額
31       {
32         case '1': total += 80;
33             break;
34         case '2': total += 120;
35             break;
36         case '3': total += 85;
```

Example 10　輸入檢查與例外處理　　10-15

```
37                break;
38        case '4': total += 75;
39                break;
40        case '5': total += 300;
41                break;
42        case '6': fg = false;
43                break;
44      }
45
46      if(select!='6')  // 不是選擇結束程式才需要顯示擲回物件
47          throw total;
48  }
```

第 27-28 行則是判斷輸入的數值是否會超過選擇的範圍，若超過範圍則拋出 " 輸入錯誤，重新輸入。\n" 訊息，此訊息會由第 1 個 catch 所接收。第 30-44 行為一個 switch…case 選擇敘述，根據輸入的餐點編號計算點餐總金額。第 46-47 行判斷如果不是選擇結束程式，則拋出此總金額；並由第 2 個 catch 所接收。

6. 程式碼第 49-52 行為第 1 個 catch 區塊，其例外狀況類型為字串型別 char const *；因此，第 25、28 行 throw 指令所拋出的訊息都會被這個 catch 所接收。第 51 行顯示所接收的字串訊息。第 53-64 行為第 2 個 catch 區塊，其例外狀況類型為整數型別 int；因此，第 47 行 throw 指令所拋出的訊息都會被這個 catch 所接收。

```
49  catch (char const* str)
50  {
51      cout << str << endl;
52  }
53  catch (int e)
54  {
55      cout << " 一共點餐 " << total << " 元 " << endl;
56
57      if (e < 250)
58          cout << " 還差 " << 250 - e << " 元才達最低消費 " << endl;
59      else
60      {
61          cout << " 已達最低消費 " << endl;
62          fg = false;
63      }
64  }
```

第 57-63 行爲 if…else 判斷敘述,當點餐總金額 e 低於最低消費 250 元時,則顯示還差了多少元;否則執行第 61-62 行,顯示已經達到最低消費金額,並將變數 fg 設定爲 false;因此,當再度執行第 11 行 while 重複敘述時,因爲執行條件 fg 已經等於 false,所以會離開 while 重複敘述。

分析與討論

1. throw 指令可以自行抛出擲回物件,因此常與 if 判斷敘述或是 switch…case 選擇敘述在一起形成自訂的例外狀況。

2. catch(exception &e) 與 catch(…) 作用相同,但需引入 <exception> 標頭檔;並且可使用 e.what() 顯示預定的錯誤訊息。

3. C++ 已經內建了一些例外狀況的類型,例如:bad_alloc 是關於記憶體的配置失敗、invalid_argument 是指無效的引數、out_of_range 則是超出有效範圍等。

程式碼列表

```
1   #include <iostream>
2   #include <conio.h>
3   using namespace std;
4
5   int main()
6   {
7       int total = 0;   // 點餐總金額
8       char select;     // 點餐編號
9       bool fg = true;  // 無窮迴圈執行旗標
10
11      while (fg)
12      {
13          //----------- 顯示餐點選項 ----------------------
14          cout << "\n1.　綜合果汁　80\n2.　　拿鐵咖啡 120\n3.　　水果拼盤　85\n";
15          cout << "4.　手工餅乾　75\n5. 下午茶套餐　300\n6.　　結束程式 \n";
16          cout << "=================\n 輸入編號點餐 : ";
17
18          try
19          {
20              select=getchar();
21
22              cin.ignore(80, '\n');
23
24              if (!isdigit(select))        // 非輸入數字
25                  throw " 請輸入數字。\n";
```

Example 10 輸入檢查與例外處理 10-17

```
26
27              if (select < '1' || select>'6')   // 輸入超過範圍
28                  throw " 輸入錯誤，重新輸入。\n";
29
30              switch (select)   // 計算餐點金額
31              {
32                  case '1': total += 80;
33                      break;
34                  case '2': total += 120;
35                      break;
36                  case '3': total += 85;
37                      break;
38                  case '4': total += 75;
39                      break;
40                  case '5': total += 300;
41                      break;
42                  case '6': fg = false;
43                      break;
44              }
45
46              if(select!='6')   // 不是選擇結束程式才需要顯示擲回物件
47                      throw total;
48          }
49          catch (char const* str)
50          {
51              cout << str << endl;
52          }
53          catch (int e)
54          {
55              cout << " 一共點餐 " << total << " 元 " << endl;
56
57              if (e < 250)
58                  cout << " 還差 " << 250 - e << " 元才達最低消費 " << endl;
59              else
60              {
61                  cout << " 已達最低消費 " << endl;
62                  fg = false;
63              }
64          }
65      }
66
67      system("pause");
68  }
```

本章習題

1. 輸入一字串，並將字串中大寫字母轉換成小寫字母，小寫字母轉換為大寫字母。

2. 輸入一字串，將空白字元刪除之後，其餘的字元儲存為另一個字串。

3. 寫一輸入並檢查身分證字號的程式。身份證字號為 10 個字元，第 1 個字元為大寫字母，剩下 9 個字元為數字。

4. 將第 3 題改用例外處理之方式改寫。

5. 有一猜數字遊戲，使用亂數產生 1 個介於 1-100 之亂數，而玩家每次輸入介於 1-20 之間的數字，每次輸入的數字都會被累加起來。寫一程式判斷累加的數值是否等於所產生的亂數，若兩者相等則表示猜中了此亂數。玩家輸入負數則結束程式，若玩家輸入的值不在 1-20 之間，則拋出例外狀況，然後等待玩家重新輸入數值。當玩家輸入的值介於 1-20 之間，則顯示累加之後的結果，並在例外狀況中判斷是否猜對了亂數、還是已經超過了亂數，並結束遊戲。

二、進階篇

Example 11 一維陣列

某行銷公司有 3 個業務員。寫一程式具有以下功能：新增每個業務員 1-4 月的業績（萬元爲單位）、顯示每個業務員業績、計算業務員各自的業績總和，與各個月的平均業績。

一、學習目標

在撰寫程式時，遇到需要宣告多個相同資料型別的相關變數，或是需要儲存多筆以上的資料時，通常會使用陣列的型態來宣告變數；因此，陣列的使用時機大致上有 2 種用途：

1. 用於儲存大量的資料或是用於宣告大量的變數。
2. 欲使用 for 或 while 重複敘述操作多個變數。

為何要使用陣列

電影院的購票系統就會使用到陣列型態的資料。例如某家電影院有 200 個座位，假設每個座位以一個整數變數 seat 來表示，則需要宣告 200 個整數變數：

```
int seat1, seat2, …, seat200;
```

宣告這麼多數量的變數，想必會令人感到困擾；如果座位更多的話，則必須宣告更多的變數；因此，這樣變數宣告方式大概難以接受。倘若要將這些變數的初始值設定爲 0，如下所示：

```
seat1 = 0;
seat2 = 0;
    ⋮
seat200 = 0;
```

往後只要對這 200 個變數進行存取或是運算，都要像上述這樣寫 200 行程式敘述，這是一件多麼令人沮喪的事情。因此，要解決大量的變數宣告、對大量變數進行運算，就要使用陣列形式的變數，並使用 for 或 while 重複敘述來處理，才能簡化上述這些問題。

兩種陣列形式

C++ 的陣列有 2 種形式：傳統 C/C++ 陣列與 C++ 的 Array 容器。傳統形式的陣列普遍被使用於 C/C++ 程式，但由於傳統形式的陣列在操作上需要程式設計者自行留意許多的細節；因此，在 C++ 11 的版本開始提供了類別形式的陣列：Array 容器，直接提供了操作陣列常用到的屬性與方法；使得使用 Array 容器的陣列操作起來會比傳統式的陣列更方便。

然而現今的許多嵌入式系統、簡單設備、或是要求速度精準的硬體開發，並不需要使用到 C++ 的物件導向的設計，或是使用 C++ 反而會造成執行速度的下降；因此，還是習慣使用 C 來開發程式；即使使用 C++ 的開發環境，但寫的程式仍然是 C 程式。所以，要使用哪種形式的陣列，並沒有特定的使用規範或原則，端視自己的寫程式習慣而定。本範例示範傳統 C/C++ 的陣列使用方式，C++ 11 的 Array 容器則於範例 13 介紹。

▌ 二、執行結果

如下圖左，選單上有 5 項功能，輸入數字 1 表示選擇了「1. 輸入業績」，並接著輸入 3 位營業員的 4 個月業績；業績之間以空白隔開。若輸入數字 5 則結束程式。若輸入了數字 2，表示選擇了「2. 顯示業績」，便會顯示 3 位營業員的業績資料，如下圖右所示。若輸入的營業員業績未滿 3 筆，仍然可以正確的顯示正確筆數的營業員業績。

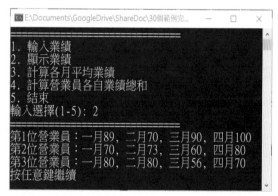

如下圖左，若輸入了數字 3，表示選擇了「3. 計算各月平均業績」，則會顯示 1-4 個月的平均業績。若輸入了數字 4，表示選擇了「4. 計算營業員各自的業績總和」，則會顯示 3 位營業員各自的 1-4 月業績總和；如下圖右所示。

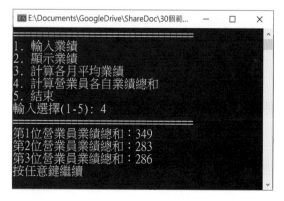

Example 11　一維陣列　　11-5

11-1　什麼是陣列

傳統的 C/C++ 陣列（以下簡稱陣列）為程式向作業系統（例如 Windows、Linux、macOS 等）要求一塊連續的記憶體，並依據所宣告的變數型別，將此塊記憶體劃分為所要求數量的元素；例如：宣告了一個整數型別的陣列 arr，並有 4 個元素（或稱為長度等於 4）；如下圖所示。

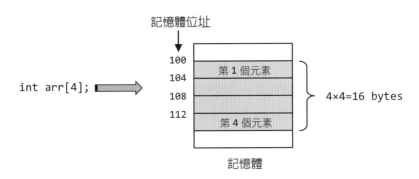

此陣列為整數型別，整數型別的資料長度為 4 個位元組，因此 4 個元素一共佔了 16 個位元組。作業系統會從記憶體中，找到一塊足夠大的連續記憶體，例如記憶體位址 100-115 此範圍的連續記憶體空間（若宣告的陣列太大，則會被劃分為好幾塊的連續記憶體。）。第 1 個元素的記憶體空間為記憶體位址 100-103，第 2 個元素的記憶體空間為記憶體位址 104-107，以此類推；換句話說，宣告了一個長度等於 4 的整數型別的陣列，視同宣告了 4 個整數變數。

例如：宣告了 3 個整數變數：a1、a2 與 a3，則在電腦記憶體裡此 3 個變數可能會占用的記憶體位址，如下圖左所示。若以陣列的方式宣告一個長度等於 3 的整數型別的陣列，則如下圖右所示。

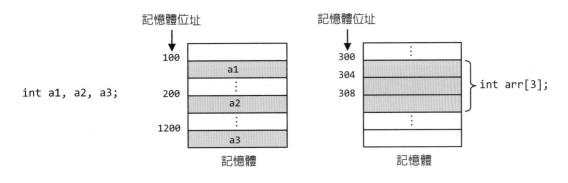

宣告 3 個整數變數時，電腦作業系統會在記憶體裡尋找可以放置此 3 個變數的記憶體空間；但所找的記憶體位址可能是不連續的記憶體空間；如上圖左所示，此 3 個變數 a1-a3 的記憶體空間位址分別為 100、200 與 1200。而使用陣列宣告的方式所配置的記體體空間的位址是連續的，如上圖右所示：從記憶體位址 300-311。因此，可以將陣列的第 1 個元素視為變數 a1、第 2 個元素視為變數 a2、第 3 個元素視為變數 a3。並且，因為陣列裡的元素的記體體位址是連續的，所以可以使用 for 或是 while 來操作這些元素的存取與處理。

11-2 陣列宣告與初始值設定

陣列宣告可分為 2 種形式：有初始值與沒有初始值 2 種宣告方式。

沒有初始值的陣列宣告

沒有初始值的陣列宣告方式如下所示。

資料型別 變數名稱 [長度];

例如，以下分別宣告了整數型別、字元型別、字串型別與 double 型別的陣列。整數型別的陣列變數 arr 長度等於 4，字元型別的陣列變數 ch 長度等於 20，字串型別的陣列變數 name 長度等於 5，double 型別的陣列變數 price 長度等於 200。

```
int arr[4];
char ch[20];
string name[5];
double price[200]
```

陣列除了如上述在電腦記憶體裡的表示方式之外，還可以使用另一種方式表示；以陣列變數 arr 為例：

int arr[4]; ➡ | arr[0] | arr[1] | arr[2] | arr[3] |

整數陣列 arr 的長度為等於 4，因此第 1 個元素為 arr[0]，第 2 個元素為 arr[1]，第 3 個元素為 arr[2]；所以，最後一個元素為 arr[3]。而在中括弧 [] 中的數字：0、1、2、3 則稱為陣列的索引（索引值、索引位置）。

需特別注意，陣列變數宣告之後，其陣列裡每個元素的預設值並不等於 0；因此，需視實際寫程式的情況自行決定是否將陣列裡的元素設定為 0，或是設定其他的初始值。

Example 11　一維陣列　11-7

有初始值的陣列宣告

有初始值的陣列宣告方式如下所示。

資料型別　變數名稱 [長度] = { 初始值 1, 初始值 2, … };

例如，以下分別宣告了整數型別、字串型別與 double 型別的 3 個陣列變數。

```
int arr[3] = { 58, 25, -7 };
string name[4] = { " 王小明 ", "Mary", "John", " 王老五 " };
double db[3] = { -1.2, 5.6, 7.0 };
```

如果初始值的個數大於陣列長度，則會發生錯誤；例如：陣列宣告的長度等於 3，但有 4 個初始值，如下所示。

　　　　　　　　　　　　　　　　　　　　　　比陣列的長度多出一個初始值

```
int arr[3] = { 58, 25, -7,⑥};
```

如果是相反的情形，初始值的個數少於陣列長度，則沒有被指定初始值的元素，其預設值會等於 0。為了避免這樣的混淆發生，宣告有初始值的陣列可以不指定陣列的長度，如下所示：

```
int arr[] = { 58, 25, -7, 6 };
```

陣列會依照初始值的個數自動設定陣列的長度，所以 arr 陣列的長度等於 4。

存取陣列元素

陣列內有多個元素；因此，要讀取陣列內特定的元素時，需要指定是第幾個元素；又稱之為陣列索引值。例如：整數陣列 arr 有 4 個元素，要讀取第 2 個元素並儲存到變數 val，如下所示。

```
int arr[4] = { 58, 25, -7, 60 };
int val;

val = arr[1];
```

由於陣列的第 1 個元素是 arr[0]，所以第 2 個元素便是 arr[1]，所以 val 的值等於 25。數字中括弧中的數字 0 與 1 稱為陣列索引值（Index），表示這個元素是在陣列裡的第幾個位置；例如：arr[3] 便是第 4 個元素，其值等於 60。

若要將值設定給陣列中的元素，也是相同的作法；例如：要將整數變數 val 的值設定給 arr 陣列的第 3 個元素：

```
int arr[4] = { 58, 25, -7, 60 };
int val  = 100;

arr[2] = val;
```

原本 arr[2] 的值為 -7，當把 val 的值設定給 arr[2] 之後，arr[2] 等於 100；因此陣列 arr 的內容變成：

```
{ 58, 25, 100, 60 }
```

練習 1：陣列存取練習

寫一程式，以陣列表示 3 個學生的成績，輸入此 3 個學生的成績並計算其平均成績。

解說

欲以陣列表示 3 位學生的成績，若不考慮成績有小數的情形，則應該宣告為整數型別的陣列，例如：

```
int score[3];
```

並且，3 位學生的成績則分別儲存於 score[0]、score[1] 與 score[2]；如下圖所示。將此 3 個元素的值相加之後再除以 3 便是平均成績。

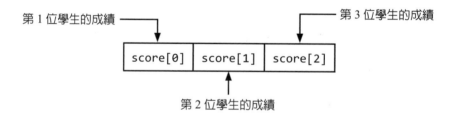

執行結果

```
輸入第 1 位學生的成績：90
輸入第 2 位學生的成績：78
輸入第 3 位學生的成績：67
平均成績 =78.3333
```

Example 11　一維陣列　11-9

程式碼列表

```
1   #include <iostream>
2   using namespace std;
3
4   int main()
5   {
6       int score[3];
7       float avg = 0;
8
9       cout << " 輸入第 1 位學生的成績 : ";
10      cin >> score[0];
11      cout << " 輸入第 2 位學生的成績 : ";
12      cin >> score[1];
13      cout << " 輸入第 3 位學生的成績 : ";
14      cin >> score[2];
15
16      avg += score[0] + score[1] + score[2];
17      avg /= 3.0f;
18
19      cout << " 平均成績 =" << avg << endl;
20
21      system("pause");
22  }
```

程式講解

1. 程式碼第 1-2 行引入 iostream 標頭檔與宣告使用 std 命名空間。

2. 程式碼第 6-7 行宣告長度等於 3 的整數型別的陣列變數 score，用於儲存 3 位學生的成績。浮點數型別的變數 avg 則用於儲存計算之後的平均成績。

3. 程式碼第 9-14 行分別輸入 3 位學生的成績。

4. 程式碼第 16 行先將 3 個學生的成績相加後儲存於變數 avg，第 17 行再將變數 avg 除以 3，便是 3 位學生的平均成績。

5. 第 19 行顯示計算後的平均成績。

練習 2：多陣列練習

一位學生有姓名、國文、英文與數學成績此 4 項資料。以陣列表示 3 位學生的資料，寫一程式能新增學生資料與計算學生的平均成績。

解說

學生的姓名是字串型別的資料，而國文、英文與數學則是整數型別的資料。因此，需要有 4 個陣列形式的變數：1 個字串型別的陣列用於儲存學生姓名，另外 3 個整數型別的陣列用於儲存 3 科的成績。並且，為了方便記錄 3 位學生的平均成績，因此也將平均成績宣告為陣列的形式；如下所示。

```
string names[3];  // 學生姓名
int chi[3];       // 國文
int eng[3];       // 英文
int math[3];      // 數學
float avg[3] = { 0,0,0 }; // 平均成績
```

3 位學生的姓名在陣列中的位置分別為 names[0]-names[2]，如下圖所示。3 位學生的 3 科成績與平均成績在各自的陣列中的位置，也是相同的方式；例如：3 位學生的國文成績在陣列中的位置分別為 chi[0]-chi[2]。

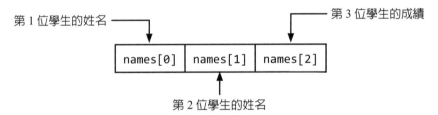

要計算某位學生的平均成績，只要取出 3 科成績陣列中相對應索引的元素加總之後，再除以 3 即可。以第 1 位學生為例，其平均成績如下所示。

```
avg[0] = (float)(chi[0] + eng[0] + math[0]) / 3.0f;
```

執行結果

```
輸入第 1 位學生的姓名與 3 科成績：王小明  89  78  66
輸入第 2 位學生的姓名與 3 科成績：真美麗  90  91  92
輸入第 3 位學生的姓名與 3 科成績：王老五  78  74  90
王小明的平均分數 = 77.6667
真美麗的平均分數 = 91
王老五的平均分數 = 80.6667
```

Example 11　一維陣列　11-11

程式碼列表

```cpp
1  #include <iostream>
2  using namespace std;
3
4  int main()
5  {
6      string names[3]; // 學生姓名
7      int chi[3];        // 國文
8      int eng[3];        // 英文
9      int math[3];       // 數學
10     float avg[3] = { 0,0,0 };  // 平均成績
11
12     cout << " 輸入第 1 位學生的姓名與 3 科成績 : ";
13     cin >> names[0] >> chi[0] >> eng[0] >> math[0];
14
15     cout << " 輸入第 2 位學生的姓名與 3 科成績 : ";
16     cin >> names[1] >> chi[1] >> eng[1] >> math[1];
17
18     cout << " 輸入第 3 位學生的姓名與 3 科成績 : ";
19     cin >> names[2] >> chi[2] >> eng[2] >> math[2];
20
21     //--------  計算平均 -----------
22     avg[0] = (float)(chi[0] + eng[0] + math[0]) / 3.0f;
23     avg[1] = (float)(chi[1] + eng[1] + math[1]) / 3.0f;
24     avg[2] = (float)(chi[2] + eng[2] + math[2]) / 3.0f;
25
26     //------ 顯示資平均分數 ---------
27     cout << names[0] << " 的平均分數 = " << avg[0] << endl;
28     cout << names[1] << " 的平均分數 = " << avg[1] << endl;
29     cout << names[2] << " 的平均分數 = " << avg[2] << endl;
30
31     system("pause");
32 }
```

程式講解

1. 程式碼第 1-2 行引入 iostream 標頭檔與宣告使用 std 命名空間。

2. 程式碼第 6-10 行分別宣告姓名、國文、英文、數學與平均成績之陣列變數。經過計算之後的平均成績有可能為小數，因此宣告成浮點數型別之陣列。

3. 程式碼第 12-13 行顯示輸入第 1 位學生資料的提示訊息，以及讀取第 1 位學生的 4 項資料。相同的方式，第 15-16 行、第 18-19 行分別為讀取第 2、3 位學生的資料。

4. 程式碼第 22-24 行分別計算 3 位學生的平均成績。3 科成績均為整數型別；因此,須特別注意加總之後的 3 科成績,需先強制轉型為浮點數型別之後再除以 3,才能正確計算平均成績。

5. 程式碼第 27-29 行顯示 3 位學生的姓名與平均成績。

11-3　走訪陣列

練習 1 與練習 2 中的學生人數只有 3 位;因此,在撰寫程式時逐一讀取或把值設定給陣列裡的每一個元素,並不會造成什麼麻煩;但實際情形可能有 50 位學生,如果再逐一寫 50 行程式碼讀取或是設定陣列裡的每一個元素,這是很繁瑣且麻煩的事情。

由於陣列裡的每一個元素,在電腦記憶體裡都是連續的記憶體位址,因此可以使用 for 或是while 重複敘述來存取陣列裡的部分或全部元素,又稱之為走訪陣列;如此可以簡化上述的麻煩。例如,以 for 重複敘述為例:若變數 score 為記錄 3 位學生成績的整數陣列,則輸入3 位學生的成績可以寫成如下的程式碼。

```cpp
int score[3];

for (int i = 0; i < 3; i++)
{
    cout << "輸入第" << i+1 << "位學生的成績:";
    cin >> score[i];
}
```

當迴圈變數 i 從 0 遞增到 2 時,輸入到 score 陣列的分數,便依序儲存到元素 score[0]、score[1] 與 score[2]。

對照練習 1 的程式碼第 9-14 行,使用走訪陣列明顯地簡化了程式碼;當陣列的元素數量變多時,更需要使用走訪陣列的方式才能處理。顯示資料的程式碼若不使用走訪陣列的方式,必須逐行顯示:

```cpp
cout << "第 1 位學生的成績 = " << score[0] << endl;
cout << "第 2 位學生的成績 = " << score[1] << endl;
cout << "第 3 位學生的成績 = " << score[2] << endl;
```

使用了走訪陣列的方式,便能簡化程式碼為:

```cpp
for (int i = 0; i < 3; i++)
    cout << "第" << i + 1 << "位學生的成績 = " << score[i] << endl;
```

Example 11　一維陣列　　11-13

以範圍為基礎的 for 重複敘述：一般形式

從 C++ 11 的版本開始，提供了以範圍為基礎（Range-based）的 for 重複敘述，可以更簡單地使用 for 來走訪陣列；其如下形式：

```
for( 資料型別 變數 : 陣列名稱 )
{
        ⋮
}
```

for 重複敘述裡的變數的資料型別需要與陣列的資料型別相同。例如下列程式碼。程式碼第 3 行會從 score 陣列裡逐一取出每一個元素，並儲存於整數變數 v，第 5 行顯示 v 的值；因此，第 5 行程式敘述會被執行 3 次，分別顯示陣列 score 裡的元素：10、20 與 30。

```
1  int score[3] = { 10,20,30 };
2
3  for (int v : score)
4  {
5      cout << v << endl;
6  }
```

第 3 行的 for 重複敘述裡的變數，也可以不標明資料型別，可使用 auto 關鍵字讓 C++ 自行判斷。例如：

```
1  string name[3] = { " 王小明 "," 陳小華 "," 李小美 " };
2
3  for (auto v : name)
4  {
5      cout << v << endl;
6  }
```

因為陣列 name 的資料型別為字串；因此，第 3 行 for 重複敘述裡的變數 v 會自動設定為字串型別。程式碼第 3-6 行會輸出：" 王小明 "、" 陳小華 " 與 " 李小美 "。

以範圍為基礎的 for 重複敘述：參考型別

以範圍為基礎的 for 重複敘述，除了可以走訪陣列，取出陣列裡所有的元素之外，也能使用參考型別（參考範例 19）的方式設定元素的值；如下形式：

```
for( 資料型別 &變數 : 陣列名稱 )
{
        ⋮
}
```

在 for() 敘述裡的變數前面加上參考型別運算子 "&"，便可以設定陣列裡的元素；如下範例所示。程式碼第 1 行宣告 1 個長度等於 3 的整數陣列 score，第 2 行宣告整數變數 base，初始值等於 50。第 4-5 行使用以範圍爲基礎的 for 重複敘述，並使用參考型別的迴圈變數 v，逐一將陣列 score 裡的元素設定爲：60、70 與 80。

```
1  int score[3];
2  int base = 50;
3
4  for (int& v : score)
5      v = (base += 10);
```

練習 3：走訪陣列練習

產生 5 個介於 1-10 的亂數，並將這些產生的數值儲存於陣列。

解說

本練習只要求產生 5 個亂數，雖然可以如同練習 1 的方式逐行產生亂數並儲存於陣列的元素；但實際應用的情形可能會產生很多個亂數或是每次產生不同數量的亂數，所以使用走訪陣列是最適當的方式。

執行結果

```
7
2
6
1
5
```

程式碼列表

```
1  #include <iostream>
2  #include <time.h>
3  using namespace std;
4
5  int main()
6  {
7      int numbers[5];
8
9      srand((unsigned)(time(NULL)));
10
```

Example 11　一維陣列　11-15

```
11      for (int i = 0; i < 5; i++)
12      {
13          numbers[i] = rand() % 10 + 1;
14      }
15
16      //-----------------------------
17      for (int i = 0; i < 5; i++)
18          cout << numbers[i]<<endl;
19
20      system("pause");
21  }
```

程式講解

1. 程式碼第 1-3 行引入 iostream、time.h 標頭檔與宣告使用 std 命名空間。

2. 程式碼第 7 行宣告長度等於 5 的整數型別的陣列 numbers，用於儲存產生的亂數。第 9 行使用 srand() 函式初始化亂數產生器。

3. 程式碼第 11-14 行為 for 重複敘述，迴圈變數 i 的變化為 0 到 4；因此，所產生的亂數會被依次儲存於陣列元素 numbers[0]-number[4]。第 13 行使用 rand() 函式產生 1-10 之亂數。

4. 程式碼第 17-18 行使用 for 重複敘述走訪陣列 numbers，並顯示 numbers 內的元素的值。

練習 4：計算學生成績總分與平均

一共有 5 位學生，寫一程式可以新增學生成績，並顯示、計算學生的總分與平均成績。

解說

此練習題與練習題 1 很類似，差別在於本練習題使用走訪陣列的方式，可以簡化逐一對陣列元素存取的繁瑣步驟。

執行結果

```
輸入第 1 位學生的成績：90
輸入第 2 位學生的成績：89
輸入第 3 位學生的成績：77
輸入第 4 位學生的成績：89
輸入第 5 位學生的成績：83
5 位學生的總分 =428
5 位學生的平均分數 =85.6
```

程式碼列表

```cpp
1  #include <iostream>
2  using namespace std;
3
4  int main()
5  {
6      int score[5], tmp;
7      int stuNum;
8      float avg;
9
10     // 設定初始值
11     stuNum = 0;
12     avg = 0.0;
13     for (int i = 0; i < 5; i++)
14         score[i] = 0;
15
16     //----- 輸入 5 位學生的成績 -----
17     while (stuNum < 5)
18     {
19         cout << " 輸入第 " << (stuNum + 1) << " 位學生的成績：";
20         cin >> tmp;
21         if (tmp < 0 || tmp>100) // 輸入錯誤的成績
22             break;
23         else
24         {
25             score[stuNum] = tmp; // 將輸入的成績儲存到 score 陣列
26             stuNum++; // 輸入的資料筆數加 1
27         }
28     }
29
30     //----- 計算總分與平均 -----
31     if (stuNum != 0) // 有輸入成績才能計算總分與平均
32     {
33         for (int i = 0; i < stuNum; i++)
34             avg += score[i];
35         cout << stuNum << " 位學生的總分 =" << avg << endl;
36
37         avg /= stuNum;
38         cout << stuNum << " 位學生的平均分數 =" << avg << endl;
39     }
40
41     system("pause");
42 }
```

Example 11　一維陣列　11-17

程式講解

1. 程式碼第 1-2 行引入 iostream 標頭檔與宣告使用 std 命名空間。

2. 程式碼第 6-8 行宣告變數。變數 score[5] 與 tmp，用於儲存學生的成績，以及讀取輸入的資料。變數 stuNum 與 avg 則用於記錄已輸入成績的學生人數以及計算平均成績。

3. 程式碼第 11-14 行設定變數的初始值。第 13-14 行使用 for 重複敘述，將 score 陣列裡的每個元素設定為 0。

4. 第 17-28 行為一個 while 重複敘述，執行條件為 stuNum<5；意即最多可以輸入 5 筆學生的成績。第 19-20 行顯示輸入的提示訊息，與讀取輸入的成績並儲存到變數 tmp。第 21-27 行為一個 if…else 判斷敘述，第 21-22 行判斷如果輸入的成績小於 0 或是大於 100，則離開 while 重複敘述。若輸入的成績正確則會執行第 23-27 行的程式敘述，把所輸入的學生成績 tmp 儲存於 score[stuNum]，此步驟才是真正地記錄了所輸入的成績。

   第 20 行程式敘述之所以不使用 score[stuNum] 直接讀取所輸入的學生成績，而是使用 tmp 先儲存學生的成績，是因為若輸入錯誤的成績時，便不會將錯誤的成績儲存到 score 陣列中，造成之後讀取到錯誤的資料；因此，雖然看似多餘的步驟，卻是正確的程式撰寫方式。

   這支程式的寫法不一定需要輸入 5 筆的學生成績。例如：輸入完第 3 筆學生成績之後，若不想再輸入成績，則在輸入第 4 筆學生的成績時輸入 -1，便會結束輸入成績，此時已輸入成績的學生數 stuNum 等於 3。

5. 程式碼第 31-39 行為一個 if 判斷敘述；當輸入成績的學生數不等於 0 時，才會被執行。此段程式敘述用於將學生的成績加總、計算平均成績，以及顯示總分與平均成績。

   第 33-34 行為 for 重複敘述，迴圈變數的執行範圍為 0 至 stuNum-1；例如：已經輸入了 3 位學生的成績，因此 stuNum 等於 3；此 3 筆成績在 score 陣列中的位置分別為 score[0] 到 score[2]，符合迴圈變數的變化 0 至 stuNum-1。

   第 34 行將 stuNum 位學生的成績相加後儲存於變數 avg，第 35 行顯示加總的分數。第 37 行計算平均成績，第 38 行顯示平均成績。

練習 5：產生大樂透號碼

寫一程式，能隨機產生 6 個大樂透的號碼。

解說

大樂透的號碼是從 1-49 個號碼中隨機抽取出來的 6 個號碼；因為整個過程是隨機抽取號碼，所以可以使用亂數模擬隨機抽取號碼的過程。但是使用亂數會有產生重複號碼的問題；因此，在產生號碼的過程中，需要加入預防產生重複號碼的處理機制。

檢查重複的號碼

假設變數 tmp 用於儲存所產生的亂數，布林變數 fg 用於記錄是否有檢查到重複的號碼，陣列 numbers 用於儲存產生的 6 個大樂透的號碼，則整個程式碼的邏輯大致如下所示。

```
1  while( 尚未產生 6 個號碼 )
2  {
3        產生新亂數並儲存於 tmp;
4
5        fg=false;
6        檢查 tmp 是否在 numbers 陣列裡，若發現號碼重複，則：
7            {
8                  fg=true;
9                  離開檢查重複號碼的程式敘述；
10           }
11
12       如果 (fg==false)
13           {
14                 將 tmp 加入 numbers 陣列；
15                 產生號碼的數量 +1;
16           }
17 }
```

布林變數 fg 等於 false 表示新產生的亂數 tmp 並沒有和之前產生的號碼重複，若等於 true 表示產生了重複的號碼。第 3 行產生新的亂數之後，接著要檢查號碼是否重複。因此，第 5 行先將 fg 設定為 false，接著第 6-10 行開始針對儲存於 numbers 陣列裡的號碼，逐一與 tmp 檢查是否相等，若發生相等的情形則表示號碼重複，因此執行第 8-9 行將 fg 設定為 true，並且不需要再繼續檢查下去。

變數 fg 會等於 true 的原因只有一個：檢查到了號碼重複；因此，第 12 行判斷若 fg 等於 false 表示沒有檢查到重複的號碼，所以第 14-15 行將新產生的號碼 tmp 加入 numbers 陣列，並將產生號碼的個數加 1。

Example 11　一維陣列　11-19

11-4　前置處理命令 #define

C/C++ 語言的前置處理命令並不是 C/C++ 程式語言的敘述，而是讓 C/C++ 編譯器（Compiler）做處理的指令。前置處理命令可以讓 C/C++ 的編譯器依據所設定的條件，將程式編譯成不同的型態。常被使用的前置處理命令，例如：#define、#if、#elif、#endif 等；每個 C/C++ 程式中都會使用的 #include 也是前置處理命令。

#define 前置處理命令經常被使用來定義程式中經常被使用的變數、常數與運算式；例如下面的例子。左邊的程式碼第 4 行使用 #define 定義了一個名稱為 MAX_NUM 的常數，程式碼中有 3 處使用到 MAX_NUM。第 8 行定義了整數陣列 score，其長度等於 MAX_NUM；第 11-14 行為一個 for 重複敘述，其中執行條件為 i<MAX_NUM；第 16-19 行為一個 if 判斷敘述，條件運算式為 stdNo>MAX_NUM。

其實這樣的寫法與直接將這 3 處使用 MAX_NUM 的地方直接改用數值 5 是相同的。並且，#define 所定義的常數，在經過 C/C++ 編譯器編譯程式時，會將程式碼內 MAX_NUM 全部置換為數值 5，如同右邊的程式碼。

```
1   #include <iostream>              1
2   using namespace std;            2
3                                   3
4   #define MAX_NUM 5               4
5                                   5
6   int main()                      6   int main()
7   {                               7   {
8       int score[MAX_NUM];         8       int score[5];
9       int stdNo;                  9       int stdNo;
10                                  10
11      for (int i = 0; i < MAX_NUM; i++)   11      for (int i = 0; i < 5; i++)
12      {                           12      {
13              ⋮                   13              ⋮
14      }                           14      }
15                                  15
16      if (stdNo > MAX_NUM)        16      if (stdNo > 5)
17      {                           17      {
18              ⋮                   18              ⋮
19      }                           19      }
20  }                               20  }
```

然而，試想如果在程式碼中使用到 5 這個數值的程式敘述不只 3 處，而是有數十多個地方時，例如：當要把 5 改成 8 的時候，那麼必須逐個去修改這些地方；這不僅會浪費時間，也容易因爲疏忽而出錯。如果使用 #define 前置命令時，只要修改第 4 行：

    #define MAX_NUM 8

其餘的程式碼都不需要改變；如此一來在撰寫程式碼時不僅變得有效率，修改程式碼也不容易出錯。使用 #define 定義過的常數無法改其值，只能重新定義；若不再需要 MAX_NUM 常數，可以解除其定義：

    #undef MAX_NUM

執行結果

```
18    40    6    30    1    23
```

程式碼列表

```cpp
1  #include <iostream>
2  #include <time.h>
3  using namespace std;
4
5  #define NUM 6
6
7  int main()
8  {
9      int numbers[NUM]; //6 個大樂透的號碼 1-49
10     bool fg; //true：產生的號碼重複
11     int num = 0; // 已經產生了幾個號碼
12     int tmp;// 暫存產生的號碼
13
14     srand((unsigned)time(NULL));
15
16     while (num < NUM)
17     {
18         tmp = rand() % 49 + 1;
19
20         //---- 檢查號碼是否重複 ---
21         fg = false; // 預設沒有重複的號碼
22         for (int i = 0; i < num; i++)
23         {
24             if (tmp == numbers[i]) // 號碼重複
```

Example 11 一維陣列 11-21

```
25              {
26                  fg = true;
27                  break;
28              }
29          }
30
31          //------------------------------
32          if (!fg) // 沒有重複的號碼
33          {
34              numbers[num] = tmp;
35              num++;
36          }
37      }
38
39      //-------- 顯示產生的 6 個號碼 -------------
40      for (int i = 0; i < NUM; i++)
41          cout << numbers[i] << "   ";
42
43      system("pause");
44  }
```

程式講解

1. 程式碼第 1-3 行引入 iostream、time.h 標頭檔與宣告使用 std 命名空間。第 5 行使用前置處理命令 #define 定義了常數 NUM，其值等於 6；表示需要產生 6 個號碼。

2. 程式碼第 9-12 行分別宣告了 4 個變數：整數型別的陣列 numbers，長度為 NUM；亦即長度等於 6，此變數用於儲存 6 個產生的大樂透號碼。布林變數 fg，用來表示是否產生了重複的號碼；fg 等於 true 表示產生了重複的號碼。整數變數 num 用來表示已經產生多少個大樂透的號碼。整數變數 tmp 用於表示使用亂數新產生的大樂透號碼。

3. 程式碼第 14 行使用 srand() 函式與 time(NULL) 函式初始化亂數產生器。

4. 程式碼第 16-37 行為 while 重複敘述區塊，執行條件為 num<NUM；也就是說必須產生 6 個大樂透號碼之後才會離開 while 重複敘述。

5. 程式碼第 18 行產生介於 1-49 之間的亂數，並儲存於變數 tmp，當作新產生的大樂透號碼。由於新產生的號碼不知是否與已經產生的號碼重複，因此才先儲存於變數 tmp 而不是 numbers 陣列。

6. 程式碼第 21-29 行檢查是否產生重複的號碼。第 21 行先將 fg 設定為 fasle，表示目前沒有產生重複的號碼。第 22-29 行使用 for 重複敘述，針對 numbers 陣列裡每一個號碼，逐一去比對是否與新產生的號碼 tmp 相同；若相同則表示號碼重複，將 fg 設定為 true，並使用 break 命令離開 for 迴圈；因為只要 tmp 與 numbers 陣列裡的任何一個號碼發生重複，都不需要再繼續檢查完所有剩下的號碼。

7. 程式碼第 32-36 行判斷若 fg 等於 false，表示在剛才的檢查中並沒有發現產生重複的號碼；因此第 34 行把新產生的號碼 tmp 加到 numbers 陣列。第 35 行將已經產生號碼的個數加 1。

8. 第 40-41 行顯示已經產生的 6 個大樂透號碼。

▌三、範例程式解說

1. 建立專案，程式碼第 1-3 行引入 iostream 與 conio.h 標頭檔，並宣告使用 std 命名空間；引入 conio.h 標頭檔是因為程式碼第 96 行使用到 _getche() 函式。

```
1  #include <iostream>
2  #include <conio.h>
3  using namespace std;
```

2. 程式碼第 5-6 行分別使用 #define 前置命令定義 2 個常數：NUM 與 MONTH_NUM，其值分別等於 3 與 4，各自代表 3 位營業員與 4 個月份。

```
5  #define NUM 3            //3 位營業員
6  #define MONTH_NUM 4      //4 個月
```

3. 開始於 main() 主函式中撰寫程式，程式碼第 10-15 行宣告變數。第 10 行為代表 1-4 月的 3 個業務員的業績；以一月份的 Jan 陣列為例，Jan[0] 為第 1 位業務員的 1 月份業績，其餘以此類推。第 11-12 行分別為 3 位業務員的業績總和，以及 4 個月的平均業績；total[0]-total[2] 分別為第 1-3 位業務員的業績總和，avg[0]-avg[3] 則分別為 1-4 月的平均業績。第 13 行為各個月份名稱的字串變數，用於輸出時使用。

```
10  int Jan[NUM], Feb[NUM], Mar[NUM], Apr[NUM];
11  int total[NUM];
12  float avg[MONTH_NUM];
13  string month[MONTH_NUM] = { "一月"," 二月"," 三月", "四月" };
14  bool fg = true;
15  char select; // 輸入的選項
```

Example 11　一維陣列　11-23

4. 程式碼第 18-28 行用於將變數初始化。第 18-19 行將陣列 avg 的元素設定為 0，第 21-28 行則將記錄 3 位業務員的各月份業績與總和設定為 0。

```
18  for (int i = 0; i < MONTH_NUM; i++)
19          avg[i] = 0;
20
21      for (int i = 0; i < NUM; i++)
22      {
23          Jan[i] = 0;
24          Feb[i] = 0;
25          Mar[i] = 0;
26          Apr[i] = 0;
27          total[i] = 0;
28      }
```

5. 程式碼第 31-98 行為一個 while 重複敘述區塊，為一個無窮迴圈；當執行條件 fg 等於 false 時才會結束。此區塊中包含了 2 個主要的部份：第 34-39 行的顯示選單與輸入選項的部分，以及第 41-93 行的 switch…case 選擇敘述區塊。程式碼第 34-37 行顯示選單，第 38 行讀取所要執行的功能代號，並儲存於變數 select。

```
31  while (fg)
32  {
33      //-------- 選單 -----------
34      cout << "===============================" << endl;
35      cout << "1. 輸入業績 \n2. 顯示業績 \n3. 計算各月平均業績 \n";
36      cout << "4. 計算營業員各自業績總和 \n5. 結束 \n";
37      cout << " 輸入選擇 (1-5): ";
38      cin >> select;
39      cout << "===============================" << endl;
```

6. 程式碼第 41-93 行為 swith…case 選擇敘述區塊，根據 select 的值執行所需要的功能。第 43-49 行為輸入業務員 1-4 月的業績。第 44-48 行使用 for 重複敘述，完成輸入 3 個業務員的業績；迴圈變數 i 的迭代為 0-2，也代表第 1-3 位業務員。第 47 行輸入第 i 個業務員 1-4 個月的業績。

```
41  switch (select)
42      {
43          case '1': // 輸入 1-4 月的業績
44              for (int i = 0; i < NUM; i++)
45              {
46                  cout << " 第 "<< i+1 <<" 位營業員的 1-4 月的業績 : ";
```

```
47                    cin >> Jan[i] >> Feb[i] >> Mar[i] >> Apr[i];
48                }
49                break;
```

7. 程式碼第 51-58 行爲顯示 3 位營業員 1-4 月的業績。第 52-57 行使用 for 重複敘述，
   迴圈變數 i 的迭代爲 0-2；第 54-56 行顯示第 i 位業務員 1-4 月的業績。

```
51            case '2':   // 顯示三位營業員的 1-4 月的業績
52                for (int i = 0; i < NUM; i++)
53                {
54                    cout << "第 " << i+1 << " 位營業員：一月 " << Jan[i] <<
55                        ", 二月 " << Feb[i] << ", 三月 " << Mar[i] <<
56                        ", 四月 " << Apr[i] << endl;
57                }
58                break;
```

8. 程式碼第 60-74 行計算 1-4 各月的平均業績。第 61-67 行使用 for 重複敘述，迴圈變
   數 i 的迭代爲 0-2；因此，第 63-66 行先將各個月分的 3 個營業員的業績分別累加到
   avg[0]-avg[3]。第 69-73 行使用 for 重複敘述，迴圈變數 i 的迭代爲 0-3；因此，
   再將 avg[i] 除以 3 便能得到 1-4 月各月的平均業績。第 71 行的 NUM 常數並沒有型
   別，因此特別加上（float）強制將 NUM 轉型爲浮點數。

```
60            case '3':   // 計算每個月的平均業績
61                for (int i = 0; i < NUM; i++)
62                {
63                    avg[0] += Jan[i];   // 累計一月的業績總和
64                    avg[1] += Feb[i];   // 累計二月的業績總和
65                    avg[2] += Mar[i];   // 累計三月的業績總和
66                    avg[3] += Apr[i];   // 累計四月的業績總和
67                }
68
69                for(int i=0;i<MONTH_NUM;i++)
70                {
71                    avg[i] /= (float)NUM;   // 計算各月的平均業績
72                    cout << month[i] << " 的平均業績：" << avg[i] << endl;
73                }
74                break;
```

9. 程式碼第 76-83 行統計每個業務員 1-4 月的業績總和。第 77-82 行使用 for 重複敘
   述，迴圈變數 i 的迭代爲 0-2；因此，第 79 行先將第 i 位業務員的 1-4 月的業績累
   加到 total[i]，第 80 行再顯示第 i+1 位業務員的業績總和。

Example 11　一維陣列　11-25

第 85-88 行用於將程式結束；第 87 行將變數 fg 設定為 false；因此，當再次執行到第 31 行 while 重複敘述時，便會因為不滿足執行條件 while(fg) 而離開 while 重複敘述，並結束程式。

第 90-92 行當輸入 1-5 之外的選擇，則顯示錯誤訊息。

```
76          case '4':   // 統計每個營業員的業績總和
77              for (int i = 0; i < NUM; i++)
78              {
79                  total[i] = Jan[i] + Feb[i] + Mar[i] + Apr[i];
80                  cout << " 第 " << i+1 << " 位營業員業績總和 : " <<
81                      total[i] << endl;
82              }
83              break;
84
85          case '5':
86              cout << " 結束程式 " << endl;
87              fg = false;
88              break;
89
90          default:
91              cout << " 輸入錯誤，重新輸入 " << endl;
92              break;
93      }  //end of switch
```

10. 程式碼第 95-97 行，當離開 switch…case 後，會執行此部分的程式敘述：顯示訊息、使用 _getche() 函式讀取任意鍵、清除螢幕；再回到第 31 行的 while 重複敘述開始執行。

```
95      cout << " 按任意鍵繼續 " << endl;
96      _getche();
97      system("cls");
98  }   //end of while
```

重點整理

1. 要宣告多個變數，或是連續存取多個變數時，可以將這些變數以陣列的方式宣告。
2. 日常生活事物，第 1 個位置或第 1 個號碼是從 1 開始，但是陣列元素的第一個索引值位置是從 0 開始；此要點經常被疏忽，因而造成程式的錯誤。
3. 存取陣列元素時，若指定的陣列索引值超過陣列長度或是小於 0，會發生錯誤。此種情形經常會不小心發生，須特別留意。

4. 要存取陣列裡多個元素，通常會使用 for 或是 while 重複敘述來處理。

分析與討論

1. 走訪陣列除了能簡化陣列存取的方式之外，更重要的是當輸入的資料筆數並不等於陣列的長度時，更能凸顯使用走訪元素的優點。例如：學生有 100 位，目前已經輸入了 10 位學生的成績，則要使用 for 重複敘述顯示學生的成績：

```
1  int score[100];  // 學生成績
2        ⋮
3  for (int i = 0; i < 100; i++)
4        cout << score[i] << endl;
```

由於已經輸入成績的學生只有 10 位，因此會顯示多餘的 90 筆沒有被輸入成績的學生紀錄。這樣的情形雖然不是錯誤，但也不恰當；沒有成績的學生其實並不需要被顯示出來。因此；操作陣列時通常會搭配一個整數變數，用於表示目前陣列中已經有幾筆資料。例如：

```
1  int score[100];  // 學生成績
2  int stuNum = 0;  // 已經輸入的資料筆數
3        ⋮
4  for (int i = 0; i < stuNum; i++)
5        cout << score[i] << endl;
```

每當輸入一筆學生成績，stuNum 加 1；因此 stuNum 就會等於已經輸入成績的資料筆數，所以之後在使用 for 或 while 重複敘述操作 score 陣列時，就可以如同第 4 行程式碼 for 重複敘述的執行條件：i<stuNum，只處理有成績的資料筆數。

2. 在練習 5 裡使用前置處理命令 #define 來指定陣列的長度；並且走訪陣列時也是使用 #define 所定義的常數，以維持整支程式裡對陣列操作都能有一致性。除了使用 #define 之外，還有一種可靠的方式取得陣列的長度，如下所示。

```
1  int arr[5];
2  int len;
3
4  len = sizeof(arr)/sizeof(int);
```

程式碼第 4 行的 sizeof() 函式可以傳回變數的大小。因此 sizeof(arr) 會得到 20，sizeof(int) 會得到 4；所以，len 就等於 5，即為陣列 arr 的長度。

3. 本範例若能使用多維陣列，則計算各月平均業績時，更能簡化程式碼；請參考範例 12。

Example 11　一維陣列　11-27

程式碼列表

```
1  #include <iostream>
2  #include <conio.h>
3  using namespace std;
4
5  #define NUM 3          //3 位營業員
6  #define MONTH_NUM 4   //4 個月
7
8  int main()
9  {
10     int Jan[NUM], Feb[NUM], Mar[NUM], Apr[NUM];
11     int total[NUM];
12     float avg[MONTH_NUM];
13     string month[MONTH_NUM] = { " 一月 "," 二月 "," 三月 ", " 四月 " };
14     bool fg = true;
15     char select; // 輸入的選項
16
17     //---------- 變數初始化 ---------------
18     for (int i = 0; i < MONTH_NUM; i++)
19         avg[i] = 0;
20
21     for (int i = 0; i < NUM; i++)
22     {
23         Jan[i] = 0;
24         Feb[i] = 0;
25         Mar[i] = 0;
26         Apr[i] = 0;
27         total[i] = 0;
28     }
29
30     //-------------------------------
31     while (fg)
32     {
33         //-------- 選單 -----------
34         cout << "==============================" << endl;
35         cout << "1. 輸入業績 \n2. 顯示業績 \n3. 計算各月平均業績 \n";
36         cout << "4. 計算營業員各自業績總和 \n5. 結束 \n";
37         cout << " 輸入選擇 (1-5): ";
38         cin >> select;
39         cout << "==============================" << endl;
40
```

```
41            switch (select)
42            {
43                case '1': // 輸入 1-4 月的業績
44                    for (int i = 0; i < NUM; i++)
45                    {
46                        cout << " 第 "<< i+1 <<" 位營業員的 1-4 月的業績：";
47                        cin >> Jan[i] >> Feb[i] >> Mar[i] >> Apr[i];
48                    }
49                    break;
50
51                case '2':  // 顯示三位營業員的 1-4 月的業績
52                    for (int i = 0; i < NUM; i++)
53                    {
54                        cout << " 第 " << i+1 << " 位營業員：一月 " << Jan[i] <<
55                            "，二月 " << Feb[i] << "，三月 " << Mar[i] <<
56                            "，四月 " << Apr[i] << endl;
57                    }
58                    break;
59
60                case '3':  // 計算每個月的平均業績
61                    for (int i = 0; i < NUM; i++)
62                    {
63                        avg[0] += Jan[i];  // 累計一月的業績總和
64                        avg[1] += Feb[i];  // 累計二月的業績總和
65                        avg[2] += Mar[i];  // 累計三月的業績總和
66                        avg[3] += Apr[i];  // 累計四月的業績總和
67                    }
68
69                    for(int i=0;i<MONTH_NUM;i++)
70                    {
71                        avg[i] /= (float)NUM;  // 計算各月的平均業績
72                        cout << month[i] << " 的平均業績：" << avg[i] << endl;
73                    }
74                    break;
75
76                case '4':  // 統計每個營業員的業績總和
77                    for (int i = 0; i < NUM; i++)
78                    {
79                        total[i] = Jan[i] + Feb[i] + Mar[i] + Apr[i];
80                        cout << " 第 " << i+1 << " 位營業員業績總和：" <<
81                            total[i] << endl;
82                    }
```

Example 11　一維陣列　11-29

```
83                break;
84
85            case '5':
86                cout << " 結束程式 " << endl;
87                fg = false;
88                break;
89
90            default:
91                cout << " 輸入錯誤，重新輸入 " << endl;
92                break;
93        }  //end of switch
94
95        cout << " 按任意鍵繼續 " << endl;
96        _getche();
97        system("cls");
98    }  //end of while
99
100   system("pause");
101 }
```

本章習題

1. 寫一程式，產生 10 個介於 5-20 之間的亂數，並儲存於陣列 arr1。

2. 承第 1 題，宣告另一個陣列 arr2，並將陣列 arr1 裡的元素：第 1 個與第 2 個元素相加、第 3 個與第 4 個元素相加，以此類推；並將相加後的結果依次儲存於陣列 arr2。

3. 有 3 位學生，每位學生有國文、英文與數學 3 科成績。寫一程式可以有以下功能：新增資料、顯示資料、計算各科平均、計算學生總分與結束程式。這些功能以選單方式讓使用者選擇。

4. CTM 餐廳有 5 個包廂，預定包廂需姓名、電話與用餐人數。寫一程式能預定包廂、顯示包廂訂位資料。

Example
12
多維陣列

榕園校園連鎖咖啡店在 A、B 與 C 此 3 所大學內各有一間分店。寫一程式統計此 3 間店所賣的美式咖啡、拿鐵咖啡與卡布其諾咖啡，暑假 7-8 月 3 種咖啡的平均銷售數量。

▎一、學習目標

多維陣列可以將相同資料性質（例如：成績與學生數都是數值資料）的資料，以陣列的方式宣告之後，搭配巢狀的重複敘述來處理，以簡化程式撰寫的複雜度。

一維陣列可以用來表示一種相同型別的資料，例如 50 位學生的數學成績、蛋糕 1-12 月的銷售量，可如下列的陣列宣告：

```
int math[50];   //50 位學生的數學成績
int cake[12];   //1-12 個月的蛋糕銷售量
```

以學生的成績為例，當學生的成績不只有數學，而有多科成績。例如：國文、英文與數學，則陣列宣告如下：

```
int chin[50];   //50 位學生的國文成績
int eng[50];    //50 位學生的英文成績
int math[50];   //50 位學生的數學成績
```

然而，當科目變得更多時，例如還有社會、美術、體育等，以這樣的方式宣告陣列會顯得麻煩；試想光是要將這 50 位學生的所有科目成績設定為 0，即使使用 for 重複敘述也不容易處理，如下程式碼片段：

```
for (int i = 0; i < 50; i++)
{
    chin[i] = 0;        //50 位學生的國文成績
    eng[i] = 0;         //50 位學生的英文成績
    math[i] = 0;        //50 位學生的數學成績
    social[i] = 0;      //50 位學生的社會成績
    art[i] = 0;         //50 位學生的美術成績
    physical[i] = 0;    //50 位學生的體育成績
}
```

更何況之後要對這些科目做操作時，都要這樣大費周章去撰寫程式碼，真的是一件耗費時間又沒有效益的事情。因此；可以使用多維陣列簡化上述的問題。

若相同性質的資料可視為一個屬性（維度），則 50 位學生是一個屬性，科目成績是另一個屬性，所以宣告記錄 50 位學生所有科目的變數，便可以使用一個二維陣列來表示。相同的情形，若要記錄不同班級多位學生的各科成績，便可以使用一個三維的陣列來表示：班級一個維度、學生一個維度、科目一個維度。超過一個維度以上的陣列，便可稱為多維陣列；在撰寫程式時使用二維陣列或三維陣列都是很常見的事情。

▌二、執行結果

如下圖左，選單上有 4 項功能，輸入數字 1-4 分別代表輸入資料、顯示資料、計算平均與結束等功能。下圖右為「1. 輸入資料」之畫面；分別輸入 A、B 與 C 此 3 校 7-8 月的 3 種咖啡銷售量。

下圖左為「2. 顯示資料」的畫面。下圖右為「3. 計算平均」的畫面，分別顯示 3 校 2 個月的 3 種咖啡平均銷售量。

Example 12　多維陣列　　12-3

12-1　二維陣列

若相同性質的資料可視為一個屬性（維度），因此以陣列來表示 2 個屬性的資料，便稱為二維陣列。例如：50 學生的不同科目的成績、10 種不同蛋糕的 1-12 月銷售量、公司員工的健康檢查項目、RPG 遊戲裡隊員的背包儲存的物品數量等，都可以使用二維陣列來表示。

宣告二維陣列

沒有初始值的二維陣列宣告方式如下所示。

　　　　資料型別　變數名稱 [列數量][行數量]；

在描述一個二維陣列時，通常會以表格的方式來說明：使用「列」與「行」來表示。因此，列數量即為第 1 個維度，行數量為第 2 個維度；例如，使用二維陣列分別宣告以下資料：3 位學生的 4 科成績、3 種蛋糕 1-6 月的銷售量、5 位學生的體重與身高，以及 4 位學生的出生縣市與住址，分別如下程式碼 1-4 行所示。

```
1  int stuScore[3][4];
2  int cakeSale[3][6];
3  float stuData[5][2];
4  string stuAddress[4][2];
```

以第一行程式碼 stuScore 陣列為例，4 個科目為國文、英文、數學與社會，則此二維陣列可以使用表格來表示：

	第 0 行 國文	英文	數學	第 3 行 社會
第 1 位學生：第 0 列	[0][0]	[0][1]	[0][2]	[0][3]
第 2 位學生：第 1 列	[1][0]	[1][1]	[1][2]	[1][3]
第 3 位學生：第 2 列	[2][0]	[2][1]	[2][2]	[2][3]

此陣列又可稱為大小等於 3×4 的二維陣列。第 1 位學生的數學成績儲存於陣列的 [0][2] 索引位置，而陣列索引位置 [2][3] 則是第 3 位學生的社會成績。若以科目為「列」，學生為「行」，則又是另一種形式的二維陣列：

	第 1 位	第 2 位	第 3 位
國文：第 0 列	[0][0]	[0][1]	[0][2]
英文：第 1 列	[1][0]	[1][1]	[1][2]
數學：第 2 列	[2][0]	[2][1]	[2][2]
社會：第 3 列	[3][0]	[3][1]	[3][2]

此為 4×3 的二維陣列，「橫列」為科目，「直行」為學生。例如：英文成績的第 2 筆資料為陣列索引位置的 [1][1]，亦即第 2 位學生的英文成績。而陣列索引位置 [3][0] 則為第 1 位學生的社會成績。此 2 種不同形式的二維陣列都能表示 3 位學生的 4 科成績；並沒有特定使用哪種形式來表達比較好，端視自己寫程式的習慣而定。

若是在宣告陣列時已經知道初始值，便可以在宣告陣列時直接給予初始值，如下形式。

　　　　資料型別 變數名稱 [列數量][行數量] ={ { 初始值 ,...}, { 初始值 ,...},... };

例如，宣告一個 2×3 有初始值的二維陣列 arr，如下所示。第 1 列元素為 {4, 3, 5}，第 2 列元素為 {8, 9, 6}；陣列索引位置 [1][1] 的值等於 9。

```
int arr[2][3] = { {4, 3, 5},
                  {8, 9, 6} };
```

| 4 | 3 | 5 |
| 8 | 9 | 6 |

存取二維陣列

存取二維陣列裡的元素，與存取一維陣列裡的元素一樣的方式，例如：將二維陣列 arr 的索引位置 [1][2] 的值設定給變數 val：

```
val = arr[1][2];
```

將變數或是常數設定給陣列特定的索引位置也是相同的方式，例如：將變數 val 與數值 25 分別設定給陣列陣列索引位置 [1][2] 與 [0][2]：

```
arr[1][2] = val;
arr[0][2] = 25;
```

若要走訪二維陣列，便要使用雙層的 for 或是 while 重複敘述；例如要將陣列 arr 的所有元素設定為 0，則如下所示；通常外層 for 重複敘述用來存取陣列的「列」，內層的 for 重複敘述用於存取陣列的「行」。但這並不是固定不變的規則，通常視程式的需求而定。

```
for (int row = 0; row < 2; row++)
{
    for (int col = 0; col < 3; col++)
    {
        arr[row][col] = 0;
    }
}
```

若使用以 Range-based 的 for 重複敘述走訪二維陣列，則如下所示：

Example 12　多維陣列　　12-5

```
1  for (auto &item : arr)
2  {
3      for (auto v : item)
4      {
5          cout << v << " ";
6      }
7      cout << endl;
8  }
```

因為走訪的是二維陣列，因此也必須使用 2 層的 for 重複敘述。程式碼第 1 行的 for 重複敘述裡面，從 arr 陣列裡取出來給變數 item 的是 2 個一維陣列，即 arr[0][] 與 arr[1][]；因此，變數 item 前面要加上 "&" 求址運算子，表示 item 是一個陣列。

也因為變數 item 是一個陣列，所以第 3-6 行再次使用 Range-based 的 for 重複敘述走訪 item 陣列。最後可以得到如下的輸出結果：

```
    4  3  5
    8  9  6
```

練習 1：走訪二維陣列與初始值設定

有 3 位學生：小明、小美與小華，其國文、英文、數學與社會科的分數分別為：86、86、79、91；95、78、91、80；88、96、90、93。寫一程式以二維陣列表示此 3 位學生的成績，並計算各自的平均成績。

解說

此題目中有 2 個資料性質相同的屬性：3 位學生與科目成績此 2 者都是數值資料。因此，若要使用 for 重複敘述來處理此題目，則適合將學生與成績這 2 個屬性資料，以一個二維陣列來表示：

```
int score[3][4];
```

此陣列的第一維表示 3 位學生，第二維表示 4 個科目的成績。題目已經給了 3 位學生各科的成績，因此可以把這些成績直接設定陣列當成初始值；如下所示。

```
int score[3][4] = { {86, 86, 79, 91},  ←── 第一位學生
                    {95, 78, 91, 80},
                    {88, 96, 90, 93} };
```

執行結果

```
小明的平均成績 = 85.5
小美的平均成績 = 86
小華的平均成績 = 91.75
```

程式碼列表

```
1  #include <iostream>
2  using namespace std;
3
4  int main()
5  {
6      string name[3] = { " 小明 "," 小美 "," 小華 " }; //3 位學生的姓名
7      float avg[3] = { 0.0 ,0.0, 0.0 };              //3 位學生的平均成績
8      int score[3][4] = { {86, 86, 79, 91},          //3 位學生的各科成績
9                          {95, 78, 91, 80},
10                         {88, 96, 90, 93} };
11
12     for (int i = 0; i < 3; i++)
13     {
14         for (int j = 0; j < 4; j++)
15         {
16             avg[i] += score[i][j]; // 計算第 i 位學生的總分
17         }
18         avg[i] /= 4.0;   // 計算第 i 位學生的平均成績
19     }
20
21     for (int i = 0; i < 3; i++)
22         cout << name[i] << " 的平均成績 = " << avg[i] << endl;
23
24     system("pause");
25 }
```

程式講解

1. 程式碼第 1-2 行引入 iostream 標頭檔與宣告使用 std 命名空間。

2. 程式碼第 6-10 行宣告變數。第 6 行宣告長度等於 3 的字串陣列 name，儲存 3 位學生的姓名。第 7 行宣告長度等於 3 的浮點數陣列 avg，用於儲存 3 位學生的平均成績。第 8-10 行宣告大小為 3×4 的二維陣列 score，用來儲存 3 位學生的 4 科成績；並直接設定成績初始值。

3. 程式碼第 12-19 行使用 2 層的 for 重複敘述走訪 score 二維陣列；外層的 for 用於操作二維陣列的第一維，即 3 位學生；內層的 for 操作二維陣列的第二維，即 4 科成績。

   第 16 行先累加第 i 位學生的 4 科成績：score[i][0]-score[i][3]，並儲存在第 i 位學生的平均成績 avg[i]。當累加完 4 科成績之後，第 18 行再將 avg[i] 除以 4 求得平均成績。

4. 程式碼第 21-22 行使用 for 重複敘述，顯示 3 位學生的平均成績。

Example 12　多維陣列　12-7

↩ 練習 2：存取二維陣列

有 3 位學生：小明、小美與小華，每位學生有國文、英文與數學 3 科成績。寫一程式可以有以下功能：新增姓名與各科成績、顯示資料、計算各科平均與計算各人平均成績。使用二維陣列表示此 3 位學生的成績。

▌解說

此練習題與練習 1 的差異處，在 3 個科目的成績以及學生的姓名須手動輸入，以及增加了計算各科平均。在程式撰寫的邏輯上變得複雜；因此，需在動手寫成程式之前，先構思好如何去處理這 2 個需求。

此練習題要求輸入的資料是：姓名與成績，這是 2 個不同性質的資料（字串與數值）；因此，需要 2 個陣列分別代表姓名與分數：

```
string name[3];      //3 位學生的姓名
int score[3][3];     //3 位學生的各科成績
```

並且，顯示學生各科成績時，要顯示科目的名稱：" 國文 "、" 數學 " 與 " 英文 "，則需要另一個陣列用來儲存這 3 個科目的名稱。

```
string subject[3] = { " 國文 "," 英文 "," 數學 " };  // 科目名稱
```

此外，實際上在輸入多筆資料時，有可能分成多次輸入資料；例如：輸入 20 筆學生的資料時，第一次只輸入了 5 筆資料；此時若顯示資料或是計算學生平均成績，應該只顯示有輸入資料的這 5 筆學生資料；而不是將 20 筆學生資料全部顯示。

因爲只有前 5 筆顯示的資料有數據，而其餘的 15 筆資料都是顯示姓名爲 " 無名氏 "，各科成績都是 0 分；雖然不算是錯誤，但試想，若這是一個數百位學生的資料，顯示資料時看到數百筆的學生姓名爲 " 無名氏 "，各科成績都是 0 分，也是挺奇怪的。因此，通常在操作陣列時，都會有一個變數用來表示目前陣列裡有幾筆已經輸入了資料：

```
int stuNum = 0;      // 輸入的資料筆數
```

則在使用 for 或 while 重複敘述在走訪陣列時，可以改成：

```
for (int i = 0; i < stuNum; i++)
{
        ⋮
}
```

執行結果

程式執行後顯示選單，如下所示。

```
1. 輸入姓名與成績
2. 顯示資料
3. 計算平均成績
4. 結束
輸入選擇：
```

輸入 1 之後，表示要輸入學生的姓名與成績，接著會出現輸入姓名與成績提示。如下所示輸入學生的姓名、3 科成績之後，又會回到選單的畫面；因此，每次只能輸入一筆學生的資料。

```
輸入第 1 位學生的姓名與成績：
輸入姓名：小明
輸入國文、英文、數學成績：89 90 80
```

若輸入的資料已達 3 筆，則會顯示 " 已滿 3 筆資料，按任意鍵繼續。" 無法再輸入資料。若輸入選項 2，則會顯示所輸入資料。如下所示，已經示輸入了小明與小美兩筆資料。

```
小明：國文：89 英文：90 數學：80
小美：國文：92 英文：78 數學：82
```

輸入選項 3，則會計算學生的平均成績，如下所示：

```
小明的平均成績 = 86.3333
小美的平均成績 = 84
```

輸入選項 4，計算 3 科科目的平均成績，如下所示：

```
------ 各科平均 --------
國文 90.5
英文 84
數學 81
```

Example 12　多維陣列　12-9

程式碼列表

```cpp
1  #include <iostream>
2  #include <conio.h>
3  #include <string>
4  using namespace std;
5
6  int main()
7  {
8      string subject[3] = { "國文","英文","數學" };   // 科目名稱
9      string name[3];     //3 位學生的姓名
10     float avg[3];        // 平均成績
11     int score[3][3];    //3 位學生的各科成績
12     int stuNum = 0;     // 輸入的資料筆數
13     int select;         // 輸入選項
14     string str;         // 暫時變數
15     bool fg = true;
16
17     //----------- 設定變數初始值 ---------------
18     for (int i = 0; i < 3; i++)
19     {
20         avg[i] = 0.0;
21         for (int j = 0; j < 3; j++)
22             score[i][j] = 0;
23     }
24
25     //-------------------------------------------
26     while (fg)
27     {
28         system("cls");
29         cout << "1. 輸入姓名與成績 \n2. 顯示資料 \n3. 計算平均成績 \n"<<
30             "4. 計算各科平均 \n5. 結束 " << endl;
31         cout << " 輸入選擇 : ";
32         cin >> select;
33         cin.ignore(80,'\n');
34
35         system("cls");
36         switch (select)
37         {
38             case 1: // 輸入姓名與成績
39                 if (stuNum == 3)
40                 {
```

```
41              cout << " 已滿 3 筆資料，按任意鍵繼續。" << endl;
42              _getche();
43              break;
44          }
45
46          //-----------------------------------------------
47          cout << " 輸入第 " << stuNum + 1 << " 位學生的姓名與成績："
48              << endl;
49          cout << " 輸入姓名：";
50          getline(cin,str);   // 輸入姓名
51          if (str == "")       // 沒有輸入姓名，表示結束輸入資料。
52              break;
53          else
54              name[stuNum] = str;
55          //-----------------------------------------------
56          cout << " 輸入國文、英文、數學成績：";
57          cin >> score[stuNum][0] >> score[stuNum][1] >>
58              score[stuNum][2];
59
60          stuNum++; // 資料筆數加 1
61          break;
62
63      case 2: // 顯示資料
64          for (int i = 0; i < stuNum; i++)
65          {
66              cout << name[i] << " : ";
67              for (int j = 0; j < 3; j++)
68                  cout << subject[j] << " : " << score[i][j]<<" ";
69              cout << endl;
70          }
71
72          cout << " 按任意鍵繼續。" << endl;
73          _getche();
74          break;
75
76      case 3: // 計算平均成績
77          for (int i = 0; i < stuNum; i++)
78          {
79              for (int j = 0; j < 3; j++)
80              {
81                  avg[i] += score[i][j]; // 計算第 i 位學生的總分
82              }
```

Example 12　多維陣列　　12-11

```cpp
83                    avg[i] /= 3.0;   // 計算第 i 位學生的平均成績
84                }
85
86                for (int i = 0; i < stuNum; i++)
87                    cout << name[i] << "的平均成績 = " << avg[i] << endl;
88
89                cout << " 按任意鍵繼續。" << endl;
90                _getche();
91                break;
92
93            case 4:
94                cout << "------ 各科平均 --------" << endl;
95                for (int i = 0; i < 3; i++)
96                    avg[i] = 0.0;
97
98                for (int i = 0; i < 3; i++) //3 科科目
99                {
100                   for (int j = 0; j < stuNum; j++) //stuNum 個人
101                       avg[i] += score[j][i];
102
103                   avg[i] /= (float)stuNum;
104                   cout << subject[i] << avg[i] << endl;
105               }
106
107               cout << " 按任意鍵繼續。" << endl;
108               _getche();
109               break;
110
111           case 5:
112               cout << " 結束程式 " << endl;
113               fg = false;
114               break;
115
116           default:
117               cout << " 輸入錯誤，重新輸入 " << endl;
118               _getche();
119               break;
120       }
121   }
122
123   system("pause");
124 }
```

程式講解

1. 程式碼第 1-4 行引入 iostream、conio.h、string 標頭檔與宣告使用 std 命名空間。

2. 程式碼第 8-15 行宣告變數。字串陣列 subject 與 name 分別代表科目的名稱與學生的姓名。浮點數陣列 avg 用於代表 3 位學生的平均成績與 3 科的平均成績。二維陣列整數變數 score 用於儲存 3 位學生的各科成績,整數變數 stuNum 則用於表示已經輸入了幾位學生的成績。

3. 程式碼第 18-23 行使用 for 巢狀的重複敘述,設定 avg 與 score 此 2 個變數的初始值。

4. 程式碼第 26-121 行為一個 while 重複敘述,執行條件為 fg 等於 true。第 29-31 行顯示輸入選單,第 32 行讀取使用者輸入的選項,並儲存於變數 select,第 33 行讀取剩餘在鍵盤緩衝區內的資料。

   程式碼第 36-120 行為 switch…case 程式區塊,根據變數 select 執行相對應的功能:輸入姓名與成績、顯示資料、計算平均成績、計算各科平均與結束程式。

5. 程式碼第 38-61 行為「輸入姓名與成績」的功能。第 39-44 行判斷如果輸入的資料已經達到 3 筆,則停止輸入資料並返回。第 47-54 行輸入學生姓名,第 47-49 行顯示輸入提示訊息,第 50 行使用 getline() 函式讀取輸入的資料,並儲存於臨時的字串變數 str;第 51-54 行判斷輸入的姓名若沒有資料,則返回;否則將姓名儲存於 name[stuNum]。第 56-58 行讀取輸入的 3 科成績,第 60 行將資料筆數 stuNum 累加 1。

6. 程式碼第 63-74 行為「顯示資料」的功能。第 64-70 行使用一個 2 層的 for 重複敘述來顯示資料;外層的 for 重複敘述用於控制學生人數 stuNum,內層的 for 重複敘述用來控制 3 科成績。第 66 行顯示第 i 位學生的姓名 name[i],第 68 行同時顯示科目名稱 subject[j] 與成績 score[i][j]。

7. 程式碼第 76-91 行為「計算平均成績」的功能。第 77-84 行先使用一個 2 層的 for 重複敘述,用來計算 stuNum 位學生的 3 科成績總分;外層的 for 重複敘述用於控制學生人數 stuNum,內層的 for 重複敘述用來控制 3 科成績。第 81 行將第 i 位學生的 3 科成績累加後並儲存於變數 avg[i],累加完總分後,第 83 行再將總分除以 3 得到平均分數。第 86-87 行顯示 stuNum 位學生計算後的平均成績。

8. 程式碼第 93-109 行為「計算各科平均」的功能。第 95-96 行先將之前已經儲存學生平均成績的 avg 陣列內容清除。第 98-105 行使用一個 2 層的 for 重複敘述,用來計算 3 個科目的平均成績。外層的 for 重複敘述代表 3 個科目(行),內層的 for 重複敘述代表 stuNum 位學生(列)。第 101 行將第 i 個科目的不同學生的成績 score[j][i] 累加後儲存於 avg[i],第 103 行將累加後的各科成績除以學生人數 stuNum,便得到各科的平均分數。第 104 行則顯示 3 個科目的平均分數。

Example 12　多維陣列　12-13

9. 程式碼第 111-114 行將變數 fg 設定爲 false，便會離開 while 重複敘述，結束程式。

10. 程式碼第 116-119 行，輸入的功能選擇不正確時，顯示輸入錯誤的提示。

12-2　三維陣列

三維陣列顧名思義比二維陣列又多了一個維度的資料，也是經常被使用來表達更多屬性的資料；例如：某系的一年級有 A、B 此 2 個班（第一個維度），每班有 3 位學生（第二個維度），每位學生有國文、英文、數學與社會 4 科成績（第三個維度），則可以使用一個大小爲 2×3×4 的三維陣列來表示。

宣告三維陣列

沒有初始值的二維陣列宣告方式如下所示。

資料型別　變數名稱 [層數量][列數量][行數量];

在描述一個三維陣列時，通常會以立方體來表示，例如上述的 2×3×4 的學生資料的陣列：

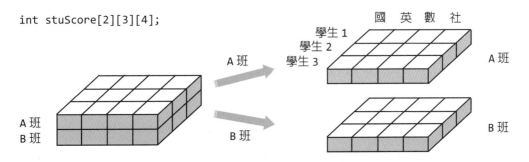

每班有 3 個學生，每個學生有 4 科成績，可以用 1 個 3×4 的表格來表示，也就是一個二維陣列。現在有 2 個班級，也就是有 2 個表格；當然也可以使用 2 個二維陣列來表示：

```
int clasA[3][4];    //A 班
int clasB[3][4];    //B 班
```

當班級數增加，或是爲了使用 for 或 while 重複敘述操作時，就必須將「班級」這個屬性，加入陣列中，因而增加一個維度；所以，必須採用三維陣列來表示：

```
int stuScore[2][3][4];
```

若是宣告有初始值的三維陣列，則如下所示：

```
int stuScore[2][3][4] = {
        { {70,71,72,73}, {74,75,76,77}, {78,79,80,81} },
        { {82,83,84,85}, {86,87,88,89}, {90,91,92,93} }
    };
```

例如：B 班第 2 位學生的數學成績，在陣列的索引位置 stuScore[1][1][2]，分數為 88 分。陣列中的 78 分，則是 A 班第 3 位同學的國文成績，陣列索引位置為 stuSCore[0][2][0]。

走訪三維陣列

走訪三維陣列需要使用 3 層的 for 或 while 重複敘述；如下所示，將陣列 stuScore 的所有元素設定為 0。通常外層 for 重複敘述用來存取陣列的「層」，中間層的 for 重複敘述用於存取陣列的「列」，內層的 for 重複敘述則用於存取陣列的「行」；這也並不是固定不變的規則，通常視程式的需求而定。

```
for (int ly = 0; ly < 2; ly++)
{
    for (int row = 0; row < 3; row++)
    {
        for (int col = 0; col < 4; col++)
        {
            stuScore[ly][row][col] = 0;
        }
    }
}
```

若使用以 Range-based 的 for 重複敘述走訪三維陣列，則如下所示：

```
 1  for (auto &item1 : stuScore)
 2  {
 3      for (auto &item2 : item1)
 4      {
 5          for (auto v : item2)
 6          {
 7              cout << v << " ";
 8          }
 9          cout << ", ";
10      }
11      cout << endl;
12  }
```

Example 12　多維陣列　12-15

因為走訪的是三維陣列，因此使用 3 層的 Range-based 的 for 重複敘述。程式碼第 1 行的 for 重複敘述裡面，從 stuSCore 陣列裡取出來給變數 item1 的是 2 個二維陣列，即 stuScore[0][] 與 stuScore[1][]；因此，變數 item1 前面要加上 "&" 求址運算子，表示 item1 是一個陣列。

因為變數 item1 是一個二維陣列，所以第 3-10 行再次使用 Range-based 的 for 重複敘述走訪 item1 陣列。相同的情形，第 3 行的 for 重複敘述裡的的變數 item2，是從二維陣列 item1 所取出的一維陣列：item2[0]-item2[3]；因此第 5-8 行再使用 Range-based 的 for 重複敘述走訪 item2 這個維陣列。最後可以得到如下的輸出結果：

```
70 71 72 73 , 74 75 76 77 , 78 79 80 81 ,
82 83 84 85 , 86 87 88 89 , 90 91 92 93 ,
```

練習 3：三維陣列練習

有 A、B 兩班，每班有 3 位學生，每位學生有國文、英文與數學 3 科成績。寫一程式使用三維陣列表示學生的成績，並使用亂數模擬每位學生的 3 科成績。

解說

此練習題有 3 個屬性：班級、學生與成績；因此，可以使用一個三維陣列來表示：

```
int score[2][3][3];
```

第一維度（層）表示 2 個班級，第二個維度（列）代表 3 位學生，第三個維度（行）代表 3 科成績。為了方便使用重複敘述操作三維陣列，因此在程式中會時常用到 "2" 個班級、"3" 位學生與 "3" 個科目這些數字；因此，最好的方式是將這些數字以前置處理處理命令 #define 來定義：

```
#define CLAS_NUM 2      //2 個班級
#define STU_NUM 3       // 每班 3 個人
#define SUB_NUM 3       // 每位學生 3 科成績
        ⋮
int score[CLAS_NUM][STU_NUM][SUB_NUM];
```

之後在程式中要走訪陣列時，便可以更方便的形式處理：

```
for (int i = 0; i < CLAS_NUM; i++)
{
    for (int j = 0; j < STU_NUM; j++)
    {
        for (int k = 0; k < SUB_NUM; k++)
```

```
                    {
                        score[i][j][k] = 0;
                    }
                }
            }
```

執行結果

程式執行後以亂數隨機產生 **10-100** 之間的分數，如下所示。

```
=======A 班 =========
第 1 位學生：國文：38 英文：52 數學：61
第 2 位學生：國文：59 英文：74 數學：26
第 3 位學生：國文：34 英文：36 數學：30
=======B 班 =========
第 1 位學生：國文：85 英文：40 數學：99
第 2 位學生：國文：53 英文：23 數學：24
第 3 位學生：國文：30 英文：93 數學：13
```

程式碼列表

```
1  #include <iostream>
2  #include <time.h>
3  using namespace std;
4
5  #define CLAS_NUM 2      //2 個班級
6  #define STU_NUM 3       // 每班 3 個人
7  #define SUB_NUM 3       // 每位學生 3 科成績
8
9  int main()
10 {
11     int score[CLAS_NUM][STU_NUM][SUB_NUM];
12     string subTitle[3]={ " 國文 ", " 英文 ", " 數學 " };
13
14     srand((unsigned)time(NULL));
15
16     //---------- 產生成績 ----------------
17     for(int i=0;i< CLAS_NUM;i++)
18         for (int j = 0; j < STU_NUM; j++)
19             for (int k = 0; k < SUB_NUM; k++)
20                 score[i][j][k] = rand() % 91+10;
21
```

Example 12　多維陣列　12-17

```
22        //---------- 顯示成績 ------------------
23        for (int i = 0; i < CLAS_NUM; i++)
24        {
25            cout << "=======" << (char)(i + 65) << " 班 =========" << endl;
26            for (int j = 0; j < STU_NUM; j++)
27            {
28                cout << " 第 " << j + 1 << " 位學生：";
29                for (int k = 0; k < SUB_NUM; k++)
30                {
31                    cout << subTitle[k] << "：" << score[i][j][k] << " ";
32                }
33                cout << endl;
34            }
35        }
36
37        system("pause");
38  }
```

程式講解

1. 程式碼第 1-3 行引入 iostream、time.h 標頭檔與宣告使用 std 命名空間。

2. 程式碼第 5-7 行定義 3 個常數 CLAS_NUM、STU_NUM 與 SUB_NUM，分別代表 2 個班級、3 位學生與 3 個科目。

3. 程式碼第 11 行宣告整數型別的三維陣列 score，用於儲存學生的成績。第 12 行宣告一個一維陣列的字串 subTitle，儲存 3 個科目的名稱。第 14 行使用 srand() 函式初始化亂數種子。

4. 程式碼第 17-20 行使用 3 層的 for 重複敘述，將介於 10-100 之間的隨機整數設定給 score 裡的每一個元素，代表每一個學生的各科分數。

5. 程式碼第 23-35 行使用 3 層的 for 重複敘述，顯示 2 班每個學生的 3 科分數。第 23 行的 for 重複敘述處理班級，迴圈變數 i 表示班級。第 26 行的 for 重複敘述處理學生，迴圈變數 j 表示第幾位學生。第 29 行的 for 重複敘述表示科目，迴圈變數 k 表示第幾個科目。

   第 25 行顯示班級名稱；這裡使用 (char)(i+65) 的技巧顯示字元；當 i 等於 0 時，則顯示 'A'，當 i 等於 1 時，則顯示 'B'。第 28 行顯示第 j 位學生的訊息。第 31 行則顯示科目的名稱以及分數。

▋三、範例程式解說

1. 建立專案，程式碼第 1-3 行引入 iostream 與 conio.h 標頭檔，與宣告使用 std 命名空間；引入 conio.h 標頭檔是因為使用到 _getche() 函式。第 5-7 行使用前置處理命令定義了 3 個常數：SCHL_NUM、COFF_NUM 與 MONTH_NUM，分別代表 3 間學校、3 種咖啡種類與 2 個月份。

```
1  #include <iostream>
2  #include <conio.h>
3  using namespace std;
4
5  #define SCHL_NUM 3   //3 間大學
6  #define COFF_NUM 3   //3 種咖啡
7  #define MONTH_NUM 2  //2 個月
```

2. 開始於 main() 主函式中撰寫程式，程式碼第 11-15 行宣告變數。整數型別的三維陣列 coffee，為 3 所大學在 7-8 月 3 種咖啡各自的銷售數量。其中，第一個維度表示 3 所大學。其中第 2 個維度 coffee[][0][] 表示 7 月，而 coffee[][1][] 則表示 8 月。第三個維度表示 3 種咖啡：coffee[][][0]、coffee[][][1] 與 coffee[][][2]。

浮點數型別的二維陣列 avg 代表 3 校的 3 種咖啡在 2 個月的平均銷售數量。字串型別的一維陣列 strSch 為 3 所大學的名稱。

```
11  int coffee[SCHL_NUM][MONTH_NUM][COFF_NUM];
12  float avg[SCHL_NUM][COFF_NUM];
13  string strSch[3] = { "A","B","C" };
14  bool fg = true;
15  int select;
```

3. 程式碼第 17-91 行為整支程式中最主要的程式區塊，由一個 while 重複敘述以及第 27-87 行的 switch…case 選擇敘述區塊所組成；while 的執行條件為 fg 等於 true。第 20-23 行顯示選單以及讀取輸入的選項，並儲存於變數 select。

```
17  while (fg)
18  {
19      system("cls");
20      cout << "-------- 榕園校園咖啡 ----------\n";
21      cout << "1. 輸入資料 \n2. 顯示資料 \n3. 計算平均 \n4. 結束 \n";
22      cout << " 輸入選項：";
```

Example 12　多維陣列　12-19

```
23      cin >> select;
24
25      system("cls");
26      //---------------------------------------------
```

4. 程式碼第 27-87 爲 switch…case 選擇敘述區塊。第 29-45 行爲「輸入資料」的部分，第 30-35 行使用 2 層的 for 迴圈將 7、8 月的 3 校的 3 種咖啡銷售量先設定爲 0。此處並不是使用 3 層的 for 迴圈，而是只使用了 2 層的 for 迴圈：外層 for 表示 3 所學校，內層的 for 表示 3 種咖啡，第 33、34 行則分別代表 7、8 月第 i 所大學的第 j 種咖啡的銷售量。第 37-44 行使用 2 層的 for 迴圈來輸入咖啡的銷售量。外層的 for 迴圈表示 3 所學校，內層的 for 迴圈表示 2 個月，第 42 行連續輸入 3 種咖啡的銷售量。

```
27      switch (select)
28      {
29          case 1: // 輸入咖啡銷售數量
30              for(int i=0;i< SCHL_NUM;i++)
31                  for (int j = 0; j < COFF_NUM; j++)
32                  {
33                      coffee[i][0][j] = 0;
34                      coffee[i][1][j] = 0;
35                  }
36
37              for (int i = 0; i < SCHL_NUM; i++)
38                  for (int j = 0; j < MONTH_NUM; j++)
39                  {
40                      cout << " 輸入 " << strSch[i] << " 校 "<< j+7 <<
41                          " 月咖啡銷售量 \n 美式、拿鐵與卡布其諾咖啡銷售量：";
42                      cin >> coffee[i][j][0] >> coffee[i][j][1] >>
43                          coffee[i][j][2];
44                  }
45              break;
```

5. 程式碼第 47-56 行爲「顯示資料」的部分。第 48-55 行使用 2 層的 for 重複敘述顯示 3 校 7、8 兩月的 3 種咖啡銷售量。

```
47          case 2: // 顯示咖啡銷售數量
48              for (int i = 0; i < SCHL_NUM; i++)
49                  for (int j = 0; j < MONTH_NUM; j++)
50                  {
51                      cout << strSch[i] << " 校 " << j + 7 <<
```

```
52                       " 月咖啡銷售量 \n 美式、拿鐵與卡布其諾咖啡銷售量 : ";
53                       cout << coffee[i][j][0] << ", " << coffee[i][j][1]
54                            << ", " << coffee[i][j][2]<< endl;
55                   }
56               break;
```

6. 程式碼第 58-77 行為「計算平均」的部分。第 59-61 行先將變數 avg 的所有元素值清除
   為 0;否則 avg 陣列裡若還有之前計算所留下來的結果,會導致後續的計算發生錯誤。

   第 63-68 行先計算 3 所大學不同咖啡各自的總銷售量;第 66 行將第 i 所大學的 7、
   8 兩個月,3 種咖啡的販售數量分別累加到 avg[i][0]-avg[i][2],第 67 行再將
   avg[i][j] 除以 2,便得到 2 個月的平均銷售量。第 70-76 行則顯示 3 所大學 3 種咖
   啡的銷售平均結果。

```
58               case 3: // 計算咖啡平均銷售量
59                 for (int i = 0; i < SCHL_NUM; i++)
60                     for (int j = 0; j < COFF_NUM; j++)
61                         avg[i][j] = 0.0;
62
63                 for (int i = 0; i < SCHL_NUM; i++)
64                     for (int j = 0; j < COFF_NUM; j++)
65                     {
66                         avg[i][j] = coffee[i][0][j] + coffee[i][1][j];
67                         avg[i][j] /= 2.0;
68                     }
69
70                 for (int i = 0; i < SCHL_NUM; i++)
71                 {
72                     cout << strSch[i] << " 校美式、拿鐵與卡布其諾咖啡 " <<
73                         " 平均銷售量 : ";
74                     cout << avg[i][0] << ", " << avg[i][1] << ", " <<
75                         avg[i][2] << endl;
76                 }
77               break;
```

7. 程式碼第 79-86 行為「結束程式」的部分。第 81 行將變數 fg 設定為 false,因此
   while 重複敘述的執行條件不成立,便離開 while 重複敘述,並且結束程式。第
   84-86 行為 default 區塊,輸入錯誤的選項後,顯示錯誤訊息。

Example 12　多維陣列　12-21

```
79              case 4:
80                cout << " 結束程式 " << endl;
81                fg = false;
82                break;
83
84           default:
85                cout << " 輸入錯誤，重新輸入 " << endl;
86                break;
87        } //end of switch
```

8. 程式碼第 89-90 行，離開 switch…case 選擇區塊後，需要按一下任意鍵後再繼續執行。第 89 行顯示訊息，第 90 行使用 _getche() 函式讀取任意按鍵。

```
89        cout << " 按任意鍵繼續 ...";
90        _getche();
91   } //end of while
92
93   system("pause");
```

重點整理

1. 要宣告多個變數，或連續操作資料性質相同的變數時，可以考慮將這些變數改以宣告為陣列，並搭配 for 或是 while 重複敘述來存取陣列。
2. 陣列的預設值不等於 0；因此，需要看應用的情況決定是否給予初始值。
3. 多維陣列通常只會使用到三維陣列。陣列超過三個維度時，不僅難以描述也會影響執行速度。甚至為了要求執行效率，會將三維陣列拆成多個二維的陣列來進行處理。

分析與討論

1. 操作陣列通常會搭配 for 或是 while 重複敘述；因此，降低多維陣列的維度，可以增加程式執行效率。
2. 一種資料要轉換成多少維度的陣列，並沒有一定的規範，通常是以寫程式的方便性、執行效率來做為考量。因此，並不是一維陣列比較不好使用，或是使用三維陣列就比較厲害。
3. 在練習 2 中，有提到顯示陣列資料筆數的問題：只顯示陣列中已經輸入資料的這些元素，還是不管是否已經輸入了資料，就將陣列全部顯示。這 2 種方式有不同的顯示效果；然而，當資料的數量是數百筆、數千筆，甚至上萬筆資料時，最好的方式是增加顯示資料的條件（篩選資料），讓使用者可以查詢某些特定的資料。例如：只顯示身高的資料、只顯示平均成績大於 80 分的資料等。

此外，也可以每次只顯示固定數量的資料，使用者可以按特定鍵繼續顯示資料，按另一個特定鍵結束顯示資料。

程式碼列表

```
1  #include <iostream>
2  #include <conio.h>
3  using namespace std;
4
5  #define SCHL_NUM 3   //3 間大學
6  #define COFF_NUM 3   //3 種咖啡
7  #define MONTH_NUM 2  //2 個月
8
9  int main()
10 {
11     int coffee[SCHL_NUM][MONTH_NUM][COFF_NUM];
12     float avg[SCHL_NUM][COFF_NUM];
13     string strSch[3] = { "A","B","C" };
14     bool fg = true;
15     int select;
16
17     while (fg)
18     {
19         system("cls");
20         cout << "-------- 榕園校園咖啡 ----------\n";
21         cout << "1. 輸入資料 \n2. 顯示資料 \n3. 計算平均 \n4. 結束 \n";
22         cout << " 輸入選項 : ";
23         cin >> select;
24
25         system("cls");
26         //-------------------------------------------------
27         switch (select)
28         {
29             case 1: // 輸入咖啡銷售數量
30                 for(int i=0;i< SCHL_NUM;i++)
31                     for (int j = 0; j < COFF_NUM; j++)
32                     {
33                         coffee[i][0][j] = 0;
34                         coffee[i][1][j] = 0;
35                     }
36
37                 for (int i = 0; i < SCHL_NUM; i++)
```

Example 12　多維陣列　12-23

```
38                       for (int j = 0; j < MONTH_NUM; j++)
39                       {
40                            cout << " 輸入 " << strSch[i] << " 校 "<< j+7 <<
41                             " 月咖啡銷售量 \n 美式、拿鐵與卡布其諾咖啡銷售量 : ";
42                            cin >> coffee[i][j][0] >> coffee[i][j][1] >>
43                             coffee[i][j][2];
44                       }
45               break;
46
47          case 2: // 顯示咖啡銷售數量
48               for (int i = 0; i < SCHL_NUM; i++)
49                    for (int j = 0; j < MONTH_NUM; j++)
50                    {
51                         cout << strSch[i] << " 校 " << j + 7 <<
52                          " 月咖啡銷售量 \n 美式、拿鐵與卡布其諾咖啡銷售量 : ";
53                         cout << coffee[i][j][0] << ", " << coffee[i][j][1]
54                          << ", " << coffee[i][j][2]<< endl;
55                    }
56               break;
57
58          case 3: // 計算咖啡平均銷售量
59               for (int i = 0; i < SCHL_NUM; i++)
60                    for (int j = 0; j < COFF_NUM; j++)
61                         avg[i][j] = 0.0;
62
63               for (int i = 0; i < SCHL_NUM; i++)
64                    for (int j = 0; j < COFF_NUM; j++)
65                    {
66                         avg[i][j] = coffee[i][0][j] + coffee[i][1][j];
67                         avg[i][j] /= 2.0;
68                    }
69
70               for (int i = 0; i < SCHL_NUM; i++)
71               {
72                    cout << strSch[i] << " 校美式、拿鐵與卡布其諾咖啡 " <<
73                     " 平均銷售量 : ";
74                    cout << avg[i][0] << ", " << avg[i][1] << ", " <<
75                     avg[i][2] << endl;
76               }
77               break;
78
79          case 4:
```

```
80              cout << " 結束程式 " << endl;
81              fg = false;
82              break;
83
84          default:
85              cout << " 輸入錯誤，重新輸入 " << endl;
86              break;
87       } //end of switch
88
89       cout << " 按任意鍵繼續 ...";
90       _getche();
91    } //end of while
92
93    system("pause");
94 }
```

本章習題

1. 寫一程式，產生 10 個介於 5-20 之間的隨機整數，並儲存於一個一維陣列。

2. 豬肉水餃一顆 5 元、玉米水餃一顆 5.5 元，泡菜水餃一顆 6 元。以一個一維陣列表示這 3 種水餃，並寫一程式可以選擇購買哪種水餃、購買的數量，以及計算 3 種水餃各自的販售總金額。

3. 寫一程式，產生九九乘法表，並儲存於一個二維陣列。

4. 寫一程式，產生不重複之 1-25 的隨機整數，並儲存於 5×5 的二維陣列。

5. 有一個 3×4×5 大小的三維陣列，寫一程式使用 1-50 之間的亂數填滿此一陣列。

6. 小明與小華玩擲骰子遊戲，一顆骰子每人各擲 5 次。計算 2 人擲 5 次骰子，每個骰子點數各自所得點數總和、以及 2 人各自擲 5 次的總點數。

7. CTM 食品公司在北、中、南部各有一間分店，每間店都販售起司蛋糕、藍莓蛋糕與綜合水果蛋糕。寫一程式，使用三維陣列表示各種蛋糕 1-3 月的銷售量，並計算 3 種蛋糕 3 個月的總銷售量，以及計算各店的各月蛋糕總銷售量。

Example 13

Array 容器

有 3 個 Array 容器的整數型別的陣列 arr1-arr3。arr1 與 arr2 為長度等於 5 的一維陣列，並且陣列 arr2 的初始值等於 {1,2,3,4,5}。陣列 arr3 為一個 2×5 大小的二維陣列。寫一程式完成以下的陣列設定。1. 以介於 10-20 之亂數填滿陣列 arr1。2. 陣列 arr3 的 2 列資料分別為介於 20-30 之亂數與 arr2。

一、學習目標

從 C++ 11 開始提供了 Array 容器（Container），Array 容器提供了更方便的陣列操作方法。Array 容器是一種物件（請參考範例 27），因此有自己的屬性與方法（函式）可以使用，但也能如同傳統陣列的操作方式。Array 容器的陣列與傳統的陣列各有其優點；但若程式要相容於更早版本的 C/C++，則還是建議使用傳統的陣列。

二、執行結果

如下圖所示，第 1 列顯示以亂數 10-20 當成陣列 arr1 的元素。第 3-4 列顯示陣列 arr3 的內容：第 3 列顯示陣列 arr3[0] 的資料，第 4 列顯示陣列 arr3[1] 的資料。

13-1 宣告與存取 Array 容器之陣列

使用 Array 容器需引入 array 標頭檔，並可使用 std 命名空間。Array 容器也是一個物件，因此提供了成員函式來操作以 Array 容器宣告的陣列。須注意，Array 容器一經過宣告之後，其容量是固定的，無法改變。

C++ 提供了很多不同形式的容器，以方便開發程式時處理不同形式的資料。C++ 的容器可以想像如同冰箱裡的製冰盒；製冰盒的製冰格的形狀不同，所製作出來的冰塊便有不一樣的形狀。製冰格的數量不同，製作出來的冰塊數量也不相同。

相同的道理，Array 容器所裝的資料若是整數型別資料，則變成了整數的陣列；若裝的是字串型別的資料，就變成了字串陣列；再加上設定了數量之後，便能設定不同長度的陣列。

宣告一維陣列

以 Array 容器宣告一維陣列有以下 3 種常見的方式，如下所示。

> array< 資料型別 , 數量 > 陣列名稱 ;
> array< 資料型別 , 數量 > 陣列名稱 = { 初始值 ,… };
> array< 資料型別 , 數量 > (Array 容器的陣列);

此 3 種宣告方式，都是由關鍵字 "array" 開始，後面接著泛型樣板 < 資料型別 , 數量 >；例如以下範例：

```
1  array<int, 5> arr1;
2  array<int, 5> arr2 = { 1,2,3,4,5 };
3  array<int, 5>arr3(arr2);
4  array<string, 3> strArr1 = { "apple","orange","grape" };
```

程式碼第 1 行宣告一個長度等於 5 的整數一維陣列 arr1。第 2 行宣告了一個長度等於 5 的一維陣列 arr2，並且設定有初始值：1-5。第 3 行宣告了一個長度等於 5 的一維陣列 arr3，並且使用 arr2 當作它的預設值。第 4 行宣告了一個長度等於 3 的字串陣列，並有其預設值："apple"、"orange" 與 "grape"。

存取一維陣列

Array 容器宣告的陣列，有以下常見的函式可用於操作陣列，如下表所示。

函式	說明
at(a)	回傳在陣列索引位置 a 的元素。
back()	回傳陣列的最後一個元素。
empty()	測試陣列長度是否為 0。
fill(a)	以 a 填滿陣列。
front()	回傳陣列的第一個元素。
size()	回傳陣列的長度。
swap(a)	將陣列的內容與另一個陣列 a 的內容互換。

Example 13　Array 容器　13-3

函式 at() 可以回傳所指定的陣列位置的元素，例如：arr2.at(3)，則會回傳 4；其作用與 arr2[3] 相同。因此，此否要使用 at() 函式或是以傳統的陣列操作方法，其實並無差別。empty() 函式用於測試陣列的長度是否為 0，例如，宣告一陣列：Array<int,0>arr，此陣列 arr 並沒有分配任何空間，因此 arr.empty() 等於 true。

fill() 函式可以使用設定的值填滿陣列裡所有的元素。例如：arr1.fill(0) 則將 arr1 陣列裡的 5 個元素全部設定為 0。swap() 函式用於將 2 個相同長度的陣列彼此交換所有的元素。例如：arr1.swap(a2)，則將陣列 arr1 與 arr2 的內容彼此交換。

⤳ 練習 1：操作 Array 容器之陣列

宣告 3 個長度等於 5 之 Array 容器之整數陣列 arr1-arr3；其中 arr3 之預設值等於 {6,7,8,9,0}，並執行以下步驟：1. 將 {1,2,3,4,5} 設定給 arr1，並顯示第 1 個與最後 1 個元素。2. 將 arr1 設定給 arr2。3. 將 arr2 與 arr3 交換。

▌解說

宣告 Array 容器的陣列 arr1-arr3，並且陣列 arr3 有初始值：{6,7,8,9,0}，則應如下方式宣告。

```
array<int, 5> arr1;
array<int, 5> arr2;
array<int, 5> arr3 = { 6,7,8,9,0 };
```

要顯示陣列 arr1 的第 1 個與最後 1 個元素，有 2 種的方式可以處理；第 1 種使用 Array 容器提供的 front() 與 back() 成員函示，如下所示：

```
arr1.front()
arr1.back()
```

或是直接使用陣列索引位置，如下所示：

```
arr1[0]
arr1[4]
```

欲交換陣列 arr2 與 arr3，可以使用 Array 容器的成員函式 swap()，如下所示：

```
arr3.swap(arr2);
```

執行結果

```
第一個元素：1
最後一個元素：5
arr2=1 2 3 4 5
arr2 與 arr3 交換：
arr2=6 7 8 9 0
arr3=1 2 3 4 5
```

程式碼列表

```cpp
1  #include <iostream>
2  #include <array>
3  using namespace std;
4
5  int main()
6  {
7      array<int, 5> arr1;
8      array<int, 5> arr2;
9      array<int, 5> arr3 = { 6,7,8,9,0 };
10
11     for (int i = 0; i < arr1.size(); i++)
12         arr1[i] = i + 1;
13     cout << "第一個元素：" << arr1.front() << endl;
14     cout << "最後一個元素：" << arr1.back() << endl;
15
16     //------------------------
17     arr2 = arr1; // 大小必須相同
18     cout << "arr2=";
19     for (int i = 0; i < arr2.size(); i++)
20         cout << arr2[i] << " ";
21     cout << endl;
22
23     //---------------------
24     cout << "arr2 與 arr3 交換：" << endl;
25     arr3.swap(arr2);
26     cout << "arr2=";
27     for (auto item : arr2)
28         cout << item << " ";
29     cout << endl;
```

Example 13   Array 容器   13-5

```
30
31      cout << "arr3=";
32      for (auto item : arr3)
33          cout << item << " ";
34      cout << endl;
35
36      system("pause");
37  }
```

程式講解

1. 程式碼第 1-3 行引入 iostream 與 array 標頭檔，並宣告使用 std 命名空間。

2. 程式碼第 7-9 行宣告 3 個長度等於 5 的 Array 容器型別的陣列 arr1-arr3，並且陣列 arr3 也設定了初始值。

3. 程式碼第 11-12 行使用 for 重複敘述，執行條件為 i<arr1.size()，即為 i<5。第 12 行將陣列 arr1 的第 i 個元素設定為 i+1 的值；因此，最後陣列 arr1 會等於 {1,2,3,4,5}。

4. 程式碼第 13-14 行使用 Array 容器的 front() 與 back() 成員函式，顯示陣列 arr1 的第 1 個與最後 1 個元素：arr1.front() 與 arr1.back()。

5. 程式碼第 17 行將陣列 arr1 設定給陣列 arr2，因此陣列 arr2 的內容也等於 {1,2,3,4,5}；若 arr2 裡的元素原本已經有值，則會被覆蓋。第 19-20 行使用 for 重複敘述顯示 arr2 的內容。

6. 程式碼第 25 行使用 Array 容器的 swap() 成員函式將陣列 arr2 與 arr3 的內容互換。第 27-28 與 32-33 行使用走訪陣列的方式分別顯示陣列 arr2 與陣列 arr3 的所有內容。

13-2 Array 容器之多維陣列

以 Array 容器宣告二維陣列

以 Array 容器宣告二維陣列的方式與一般二維陣列的宣告方式不同：先宣告每列有幾個元素，接著再宣告有多少列；如下所示。

　　　　array< array< 資料型別 , 行數量 >, 列數量 > 陣列名稱 ;

此宣告一共有 2 層的 array<> 宣告，內層的 array< 資料型別 , 行數量 > 為二維陣列的「行」，因此行數量指的是每一列有多少個元素。外層的 array<, 列數量 > 指的是二維陣列的「列」，因此列數量指的是二維陣列的列數。例如以下範例：

```
array<array<int, 3>, 2> arr1;
array<array<int, 3>, 2> arr2 = { 6,5,4,
                                 3,2,1 };
```

以上 2 行程式敘述宣告了相同大小 2×3 的二維陣列 arr1 與 arr2，並且 arr2 設定了初始值；陣列 arr2 的第一列 arr2[0] 的元素等於 {6,5,4}，第二列 arr2[1] 的元素等於 {3,2,1}。

走訪 Array 容器的二維陣列可使用 2 層的 for 重複敘述；例如下列程式敘述用於顯示 arr2 的每一個元素：

```
for (int row = 0; row < arr2.size(); row++)  // 列
{
    for (int col = 0; col < arr2[0].size(); col++)  // 行
        cout << arr2[row][col] << " ";

    cout << endl;
}
```

arr2.size() 可以取得陣列 arr2 的列數量，而 arr2[0].size() 可以取得陣列 arr2 的行數量；因為陣列 arr2 的 2 列的元素各數相同，因此使用 arr2[0].size() 或 arr2[1].size() 都能取得相同的行數量。若使用以 Range-based 的 for 重複敘述走訪此 arr2 陣列，則如下所示：

```
for (auto &row : arr2)  // 列
{
    for (auto col : row)  // 行
        cout << col << " ";

    cout << endl;
}
```

外層 for 重複敘述用於存取陣列 arr2 的列，並儲存於變數 row。由於二維陣列的每一個列，也是一個一維陣列；因此，在變數 row 前面加上求址運算子 "&" 表示變數 row 所代表的不是一個數值，而是一個一維陣列。內層的 for 重複敘述則讀取變數 row 的每一個元素，並儲存於變數 col。

以 Array 容器宣告三維陣列

以 Array 容器宣告三維陣列的方式：先宣告每列有幾個元素（行數量），接著宣告有多少列，最後再宣告有多少層；如下所示。

```
array< array<array< 資料型別 , 行數量 >, 列數量 >, 層數量 > 陣列名稱 ;
```

Example 13　Array 容器　　13-7

此宣告一共有 3 層的 array<> 宣告，最內層的 array< 資料型別， 行數量 > 為三維陣列的
「行」，因此行數量指的是每一列有多少個元素。中間層的 array<， 列數量 > 為三維陣列
的「列」，因此列數量指的是每一層有多少列。最外層的 array<， 層數量 > 指的是三維陣
列的「層」，因此層數量指的是三維陣列的層數。例如以下程式敘述，宣告了一個大小等於
2×3×4 的三維陣列 arr1。

```
array<array<array<int, 4>, 3>, 2>arr1;
```

走訪 Array 容器宣告的三維陣列，可以使用 3 層的 for 重複敘述，分別讀取三維陣列的層、
列與行；如下所示。

```
for (int ly = 0; ly < arr1.size(); ly++)  // 層
{
    for (int row = 0; row < arr1[0].size(); row++)  // 列
    {
        for (int col = 0; col < arr1[0][0].size(); col++)  // 行
            cout << arr1[ly][row][col];
    }
}
```

上述程式敘述中，arr1.size() 可以取得陣列 arr1 的層數量。arr1[0] 指的是第 0 層，
因此 arr1[0].size() 可以取得該層的列數量。arr1[0][0] 指的是第 0 層的第 0 列，因此
arr1[0][0].size() 可以取得該列的行數量。所以，arr1[ly][row][col] 便是指陣列索
引位置位於第 ly 層第 row 列第 col 行的元素。

若使用以 Range-based 的 for 重複敘述走訪此 arr1 陣列，則如下所示：

```
for (auto&& ly : arr1)  // 層
{
    for (auto& row : ly)  // 列
    {
        for (auto col : row)  // 行
            cout << col;
    }
}
```

外層 for 重複敘述用於存取陣列 arr1 的層，並儲存於變數 ly。由於三維陣列的每一個層，
也是一個二維陣列；因此，在變數 ly 前面加上求址運算子 "&&" 表示變數 ly 所代表的不是
一個數值，而是一個二維陣列。剩下的 2 層 for 重複敘述的表示方式，則與走訪二維陣列的
形式相同。

➷ 練習 2：操作 Array 容器之多維陣列

以 Array 容器宣告以下陣列 arr1-arr5：陣列 arr1 為一維陣列，預設值等於 {7,8,9}。
arr2-arr4 為 2×3 的二維陣列，其中陣列 arr3 的預設值等於 {{6,5,4},{3,2,1}}，陣列
arr4 的預設值為 arr1。陣列 arr5 為 2×3×4 的三維陣列。寫一程式，完成下列功能：

1. 顯示陣列 arr3 的列數與行數 。
2. 並把 arr1 設定給 arr3 的第 0 列，並顯示 arr3 的元素。
3. 將 arr3 設定給 arr2，並使用 Range-based 的 for 重複敘述顯示 arr2。
4. 顯示 arr4。
5. 將 1-24 的值依序設定給 arr5，並使用 Range-based 的 for 重複敘述顯示 arr5。

解說

依題目要求，陣列 arr1-arr5 應如下方式宣告：

```
1  array<int, 3> arr1 = { 7,8,9 };
2  array<array<int, 3>, 2> arr2;
3  array<array<int, 3>, 2> arr3 = { 6,5,4,
4                                    3,2,1 };
5  array<array<int, 3>, 2> arr4 = { arr1,arr1 };
6  array<array<array<int, 4>, 3>, 2>arr5 ;
```

要將一維陣列 arr1 設定給二維陣列 arr4 當成初始值，必須陣列 arr1 的長度等於陣列
arr4 每一列的行的長度，如上述程式碼第 5 行所示。

要取得陣列 arr3 的列數與行數，可使用 arr3.size() 與 arr3[0].size()。要把 arr1 設
定給 arr3 的第 0 列，則應為程式敘述：arr3[0]=arr1。至於顯示二維或是三維陣列，則可
以使用 for 重複敘述，或是 Range-based 的 for 重複敘述來走訪陣列即可。

執行結果

此陣列的第一執行結果

```
陣列 arr3 的列數：2
陣列 arr3 的行數：3

arr3:
7 8 9
3 2 1
```

Example 13 Array 容器   13-9

```
arr2:
7 8 9
3 2 1

arr4:
7 8 9
7 8 9

arr5:
 1  2  3  4 ,  5  6  7  8 ,  9 10 11 12 ,
13 14 15 16 , 17 18 19 20 , 21 22 23 24 ,
```

程式碼列表

```cpp
1  #include <iostream>
2  #include <iomanip>
3  #include <array>
4  using namespace std;
5
6  int main()
7  {
8      array<int, 3> arr1 = { 7,8,9 };
9      array<array<int, 3>, 2> arr2;
10     array<array<int, 3>, 2> arr3 = { 6,5,4,      // 先行，再列
11                                      3,2,1 };
12     array<array<int, 3>, 2> arr4 = { arr1,arr1 };
13     array<array<array<int, 4>, 3>, 2>arr5 ;
14
15     int row, col, a=1;
16
17     //----------------------------------------------
18     cout << "陣列 arr3 的列數：" << arr3.size() << endl;
19     cout << "陣列 arr3 的行數：" << arr3[0].size() << endl;
20
21     //----------------------------------------------
22     arr3[0] = arr1; // 把 arr1 設定給 arr3[0] 此列
23     cout << "\narr3:\n";
24
25     for (int i = 0; i < arr3.size(); i++)
26     {
27         for (int j = 0; j < arr3[0].size(); j++)
```

```
28            cout << arr3[i][j] << " ";
29
30        cout << endl;
31    }
32
33    //------------------------------------------
34    arr2 = arr3;
35    cout << "\narr2:\n";
36
37    for (auto &row : arr2)
38    {
39        for (auto col : row)
40            cout << col << " ";
41
42        cout << endl;
43    }
44
45    //-----------------------------------
46    cout << "\narr4:\n";
47    row = arr4.size();
48    col = arr4[0].size();
49    for (int i = 0; i < row; i++)
50    {
51        for (int j = 0; j < col; j++)
52            cout << arr4[i][j] << " ";
53
54        cout << endl;
55    }
56
57    //---------- 三維陣列 -------------
58     cout << "\narr5:\n";
59    for (int l = 0; l < arr5.size(); l++)
60        for (int row = 0; row < arr5[0].size(); row++)
61            for (int col = 0; col < arr5[0][0].size(); col++)
62                arr5[l][row][col] = a++;
63
64    for (auto&& ly : arr5)
65    {
66        for (auto& row : ly)
67        {
68            for (auto col : row)
69                cout << setw(2) << col << " ";
```

Example 13　Array 容器　　13-11

```
70                    cout << ", ";
71            }
72            cout << endl;
73      }
74
75      system("pause");
76 }
```

程式講解

1. 程式碼第 1-4 行引入 iostream、iomanip 與 array 標頭檔，並宣告使用 std 命名空間。

2. 程式碼第 8-15 行宣告所需要之變數。第 8 行宣告一維之整數陣列 arr1，初始值等於 {7,8,9}。第 10 行宣告大小為 2×3 的二維整數陣列 arr3，並設定初始值 {6,5,4,3,2,1}。第 12 行宣告大小為 2×3 的二維整數陣列 arr4，並設定初始值為陣列 arr1。第 15 行宣告 3 個整數型別的變數；row 與 col，分別用於做為走訪二維陣列時的列數與行數。而變數 a 之後會用於設定給三維陣列 arr5 的元素的值。

3. 程式碼第 18-19 行分別顯示 arr3 的列數與行數。第 22 行將一維陣列 arr1 設定給二維陣列 arr3 的第 0 列；因為 arr1 的長度等於 arr3 每一列的行的長度，所以可以使用這樣的方式設定。

4. 程式碼第 25-31 使用 2 層的 for 重複敘述顯示陣列。其中，2 個 for 重複敘述的執行條件中的 arr3.size() 與 arr3[0].size()，即為陣列 arr3 的列數與行數。

5. 程式碼第 34 行，將陣列 arr3 設定給陣列 arr2。因為陣列 arr2 與 arr3 的大小、列數與行數相同，可以使用如此的方式進行設定。第 37-43 行則使用 Range-based 的 for 重複敘述顯示陣列 arr2。

6. 程式碼第 47-48 行將陣列 arr4 的列數與行數設定給變數 row 與 col，接著第 49-55 行使用 2 層的 for 重複敘述顯示陣列 arr4。

7. 程式碼第 59-62 行使用 3 層的 for 重複敘述，將 a++ 的值設定給三維陣列 arr5；因此，陣列 arr5 的內容為數值 1-24。此 3 層 for 重複敘述從外層至內層分別代表陣列 arr5 的層、列與行。

8. 程式碼第 64-73 使用 Range-based 的 for 重複敘述顯示陣列 arr5 的內容。

▌三、範例程式解說

1. 建立專案，程式碼第 1-5 行引入 iostream、array、iomanip 與 time.h 標頭檔與 宣告使用 std 命名空間；

```
1  #include <iostream>
2  #include <array>
3  #include <iomanip>
4  #include <time.h>
5  using namespace std;
```

2. 開始於 main() 主函式中撰寫程式，程式碼第 9-11 行分別宣告陣列 arr1-arr3。第 13 行初始化亂數產生器。

```
 9  array<int, 5>arr1;
10  array<int, 5>arr2 = { 1,2,3,4,5 };
11  array<array<int, 5>, 2>arr3;
12
13  srand((unsigned)time(NULL));
```

3. 程式碼第 15-16 行使用亂數 rand() 產生介於 10-20 之間的整數，並設定給陣列 arr1[i] 位置的元素。第 15 行 for 重複敘述中的 arr1.size() 可以取得陣列 arr1 的長度。第 18-19 行使用 Range-based 的 for 重複敘述顯示陣列 arr1 的內容。

```
15  for (int i = 0; i < arr1.size(); i++)
16      arr1[i] = rand() % 11 + 10;
17
18  for (auto item : arr1)
19      cout << setw(4) << item;
20  cout << endl<<endl;
```

4. 程式碼第 23-24 行使用亂數 rand() 產生介於 20-30 之間的整數，並設定給陣列 arr3 的第 0 列的元素。第 23 行 for 重複敘述中的 arr3[0].size() 可以取得陣列 arr3 第 0 列的長度。第 26 行將陣列 arr2 設定給陣列 arr3 的第 1 列。第 28-33 行使用 2 層的 Range-based 的 for 重複敘述顯示陣列 arr3 的內容。第 28 行處理陣列 arr3 的 列資料，第 30 行則取出列裡的每一個元素。

```
23  for (int i = 0; i < arr3[0].size(); i++)
24      arr3[0][i] = rand() % 11 + 20;
25
26  arr3[1] = arr2;
```

Example 13　Array 容器　13-13

```
27
28  for (auto& row : arr3)
29  {
30      for (auto col : row)
31          cout << setw(4) << col;
32      cout << endl;
33  }
34
35  system("pause");
```

重點整理

1. Array 容器提供另一種以物件的方式來操作陣列。須注意，Array 容器所宣告的陣列設定了數量（長度）之後，其陣列的容量是固定不可改變的。
2. 若要程式相容於更早版本的 C/C++，則建議使用傳統的陣列。
2. 使用 Array 容器來操作陣列，或是使用傳統的陣列，並沒有特定的規定；因此，各憑自己的寫程式習慣。嚴格上來說，Array 容器處理陣列的速度會比傳統陣列來得稍慢些，除非是要求精準速度的應用範疇，否則並沒有什麼明顯的影響。

分析與討論

1. 練習 2 的程式碼第 25-31 行、第 49-55 行都是使用 2 層的 for 重複敘述走訪陣列。前者的 2 個 for 重複敘述的執行條件中，使用的是 arr3.size() 與 arr3[0].size() 來表示陣列 arr3 的列數與行數，而後者卻先將陣列 arr4.size() 與 arr4[0].size() 設定給變數 row 與 col，然後在 for 重複敘述中的執行條件中，使用這 2 個變數；這種方式似乎是多此一舉；然而後者的執行速度卻快於前者。

   因為呼叫函式需要花費的時間比存取數值或變數的時間來得多，因此呼叫 Array 容器的 size() 函式就會比存取變數 row 或是 col 來的更費時間。當重複敘述執行的次數不多的時候並不會特別的明顯；然而，當重複敘述執行數千次、數萬次的時候，2 者的執行效率便會有明顯的差距。

程式碼列表

```
1  #include <iostream>
2  #include <array>
3  #include <iomanip>
4  #include <time.h>
5  using namespace std;
6
```

```cpp
7  int main()
8  {
9      array<int, 5>arr1;
10     array<int, 5>arr2 = { 1,2,3,4,5 };
11     array<array<int, 5>, 2>arr3;
12
13     srand((unsigned)time(NULL));
14
15     for (int i = 0; i < arr1.size(); i++)
16         arr1[i] = rand() % 11 + 10;
17
18     for (auto item : arr1)
19         cout << setw(4) << item;
20     cout << endl<<endl;
21
22     //-----------------------------------------
23     for (int i = 0; i < arr3[0].size(); i++)
24         arr3[0][i] = rand() % 11 + 20;
25
26     arr3[1] = arr2;
27
28     for (auto& row : arr3)
29     {
30         for (auto col : row)
31             cout << setw(4) << col;
32         cout << endl;
33     }
34
35     system("pause");
36 }
```

本章習題

1. 使用 Array 容器宣告整數型別的一維陣列，長度等於 10。並使用介於 1-100 之間的亂數填滿此陣列。

2. 寫一程式可以新增與顯示 3 位學生的姓名與住址，學生的姓名與住址使用 Array 容器的陣列表示。

Example 14

字串處理

有一個字元陣列字串 cstr 與一個 string 型別的字串 str，其內容皆由亂數產生 10 個小寫英文字母與數字混合的字元。寫一程式，隨機各由 cstr 與 str 挑選 5 個字元組合為新的字串 newstr。並判斷 cstr 字串中的字元，有哪些字元出現在字串 newstr 中。

一、學習目標

C++ 的字串有 2 種形式：字元陣列形式的字串與 string 類別的字串。字元陣列形式的字串又稱為 C-style 字串，是以字元陣列所組成的字串，為 C 所使用的標準字串形式；因此，在 C++ 中也一直被沿用。由於字元陣列的字串在使用與操作上比較麻煩，因而 C++ 提供了 string 類別的字串。因為以類別為基礎的關係，所以也提供了字串操作上的屬性與方法，簡化了字元陣列字串的操作與處理；因此，string 類別的字串只有 C++ 可以使用。

C 特別提供了處理字元陣列字串的函式，例如：字串複製、比較、附加等；因為字元陣列字串是由字元陣列所組成，所以也可以使用陣列的方式自行來處理，而不需要使用這些字串處理函式。string 類別的字串處理，則由類別本身提供的方法來處理字串，或是可轉換為字元陣列字串，再由 C 所提供的字串函式來處理。

二、執行結果

如下圖所示，字串 newstr 的內容由字串 cstr 與 str 各自隨機挑選 5 個字元所組成。並檢查出字串 cstr 中有 4 個字元：'d'、'7'、'g' 與 'p' 出現在字串 newstr 中，並且出現的次數分別為：2 次、1 次、2 次與 1 次。

14-1　字元陣列形式的字串

又稱爲 C-style 字串，是由字元陣列所組成。字元陣列與字元陣列字串的差別，只在於字元陣列字串的最後一個字元是字串的結尾識別字元：'\0'，如下圖所示。下圖左是字元陣列：{'b','o','o','k'}，下圖右是字元陣列字串：{'b','o','o','k','\0'}。

b	o	o	k

b	o	o	k	\0

由上圖可知，「book」若以陣列的方式儲存，需要一個長度等於 4 的一維字元陣列；若以字串的方式儲存，需要一個長度等於 5 的一維字元陣列。換句話說，長度爲 n 的一維陣列，能儲存 n 個字元；但若要用於儲存字串，則只能儲存 n-1 個字元，因爲陣列的最後一個元素要放置字串的結尾識別字元：'\0'。因此，字元陣列中若有 '\0'，便會被 C/C++ 自動認爲這是一個字串，而不是一個字元陣列。例如：

```
1   #include <iostream>
2   using namespace std;
3
4   int main()
5   {
6       char arr1[8] = { 's','t','u','d','e','n','t','\0' };
7       char arr2[8] = { 's','t','u','\0','d','e','n','t' };
8
9       cout << arr1 << endl;
10      cout << arr2 << endl;
11  }
```

程式碼第 6-7 行分別宣告了 2 個一維字元陣列 arr1 與 arr2。arr1 的最後一個元素是 '\0'，因此 arr1 會被視爲是字串，所以第 9 行會顯示字串 "student"。而 arr2 的第 3 個元素是 '\0'；因此，即使在此之後還有 dent 此 4 個字元，但因爲在第 3 個字元時已經遇到了字串的結尾識別字元，所以第 10 行只會顯示 "stu"。

sizeof() 與 strlen() 函式

sizeof() 爲 C/C++ 所提供的標準函式，可以回傳欲測量的資料的長度（以位元組爲單位），需引入 iostream 標頭檔；例如：

Example 14　字串處理　　14-3

```
1  char arr1[8] = { 's','t','u','d','e','n','t','\0' };
2  char arr2[8] = { 's','t','u','\0','d','e','n','t' };
3  wchar_t arr3[2] = { L'我', L'\0' }; // 寬字元陣列
4
5  cout << sizeof(int) << endl;
6  cout << sizeof(3.14) << endl;
7  cout << sizeof(arr1) << endl;
8  cout << sizeof(arr2) << endl;
9  cout << sizeof(arr3) << endl;
```

程式碼第 5 行測量整數型別 int 的長度，回傳值為 4。C++ 預設的小數型別為 double，所以第 6 行測量小數 3.14 的長度，回傳值等於 8。字元陣列 arr1 與 arr2 的宣告長度等於 8，因此第 7、8 行的回傳值都等於 8。第 9 行測量寬字元陣列 arr3 的長度，雖然 arr3 的宣告長度等於 2，但因為一個寬字元本身長度等於 2 個字元寬，所以第 9 行會回傳 4。

strlen() 也是 C/C++ 所提供的標準函式，用於測量字串的長度，需引入 cstring 或 string.h 標頭檔，或者引入 iostream 標頭檔也可以。wcslen() 函式為寬字元版本，需引入 wchar.h 或 cwchar 標頭檔，或者引入 iostream 標頭檔。

```
10  cout << strlen(arr1) << endl;
11  cout << strlen(arr2) << endl;
12  cout << wcslen(arr3) << endl;
```

程式碼第 10 行測量 arr1 的長度，回傳值等於 7（'\0' 是字串的結尾識別字元，但並不算是字串的內容）。第 11 行測量 arr2 的長度，回傳值等於 3。第 12 行測量寬字元字串 arr3 的長度，回傳值等於 1。

宣告字元陣列字串

字元陣列字串有以下幾種常見的宣告方式；例如，宣告字串 "book"：

```
1  char str1[5] = { 'b','o','o','k','\0' };
2  char str2[4] = { 'b','o','o','k','\0' };   // 錯誤，陣列長度應為 5
3  char str3[] = { 'b','o','o','k','\0' };
4  char str4[] = { "book\0apple" };
5  char str5[] = "book";
6  char str6[5];
7
8  str6 = "book";   // 錯誤，字元陣列字串無法以指定 "=" 的方式設定其內容
```

程式碼第 1-6 行宣告了字元陣列字串 str1-str6。字串 str1-str5 都在變數宣告時予以設定了字串的初始值，但第 2 行的 str2 是錯誤的宣告，因為 str2 的陣列長度為 4，無法容納字串 "book"。文字「book」雖然只有 4 個文字，但以字元陣列儲存時需再加上一個字串結尾識別字元 "\0"；因此 str2 的長度應為 5。

當字元陣列字串在宣告時若有設定了初始值，則可以不設定陣列的長度，如程式碼第 3-5 行。第 4 行 str4 的初始值為字串 "book\0apple"，但因為在 "book" 之後加了一個 "\0"，str4 若以字串的方式處理時，會被視為字串 "book"；但若以陣列的角度去看 str4，則其內容卻是 "book\0apple"；因此，此處須特別留意以免造成不正確的程式輸出結果。

程式碼第 8 行是錯誤的字串設定方式。字元陣列字串只能在字串變數宣告時才可使用 "=" 的指定方式設定其值；第 6 行只宣告字串變數 str6 的長度，之後必須使用字串處理函式才能設定字串的內容，或是以陣列的處理方式：逐一設定每個元素的內容，如下所示。程式碼第 1 行使用字串處理函式 strcpy_s() 將字串拷貝給字串變數 str6；第 3-7 行則逐一將 book 的 4 個字母設定給 str6[0]-str6[3]，別忘了還要加上字串結尾識別字元。或者，可以如第 9 行使用記憶體設定函式 memcpy()，將長度等於 5 的字串 "book\0" 設定給字串變數 str6。

```
1  strcpy_s(str6, "book");
2
3  str6[0] = 'b';
4  str6[1] = 'o';
5  str6[2] = 'o';
6  str6[3] = 'k';
7  str6[4] = '\0';
8
9  memcpy(str6, "book\0", 5);
```

宣告與顯示字元陣列之中文字串

若是要設定英文以外的字串，例如：中文字串，則如下宣告方式。程式碼第 1-4 行使用字元陣列的方式宣告中文字串；第 5-7 行則是使用寬字元的陣列宣告中文字串，第 1、4 行是正確的宣告方式，第 2、3 行是錯誤的宣告方式。第 1 行宣告了字元陣列但不指定長度，其初始值等於字串 " 我們 "，這是正確的宣告方式。第 4 行指定了字元陣列的長度，並且其陣列元素是字串 " 我們 "。第 2、3 行之所以錯誤的原因，在於一個中文字等於 2 個字元的寬度，因此無法以 1 個字元寬度的表示方式「''」來處理。

Example 14　字串處理　　14-5

```
1   char str7[] = " 我們 ";                      // 正確
2   char str8[3] = { ' 我 ',' 們 ','\0' };      // 錯誤
3   char str9[5] = { ' 我 ',' 們 ','\0' };      // 錯誤
4   char str10[5] = { " 我們 " };               // 正確
5   wchar_t str11[3] = { L' 我 ', L' 們 ', L'\0' };
6   wchar_t str12[3] = {L" 我們 " };
7   wchar_t str13[] = L" 我們 ";
8
9   setlocale(LC_ALL, "zh_TW");
10  wcout << str11 << endl;
11  wcout << str12 << endl;
12  wcout << str13 << endl;
13  wprintf_s(L"%s\n", str13);
14  cout << sizeof(str11) << endl;
15  cout << wcslen(str11) << endl;
```

寬字元的一個字元寬度為 2 個位元組，因此可以正確的以字元的方式表示中文字，例如第 5 行 str11 的寬字元陣列裡的元素。第 6、7 行的中文字則以字串的方式表示；須注意若以字串的方式設定給寬字元陣列時，需在字串前面加上 L 修飾，表示這是一個寬字元的字串。

要正確顯示寬字元型別的字串，需先使用 setlocale() 函式指定地域化資訊。setlocale() 函式需傳入 2 個引數：1 個類別旗標與 1 個地區名稱。例如：繁體中文使用的地區名稱為 "zh_TW"，簡體中文為 "zh-CN"，英文為 "en-US"。若不指定地區名稱而以空字串 "" 代替，表示使用作業系統的設定。而類別旗標與影響的範圍如下所示：

類別旗標常數	說明
LC_ALL	影響所有處理。
LC_COLLATE	影響與字串比較相關的處理。
LC_CTYPE	影響與字元類的處理。
LC_MONETARY	影響與貨幣的單位處理。
LC_NUMERIC	影響與小數點、資料轉換的處理。
LC_TIME	影響與時間相關的處理。

上述程式碼第 10-13 行都能正確顯示中文字串 " 我們 "。第 14 行測量 str11 陣列的長度，雖然 str11 設定陣列的長度等於 3，但因為其型別為寬字元，因此要乘以 2，所以測得的長度等於 6。第 15 行使用 wcslen() 測量 str11 所儲存的中文字串長度，因其陣列元素中只有 2 個中文字，所以長度等於 2。

宣告字串陣列

字串陣列是使用二維的字元陣列來儲存，二維陣列的第 1 維用來指定字串的數量，第 2 維用於指定每個字串的最大長度，其宣告方式如下所示：

```
1   char name1[3][10] = { " 王小明 ",{'M','a','r','y','\0'}, " 眞美麗 " };
2   char name2[][10] = { " 王小明 ",{'M','a','r','y','\0'}, " 眞美麗 " };
3
4   for (int i = 0; i < 3; i++)
5       cout << name2[i] << endl;
```

程式碼第 1 行宣告一個二維的字元陣列 name1 用於儲存 3 個字串，分別是 name1[0]-name1[2]，每個都可容納 9 個字元長度的字串；其內容分別爲字串：" 王小明 "、"Mary" 與 " 眞美麗 "；其中 " 王小明 " 與 "Mary" 在陣列中是 2 種不同的設定方式。第 2 行也是宣告可儲存 3 個字串的二維字元陣列 name2，陣列的第 1 維長度可以省略，只需要指定第 2 維的長度：即需要指定可容納的字串最大長度。第 4-5 行使用 for 重複敘述顯示 name2 中的 3 個字串：name2[0]-name2[2]。

讀取字串資料

以下是幾種讀取使用者輸入字串資料的方式：cin、fgets() 與 gets_s() 函式（C11 版本之後 gets() 不再是標準函式，C++ 11 也不再使用此函式；因此，不建議繼續使用 gets() 函式）；此 3 種方法的差異性如下表所列。

讀取資料的方式	說明
cin	讀取資料後，按 Enter 所產生的換行字元 '\n' 會留在輸入緩衝區。
cin.getline(a,b[,c])	在遇到輸入停止字元 c 之前，讀取 b-1 個字元並儲存於字元陣列 a；可接收 TAB 輸入。若沒有指定輸入停止字元，則以換行字元 '\n' 爲預設的輸入停止字元。
fgets(a,b,c)	從輸入串流 c 讀取長度爲 b-1 個字元的資料，並儲存於字元陣列 a；換行字元會一併被讀取，不會遺留在輸入緩衝區；可接收 TAB 輸入。
gets_s(a[,b])	讀取資料（包含換行字元）之後並儲存於字元陣列 a，換行字元會被轉換爲字串的結尾識別字元，b 爲可讀取的字串長度；可接收 TAB 輸入。

cin 無法接受入空白與 TAB，空白與 TAB 以及之後的資料並不會被讀取，會遺留在輸入緩衝區，當成下一次輸入的資料；cin 的寬字元版本爲 wcin。gets_s() 函式不會將按 Enter 所產生的換行字元 '\n' 遺留在輸入緩衝區內，並且會將換行字元轉換爲字串的結尾識別字

Example 14　字串處理　14-7

元；gets_s() 函式的寬字元版為 _getws_s() 函式。fgets() 函式會一併讀取按 Enter 所產生的換行字元 '\n'，並且會自動加上字串的結尾識別字元。因為 fgets() 函式需指定可以輸入的資料長度；因此超過此設定長度的資料，會被自動省略；fgets() 函式的寬字元版為 fgetws() 函式。cin.getline() 函式則可以設定輸入停止字元，例如：將輸入停止字元設定為字元 'c'，若輸入字串 "pencil"，則只會讀取 "pen"，而 "cil" 會被自動捨去。

以下為 cin.getline()、fgets() 與 gets_s() 的使用範例：

```
1  char str[10];
2
3  cin.getline(str, 8, 'a');
4  fgets(str, 10, stdin);
5  gets_s(str);
```

程式碼第 1 行宣告用於儲存字串的字元陣列 str，其長度等於 10，所以可以儲存 9 個字元長度的字串。第 3 行使用 cin.getline() 函式讀取資料並儲存於變數 str，並且設定只讀取輸入資料的前 8 個字元，若是遇到字元 a 則提早結束讀取資料。例如，輸入的資料為 "library"，但只有 "libr" 會被儲存到變數 str。第 4 行使用 fgets() 函式從標準輸入 stdin 讀取長度等於 9 個字元的資料，並儲存到變數 str。第 5 行則使用 gets_s() 函式讀取資料並儲存於變數 str；輸入超過字元陣列所能容納字串的長度時，會發生例外錯誤。

練習 1：輸入與顯示字串資料

輸入 3 位學生的姓名與分數，並計算 3 位學生的平均分數；使用字串陣列儲存 3 位學生的姓名與分數。

解說

依題目要求須使用字串陣列儲存學生的姓名與分數，因此須使用二維字元陣列來儲存資料，並且所輸入的學生姓名與分數都是字串。使用字串來儲存學生的姓名是正確的作法；但學生的分數要用來計算平均分數，所以還要將所輸入的字串轉型為數值資料，才能進行運算。

執行結果

```
輸入第 1 位的姓名：王小明
輸入第 1 位的分數：89
輸入第 2 位的姓名：Mary
輸入第 2 位的分數：70
輸入第 3 位的姓名：眞美麗
輸入第 3 位的分數：92
```

姓名： 王小明，分數 = 89
姓名： Mary，分數 = 70
姓名： 眞美麗，分數 = 92
平均分數 = 83.6667

程式碼列表

```cpp
1  #include <iostream>
2  using namespace std;
3
4  int main()
5  {
6      char names[3][80];   // 姓名
7      char scores[3][80];  // 分數
8      float avg=0;          // 平均分數
9
10     //--------- 輸入資料 ----------------------
11     for (int i = 0; i < 3; i++)
12     {
13         cout << " 輸入第 "<<i+1<<" 位的姓名："; 
14         cin >> names[i];
15
16         cout << " 輸入第 " << i+1 << " 位的分數：";
17         cin >> scores[i];
18     }
19
20     //--------- 顯示資料 ------------------------
21     for (int i = 0; i < 3; i++)
22         cout << " 姓名： " << names[i] << "，分數 = " << scores[i] << endl;
23
24     //--------- 計算與顯示平均分數 -----------------------
25     for (int i = 0; i < 3; i++)
26         avg += atof(scores[i]);
27     avg /= 3.0f;
28     cout <<" 平均分數 = " << avg << endl;
29
30      system("pause");
31 }
```

Example 14　字串處理　　14-9

程式講解

1. 程式碼第 1-2 行引入 iostream 標頭檔，並宣告使用 std 命名空間。
2. 程式碼第 6-8 行分別宣告二維字元陣列變數 names、scores 與 float 型別的變數 avg，用於儲存學生姓名、分數與平均分數。
3. 程式碼第 11-18 行使用 for 重複敘述輸入 3 位學生的姓名與分數。第 14 行使用 cin 輸入第 i 位學生的姓名 names[i]，第 17 行輸入第 i 位學生的分數 scores[i]。
4. 程式碼第 21-22 行使用 for 重複敘述顯示 3 筆學生的姓名與分數。
5. 程式碼第 25-28 行用於計算 3 位學生的平均分數。第 25-26 行先使用 for 重複敘述將 3 位學生的成績加總，並儲存於變數 avg；須注意儲存分數的變數 scores 並不是數值型別；因此，需要先使用 atof() 函式將第 i 位學生的分數 scores[i] 轉型為 float 型別的數值後，才能進行加總。第 27 行計算平均分數，第 28 行顯示平均分數。

字串處理

字元陣列的字串空間，已經在宣告此字串變數的時候設定了長度；因此，無法再重新調整其空間大小。所以，對於字串的處理，例如：字串串接、取出子字串、字串拷貝等，都須使用字串專用的函式，或是自行以陣列的方式來處理。使用字串專用的函式需引入 string.h 或是 cstring 標頭檔；若是寬字元版本的字串函式，需引入 wchar.h 或是 cwchar 標頭檔。常被使用的字串處理函式如下表所列。需注意，有些函式在 VS IDE 中需要設定為「取消 4996 警告」；請參考附錄 D-3。

函式名稱	說明
strcat(a,b)	將字串 a 附加到字串 b，並回傳附加結果的字元指標。a、b 為字元陣列型別。
strchr(a,b)	在字串 a 中尋找字元 b。若找到字元則回傳此字元，找不到則回傳 NULL。回傳值為字元指標型別，a 為字元陣列型別，b 為字元型別。
strcmp(a,b)	測試字串 a 與 b 的每一個字元的字元序是否相同；若 2 者相同則回傳 0，若 a 大於 b 則回傳大於 0 之整數，若 a 小於 b 則回傳小於 0 的整數。a、b 為字元陣列型別。
strcpy(a,b)	將字串 b 複製到字串 a，須注意字串 a 的長度需可容納字串 b 的長度；並回傳複製結果的字元指標，a、b 為字元陣列型別。
strcspn(a,b)	回傳字串 b 中的任一個字元，在字串 a 中最先出現的位置，回傳值為整數型別。a、b 為字元陣列型別。若找不到此字元則回傳字串 b 的長度。
_strdate(a)	將日期轉換為字串 a，並回傳轉換結果的字元指標。需引入 ctime 標頭檔；a 為字元陣列型別。

strdup(a)	複製字串 a；並回傳複製結果的字元指標。a 為字元陣列型別。
stricmp(a,b)	忽略大小寫，測試字串 a 與 b 的每一個字元的字元序是否相同；若 2 者相同則回傳 0，若 a 大於 b 則回傳大於 0 之整數，若 a 小於 b 則回傳小於 0 的整數。a、b 為字元陣列型別。
strlen(a)	回傳字串 a 的長度，但不包含結尾識別字元。回傳值為整數型別，a 為字元陣列型別。
strlwr(a)	將字串 a 轉為小寫；，並回傳轉換結果之字元指標；a 為字元陣列型別。
strncat(a,b,c)	從字串 b 中取出 c 個字元附加到字串 a，並回傳複製結果的字元指標。a、b 為字元陣列型別，c 為整數型別。
strncmp(a,b,c)	測試字串 a 與 b 的前 c 個的字元，其字元序是否相同；若 2 者相同則回傳 0，若 a 大於 b 則回傳大於 0 之整數，若 a 小於 b 則回傳小於 0 的整數。a、b 為字元陣列型別。
strncpy(a,b,c)	將字串 b 的前 c 個字元複製到字串 a，並回傳複製結果的字元指標。a、b 為字元陣列型別，c 為整數型別。
strnicmp(a,b,c)	忽略大小寫，測試字串 a 與 b 的前 c 個的字元，其字元序是否相同；若 2 者相同則回傳 0，若 a 大於 b 則回傳大於 0 之整數，若 a 小於 b 則回傳小於 0 的整數。a、b 為字元陣列型別。
strnset(a,b,c)	將字串 a 的前 c 個字元設定為字元 b，c 的長度不可超過字串 a 之長度；回傳設定結果的字元指標。a 為字元陣列型別，b 為字元型別，c 為整數型別。
strpbrk(a,b)	尋找字串 a 中是否有出現字串 b 中的任何字元，若有的話則回傳字串 a 中包含此字元之後的字串，否則回傳 NULL。回傳值為字元指標型別，為字元陣列型別。
strrchr(a,b)	從字串 a 的末端往回尋找否有出現字元 b，若有的話則回傳字串 a 中最後包含字元 b 之後的字串，否則回傳 NULL。回傳值為字元指標型別，a 為字元陣列型別，b 為整數型別。
strrev(a)	將字串 a 反轉，並回傳轉換結果的字元指標；a 為字元陣列型別。
strset(a,b)	將字串 a 的內容設定為字元 b，並回傳設定結果的字元指標。a 為字元陣列型別，b 為整數型別。
strstr(a,b)	尋找字串 a 中是否出現字串 b，若有包含則回傳字串 a 包含字串 b 之後的字串；若不包含字串 b 則回傳 NULL。回傳值為字元指標型別，a、b 為字元陣列型別。
_strtime(a)	將時間轉換為字串 a，也會回傳轉換結果的字元指標。需引入 ctime 標頭檔；a 為字元陣列型別。

Example 14　字串處理　14-11

strtod(a,b)	將字串 a 轉換為雙精度浮點數，b 為停止轉換的指標；回傳值為 double 型別。a 為字元陣列型別，b 為雙指標字元陣列型別。可轉換為浮點數值的字元需在字串 a 的開頭。若無需求，b 可以設定為 NULL。
strtof(a,b)	將字串 a 轉換為單精度浮點數，b 為停止轉換的指標；回傳值為 float 型別。a 為字元陣列型別，b 為雙指標字元陣列型別。可轉換為浮點數值的字元需在字串 a 的開頭。若無需求，b 可以設定為 NULL。
strtok(a,b)	以 b 中的字元作為分隔字元，從字串 a 中尋找 token，回傳值為字元指標。若已無 token 則回傳 NULL。b 為一維字元陣列。
strtol(a,b,c)	將字串 a 轉換為以 c 為基底的長整數值，b 為停止轉換的指標；回傳值為 long 型別。a 為字元陣列型別，b 為雙指標字元陣列型別。可轉換為浮點數值的字元需在字串 a 的開頭。c 為整數型別。
strtold(a,b,c)	將字串 a 轉換為以 c 為基底的長雙精度數值，b 為停止轉換的指標；回傳值為長雙精型別。a 為字元陣列型別，b 為雙指標字元陣列型別。可轉換為浮點數值的字元需在字串 a 的開頭。c 為整數型別。
strtoll(a,b,c)	將字串 a 轉換為以 c 為基底的 long long 數值，b 為停止轉換的指標；回傳值為 long long 型別。a 為字元陣列型別，b 為雙指標字元陣列型別。可轉換為浮點數值的字元需在字串 a 的開頭。c 為整數型別。
strtoul(a,b,c)	將字串 a 轉換為以 c 為基底的無正負號長數值，b 為停止轉換的指標；回傳值為 unsigned long 型別。a 為字元陣列型別，b 為雙指標字元陣列型別。可轉換為浮點數值的字元需在字串 a 的開頭。c 為整數型別。
strtoull(a,b,c)	將字串 a 轉換為以 c 為基底的無正負號 long long 數值，b 為停止轉換的指標；回傳值為 unsigned long long 型別。a 為字元陣列型別，b 為雙指標字元陣列型別。可轉換為浮點數值的字元需在字串 a 的開頭。c 為整數型別。
strupr(a)	將字串 a 轉為大寫，並回傳轉換結果之字元指標；a 為字元陣列型別。

字串處理函式大致上包含了字串的這些處理：附加、拷貝、搜尋、測試、比較與轉換。字串處理函式大多有提供更安全的版本，以及寬字元的版本。這些函式大致上有一定的命名方式，因此很容易判斷並且以此類推；例如：字串附加函式 strcat() 的寬字元版本為 wcscat()，其 2 者的安全版本分別是 strcat_s() 與 wcscat_s()。有些字串處理函式除了會改變原來的字串之外，也會一併將處理之後所產生的新字串，以字元指標的方式回傳（參考範例 16）；因此，可以視需要選擇是否要接收此新的字串；請參考練習 2。

strcmp()、stricmp() 與 strncmp() 函式都是用於比較 2 個字串中，每一個相同索引位置的字元的 ASCII 碼值。相同位置的字元的 ASCII 碼值比較大者，則表示該字串比較大；若 2

個字串的每個字元的 ASCII 碼值都相同，則字串長度比較長表示字串比較大。`stricmp()` 比較字串時忽略字元的大小寫，而 `strncmp()` 可以設定字串的比較長度。

`strset()` 與 `strnset()` 函式可以將指定的字元設定給字串，也就是使用某一字元填滿該字串；`strnset()` 可以設定要填滿幾個字元。這 2 個函式在處理過程中，若遇到字串的結尾識別字元，便停止處理；因此，有可能無法如預期地填滿所設定數量的字元，或是填滿整個字元陣列。

`strchr()`、`strcspn()`、`strpbrk()`、`strrchr()` 與 `strstr()` 此 5 個函式都用於搜尋字串中是否有符合的字元或字串。`strchr()` 與 `strrchr()` 此 2 個函式用於尋找某個字元是否出現在字串中，差別在於 `strchr()` 從字串的開頭開始找起，而 `strrchr()` 則從字串的末端往回尋找；若找得到欲搜尋的字元，則回傳此字元在字串中的指標位址；即包含此字元與此字元之後的字串。

`strcspn()` 與 `strpbrk()` 函式則是尋找一個字串的任何字元，是否出現在被搜尋的另一個字串中；若搜尋到此字元之後，`strcspn()` 函式回傳此字元在被搜尋字串中最先出現的位置，而 `strpbrk()` 函式則是回傳被搜尋的字串中此字元與其之後的字串。函式 `strstr()` 則是搜尋一字串是否出現在被搜尋的字串中，若搜尋到之後，則回傳此字串在被搜尋字串中，包含此字串以及之後的字串。

練習 2：字串處理函式

測試字串處理函式：`strcat()`、`strchr()`、`strcmp()`、`strcspn()`、`strcpy()`、`strdup()`、`strlwr()`、`strncat()`、`strncmp()`、`strncpy()`、`strnset()`、`strrchr()`、`strstr()`、`strtod()`、`strtok()`。

解說

有些字串處理函式不僅會改變原來字串的內容，也會以字元指標的方式回傳處理後的結果，例如：`strcat()`、`strchr()`、`strcpy()`、`strdup()`、`strlwr()`、`strncat()`、`strncpy()`、`strnset()`、`strrchr()`、`strstr()`、`strtok()` 等；可以依照需求決定是否要接收回傳的結果；以 `strcat()` 為例：

```
1  char *ch;
2  char str1[15] = "1234";
3  char str2[] = "56789";
4
5  ch=strcat(str1, str2);
6  strcat(str1, "56789");
```

Example 14　字串處理　14-13

上述程式碼第 1 行宣告了字元指標型別的變數 ch，用於儲存 strcat() 函式回傳的結果。第 2-3 行宣告了 2 個字元陣列型別的變數 str1 與 str2，分別儲存字串 "1234" 與 "56789"。字元陣列 str1 的容量比其所儲存的字串還要來得大，這是因為當字串 str2 附加於字串 str1 之後，字串 str1 的容量必須足以容納 2 個字串的長度。

程式碼第 5 行使用 strcat() 函式將字串 str2 附加到字串 str1；因此，字串 str1 的內容會等於 "123456789"。此函式會回傳處理後的字串，並由變數 ch 接收；所以，變數 ch 的內容也等於字串 "123456789"。第 6 行與第 5 行是相同的結果，差別在於是否接收函式回傳的結果。

函式 strtok() 可以將字串的內容依據分割字元，將字串分割成為多個 token；例如有一字串 "abc de, f ghi"，若分割字元為空白字元，則此字串可以被分割為 4 個 token："abc"、"de,"、"f" 與 "ghi"。使用 strtok() 函式從字串切割出第 1 個 token 之後，可以再配合重複敘述 while 取出字串中其他的 token；如下所示。

```
 1  char str[] = "There are three apples.";
 2  char* tok;
 3  char sep[]=" ";
 4
 5  tok = strtok(str, sep);
 6  while (tok != NULL)
 7  {
 8      cout << tok << endl;
 9      tok = strtok(NULL, sep);
10  }
```

程式碼第 1 行宣告字串 str，做為切割 token 的字串。第 2 行宣告字元指標 tok，用於儲存從字串 str 取出的 token。第 3 行宣告字元陣列 sep，初始值等於空白字串，做為切割 token 的分割字元。第 5 行使用 strtok() 函式從字串 str 中取出第一個 token："There"，並儲存於變數 tok。接著第 6-10 行使用 while 重複敘述取出字串 str 其他的 token。第 6 行判斷 tok 若不為 NULL，則執行第 8-9 行顯示 token、繼續使用 strtok() 函式從字串 str 剩餘的部分取出 token，並儲存於 tok。strtok() 函式的第 1 個引數若為 NULL，則會從上次取出 token 的字串，繼續取出下一個 token。

執行結果

```
strcat() 附加 56789 到 1234 ：123456789
strchr() 在 123456789 中尋找字元 '4' 的位置：3
strcmp() 123456789 與 56789 比較：-1
strcspn() "A54" 的字元出現在 123456789 的位置：3
strcpy() 字串複製 "ABCDE" 到 123456789：ABCDE
strdup() 複製 ABCDE，回傳字元指標：ABCDE
strlwr() 轉換 ABCDE 爲成小寫：abcde
strncat() 附加 " 你好 " 的 2 個字元到 abcde：abcde 你
strncmp() 比較 abcde 你與 abcd123 的前 4 個字元：0
strncpy() 複製 apple 的 3 個字元到 abcde 你：appde 你
strnset() 設定 15 個 '*' 給 appde 你：*******
strrchr() 尋找 4.161as1d 中最後一個 '1'：1d
strstr()：78 在 56789 的位置：2
4.161as1d 轉換爲雙精浮點數：4.161
從 This is a book 中切出每個 token：
This
is
a
book
```

程式碼列表

```cpp
1  #pragma warning(disable:4996)
2  #include <iostream>
3  #include <cstring>
4  using namespace std;
5
6  int main()
7  {
8      char str1[15] = "1234";
9      char str2[] = "56789";
10     char str3[] = "4.161as1d";
11     char seps[] = " ,\t\n"; // 這些字元被當成切 token 的依據
12     double d;
13     char *ch;
14     int n;
15
16     cout << "strcat() 附加 " << str2 << " 到 " << str1 << " ：";
17     //strcat_s(str1, str2);  // 安全版本
18     strcat(str1, str2);
```

Example 14　字串處理　　14-15

```
19      cout << str1 << endl;
20
21      ch = strchr(str1, '4');
22      cout << "strcat() 在 " << str1 << " 中尋找字元 '4' 的位置："
23           << (ch-str1) << endl;
24
25      n = strcmp(str1, str2);
26      cout << "strcmp() " << str1 << " 與 " << str2 << " 比較：" << n << endl;
27
28      n=strcspn(str1, "A54");
29      cout << "strcspn() \"A54\"的字元出現在 " << str1 << " 的位置：" << n << endl;
30
31      cout << "strcpy() 字串複製 \"ABCDE\" 到 " << str1 << "：";
32      //strcpy_s(str1,"ABCDE");    // 安全版本
33      strcpy(str1, "ABCDE");
34      cout << str1 << endl;
35
36      //ch = _strdup(str1);    // 安全版本
37      ch = strdup(str1);
38      cout << "strdup() 複製 "<<str1<<"，回傳字元指標： " << ch << endl;
39
40      //_strlwr_s(str1,sizeof(str1));    // 安全版本
41      strlwr(str1);
42      cout << "strlwr() 轉換 "<<ch<<" 爲成小寫：" << str1 << endl;
43
44      cout << "strncat() 附加 \" 你好 \" 的 2 個字元到 " << str1 << "：";
45      //strncat_s(str1," 你好 ", 2);    // 安全版本
46      strncat(str1, " 你好 ", 2);
47      cout << str1 << endl;
48
49      n=strncmp(str1, "abcd123",4);
50      cout << "strncmp() 比較 " << str1 << " 與 abcd123 的前 4 個字元：" << n << endl;
51
52      cout << "strncpy() 複製 apple 的 3 個字元到 " << str1<<"：";
53      //strncpy_s(str1, "apple", 3);    // 安全版本
54      strncpy(str1, "apple", 3);
55      cout << str1 << endl;
56
57      cout << "strnset() 設定 "<<sizeof(str1)<<" 個 '*' 給 " << str1 << "：";
58      //_strnset_s(str1, (int)'*',sizeof(str1));    // 安全版本
59      strnset(str1, (int)'*', sizeof(str1));
60      cout << str1 << endl;
```

```
61
62      ch = strrchr(str3, (int)'1');
63      cout << "strrchr() 尋找 "<<str3<<" 中最後一個 '1'：" << ch << endl;
64
65      ch = strstr(str2, "78");
66      cout << "strstr()：78 在 " << str2 << " 的位置：" << ch - str2 << endl;
67
68      d = strtod(str3, &ch);
69      cout << str3 << " 轉換為雙精浮點數：" << d << endl;
70
71      strcpy(str1,"This is a book");
72      cout << " 從 " << str1 << " 中切出每個 token：" << endl;
73      //char* next = NULL;
74      //ch = strtok_s(str5,seps, &next);   // 安全版本
75      ch = strtok(str1, seps);
76      while(ch != NULL)
77      {
78          cout << ch << endl;
79          //ch = strtok_s(NULL, seps, &next);   // 安全版本
80          ch = strtok(NULL, seps);
81      }
82
83      system("pause");
84  }
```

程式講解

1. 程式碼第 1 行取消 4996 警告提示。第 2-4 行引入 iostream 與 cstring 標頭檔，並宣告使用 std 命名空間。

2. 程式碼第 8-10 行分別宣告字元陣列型別的字串 str1-str3。str1 的陣列長度等於 15，比其預設的字串 "1234" 的長度還來得大，這是為了之後使用 strcat() 函式附加其他字串於 str1 時，可以有足夠的空間容納處理之後的字串。第 11 行宣告了字元陣列型別的字串 seps，其預設字串等於 4 個字元：' '、','、'\t' 與 '\n'，這 4 個字元被當成 strtok() 函式從字串中切割 token 的分割字元。第 13 行宣告字元指標變數 ch，用於儲存字串處理函式所回傳的字元指標。

3. 程式碼第 16-19 行使用 strcat() 函式將字串 str2 附加到字串 str1，第 19 行顯示處理結果。

4. 程式碼第 21-23 行使用 strchr() 函式尋找字串 str1 中是否有字元 '4'。第 22-23 行顯示字元 '4' 在字串 str1 中的位置。

Example 14　字串處理　14-17

5. 程式碼第 25-26 行使用 strcmp() 函式比較字串 str1 與 str2。字串 str1 的第 1 個字元 '1' 的 ASCII 碼值比字串 str2 的第 1 個字元 '5' 的 ASCII 碼值還來得小；因此 strcmp() 函式會回傳負值。

6. 程式碼第 28-29 行使用 strcspn() 函式在字串 str1 中尋找字串 "A54" 的任何字元。因為 'A'、'5' 與 '4' 此 3 個字元，'4' 是在字串 str1 中最早出現的字元；因此 strcspn() 函式會回傳字元 '4' 在字串 str1 中的位置。

7. 程式碼第 31-34 行使用 strcpy() 函式將字串 "ABCDE" 複製到字串 str1，因此字串 str1 的內容會被字串 str2 所取代，變成 "ABCDE"。

8. 程式碼第 37-38 行使用 strdup() 函式複製字串 str1，並將複製的結果儲存於變數 ch。因此 ch 指標所指的內容等於 "ABCDE"。

9. 程式碼第 41-42 行使用 strlwr() 函式將變數 ch 所指的字串 "ABCDE" 轉換為小寫字母；因此，轉換後的結果等於 "abcde"。

10. 程式碼第 44-47 行使用 strncat() 函式將字串 " 你好 " 的前 2 個字元附加到字串 str1，因此只有 " 你 " 會被附加到字串 str1；所以，字串 str1 的內容等於 "abcde 你 "。

11. 程式碼第 49-50 行使用 strncmp() 函式比較字串 str1 與字串 "abcd123" 的前 4 個字元。因為字串 str1 的前 4 個字元也是 "abcd"；因此，strncmp() 函式的比較結果等於 0，表示 2 者的前 4 個字元是相同的。

12. 程式碼第 52-55 行使用 strncpy() 函式將字串 "apple" 的前 3 個字元複製到字串 str1。原本字串 str1 的內容等於 "abcde 你 "，經過 strncpy() 函式處理過之後，其內容等於 "appde 你 "。

13. 程式碼第 57-60 行使用 strnset() 函式將長度等於 sizeof(str1) 個的 '*' 字元設定給字串 str1。然而，字串 str1 目前的內容等於 "abcde 你 "，下一個字元是 '\0'。而 strnset() 函式遇到字串結尾識別字元便會停止；因此，strnset() 函式只會複製 7 個到字串 str1；最後字串 str1 等於 "*******"。

14. 程式碼第 62-63 行使用 strrchr() 函式尋找在字串 str3 中最後出現的字元 '1'。字串 str3 的內容等於 "4.161as1d"，因此最後一個出現的字元 '1' 在倒數第 2 個字元，所以 strrchr() 會回傳 "1d"。

15. 程式碼第 65-66 行使用 strstr() 函式在字串 str2 中尋找字串 "78"。字串 str2 的內容等於 "56789"；因此，strstr() 函式會回傳 "789" 並儲存於變數 ch。第 66 行顯示 "78" 在字串 str2 中的位置。

16. 程式碼第 68-69 行使用 strtod() 函式將字串 str3 轉換為 double 型別的浮點數。字串 str3 的內容是 "4.161as1d"，因此只有 "4.161" 會被轉換為浮點數。

17. 程式碼第 71-81 行使用 strtok() 函式從字串 str1 中取出 token。第 71 行先將字串 "This is a book" 複製到字串 str1。第 75 行使用 strtok() 函式第 1 次從字串 str1 中取出 token，接著第 76-81 行使用 while 重複敘述，持續從字串 str1 剩餘的字串內容持續取出 token。變數 seps 中包含了 ' '、','、'\t' 與 '\n'，只要在字串 str1 出現這些字元，都會被當成切割 token 的字元；因此，可以得到 4 個 token： "This、"is"、"a" 與 "book"。

14-2　string 類別的字串

C++ 的 string 類別提供了更方便與安全的方式來處理字串資料；特別是在輸入資料時，不需要特別去擔心所讀取的資料是否超過可以接收的長度。

宣告 string 類別的字串變數

string 類別有多種方式宣告字串，常被使用的方式如下範例所示。

```
1  string str1;
2  string str2 = "book";
3  string str3 = str2;
4  string str4(str2);
5  string str5("book");
6  string str6(10, 'a');
7  string str7[2] = { "book","apple" };
8  string str8 = "hello" + string("Mary");
9
10 cout << "str2 的第 2 個字元：" << str2[1] << endl;
11 cout << "str1 的長度 capacity()：" << str1.capacity() << endl;
12 cout << "str1 的長度 size()：" << str1.size() << endl;
13 cout << "str1 的長度 strlen()：" << strlen(str1.c_str()) << endl;
```

程式碼第 1-8 行宣告的變數都是 string 型別的字串變數。第 1 行宣告變數 str1，但沒有立即給予初始值。第 2 行宣告了變數 str2，並且初始值等於字串 "book"。第 3 行宣告了變數 str3，其初始值等於變數 str2。程式碼第 4 行宣告了變數 str4，其初始值等於變數 str2；第 5 行宣告了變數 str5，其初始值等於字串 "book"。第 6 行宣告了變數 str6，並且初始值等於 10 個字元 'a'。第 4-6 行都是使用 string 類別的建構元（參閱範例 28）的方式給予初始值。

Example 14　字串處理　14-19

程式碼第 7 行宣告了長度等於 2 的一維陣列 str7，其陣列的元素等於 "book" 與 "apple"。第 8 行宣告了變數 str8，其內容等於字串 "hello" 串接 string 類別的字串 string("Mary")；須注意一點，這種初始值設定方式，必須所串接的字串資料中，一定要有 1 個是由 string 類別所宣告的字串才行。

程式碼第 10 行顯示字串 str2 的第 2 個字元；string 類別的字串可以如同字元陣列的字串一般，使用陣列索引位置的方式讀取與設定字串中的字元。第 11 行會顯示變數 str1 的容量等於 15 個位元組；這表示如果宣告了一個沒有初始值的 string 型別的變數，C++ 會先自動分配 15 個位元組的空間。第 12 行使用 string 類別的方法 size() 取得變數 str1 的長度，由於 str1 並沒有任何內容，因此 str1.size() 的結果等於 0。相同地，第 13 行使用 strlen() 函式取得 str1 的內容長度，其結果也等於 0；須注意一點，由於 strlen() 函式只接受字元陣列型別的字串，所以 str1 需使用 string 類別所提供的 c_str() 方法轉換成字元陣列，才能使用 strlen() 函式。

string 類別與 wstring 類別之中文字串

使用 string 類別的字串宣告非英文之字串資料，並無異於一般字串資料的宣告方式；例如：

```
1  string str = " 你好 ";
2
3  cout << str << endl;
4  cout << str[1] << endl;
5  cout << str.size() << endl;
```

程式碼第 1 行分別宣告了 string 型別的字串 str，並且初始值等於中文字串 " 你好 "。第 3 行能正確顯示 " 你好 "2 字，第 4 行顯示字串 str 索引位置 1 的字元，卻出現亂碼而不是預期中的 ' 好 '。第 5 行所得到的字串 str 的長度是 4，而不是預期的 2。這是因為 string 型別的字串在本質上也是字元陣列，只是 string 類別額外提供了更方便操作字串的屬性以及方法。所以字串 str 的長度並不是 2 個中文字的長度，而是 4 個字元的長度。因此，str[1] 這個字元，當然不是中文字的 ' 好 '，而是 ' 你 ' 被拆開成 2 個字元中的第 2 個字元：'A'；如下圖所示。

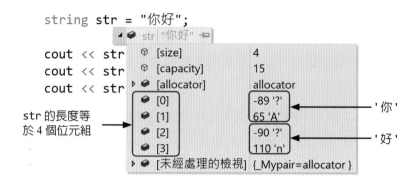

若要能正確地把一個中文字視爲 1 個長度，並且 `str[1]` 也能取出中文字 ' 好 '，則必須使用寬字元版的 `wstring` 類別；如下所示：

```
1  wstring str = L" 你好 ";
2
3  setlocale(LC_ALL, "zh_TW");
4  wcout << str << endl;
5  wcout << str[1] << endl;
6  wcout << str.size() << endl;
```

程式碼第 1 行改用 `wstring` 型別宣告字串 `str`，初始值 " 你好 " 必須加上 L 修飾字，表示這是寬字元版的字串。第 3 行使用 `setlocale()` 函式配置地域化資訊。第 4-6 行改使用寬字元版的 `wcout` 輸出資料。第 5 行顯示字串 `str` 索引位置 1 的字元：' 好 '。第 6 行顯示字串 `str` 的長度等於 2；這是以 `wstring` 型別的長度去計算的長度，實際上是佔了 4 個位元組。

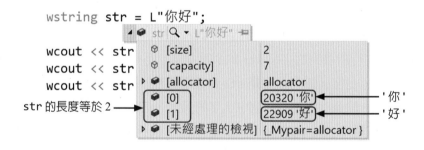

string 類別之字串處理

`string` 類別亦提供了比字元陣列形式的字串，更方便的操作方式。字元陣列型別的字串所使用的字串處理函式，在 `string` 類別也提供了相同功能的方法；需引入 `string` 或是 `cstring` 標頭檔，字串處理函式如下表所列。

Example 14　字串處理　14-21

方法	說明
append(a)	將字串 a 附加於字串。
append(a,b)	將 a 個字元 b 附加於字串。a 為整數型別，b 為字元型別。
append(a,b)	從字串 a 中取出 b 個字元附加於字串。a 為字元陣列或是字元指標，b 為整數型別。
append(a,b,c)	從字串 a 的索引位置 b 開始取出 c 個字元附加於字串。a 為字串型別，b、c 為整數型別。
at(a)	取出字串索引位置 a 的字元，回傳值為 char 型別；a 為整數型別。
back()	回傳字串的最後一個字元，回傳值為 char 型別。
c_str()	將字串轉換為字元陣列，回傳值為一維字元陣列，或字元指標。
capacity()	回傳字串的容量，回傳值為整數型別。
clear()	清空字串內容。
compare([a,b,]c)	從字串的索引位置 a 開始的 b 個字元，測試與字串 c 的每一個字元的字元序是否相同；若 2 者相同則回傳 0，若大於字串 a 則回傳大於 0 之整數，若小於字串 c 則回傳小於 0 的整數。a、b 為整數型別，c 可為字元陣列或是 string 型別。
compare(a,b,c,d)	從字串的索引位置 a 開始的 b 個字元，測試與字串 c 前 d 個字元的每一個字元的字元序是否相同；若 2 者相同則回傳 0，若大於字串 a 則回傳大於 0 之整數，若小於字串 c 則回傳小於 0 的整數。a、b 與 d 為整數型別，c 為字元陣列或是 const char 指標型別。
compare(a,b,c,d,e)	從字串的索引位置 a 開始的 b 個字元，測試與字串 c 的索引位置 d 開始的 e 個字元，每一個字元的字元序是否相同；若 2 者相同則回傳 0，若大於字串 a 則回傳大於 0 之整數，若小於字串 c 則回傳小於 0 的整數。a、b、d 與 e 為整數型別，c 可為字元陣列或是 string 型別。
copy(a,b,c)	將字串的索引位置 c 開始的 b 個字元，複製到字串 a；回傳被拷貝的字元數量。a 為字元陣列或是字元指標，b、c 為整數型別。
empty()	測試字串是否為空字串，回傳值為布林型別。
erase(a,b)	移除字串索引位置 a 開始的 b 個字元，也會回傳刪除後的字串。回傳值為 string 型別，a、b 為整數型別。
find(a,b)	從字串的索引位置 b 開始尋找 a；若找到 a 則回傳 a 在字串中的索引位置，否則回傳 string::npos。a 為字元或字串型別，b 為整數型別。

find(a,b,c)	從字串的索引位置 b 開始的 c 個字元內尋找 a；若找到 a 則回傳 a 在字串中的索引位置，否則回傳 string::npos。a 為字元陣列或是字元指標型別，b、c 為整數型別。
find_first_not_of(a[,b])	從字串中第 b 個索引位置開始尋找字串中的第 1 個沒有出現在字串 a 中的字元，並回傳其在字串中的索引位置；若找不到則回傳 string::npos。a 為字元或字串型別，b 為整數型別。
find_first_not_of(a,b,c)	從字串中第 b 個索引位置開始的 c 個字元內，尋找字串中的第 1 個沒有出現在字串 a 中前 c 個字元，並回傳其在字串中的索引位置；若找不到則回傳 string::npos。a 為字元陣列或 const char 指標型別，b、c 為整數型別。
find_first_of(a[,b])	從字串中第 b 個索引位置開始尋找字串中的第 1 個出現在字串 a 中的字元，並回傳其在字串中的索引位置；若找不到則回傳 string::npos。a 為字元或字串型別，b 為整數型別。
find_first_of(a,b,c)	從字串中第 b 個索引位置開始的 c 個字元內，尋找字串中的第 1 個出現在字串 a 中前 c 個字元，並回傳其在字串中的索引位置；若找不到則回傳 string::npos。a 為字元陣列或 const char 指標型別，b、c 為整數型別。
find_last_not_of(a[,b])	從字串中第 b 個索引位置開始尋找字串中的最後 1 個沒有出現在字串 a 中的字元，並回傳其在字串中的索引位置；若找不到則回傳 string::npos。a 為字元或字串型別，b 為整數型別。
find_last_not_of(a,b,c)	從字串中第 b 個索引位置開始的 c 個字元內，尋找字串中的最後 1 個沒有出現在字串 a 中的字元，並回傳其在字串中的索引位置；若找不到則回傳 string::npos。a 為字元陣列或 const char 指標型別，b、c 為整數型別。
find_last_of(a[,b])	從字串中第 b 個索引位置開始尋找字串中的最後 1 個出現在字串 a 中的字元，並回傳其在字串中的索引位置；若找不到則回傳 string::npos。a 為字元或字串型別，b 為整數型別。
find_last_of(a,b,c)	從字串中第 b 個索引位置開始的 c 個字元內，尋找字串中的最後 1 個出現在字串 a 中的字元，並回傳其在字串中的索引位置；若找不到則回傳 string::npos。a 為字元陣列或 const char 指標型別，b、c 為整數型別。
front()	回傳字串的第 1 個字元，回傳值為 char 型別。
insert(a,b)	將字串 b 插入到字串的索引位置 a；回傳 string 型別。b 為字串型別，a 為整數型別。

Example 14　字串處理　　14-23

insert(a,b,c)	將字串 b 的 c 個字元，插入到字串的索引位置 a；回傳 string 型別。b 為字元陣列或字元指標型別，a、c 為整數型別。
insert(a,b,c)	將 b 個字元 c 插入字串索引位置 a；回傳 string 型別。c 為字元型別，a、與 b 為整數型別。
insert(a,b,c,d)	將字串 b 的索引位置 c 開始的 d 個字元，插入到字串的索引位置 a；回傳 string 型別。b 為字串型別，a、c 與 d 為整數型別。
length()	回傳字串的長度；回傳值為整數型別。
max_size()	回傳字串最多能容納的字元數目；回傳值為整數型別。
pop_back()	從字串尾端移除 1 個字元。
push_back()	從字串尾端增加 1 個字元。
replace(a,b,c)	將字串的索引位置 a 開始的 b 個字元，以字串 c 取代；回傳值為 string 型別。c 為字元陣列或 const char 指標型別，a 與 b 為整數型別。
replace(a,b,c,d)	將字串的索引位置 a 開始的 b 個字元，以字串 c 的前 d 個字元取代；回傳值為 string 型別。c 為字串型別，a、b 與 d 為整數型別。
replace(a,b,c,d,e)	將字串的索引位置 a 開始的 b 個字元，以字串 c 的的索引位置 d 開始的 e 個字元取代；回傳值為 string 型別。c 為字串型別，a、b、d 與 e 為整數型別。
replace(a,b,c,d)	將字串的索引位置 a 開始的 b 個字元，以 c 個字元 d 取代；回傳值為 string 型別。a、b 與 c 為整數型別，d 為字元型別。
reserve(a)	將字串的容量加上 a；a 為整數型別。
resize(a[,b])	將字串的長度設定為 a；超出目前字串的長度的部分會以空白字元填滿，或以字元 b 填滿。a 為整數型別，b 為字元型別。
rfind(a,b)	從字串的索引位置 b 往前尋找最後一個出現的 a；若找到 a 則回傳 a 在字串中的索引位置；若找不到則回傳 string::npos。a 可為字元或是字串型別，b 為整數型別。
rfind(a,b,c)	從字串的索引位置 b 往前尋找最後一個出現的 a；若找到 a 則回傳 a 在字串中的索引位置；若找不到則回傳 string::npos。若指定 c，則只往前尋找 c 個字元。a 為字元陣列或 const char 指標型別，b、c 為整數型別。
shrink_to_fit()	將字串的容量縮小至最少的容量。
size()	回傳字串的長度；回傳值為整數型別。
substr(a[,b])	取出字串索引位置 a 開始的 b 個字元；回傳值為 string 型別。a、b 為整數型別。
swap(a)	將字串與字串 a 互換；a 為 string 型別。

在這些字串處理函式中，諸如尋找、比較之類的函式，在無法比對成功或尋找到比對的字串時，都會回傳 string::npos；這個值就等於整數 -1。因此，也可以直接使用 -1 來取代 string::npos。

string 類別的字串與字元陣列字串時常需要互相轉換，可使用 c_str() 方法將 string 類別的字串轉換爲字元陣列型別的字串。copy() 方法須注意目標字串需有足夠的空間容納複製後的字串。length() 與 size() 方法作用相同，都會回傳字串的長度。resize() 所設定的長度若小於目前字串的長度時，字串的內容會被截掉以符合所設定的長度。shrink_to_fit() 函式能夠縮小字串的容量，但若所設定的容量小於預設的最小容量時，字串的容量仍然會設爲預設的最小容量。

讀取 string 與 wstring 類別的字串資料

要讀取 string 類別的文字資料，可以使用 cin 與 getline() 函式；如果是寬字元版的字串 wstring 類別，則改使用 wcin，getline() 函式仍然可以使用。使用 getline() 函式需引入 <string> 標頭檔；如下範例所示。

```
1  #include <iostream>
2  #include <string>
3  using namespace std;
4
5
6  string str;
7  wstring wstr;
8
9  getline(cin, str);
10 cout<<strr << endl;
11
12 getline(wcin, wstr);
13 wcout <<wstr << endl;
```

程式碼第 6-7 行分別宣告 string 與 wstring 類別的字串 str 與 wstr，用於儲存所輸入的資料。第 9 行使用 getline() 函式，並指定輸入來源爲 cin，輸入的資料儲存於變數 str。第 12 行使用變數 wstr 讀取經由 getline() 函式所輸入的資料。因爲 wstr 是寬字元字串，因此 getline() 函式便使用 wcin 當成輸入來源。

Example 14　字串處理　　14-25

↷ 練習 3：string 類別的字串處理函式

測試 string 類別的字串處理函式：c_str()、append()、substr()、compare()、copy()、find()、find_first_not_of()、find_first_of()、insert()、replace()、rfind()、swap()。

▌解說

字串處理函式中，處理字串尋找、比較、尋找、插入與置換的函式，都有多種的形式，並且每個函式所接收的參數都不相同；因此，需要詳細閱讀其說明才能確定是否用了正確的函式、是否傳遞正確的引數。相較於這些函式，其他的字串處理函式則相對簡單，所接收的參數大致上都有一定的方式與形式，容易了解。

▌執行結果

```
取出索引位置 2 的字元：3
str3= 123456abc123
取子字串 = 56a
字串比較 = 0
字元陣列字串 cstr= abclo
移除子字串： 456abc123
尋找的索引位置 = 3
第一個沒出現的字元：c
第一個出現的字元：a
str3= hello456abc123
str3= ppllo456abc123
尋找最後出現的字元的索引位置： 3
字串交換後：str1= ppllo456abc123, str3= 123
```

▌程式碼列表

```cpp
1  #include <iostream>
2  #include <cstring>
3  using namespace std;
4
5
6  int main()
7  {
8      string str1 = "123";
9      string str2 = "456";
10     string str3;
11     char cstr[10];
12     int pos;
```

```
13
14          sprintf_s(cstr, str1.c_str());
15          str3 = cstr;
16
17          // 取出字元，與 str1[2] 相同
18          cout << " 取出索引位置 2 的字元：" <<str1.at(2) << endl;
19
20          // 字串相加、附加
21          str3 = str1 + str2;
22          str3.append("abc123");
23          cout << "str3= " << str3 << endl;
24
25          // 取子字串
26          cout << " 取子字串 = " << str3.substr(4, 3) << endl;
27
28          // 比較字串
29          str2 = "456789";
30          cout << " 字串比較 = " << str3.compare(3, 3, str2.c_str(),3) << endl;
31
32          // 複製字串
33          strcpy_s(cstr,"hello");
34          str3.copy(cstr, 3, 6);
35          cout << " 字元陣列字串 cstr= " << cstr << endl;
36
37          // 移除子字串
38          cout << " 移除子字串： " << str3.erase(0, 3) << endl;
39
40          // 尋找：在 "abc123" 中尋找 2 個字元 "ab"
41          pos = str3.find("abd",3,2);
42          cout << " 尋找的索引位置 = " << pos << endl;
43
44          //str3 的 "56abc" 在 "465ba" 中並沒有 c，所以回傳 c 在 str3 的索引位置
45          str2 = "465ba12c";
46          pos = str3.find_first_not_of(str2.c_str(),1,5);
47          cout << " 第一個沒出現的字元："<<str3[pos] << endl;
48
49          // 尋找第一個出現的字元
50          str2 = "5ba6";
51          pos = str3.find_first_of(str2.c_str(),2,3);
52          cout << " 第一個出現的字元：" << str3[pos] << endl;
53
54          // 插入字串
```

Example 14　字串處理　14-27

```
55        cout << "str3= " << str3.insert(0, "hello123", 5) << endl;
56
57        // 字串取代
58        str2 = "apple";
59        str3.replace(0, 3, str2, 1, 3);
60        cout << "str3= " << str3 << endl;
61
62        // 尋找最後出現的字元
63        pos=str3.rfind("lb", 10, 1);
64        cout << "尋找最後出現的字元的索引位置：" << pos << endl;
65
66        // 字串交換
67        str3.swap(str1);
68        cout << "字串交換後：";
69        cout << "str1= " << str1 << ", str3= " << str3 << endl;
70
71        system("pause");
72    }
```

程式講解

1. 建立專案，程式碼第 1-3 行引入 iostream 與 cstring 標頭檔，並宣告使用 std 命名空間。

2. 開始於 main() 主函式中撰寫程式，程式碼第 8-12 行宣告變數。第 8-10 行宣告 3 個 string 型別的字串變數 str1-str3。第 11 行宣告 1 個字元陣列的變數 cstr。第 12 行宣告整數變數 pos。

3. 程式碼第 14-15 行示範使用 c_str() 函式，將 string 型別的字串 str1 轉換為字元陣列的字串 cstr；須注意字元陣列的字串的長度需能容納轉換後資料的長度。第 15 行再將字串 cstr 設定給 string 型別的字串 str3；因此，str3 的內容等於字串 "123"。

   第 18 行使用 at() 函式取出字串 str1 的索引位置 2 的字元：'3'。第 21-23 行示範 2 個字串相加；第 21 行使用運算子 '+' 直接將字串 str1 與 str2 相加，並設定給字串 str3；因此，str3 的內容等於 "123456"。第 22 行使用 append() 函式將字串 "abc123" 附加於字串 str3；因此，str3 的內容等於 "123456abc123"。

4. 程式碼第 26 行使用 substr() 函式從字串 str3 的索引位置 4 開始，取出 3 個字元："56a"。第 30 行使用 compare() 方法比較字串 str2 與 str3：從字串 str3 的索引位置 3 開始，取 3 個字元（即 "456"）， 與字串 str2 的前 3 個字元（即 "456"）

進行比較。因為使用到了 4 個參數形式的 compare() 函式，此形式的 compare() 函式只接受字元陣列或是字元指標形式的字串；因此，需使用 c_str() 函式將 str2 轉換為字元指標形式的字串。比較的結果等於 0，表示從 str3 取出來的部分與從 str2 取出來的部分，此 2 者相同。第 33-35 行示範 copy() 函式；第 33 行先將字串 "hello" 複製到字串 cstr，所以 cstr 的內容等於 "hello"，第 34 行再使用 copy() 方法將字串的索引位置 6 開始的 3 個字元（即 "abc"）拷貝到字串 cstr（即覆蓋字串 cstr 的前 3 個字元）；因此，字串 cstr 的內容等於 "abclo"。

5. 程式碼第 38 行使用 erase() 函式移除字串 str3 從索引位置 0 開始的 3 個字元；因此，字串 str4 的內容等於 "456abc123"。第 41 行使用 find() 函式在字串 str3 的索引位置 3 開始，尋找字串 "abd" 的前 2 個字元 "ab"；因此，會在字串 str3 的索引位置 3 找到字串 "ab"，所以 pos 等於 3。第 45-47 行示範 find_first_not_of() 函式的用法。第 45 行重新設定字串 str2 的內容等於 "465ba12c"，第 46 行使用 find_first_not_of() 函式將字串 str3 的索引位置 1 開始的 5 個字元（即 "56abc"），判斷哪個字元沒出現在字串 str2 的前 5 個字元中（即 "465ba"）。因為字元 'c' 並沒有出現在字串 str2 中，因此回傳字元 'c' 在字串 str3 的索引位置，所以 pos 等於 5；第 47 行顯示 str3[pos] 位置的字元：'c'。

6. 程式碼第 50-52 行示範 find_first_of() 函式。第 50 行重新設定字串 str2 的內容等於 "5ba6"，第 51 行使用 find_first_of() 函式將字串 str3 的索引位置 2 開始的 3 個字元（即 "6ab"），判斷哪個字元最早出現在字串 str2 的前 3 個字元中（即 "5ba"）。因為 "6ab" 中的 "ab"2 個字元都出現在 "5ba" 中，並且字元 'a' 為最早出現的字元，因此 pos 等於 'a' 在字串 str3 中的索引位置：3。

   第 52 行顯示 str3[pos] 索引位置的字元：'a'。第 55 行使用 insert() 函式把字串 "hello123" 的前 5 個字元入到字串 str3 的索引位置 0；因此字串 str3 等於 "hello456abc123"。第 58 行重新設定字串 str2 的內容等於 "apple"，第 59 行使用 replace() 函式將字串 str3 從索引位置 0 開始的 3 個位元，以字串 str2 的索引位置 1 開始的 3 個字元 "ppl" 取代；因此，str3 的內容等於 "ppllo456abc123"。

7. 程式碼第 63 行使用 rfind() 方法，尋找字串 "lb" 的第 1 個字元 'l'，在字串 str3 的索引位置 10 開始往前尋找第 1 個出現此字元的位置。第 67-69 行示範 2 個字串彼此互換。第 67 行使用 swap() 函式將字串 str3 與 str1 彼此互換；第 68-69 行顯示互換之後的字串 str1 與 str3。

Example 14 字串處理 14-29

三、範例程式解說

1. 建立專案，程式碼第 1-5 行引入 iostream、cstring、time.h 與 windows.h 標頭檔，並宣告使用 std 命名空間。

```
1  #include <iostream>
2  #include <cstring>
3  #include <time.h>
4  #include <windows.h>
5  using namespace std;
```

2. 開始於 main() 主函式中撰寫程式，程式碼第 9-12 行宣告變數。第 9-11 行宣告 3 個字串變數：cstr、str 與 newstr；其中變數 cstr 為長度等於 11 個字元的字元陣列字串。第 12 行宣告 2 個整數變數 v 與 num。第 14 行初始化亂數種子；因為字串 str 並沒有初始值，因此第 15 行使用 resize() 函式設定字串長度等於 11，否則後續的程式碼無法以 append() 方法增加資料。

```
 9  char cstr[11];
10  string str;
11  string newstr;
12  int v, num;
13
14  srand((unsigned)time(NULL));
15  newstr.resize(11);
16  cout << "Wait..." << endl;
```

3. 程式碼第 18-28 行隨機產生 10 個介於 '0'-'9' 與 'a'-'z' 此 2 個範圍的字元，並存入字串 cstr；變數 num 用於表示已經產生了多少個字元。第 18 行先將變數 num 設定為 0，第 19-27 行使用 while 重複敘述隨機產生 10 個字元。第 21 行使用 rand() 函式產生 48-122 之亂數，即字元 '0'-'z' 的 ASCII 碼範圍。並儲存於變數 v。第 22-23 行判斷所產生的亂數如果介於 58-96 的範圍（此為 '0'-'9' 與 'a'-'z' 之外的範圍），則不予以處理。第 25 行將所產生的亂數 v 轉型為字元，並儲存於字串 cstr[num]；變數 num 也被當成字串的索引位置；第 26 行將產生的字元數量加 1。產生 10 個字元之後離開 while 重複敘述程式區塊，第 28 行將字串 cstr 加上字串結尾識別字元。

```
18  num = 0;
19  while (num < 10)
20  {
21      v = (rand() % 75) + 48;
```

```
22      if (v > 57 && v < 97)
23          continue;
24
25      cstr[num] = (char)v;
26      num++;
27  }
28  cstr[10] = '\0';
```

4. 程式碼第 31-40 行的作用與第 18-28 相同，使用亂數產生 10 個介於 '0'-'9' 與 'a'-'z' 此 2 個範圍的字元，並存入字串 str；唯第 30 行使用 Sleep(1000) 的函式讓程式暫停 1 秒，此作用是為了讓這 2 段產生 10 個亂數的程式碼，避免產生太過相似的亂數。

```
30  Sleep(1000);
31  num = 0;
32  while (num < 10)
33  {
34      v = (rand() % 75) + 48;
35      if (v > 57 && v < 97)
36          continue;
37
38      str.append(1,(char)v);
39      num++;
40  }
```

5. 程式碼第 43-49 行使用亂數在字串 cstr 與 str 各自挑選 5 個字元，並儲存於字串 newstr。第 43 與 47 行的 Sleep(1000) 函式的作用也與第 30 行相同，也是為了避免產生太過相近的亂數。第 51-53 行顯示字串 cstr、str 與 newstr 的內容。

```
43  Sleep(1000);
44  for (int i = 0; i < 5; i++)
45      newstr[i] = cstr[rand()%11];
46
47  Sleep(1000);
48  for (int i = 0; i < 5; i++)
49      newstr[i+5] = str[rand() % 11];
50
51  cout << "cstr= " << cstr << endl;
52  cout << "str= " << str << endl;
53  cout << "newstr= " << newstr << endl;
```

Example 14　字串處理　14-31

6. 程式碼第 56-72 行示範檢查字串 cstr 中有多少個字元出現在字串 newstr，並且計算出現的次數。因為字串 cstr 的長度等於 10；因此使用 for 重複敘述針對字串 cstr 中的每個字元，使用 compare() 方法與字串 newstr 做比對。第 58 行變數 num 表示在 cstr 中的某個字元出現在字串 newstr 中的次數。第 59-63 行排除字串 cstr 中重複的字元；首先將字串 cstr 暫時設定給字串 str，接著使用 rfind() 函式檢查字串 cstr 的第 i 個字元是否已經出現在字串 str（內容等於字串 cstr）的前 i-1 個字元；若已經重複出現，則使用 continue 略過剩下的程式敘述，不需要重複檢查此字元是否出現在字串 newstr。

```
56  for (int i = 0; i < 10; i++)
57  {
58      num = 0;
59      str = cstr;
60
61      // 重複出現的字元不列入計算
62      if (i!=0 && str.rfind(cstr[i],i-1) != string::npos)
63          continue;
64
65      str = cstr[i];
66      for (int j = 0; j < 10; j++)
67          if(newstr.compare(j,1,str)==0)
68              num++;
69
70      if(num!=0)
71          cout << str << ": " << num << endl;
72  }
73
74  system("pause");
```

第 65-68 行用於檢查字串 cstr 的第 i 個字元是否出現在字串 newstr，並統計出現的次數。因為字串 newstr 的長度等於 10，所以第 66-68 行使用 for 重複敘述來逐一比對字串 cstr 的第 i 個字元與字串 newstr 的每個字元是否相同。針對第 67 行使用 compare() 去比對字元 cstr[i] 與 newstr 字串的第 j 個字元是否相等，若是相等則表示字串 cstr 的第 i 個字元出現在字串 newstr 中，並且次數 num 累加 1。第 70-71 行判斷若字元 cstr[i] 有出現在字串 newstr 中，則顯示此字元與其出現的次數。

重點整理

1. 一個長度等於 n 的字元陣列，被當成字串時只能儲存 n-1 個字元，因為陣列的最後一個元素要放置字串結尾識別字元 '\0'。

2. 字串的重要處理包含了：新增、插入、刪除、替換、複製、比較與搜尋；這些操作都是頻繁地被使用在各種的程式中。無論是字元陣列的字串還是 string 類別的字串，在進行字串處理時都需要特別注意字串可容納的長度。這些字串的處理函式數量很多，尤其是比較與搜尋函式都有多種的形式，需要讀者自行寫測試程式，屆時使用起來才能得心應手。

3. C++ 的確提供了對字串更方便的處理方式與操作函式；因此，若使用 C++ 語言來開發程式，自然是建議使用 string 類別的字串。若是在字串的處理上需要字元陣列形式的字串時，再使用 c_str() 函式轉換即可。

分析與討論

1. 處理字串輸入的函式：cin、cin.getline()、getline()、fgets() 與 gets_s() 清除輸入緩衝區的方式都不同，並且在不同的 C++ 整合開發環境中，相同的方法也不見得有用。因此，需要多方嘗試不同的方式。

2. 使用字元陣列的方式所宣告的字串變數，用於讀取輸入的資料時，需注意所輸入的資料不能超過陣列所能容納的字串長度；否則不僅難以處理遺留在輸入緩衝區內的資料，也會造成程式錯誤。

3. 字串處理函式所接收的字串參數，各有不同的型別：string 類別、字元、字元指標或是字元陣列。若是特別指明字元陣列或是字元指標，以練習 3 的程式碼第 30 行的 compare() 函式為例：接收 4 個參數的 compare() 函式只能接收字元陣列或是字元指標形式的字串，則為如下形式之字串：

```
1  const char* str4 = "456789";
2  char str5[] = "456789";
3  string str6 = "456789";
4
5  str3.compare(3, 3, str4, 3);
6  str3.compare(3, 3, str5, 3);
7  str3.compare(3, 3, str6.c_str(), 3);
8  str3.compare(3, 3, "456789", 3);
```

程式碼第 1-3 行分別宣告字元指標、字元陣列與 string 類別的字串變數 str4-str6。第 5-7 行分別使用這 3 個字串變數與字串 str3 進行比對。也可以如同第 8 行使用字面字串 "456789" 直接與 str3 進行比對。

Example 14　字串處理　14-33

程式碼列表

```
1  #include <iostream>
2  #include <cstring>
3  #include <time.h>
4  #include <windows.h>
5  using namespace std;
6
7  int main()
8  {
9      char cstr[11];
10     string str;
11     string newstr;
12     int v, num;
13
14     srand((unsigned)time(NULL));
15     newstr.resize(11);
16     cout << "Wait..." << endl;
17
18     num = 0;
19     while (num < 10)
20     {
21         v = (rand() % 75) + 48;
22         if (v > 57 && v < 97)
23             continue;
24
25         cstr[num] = (char)v;
26         num++;
27     }
28     cstr[10] = '\0';
29
30     Sleep(1000);
31     num = 0;
32     while (num < 10)
33     {
34         v = (rand() % 75) + 48;
35         if (v > 57 && v < 97)
36             continue;
37
38         str.append(1,(char)v);
39         num++;
40     }
41
```

```
42      //------------------------------------
43      Sleep(1000);
44      for (int i = 0; i < 5; i++)
45          newstr[i] = cstr[rand()%11];
46
47      Sleep(1000);
48      for (int i = 0; i < 5; i++)
49          newstr[i+5] = str[rand() % 11];
50
51      cout << "cstr= " << cstr << endl;
52      cout << "str= " << str << endl;
53      cout << "newstr= " << newstr << endl;
54
55      //------------------------------------
56      for (int i = 0; i < 10; i++)
57      {
58          num = 0;
59          str = cstr;
60
61          // 重複出現的字元不列入計算
62          if (i!=0 && str.rfind(cstr[i],i-1) != string::npos)
63              continue;
64
65          str = cstr[i];
66          for (int j = 0; j < 10; j++)
67              if(newstr.compare(j,1,str)==0)
68                  num++;
69
70          if(num!=0)
71              cout << str << ": " << num << endl;
72      }
73
74      system("pause");
75  }
```

本章習題

1. 輸入 2 個字串，並判斷 2 個字串是否相同。

2. 輸入 2 個字串，並判斷第 1 個字串中是否包含第 2 個字串。

3. 輸入 2 個字串，判斷第 1 個字串的字元是否出現在第 2 個字串。

4. 有一字串其內容等於："Trh#iFsA !izsc Qah hb*o&o(k).V"，將其奇數字元取出並顯示。

5. 輸入 1 個包含數字與英文字母的字串，並計算字串中每個相同字元出現的次數。

Example
15

資料處理

A 班共有 5 位學生，學生資料包含學號、姓名與成績；學號分別為 10901-10905。寫一程式（已經內建 3 筆學生資料）能夠修改學生資料、以學號查詢資料、刪除資料、插入資料，以及依照分數高至低排序學生資料。

一、學習目標

常見的資料操作有以下項目：新增、瀏覽、插入、修改、查詢、刪除與排序。新增與瀏覽資料的處理過程在範例 11 與 12 介紹陣列的範例中已經多次使用；因此本範例只介紹修改、插入、刪除與排序的處理。

儲存多筆資料除了可以使用 C/C++ 的傳統陣列，也能使用 C++ 才提供的 Array 與 Vector 容器；這 2 種容器分別於引進於 C++ 98 與 C++ 11 版本。由於在許多 C/C++ 舊有的系統或應用程式、簡單的嵌入式開發系統，並不提供太過於新版的 C++ 版本，或不支援 C++ 語言；因此，使得 Array 與 Vector 容器在應用與相容上容易受限。其實，使用 Array 與 Vector 容器會比使用傳統陣列來得容易開發與操作，也比較不容易出現存取元素超過範圍的錯誤發生。

因此，顧及相容性與擴大廣泛應用，本範例還是使用傳統的陣列，示範陣列資料的修改、插入、刪除與排序的處理。

二、執行結果

初始畫面如下圖左所示，一共有 7 項功能。下圖右為顯示資料的功能，預設內建了 3 筆學生資料。

下圖左為修改資料的畫面。輸入欲修改學生的學號後，再輸入學生新的姓名與成績；輸入姓名與成績時，以空白隔開。下圖右則為修改後的資料，可以發現第 1 筆學生資料已經修改為：「王老五，成績 67 分」。

 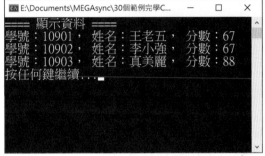

下圖左為刪除資料的畫面。輸入欲刪除學生的學號後，會先尋找此筆資料是否存在於陣列中，再予以刪除。如下圖右所示，學號 `10901` 的學生資料已經被刪除了。

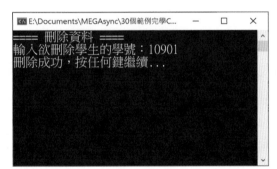 

下圖左為為查詢資料的畫面。輸入欲查詢學生的學號後，若尋找到此筆資料則顯示學生資料。若尋找不到此學號的學生資料則顯示錯誤訊息；如下圖右所示。

下圖左為插入資料的畫面。輸入欲插入學生資料的位置後，再輸入學生的姓名與成績；輸入姓名與成績時，以空白隔開。下圖右則為插入資料後的所有學生資料；可以發現在原來的第 1 筆學生資料之前被插入了一筆新的學生資料：「王瑪莉，成績 90 分」。

Example 15　資料處理　　15-3

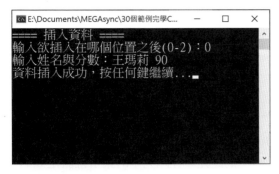
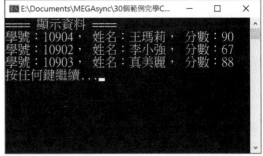

下圖左為為排序資料的畫面；排序後的資料如下圖右所示。

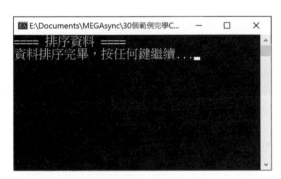

15-1　修改資料

修改資料，其實只是把新的資料覆蓋舊的資料，處理方式與新增資料其實大同小異。若是修改陣列中的資料，須留意欲被修改的元素，以及要寫入陣列的新資料，2 者在陣列中的位置是相同的索引位置。

如下範例：整數陣列 arr 有 4 個元素，其值分別為 11-14。今欲修改陣列的第 3 個元素（陣列索引位置等於 2），如下圖左所示；則修改陣列 arr 第 3 個元素值的程式敘述為：

```
arr[2] = 20;
```

修改後的陣列 arr 如下圖右所示。

	arr[0]			arr[0]
11			11	
12	arr[1]		12	arr[1]
13	arr[2]		20	arr[2]
14	arr[3]		14	arr[3]

arr[2] = 20
20

⤷ 練習 1：修改陣列資料

整數陣列 arr 有 4 個元素，其值分別為 11-14。寫一程式，輸入欲修改陣列的第幾個元素以及元素的新值。

▌ 解說

陣列的索引位置從 0 開始，所以第 1 個元素的索引位置等於 0；以此類推。然而日常生活中的數字是從 1 開始；因此，若輸入的是第 n 個元素，則此元素在陣列中的索引位置是 n-1。

▌ 執行結果

輸入欲修改第 3 個元素，並輸入新值 100；最後顯示陣列的元素值。

```
輸入欲修改第幾個元素 (1-4)：3
輸入新值：100
陣列元素：11 12 100 14
```

▌ 程式碼列表

```cpp
1  #include <iostream>
2  using namespace std;
3
4  #define NUM 4 // 陣列長度
5
6  int main()
7  {
8      int arr[NUM] = { 11,12,13,14 };
9      int index, v;
10
11     cout << " 輸入欲修改第幾個元素 (1-4)：";
12     cin >> index;
13     cin.ignore(80, '\n');
14
15     index--; // 把第幾個元素，換成陣列的索引位置
16     if (index<0 || index>NUM)
17     {
18         cout << " 輸入範圍錯誤 ";
19         exit(0);
20     }
21
22     //-----------------------------------
```

Example 15　資料處理　　15-5

```
23      cout << " 輸入新值 : ";
24      cin >> v;
25      arr[index] = v;
26
27      cout << " 陣列元素 : ";
28      for (auto item : arr)
29          cout << item << " ";
30
31      system("pause");
32  }
```

程式講解

1. 建立專案，程式碼第 1-4 行引入 iostream 標頭檔，宣告使用 std 命名空間，以及定義常數 NUM 等於 4；此為陣列的長度。

2. 開始於 main() 主函式中撰寫程式，程式碼第 8-9 行宣告變數。第 8 行宣告長度等於 NUM 的整數陣列 arr，其元素值等於 11-14。第 9 行宣告 2 個整數變數 index 與 v，用於表示欲修改的第幾個元素，以及新的元素值。

3. 程式碼第 11-13 行顯示輸入的提示訊息，以及讀取資料並儲存於變數 index。第 15 行將變數 index 減去 1，轉換成陣列的索引位置。第 16-20 行判斷若 index 不是正確的陣列索引範圍，則顯示錯誤訊息並結束程式。

4. 程式碼第 23-24 行顯示輸入新值的提示訊息，讀取資料並儲存於變數 v。第 25 行將新輸入的值 v 設定給陣列 arr 中索引位置等於 index 的元素。

5. 程式碼第 27-29 行使用 for 重複敘述顯示陣列元素。

15-2　搜尋資料

在多筆資料中尋找符合條件的資料，稱為資料搜尋。資料搜尋的方法有很多種，其中最簡單的方法就是循序搜尋（Sequential search，或稱為線性搜尋：Linear search）：從第 1 筆開始找到最後 1 筆資料。這種搜尋方式很花費時間，如果資料剛好在所有資料的前面部分，則不需要太多時間便找得到資料；若不幸地要尋找的資料位在所有資料的尾端，則必須花費很多的時間才能搜尋得到需要的資料。

↪ 練習 2：搜尋陣列資料

整數陣列 arr 有 5 個元素，其值分別為 11、12、13、14 與 12。寫一程式，輸入要搜尋第幾個元素，並顯示此元素的值；以及輸入值，搜尋此值是在陣列中的第幾個元素。

▍解說

搜尋資料有 2 種形式。第 1 種依照資料的某個唯一特有的資料欄位去尋找其內容，例如陣列的索引編號；因為陣列裡的元素都有一個唯一的索引位置。第 2 種則依照資料的內容去尋找此筆資料的索引編號。

第 2 種情形比第 1 種來得複雜，因為可能有多筆的資料具有相同的內容；例如本練習題的陣列 arr，其第 2 筆與第 5 筆元素有相同的值；所以，若是要尋找值等於 12 的資料，則需回覆第 2、5 兩筆資料編號。

▍執行結果

輸入要尋找陣列的第 3 個元素，則會回傳陣列裡第 3 個元素的值：13。輸入要尋找元素值等於 12 的資料，則回傳第 2 與第 5 個元素。

```
輸入欲尋找第幾個元素 (1-5)：3
第 3 個元素：13
輸入欲尋找的值：12
第 2 個
第 5 個
```

▍程式碼列表

```
1  #include <iostream>
2  using namespace std;
3
4  #define NUM 5 // 陣列長度
5
6  int main()
7  {
8      int arr[NUM] = { 11,12,13,14,12 };
9      int index, v;
10     bool fgFound; // 用於表示是否找到了元素
11
12
13     cout << " 輸入欲尋找第幾個元素 (1-5)：";
14     cin >> index;
```

Example 15　資料處理　　15-7

```
15        cin.ignore(80, '\n');
16
17        index--; // 把第幾個元素，換成陣列的索引位置
18        if (index<0 || index>NUM)
19        {
20            cout << " 輸入範圍錯誤 ";
21            exit(0);
22        }
23
24        cout << " 第 " << index+1 << " 個元素：" << arr[index] << endl;
25
26        //-----------------------------------
27        cout << " 輸入欲尋找的值：";
28        cin >> v;
29
30        fgFound = false;
31        for (int i=0;i<NUM;i++)
32        {
33            if (arr[i] == v)
34            {
35                fgFound = true;
36                cout << " 第 " << i + 1 << " 個 " << endl;
37            }
38        }
39
40        if (!fgFound)
41            cout << " 沒有此值的元素 " << endl;
42
43        system("pause");
44  }
```

程式講解

1. 建立專案，程式碼第 1-4 行引入 iostream 標頭檔，宣告使用 std 命名空間，以及定義常數 NUM 等於 5；此為陣列的長度。

2. 開始於 main() 主函式中撰寫程式，程式碼第 8-10 行宣告變數。第 8 行宣告長度等於 NUM 的整數陣列 arr，其元素值等於 11、12、13、14、12。第 9 行宣告 2 個整數變數 index 與 v，用於表示第幾個元素以及元素值。第 10 行宣告布林變數 fgFound；當 fgFound 等於 true 表示尋找到資料，否則等於 false。

3. 程式碼第 13-24 行示範以查詢第幾筆資料來查詢資料內容。第 13-15 行顯示提示輸入的訊息，以及將輸入的資料儲存於變數 index；第 17 行將變數 index 減去 1，轉換成陣列的索引位置。第 18-22 行判斷若 index 不是正確的陣列索引範圍，則顯示錯誤訊息並結束程式。第 24 行顯示被搜尋元素的內容：arr[index]。

4. 程式碼第 27-41 行示範以資料的內容，搜尋此資料是第幾筆資料。第 27-28 行顯示提示輸入的訊息，以及將輸入的資料儲存於變數 v。第 30 行將 fgFound 設為 false，表示尚未找到符合的資料。第 31-38 行使用 for 重複敘述，逐一檢查陣列裡的每一個元素是否等於變數 v。第 33 行判斷如果 2 者相等則第 35 行將變數 fgFound 設為 true，表示找到符合的資料；並且第 36 顯示此元素是陣列中的第 i+1 個元素。

5. 程式碼第 40-41 行判斷若變數 fgFound 等於 false，表示沒有找到符合的資料，並顯示訊息。

15-3 排序資料

將資料做遞增或遞減排序，是常見的資料處理步驟。例如：將遊戲分數排行榜由高分排到低分（遞減排序）、將歷年來的平均溫度由低排到高（遞增排序）、選舉的得票數由高排到低（遞減排序）等。

排序資料有不同的排序演算法，針對不同組織型態的資料採用適合的排序演算法，才能得到好的效率。常見的排序演算法有：氣泡排序、快速排序、選擇排序、合併排序等。氣泡排序法是很常被使用的排序演算法，雖然效率不高，但因為簡單、方便以及容易了解；因此，當資料量不多或不要求高效率時，氣泡排序演算法是常被採用的排序方法。

氣泡排序演算法

氣泡排序演算法（Bubble sort），是一種重複比較陣列裡元素的排序方法。每次比較 2 個元素，比較小的元素會被往前排列；如同氣泡一般，在元素交換過程中慢慢浮到陣列的前端，所以稱為氣泡排序。氣泡排序演算法有數個不同的版本，略為有些差異，以下是其中一種。假設有一陣列 array，並有 length 個元素，則演算法如下所示：

```
for i ← 1 to length-1
    for j ← length to i+1
        if array[j-1] > array[j]
            then exchange array[j-1] ↔ array[j]
```

Example 15　資料處理　　15-9

假設陣例 array 有 5 個元素，其值分別為 18、32、12、10、22，因此 length=5，所以最外層的 for 迴圈 i 會執行 4 回合。演算法裡的 i 迴圈是從 1 開始，但是陣列的索引位置是從 0 開始，因此實際寫程式時需要做修改，如下所示：

```
for (int i=0; i<length-1; i++)
    for (int j=length-1; j>=i+1; j--)
        if (array[j-1] > array[j])
            exchange array[j-1] ↔ array[j]
```

迴圈 i 的值從 0 到 3，迴圈 j 的值從 4 到 i+1。若☐表示 array[j-1]，■表示 array[j]，則氣泡排序的推演過程如下所示。

第 1 回合，i=0，j=4 → 1：最小值 10 會被交換到陣列的第 0 個位置。

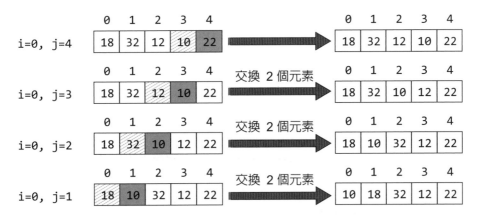

第 2 回合，i=1，j=4 → 2：剩餘元素的最小值 12 會被交換到陣列的第 1 個位置。

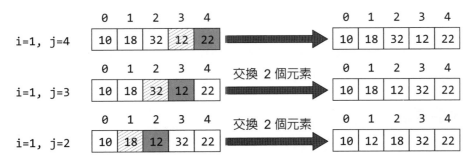

第 3 回合，i=2，j=4 → 3：剩餘元素的最小值 18 會被交換到陣列的第 2 個位置。

	0	1	2	3	4			0	1	2	3	4
i=2, j=4	10	12	18	32	22	交換 2 個元素 ➡		10	12	18	22	32
i=2, j=3	10	12	18	22	32	➡		10	12	18	22	32

第 4 回合，i=3，j=4 → 4：剩餘元素 22 比 32 小，所以此 2 數不會彼此交換。

	0	1	2	3	4
i=3, j=4	10	12	18	22	32

	0	1	2	3	4
	10	12	18	22	32

每完成一回合的元素值比較，就會有一個最小值的元素被交換到陣列的前端；因此，執行完 4 個回合之後，陣列 array 裡的所有元素便會以遞增的順序排列：10、12、18、22、32。

兩個元素交換

在進行資料排序時，會遇到將 2 個元素互換的處理。2 數交換是在寫程式過程中經常會遇到的問題；處理 2 數交換有多種的方式，其中最簡單的方法是透過第 3 個變數來處理；例如：欲交換 a 與 b 此 2 個變數，則透過第 3 個變數 temp 進行交換；如下圖所示：

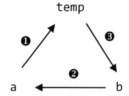

一共分為 3 個步驟：1. 先將 a 的值設定給 temp，2. 再將 b 的值設定給 a，3. 最後將 temp 的值設定給 b；如此便完成了變數 a 與 b 的互換。

另外，尚可以使用 swap() 函式來處理 2 數交換。將 2 個要互換的變數傳入 swap() 函式，例如：2 個整數變數 a 與 b，其值分別等於 5 與 10，使用 swap() 函式交換其值，如下所示：

```
int a = 5, b = 10;
swap(a,b);
```

交換之後 a 等於 10，而 b 等於 5。數值型別、string 型別、字元指標與結構型別的資料皆可以使用 swap() 函式交換 2 個相同型別的變數。

快速排序演算法

快速排序演算法（Quick sort）是一種對於普通的資料有不錯效率的排序方法；因此也常被使用。C/C++ 也提供快速排序演算法的函式：qsort()，其使用範請參考分析與討論。

使用 sort() 函式

C/C++ 也提供了 sort() 函式，可用於一般資料的排序；使用 sort() 函式需引入 algorithm 標頭檔。使用 sort() 函式需傳入 2 個引數：開始排序的元素位置，以及第幾個元素結束排序；使用範例如下所示：

Example 15　資料處理　15-11

```
1  int arr[] = { 24,18,6,20,90,5,12,10 };
2
3  sort(arr, arr+8);
```

程式碼第 1 行宣告整數陣列 arr，共有 8 個元素。第 3 行使用 sort() 函式排序整個陣列 arr；因此傳入開始排序的元素位置：arr（即第 1 個元素的索引位置 0），以及第幾個元素結束排序：arr+8（8 指的是第 8 個元素）。若是想遞減排序，則如下所示：

```
sort(arr, arr + 8);
reverse(arr, arr + 8);
```

reverse() 函式可以反轉陣列中的元素順序。或是：

```
sort(arr, arr + 8, std::greater<int>());
```

只想排序陣列的一部分元素，例如：只想排序陣列 arr 中的 {18,6,20,90,5,12} 這些元素，則如下所示：

```
sort(arr+1, arr+7);
```

排列結果等於：

```
24 5 6 12 18 20 90 10
```

練習 3：資料排序

有一整數陣列 arr，其元素等於 24、18、6、20、90、5、12、10。使用氣泡排序將此陣列做遞減排序。

解說

氣泡排序演算法是將資料做遞增排列，而題目要求將資料做遞減排列；因此可以修改氣泡排序法的判斷比較這部分；如下所示：

```
for i ← 1 to length-1
    for j ← length to i+1
        if array[j-1] < array[j]
            then exchange array[j-1] ↔ array[j]
```

或者先將陣列 arr 使用氣泡排序法做遞增排序之後，再以 reverse() 函式反轉陣列中的元素順序。

執行結果

```
90 24 20 18 12 10 6 5
```

程式碼列表

```cpp
1  #include <iostream>
2  using namespace std;
3
4  int main()
5  {
6      int arr[] = { 24,18,6,20,90,5,12,10 };
7
8      for (int i = 0; i < 7; i++)
9      {
10         for (int j = 7; j >= i + 1; j--)
11         {
12             if (arr[j - 1] < arr[j])
13                 swap(arr[j - 1], arr[j]);
14         }
15     }
16
17     for (auto v : arr)
18         cout << v << " ";
19
20     system("pause");
21 }
```

程式講解

1. 建立專案，程式碼第 1-2 行引入 iostream 標頭檔，並宣告使用 std 命名空間。
2. 程式碼第 6 行宣告整數陣列 arr，並設定其初始值。
3. 程式碼第 8-15 行使用氣泡排序法將陣列 arr 做遞減排列。
4. 程式碼第 17-18 行顯示排序後的陣列。

Example 15　資料處理　15-13

15-4　刪除資料

陣列宣告之後，其陣列的容量無法再改變；因此，刪除陣列元素並不一定是眞正把元素所佔有的空間予以刪除。所以，從陣列裡刪除資料有多種不同的處理方式；以下 2 種方法提供參考。

第一種方法：標記

將刪除的元素予以標示，表示此元素已經被刪除。例如：記錄學生成績的陣列，可以將元素的值標示爲 -1，或是 -99 之類的方式，表示此元素已經被刪除。因爲學生的成績應該爲 0-100 的範圍，所以被刪除的元素可以使用負值來表示；如下圖所示。

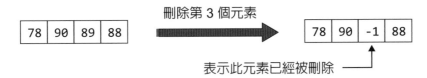

陣列裡有 4 個元素，記錄 4 個成績。現在刪除第 3 個成績，所以將 -1 寫入陣列的第 3 個元素即可。並且，之後在處理此陣列時，只要遇到值等於 -1 的元素則略過不處理即可。

第二種方法：調整內容

第 1 種刪除元素的方式，只是將刪除的元素做標記。當刪除的資料越來越多之後，每次處理陣列都要略過這些被標記的元素，也是挺麻煩的事情；並且這些被標記的元素的空間也無法再被使用，造成了空間的浪費。第 2 種方式則會重新調整陣列的內容，使得被刪除的元素所佔用的空間可以被有效的利用。例如：陣列有 4 個元素，其值分別爲 78、90、89 與 88；現在要刪除第 2 個元素。其實只要把第 3 個與第 4 個元素往前移動一個空間，然後把陣列的元素數量減 1，便完成了刪除元素的處理；如下所示：

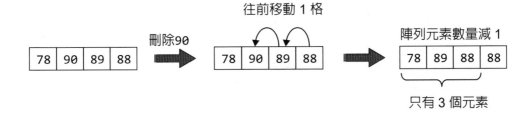

➥ 練習 4：資料刪除

有一整數陣列 arr，其元素等於 18、32、12、10、22。輸入欲刪除第幾個元素，刪除此元素後顯示陣列內容。

▍解說

本練習採用第 2 種方式來刪除元素。若陣列 arr 的元素數量等於 num，並欲刪除第 no 個元素，則刪除陣列元素的程式碼片段如下所示：

```
1  no--; // 轉換爲陣列索引位置
2  for (int i = no; i < num - 1; i++)
3      arr[i] = arr[i + 1];
4
5  num--; // 陣列的元素數量減 1
```

程式碼第 1 行將 no 減 1，把第 no 個元素轉換成爲陣列的索引位置 no-1。第 2-3 行使用 for 重複敘述將被刪除元素之後的所有元素，往前移動 1 個位置。第 5 行將陣列的元素數量減 1。

▍執行結果

```
arr= 18 32 12 10 22
輸入欲刪除第幾個元素 (1-5)：2
arr= 18 12 10 22
```

▍程式碼列表

```
1  #include <iostream>
2  using namespace std;
3
4  int main()
5  {
6      int arr[] = { 18,32,12,10,22 };
7      int no;
8      int num; // 陣列的長度
9
10     num = sizeof(arr) / sizeof(int);
11     cout << "arr= ";
12     for (auto v : arr)
13         cout << v << " ";
14
15     cout << "\r\n 輸入欲刪除第幾個元素 (1-5)：";
```

Example 15　資料處理　15-15

```
16      cin >> no;
17      if (no < 1 || no>5)
18      {
19          cout << " 輸入錯誤 " << endl;
20          exit(0);
21      }
22
23      no--; // 轉換成陣列索引位置
24      // 搬移陣列的元素
25      for (int i = no; i < num - 1; i++)
26          arr[i] = arr[i + 1];
27
28      num--; // 陣列元素數量減 1
29
30      cout << "arr= ";
31      for (int i = 0; i < num; i++)
32          cout << arr[i] << " ";
33
34      system("pause");
35  }
```

程式講解

1. 建立專案，程式碼第 1-2 行引入 iostream 標頭檔，並宣告使用 std 命名空間。

2. 程式碼第 6-8 行宣告變數。第 6 行宣告整數陣列 arr，並設定其初始值。第 7 行宣告整數變數 no，用於表示要刪除第幾個元素。第 8 行宣告整數變數 num，用於表示陣列中有多少個元素。

3. 程式碼第 10 行計算陣列的元素數量，並儲存於變數 num。第 11-13 行顯示原來的陣列內容。

4. 程式碼第 15-16 行顯示輸入資料的提示訊息，以及將輸入的資料儲存於變數 no。第 17-21 行檢查所輸入的資料是否超出陣列容量的範圍。

5. 程式碼第 23 行將變數 no 減 1，轉換為陣列的索引位置。第 25-26 行使用 for 重複敘述將被刪除元素之後的所有元素，往前移動 1 個位置。

6. 程式碼第 28 行將陣列的元素數量減 1：因為已經刪除了一個元素。

7. 程式碼第 30-32 行顯示刪除後的陣列內容。

15-5　插入資料

陣列宣告之後其容量是固定而無法再增加。因此，插入新的元素需要考量到陣列是否還有足夠的剩餘容量；或是重新宣告一個更大容量的陣列，才能容納更多新插入的元素。

在固定容量的陣列，插入新元素有以下步驟：

1. 確定陣列的剩餘容量足夠插入新的元素。
2. 將欲插入新元素的位置上的舊元素，以及之後的元素，全部往後移動一個空間。
3. 將新元素寫入陣列，並將元素數量加 1。

此 3 個步驟的推演如下所示。例如：要將數值 20 插入陣列 arr 的索引位置 1：

步驟 1：陣列容量等於 6，目前已經有 4 個元素；所以還有空間再插入一個元素，如下圖左所示。

步驟 2：接著將陣列索引位置 1 的元素（12）以及後面的元素（13 與 14），從索引位置 arr[1]-arr[3]，移動到 arr[2]-arr[4]，以便空出 arr[1] 的位置放置新元素；如下圖右所示。

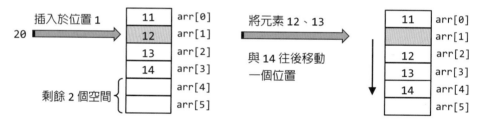

步驟 3：將值 20 寫入陣列索引位置 1；如下圖所示。

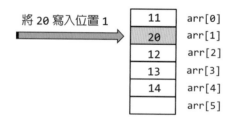

Example 15　資料處理　　15-17

↪ 練習 5：資料插入

有一整數陣列 arr，其元素等於 11、12、13、14。寫一程式可以插入新的資料。

解說

插入新的資料到陣列時，需考慮到陣列的第 1 個元素、最後 1 個元素以及中間任意元素這 3 種位置；因爲這關係到了插入新資料於這些元素之前或是之後的處理。

例如，若是讓使用者輸入："插入到 1-4 哪個元素之後"，則無法把新資料插入到第 1 個元素之前。若更改爲："插入到 1-4 哪個元素之前"，則無法把新資料插入到最後 1 個元素之後。因此，本練習採用的方式爲："欲插入在 0-4 哪個位置之後"，如此便可以兼顧到插入於第 1 個元素之前，以及插入資料於最後 1 個元素之後。

執行結果

首先輸入插入位置等於 0 以及新的元素值 20；因此，在陣列的第 1 個元素之前插入了 20。接著輸入插入位置等於 5 以及新的元素值 99；因此，在陣列的最後 1 個元素 14 之後插入了新的元素 99。此時陣列的空間已滿，無法再插入元素；因此，顯示訊息 "空間已滿"。

```
arr= 11 12 13 14
輸入欲插入在哪個位置之後 (0-4)：0
輸入欲插入的值（輸入 -1 結束）：20
arr= 20 11 12 13 14
輸入欲插入在哪個位置之後 (0-5)：5
輸入欲插入的值（輸入 -1 結束）：99
arr= 20 11 12 13 14 99
空間已滿
```

程式碼列表

```cpp
 1  #include <iostream>
 2  using namespace std;
 3
 4  #define MAX_LENGTH 6
 5
 6  int main()
 7  {
 8      int arr[MAX_LENGTH] = { 11,12,13,14 };
 9      int no;
10      int num=4;   // 陣列的元素數量
11      int v=0;     // 輸入的資料
```

```
12
13      while (true)
14      {
15          cout << "arr= ";
16          for (int i = 0; i < num; i++)
17              cout << arr[i] << " ";
18
19          //---- 判斷陣列空間是否已滿 --------------
20          if (num + 1 > MAX_LENGTH)
21          {
22              cout << "\r\n 空間已滿 " << endl;
23              exit(0);
24          }
25
26          //------------------------------------
27          cout << "\r\n 輸入欲插入在哪個位置之後 (0-" << num << ") : ";
28          cin >> no;
29          if (no < 0 || no > num)
30          {
31              cout << " 輸入錯誤 " << endl;
32              exit(0);
33          }
34
35          //----- 輸入資料 ----------------
36          cout << " 輸入欲插入的值 ( 輸入 -1 結束 ) : ";
37          cin >> v;
38          if (v == -1)
39              exit(0);
40
41          //----- 開始搬移元素 ----------
42          for (int i = num; i > no; i--)
43              arr[i] = arr[i - 1];
44
45          arr[no] = v; // 寫入元素
46          num++;     // 元素數量加 1
47      }
48      system("pause");
49  }
```

Example 15 　資料處理 　15-19

程式講解

1. 建立專案，程式碼第 1-4 行引入 iostream 標頭檔、宣告使用 std 命名空間，並定義常數 MAX_LENGTH；其值等於 6，表示字元陣列 arr 的容量。

2. 程式碼第 8-11 行宣告變數。第 8 行宣告整數陣列 arr，初始值等於 11、12、13 與 14。第 9-11 行宣告 3 個整數變數 no、num 與 v，分別代表要插入新資料的位置、目前陣列裡的元素數量，與要插入的新元素的值。

3. 程式碼第 13-47 行是一個 while 無窮迴圈；有 3 個條件能離開迴圈並結束程式。第 23 行：陣列容量已滿，無法再插入新的元素。第 32 行：輸入錯誤的資料插入位置。第 39 行：輸入新元素的值等於 -1。

4. 程式碼第 15-17 行使用 for 重複敘述顯示陣列裡的 num 個元素。

5. 程式碼第 20-24 行判斷再增加 1 個新的元素，是否會超過陣列的容量。如果會超過陣列的容量則顯示錯誤訊息，並結束程式。

6. 程式碼第 27-28 行輸入新的元素要插入在哪個位置之後，並儲存於變數 no。第 29-33 行判斷輸入的值是否超過範圍。

7. 程式碼第 36-39 行輸入新的元素，並儲存於變數 v。若是輸入 -1 則結束程式。

8. 程式碼第 42-43 行調整陣列的元素位置，以便挪出空間放置新的元素。第 45 行將新的元素儲存於陣列，第 46 行將元素的數量加 1。

三、範例程式解說

1. 建立專案，程式碼第 1-3 行引入 iostream 與 conio.h 標頭檔，並宣告使用 std 命名空間。第 5 行定義常數 STUD_NUM，用於代表學生的總人數（陣列最大容量）。

```
1  #include <iostream>
2  #include <conio.h>
3  using namespace std;
4
5  #define STUD_NUM 5 // 學生總人數
```

2. 開始於 main() 主函式中撰寫程式，程式碼第 9-19 行宣告變數。第 9 行宣告一整數變數 lastID，用於代表最後一位學生的學號；因此，接下去新的學生的學號便是 lastID 加 1。第 10-12 行分別宣告儲存學生學號、姓名與分數的陣列；並設定其初始值。第 14 行宣告整數變數 studNum，用於表示目前的學生數。第 15-18 行分別宣告變數 ID、No、score 與 name，用於輸入學生的資料以及欲插入學生資料的位置。

```
 9  int lastID = 10903; // 最後一個學號
10  int studID[STUD_NUM] = { 10901,10902,lastID }; // 學號
11  string studName[STUD_NUM] = { " 王小明 "," 李小強 "," 真美麗 " };  // 姓名
12  int studScore[STUD_NUM] = { 90,67,88 };  // 成績
13  int select; //  選擇哪項操作
14  int studNum = 3; // 已經有了 3 筆學生資料
15  int ID; // 輸入的學號
16  int score; // 輸入的學生分數
17  string name; // 輸入的學生姓名
18  int No; // 插入學生資料的位置
19  int fg;   // 用於判斷操作是否成功
```

3. 程式碼第 21-185 行為一個 while 無窮迴圈，用於處理所有的功能。第 24-32 行顯示選單。第 33 行讀取使用者輸入的選項，並儲存於變數 select。第 36-41 行用於排除錯誤的輸入選項值。

```
21  while (true)
22  {
23      //------  顯示選單 --------------
24      system("cls");
25      cout << "1. 修改資料 " << endl;
26      cout << "2. 刪除資料 " << endl;
27      cout << "3. 查詢資料 " << endl;
28      cout << "4. 插入資料 " << endl;
29      cout << "5. 排序資料 " << endl;
30      cout << "6. 顯示資料 " << endl;
31      cout << "7. 結束 \r\n" << endl;
32      cout << " 輸入選擇 (1-7)：";
33      cin >> select;
34      cin.ignore(80, '\n');
35
36      if (select < 1 || select>7)
37      {
38          cout << " 輸入錯誤，按任何鍵繼續 ...";
39          while (!_kbhit());
40          continue;
41      }
```

4. 程式碼第 45-180 行為 switch…case 敘述區塊；根據 select 的值處理各種不同的功能。第 47-65 行為修改學生資料的功能，第 48-50 行顯示提示訊息與讀取使用者所輸入的學號，並儲存於變數 ID。接著要尋找此學號的學生是否已經存在於陣列中；因此，第 51 行先將變數 fg 設定為 false，表示尚未尋找到此學號的學生。

Example 15　資料處理　15-21

第 52-59 使用 for 重複敘述尋找學號等於變數 ID 的學生，如果找到此學號則第 55-56 行顯示輸入的提示訊息，讀取輸入的姓名與成績，並儲存於 studName[i] 以及 studScore[i]。第 57 行將變數 fg 設定為 true，表示已經修改成功；如此便完成了修改學生的資料。第 61-64 行判斷如果變數 fg 仍然等於 false，就表示沒有找到要修改資料的學號，則顯示 " 輸入錯誤 "；否則表示資料修改成功，則顯示 " 修改成功 "。

```
43        //----- 處理各種操作 -------
44        system("cls");
45        switch (select)
46        {
47            case 1:
48                cout << "==== 修改資料 ====" << endl;
49                cout << " 輸入修改學生的學號 : ";
50                cin >> ID;
51                fg = false;   // 表示資料尚未修改
52                for (int i = 0; i < studNum; i++)
53                    if (studID[i] == ID) // 找到欲修改學生的學號
54                    {
55                        cout << " 輸入姓名與分數 : ";
56                        cin >> studName[i] >> studScore[i];
57                        fg = true; // 表示資料已修改
58                        break;
59                    }
60
61                if (fg)
62                    cout << " 修改成功，";
63                else
64                    cout << " 輸入錯誤，";
65                break;
```

5. 程式碼第 67-92 行為刪除指定學號的學生資料。第 68-70 行顯示提示訊息以及讀取所輸入的學號，並儲存於變數 ID。第 72 行先將變數 fg 設定為 false，表示尚未找到要刪除資料的學號。接著第 73-86 行使用 for 重複敘述先尋找此筆學號是否存在陣列之中；第 74 行若找到此筆學號，則第 76-81 行使用另一個 for 重複敘述搬移其餘的資料。第 83 行將學生資料筆數 studNum 減 1，第 84 行將變數 fg 設定為 true，表示已經成功地刪除了資料。第 88-91 行判斷如果變數 fg 仍然等於 false，就表示沒有找到要刪除資料的學號，則顯示 " 輸入錯誤 "；否則表示資料刪除成功，則顯示 " 刪除成功 "。

```
67          case 2:
68              cout << "==== 刪除資料 ====" << endl;
69              cout << " 輸入欲刪除學生的學號 : ";
70              cin >> ID;
71
72              fg = false;   // 表示資料尚未刪除
73              for(int i=0;i<studNum;i++)
74                  if (studID[i] == ID) // 找到欲刪除學生的學號
75                  {
76                      for (int j = i; j < studNum - 1; j++)
77                      {
78                          studID[j] = studID[j + 1];
79                          studName[j] = studName[j + 1];
80                          studScore[j] = studScore[j + 1];
81                      }
82
83                      studNum--; // 陣列元素數量減 1
84                      fg = true; // 表示資料已刪除
85                      break;
86                  }
87
88          if(fg)
89              cout << " 刪除成功 , ";
90          else
91              cout << " 輸入錯誤 , ";
92          break;
```

6. 程式碼第 94-112 行為查詢學生資料的功能。第 95-97 行顯示輸入提示訊息，以及讀取輸入的資料並儲存於變數 ID。第 99 行先將變數 fg 設定為 false，表示尚未搜尋到此筆資料的學號。接著第 100-108 行使用 for 重複敘述開始尋找此筆學號是否存在陣列之中；第 101 行若找到此筆學號，則第 103-105 行顯示此筆學生的資料。第 106 行將變數 fg 設定為 true，表示已經搜尋到了資料。第 110-111 行判斷如果變數 fg 仍然等於 false，就表示沒有找到要搜尋的資料，則顯示 " 輸入錯誤 "。

```
94          case 3:
95              cout << "==== 查詢資料 ====" << endl;
96              cout << " 輸入查詢學生的學號 : ";
97              cin >> ID;
98
99              fg = false;   // 表示資料尚未找到
100             for (int i = 0; i < studNum; i++)
```

Example 15　資料處理　15-23

```
101                    if (studID[i] == ID) // 找到欲查詢的學生學號
102                    {
103                        cout << " 學號：" << studID[i] << "，";
104                        cout << " 姓名：" << studName[i] << "，";
105                        cout << " 分數：" << studScore[i] << endl;
106                        fg = true; // 表示資料已找到
107                        break;
108                    }
109
110                if (!fg)
111                    cout << " 輸入錯誤，";
112                break;
```

7. 程式碼第 114-149 行為插入資料的功能。第 117-121 先判斷陣列的剩餘空間是否還能
   再插入一筆資料。第 123-124 行顯示插入資料的提示訊息，並將輸入的插入位置儲存
   於變數 No；接著第 125-129 行判斷插入資料的位置是否正確。第 131-133 輸入欲插入
   的學生姓名與成績。第 136-141 行使用 for 重複敘述將插入位置的原來資料以及之後
   的資料，往後移動一個空間，以便挪出空間放置插入的資料。第 143 行設定插入資料
   的新學號，第 144-146 行設定新學生的資料，第 147 行將學生人數加 1。

```
114        case 4:
115            cout << "==== 插入資料 ====" << endl;
116            //---- 判斷陣列空間是否已滿 --------------
117            if (studNum + 1 > STUD_NUM)
118            {
119                cout << " 空間已滿，";
120                break;
121            }
122            //------ 輸入插入資料的位置 ------------
123            cout << " 輸入欲插入在哪個位置之後 (0-" << studNum << ")：";
124            cin >> No;
125            if (No < 0 || No > studNum)
126            {
127                cout << " 輸入錯誤，";
128                break;
129            }
130            //------ 輸入資料 ---------------
131            cout << " 輸入姓名與分數：";
132            cin >> name >> score;
133            cin.ignore(80, '\n');
134
```

```
135                 //----- 開始搬移元素 ----------
136                 for (int i = studNum; i > No; i--)
137                 {
138                     studID[i] = studID[i - 1];
139                     studName[i] = studName[i - 1];
140                     studScore[i] = studScore[i - 1];
141                 }
142
143                 lastID++; // 學號加 1
144                 studID[No] = lastID; // 寫入學號
145                 studName[No] = name; // 寫入姓名
146                 studScore[No] = score; // 寫入分數
147                 studNum++;      // 元素數量加 1
148                 cout << " 資料插入成功，";
149                 break;
```

8. 程式碼第 151-166 行為排序資料的功能。第 153-164 使用氣泡排序演算法將學生資料依照成績由高至低以遞減的方式排序。

```
151         case 5:
152             cout << "==== 排序資料 ====" << endl;
153             for (int i = 0; i < studNum; i++)
154             {
155                 for (int j = studNum; j >= i + 1; j--)
156                 {
157                     if (studScore[j - 1] < studScore[j])
158                     {
159                         swap(studScore[j - 1], studScore[j]);
160                         swap(studName[j - 1], studName[j]);
161                         swap(studID[j - 1], studID[j]);
163                     }
163                 }
164             }
165             cout << " 資料排序完畢，";
166             break;
```

9. 程式碼第 168-176 行為顯示資料的功能；使用 for 重複敘述顯示學生的資料。須留意並不是顯示所有陣列裡的資料，因為陣列裡記錄學生資料的數量並不等於陣列的最大容量。變數 studNum 代表目前學生資料的數量；因此，只顯示陣列前 studNum 筆資料。第 178-179 則為結束程式。第 183-184 行用於讀取鍵盤緩衝區內的剩餘資料。

Example 15 資料處理   15-25

```
168          case 6:
169              cout << "==== 顯示資料 ====" << endl;
170              for (int i = 0; i < studNum; i++)
171              {
172                  cout << "學號：" << studID[i] << "， ";
173                  cout << "姓名：" << studName[i] << "， ";
174                  cout << "分數：" << studScore[i] << endl;
175              }
176              break;
177
178          case 7:
179              exit(0);
180      }  //end of switch
181
182      cout << "按任何鍵繼續 ...";
183      while (!_kbhit());
184      cin.ignore(80, '\n');
185  }  //end of while
```

重點整理

1. 陣列宣告之後其容量無法再改變；因此，刪除元素、插入新的元素都不會改變陣列的容量。
2. 搜尋、排序陣列的元素，都有不同的演算法。

分析與討論

1. 資料處理依據資料的組織方式，可以很簡單也可以很複雜。本範例的資料只有學生學號、學生姓名與成績，因此資料處理的過程相對地簡單。如果資料組成複雜，例如有十幾二十種欄位，則使用資料庫語言來操作會更方便。
2. 資料搜尋會根據蒐尋的條件是否簡單或複雜，而有不一樣的處理方式。例如在很多資料中要尋找多種條件組合的資料，處理過程就會更複雜。相同的道理，處理複雜資料或是尋找符合複合條件的資料時，使用資料庫語言是更好的選擇。
3. 資料搜尋的方法有很多種，讀者可以參考資料結構或是演算法的專業書籍。例如：二元搜尋（Binary search）也是很常被使用的資料搜尋方法。

假設陣列 array 是一個經過由小排到大、長度為 length 的一維陣列；l、r、m 為整數變數，變數 val 為欲搜尋的值，m 為 val 在陣列中的位置。若找得到 val，則回傳 m；則演算法如下所示：

```
 1  l ← 0, r=length-1
 2  while i<=r do
 3    m=(floor(l+r)/2)
 4    if array[m]<val
 5      then l=m+1
 6    else
 7      if array[m]>val
 8        then r=m-1
 9      else
10        return m
11  return fail
```

二元搜尋主要的判斷有 3 個條件：

(1) val 若小於陣列的中間元素，則往陣列的左邊繼續找。

(2) val 若大於陣列的中間元素，則往陣列的右邊繼續找。

(3) val 若等於陣列的中間元素，則找到 val。

4. 不同性質的資料、不同組織方式的資料，會有其適合的排序演算法。當資料量很大時，排序資料便顯得很花費時間；因此，評估一個排序演算法的好壞，就是計算排序演算法的效率。資料結構、演算法等專業的書籍，都會有特定的章節探討排序演算法。

5. C/C++ 提供了快速排序演算法的函式：qsort()。使用 qsort() 函式需引入 algorithm 標頭檔；使用範例如下所示。程式碼第 4-7 行為自訂函式 compare()，此函式作為 qsort() 的參數；此函式回傳 2 個參數 a 與 b 的比較關係的結果。

```cpp
 1  #include <iostream>
 2  using namespace std;
 3
 4  int compare(const void* a, const void* b)
 5  {
 6      return (*(int*)a - *(int*)b);
 7  }
 8
 9  int main()
10  {
11      int arr[] = { 24,18,6,20,12,5,90,10 };
12      int len;
13
14      len = sizeof(arr) / sizeof(int); // 陣列的元素數量
```

Example 15　資料處理　15-27

```
15        qsort(arr, len, sizeof(int), compare);
16
17        for (auto item : arr)
18            cout << item << " ";
19
20        system("pause");
21 }
```

程式碼第 11 行宣告整數陣列 arr，共有 8 個元素。第 14 行計算陣列 arr 的元素數量。第 15 行使用 qsort() 函式排序陣列 arr。使用 qsort() 函式需要傳入 4 個引數：陣列 arr、陣列的元素數量、陣列的資料型別的大小，以及用於進行比較的函式。第 17-18 行顯示經過排序後的陣列元素。

程式碼列表

```
1  #include <iostream>
2  #include <conio.h>
3  using namespace std;
4
5  #define STUD_NUM 5 // 學生總人數
6
7  int main()
8  {
9      int lastID = 10903; // 最後一個學號
10     int studID[STUD_NUM] = { 10901,10902,lastID }; // 學號
11     string studName[STUD_NUM] = { " 王小明 "," 李小強 "," 眞美麗 " };   // 姓名
12     int studScore[STUD_NUM] = { 90,67,88 };   // 成績
13     int select; //  選擇哪項操作
14     int studNum = 3; // 已經有了 3 筆學生資料
15     int ID; // 輸入的學號
16     int score; // 輸入的學生分數
17     string name; // 輸入的學生姓名
18     int No; // 插入學生資料的位置
19     int fg;   // 用於判斷操作是否成功
20
21     while (true)
22     {
23         //------ 顯示選單 --------------
24         system("cls");
25         cout << "1. 修改資料 " << endl;
26         cout << "2. 刪除資料 " << endl;
```

```
27              cout << "3. 查詢資料 " << endl;
28              cout << "4. 插入資料 " << endl;
29              cout << "5. 排序資料 " << endl;
30              cout << "6. 顯示資料 " << endl;
31              cout << "7. 結束 \r\n" << endl;
32              cout << " 輸入選擇 (1-7)：";
33              cin >> select;
34              cin.ignore(80, '\n');
35
36              if (select < 1 || select>7)
37              {
38                  cout << " 輸入錯誤，按任何鍵繼續 ...";
39                  while (!_kbhit());
40                  continue;
41              }
42
43              //----- 處理各種操作 -------
44              system("cls");
45              switch (select)
46              {
47                  case 1:
48                      cout << "==== 修改資料 ====" << endl;
49                      cout << " 輸入修改學生的學號：";
50                      cin >> ID;
51                          fg = false;   // 表示資料尚未修改
52                          for (int i = 0; i < studNum; i++)
53                              if (studID[i] == ID) // 找到欲修改學生的學號
54                              {
55                                  cout << " 輸入姓名與分數：";
56                                  cin >> studName[i] >> studScore[i];
57                                  fg = true; // 表示資料已修改
58                                  break;
59                              }
60
61                          if (fg)
62                              cout << " 修改成功，";
63                          else
64                              cout << " 輸入錯誤，";
65                      break;
66
67                  case 2:
68                      cout << "==== 刪除資料 ====" << endl;
```

Example 15　資料處理　15-29

```
69              cout << " 輸入欲刪除學生的學號：";
70          cin >> ID;
71
72              fg = false;   // 表示資料尚未刪除
73              for(int i=0;i<studNum;i++)
74                  if (studID[i] == ID) // 找到欲刪除學生的學號
75                  {
76                      for (int j = i; j < studNum - 1; j++)
77                      {
78                          studID[j] = studID[j + 1];
79                          studName[j] = studName[j + 1];
80                          studScore[j] = studScore[j + 1];
81                      }
82
83                      studNum--; // 陣列元素數量減 1
84                      fg = true; // 表示資料已刪除
85                      break;
86                  }
87
88              if(fg)
89                  cout << " 刪除成功，";
90              else
91                  cout << " 輸入錯誤，";
92          break;
93
94      case 3:
95          cout << "====  查詢資料  ====" << endl;
96          cout << " 輸入查詢學生的學號：";
97          cin >> ID;
98
99              fg = false;   // 表示資料尚未找到
100             for (int i = 0; i < studNum; i++)
101                 if (studID[i] == ID) // 找到欲刪除的學生學號
102                 {
103                     cout << " 學號：" << studID[i] << "， ";
104                     cout << " 姓名：" << studName[i] << "， ";
105                     cout << " 分數：" << studScore[i] << endl;
106                     fg = true; // 表示資料已找到
107                     break;
108                 }
109
110             if (!fg)
```

```
111                             cout << " 輸入錯誤，";
112                         break;
113
114                 case 4:
115                     cout << "==== 插入資料 ====" << endl;
116                         //---- 判斷陣列空間是否已滿 --------------
117                         if (studNum + 1 > STUD_NUM)
118                         {
119                             cout << " 空間已滿，";
120                             break;
212                         }
122                         //------ 輸入插入資料的位置 ------------
123                         cout << " 輸入欲插入在哪個位置之後 (0-" << studNum << "): ";
124                         cin >> No;
125                         if (No < 0 || No > studNum)
126                         {
127                             cout << " 輸入錯誤，";
128                             break;
129                         }
130                         //------ 輸入資料 ----------------
131                         cout << " 輸入姓名與分數 : ";
132                         cin >> name >> score;
133                         cin.ignore(80, '\n');
134
135                         //----- 開始搬移元素 ----------
136                         for (int i = studNum; i > No; i--)
137                         {
138                             studID[i] = studID[i - 1];
139                             studName[i] = studName[i - 1];
140                             studScore[i] = studScore[i - 1];
141                         }
142
143                         lastID++; // 學號加 1
144                         studID[No] = lastID; // 寫入學號
145                         studName[No] = name; // 寫入姓名
146                         studScore[No] = score; // 寫入分數
147                         studNum++;     // 元素數量加 1
148                         cout << " 資料插入成功，";
149                     break;
150
151                 case 5:
152                     cout << "==== 排序資料 ====" << endl;
```

Example 15　資料處理　15-31

```cpp
                    for (int i = 0; i < studNum; i++)
                    {
                        for (int j = studNum; j >= i + 1; j--)
                        {
                            if (studScore[j - 1] < studScore[j])
                            {
                                swap(studScore[j - 1], studScore[j]);
                                swap(studName[j - 1], studName[j]);
                                swap(studID[j - 1], studID[j]);
                            }
                        }
                    }
                    cout << " 資料排序完畢，";
                break;

            case 6:
                cout << "==== 顯示資料 ====" << endl;
                for (int i = 0; i < studNum; i++)
                {
                    cout << " 學號：" << studID[i] << "，";
                    cout << " 姓名：" << studName[i] << "，";
                    cout << " 分數：" << studScore[i] << endl;
                }
                break;

            case 7:
                exit(0);
        }  //end of switch

        cout << " 按任何鍵繼續 ...";
        while (!_kbhit());
            cin.ignore(80, '\n');
    }  //end of while

    system("pause");
}
```

本章習題

1. 有一整數陣列，其元素為 67、23、98、6、12、45、36。寫一程式，尋找陣列的中數。

2. 有一整數陣列，輸入多個元素後將陣列做遞減排序。

3. 有一 string 型別之字串陣列，其元素為：Mary、Joanna、Nacy、Leo 與 John。將陣列做遞增排列。

4. 同第 3 題，但改成字元陣列之字串，並使用快速排序演算法。

Example

16

指標與動態記憶體配置

有 2 個整數指標 ptr、ptrNum，與 1 個長度等於 10 的整數陣列 numbers；其元素為介於 1-10 的亂數，並將陣列設定給指標 ptrNum。寫一程式：將 ptrNum 中的第 1 個元素加上 0 後設定給 ptr 的第 1 個元素、將 ptrNum 中的第 2 個元素加上 1 後設定給 ptr 的第 2 個元素…，以此類推。

▌一、學習目標

本範例學習 C/C++ 的重點特色：指標（Pointer）。指標在 C/C++ 有著重要的地位，也是最為大家津津樂道的利器之一。然而，指標由於在觀念上不容易釐清、變化多樣，再加上若不正確地使用指標，很容易造成程式錯誤；因此，造成了學習指標上的一大障礙。

當然，寫程式不使用指標並不會造成無法撰寫程式，或是無法開發大型系統。但是，如果要讓寫程式的能力提升，以及讓撰寫大型程式的過程更輕鬆、讓程式更富有變化，則指標是必然的選擇；因為使用指標才能應付更複雜的程式，以及簡化大型程式的開發流程。

記憶體配置（Memory allocation），是指跟作業系統要求一塊記憶體空間；例如宣告一個長度等於 1000 個字元組的字元陣列。如果是在程式執行過程中才要求記憶體配置，又稱為動態記憶體配置（Dynamic memory allocation）。

例如：程式在讀取一張影像之前並不知道此張影像的大小，因此無法事先以陣列的方式宣告空間來存放此張影像。並且，陣列一旦宣告之後直到程式結束之前，其容量無法釋放；因此讀取多張影像之後，可能造成系統的記憶體不足。所以使用動態記憶體配置便能克服上述的問題：臨時需要記憶體空間時，就跟系統索取記憶體空間；不需要時便釋放此塊記憶體空間，以讓其他程式使用。而存取動態配置的記憶體空間，則需要使用指標。

▌二、執行結果

如下圖所示，顯示 10 個儲存於整數指標 ptr 內的元素。

16-1　什麼是指標

指標是一個有資料型別的變數，如同一般的變數一樣，差別在於指標變數所儲存的是其他變數或資料在記憶體中的位址。

以尋寶遊戲為例子：如果你拿到一張藏寶圖，圖上直接標記了寶藏就埋在山頂大樹的下面；因此您就直驅山頂，挖開大樹下面得到了寶藏。沒有什麼曲折的故事情節，只是去了山頂，挖開了大樹底下，得到了寶藏；這就如同宣告了一個整數變數 a，其值等於 5 這麼地簡單。

換另外一個故事：您收到了一封信，信中指定了一個郵件信箱的號碼。您打開了這個指定的郵件信箱後發現裡面有一張紙，紙上寫著寶藏就藏在某個經緯度。您去了指定的地點後才發現這是一座山的山頂，上面有棵大樹；您挖開了大樹下面得到了寶藏。這個尋寶的過程是：

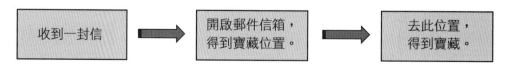

若整數變數 a 是這個山頂的大樹，其值 5 就是寶藏。指標變數就是這個郵件信箱，指標變數的值就是寶藏的經緯度，去此經緯度才能得到寶藏；如下範例與插圖所示。

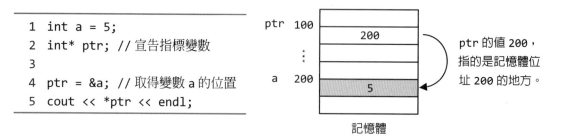

```
1  int a = 5;
2  int* ptr; // 宣告指標變數
3
4  ptr = &a; // 取得變數 a 的位置
5  cout << *ptr << endl;
```

Example 16　指標與動態記憶體配置　16-3

程式碼第 1 行宣告整數型別的變數 a，被分配在記憶體 200-203 的位址，其值等於 5。第 2 行宣告了整數型別的指標變數 ptr，被分配在記憶體的 100-103 的位址。第 4 行將變數 a 的記憶體位址透過取址運算子 "&" 設定給指標 ptr，所以 ptr 的值等於 200。因此，透過指標 ptr 所指的位址，便能得到變數 a 的值。第 5 行透過取值運算元 "*"，將指標 ptr 所指的位址內的值顯示出來；因此，*ptr 的值等於 5。所以，指標可以說是一種間接取得資料的方式。

指標宣告、設定與取值

指標宣告的語法如下所示；此處的 "*" 並不是算數的乘法。

　　　資料型別 *變數名稱；

例如以下範例：

```
1  int *ptr;
2  char *cptr;
3  float* fptr;
4  string* sptrr = NULL;
```

程式碼第 1-4 行分別宣告了整數型別、字元型別、浮點數型別與 string 型別的指標變數。"*" 要緊在靠資料型別之後，或是在變數名稱之前都可以。剛宣告的指標變數，其值等於此變數所占的記憶體位址內的值，此值並沒有任何的意義。因此，為了避免誤使用這些沒有意義的值，通常指標宣告之後會立刻設定其值等於 NULL，藉以表示此指標尚未賦予任何正確的內容；如程式碼第 4 行所示。指標的設定與取值的方式，如下範例所示。

```
1  int a = 5, b;
2  int* ptr, *ptr1;
3  char* cptr;
4
5  ptr = a;      // 錯誤：指標儲存的是變數的位址，而不是值。
6  cptr = &a;    // 錯誤：指標與變數的型別必須相同。
7  ptr = &a;     // 正確：將變數的位址設定給指標。
```

程式碼第 1 行宣告了 2 個整數變數 a 與 b，a 的值等於 5。第 2 行宣告了 2 個整數型別的指標 ptr 與 ptr1，第 3 行宣告了字元型別的指標 cptr。第 5 行是錯誤的敘述：指標儲存的是變數的位址，而不是變數的值。第 6 行也是錯誤的敘述：指標與變數必須是相同的資料型別。第 7 行是正確的敘述：透過取址運算子 "&"，把變數 a 在記憶體中的位址設定給指標 ptr。

```
 8  b = ptr;       // 錯誤：指標不能設定給一般的變數。
 9  b = &ptr;      // 錯誤：一般變數無法儲存位址。
10  b = *ptr;      // 正確：取出指標所指位址內的值。
11  ptr1 = ptr;    // 正確：將指標設定給另一個指標。
12  ptr1 = *ptr;   // 錯誤：值無法設定給指標。
```

第 8 行是錯誤的敘述：指標不能設定給一般的變數。第 9 行也是錯誤的敘述：一般變數無法儲存變數的位址。第 10 行是正確的敘述：透過取值運算子 "*" 取得指標 ptr 所指位址內的值；因為 *ptr 等於 5，所以變數 b 也等於 5。第 11 行是正確的敘述：將指標設定給另一個指標 ptr1；因此，指標 ptr1 所儲存的值也是指向變數 a 的位址。第 12 行是錯誤的敘述：無法把值 *ptr 設定給指標 ptr1；因為指標只能儲存位址。

指標的使用方式的確容易令人混淆，因此可以使用下列的方式幫助了解：

> 宣告：在變數前面加上 "*"。例如：int *ptr;
> 設定：指標變數儲存記憶體位址；使用 "&" 取得變數的位址。例如：ptr = &a;
> 取值：在指標前面加上 "*" 取得指標所指位址內的值。例如：b = *ptr;

↱ 練習 1：指標宣告、設定與取值

有 2 個整數變數 a 與 b，其初始值分別為 5 與 10。有一整數指標 ptr，將 a 設定給指標 ptr，並顯示 a 與 ptr 的位址與值；接著將整數 8 設定給指標 ptr 後，再顯示 a 的值。將 b 設定給 ptr，顯示 b 與 ptr 的位址與值。接著將 ptr 累加 a 後，顯示 b 的值。

▍解說

本練習主要對指標做基本的認識與操作：宣告、設定與取值；並且了解取址運算子 "&" 與取值運算子 "*" 的作用與操作。

透過指標間接指向原變數的特性，把指標所指位址內的值改變時，也同時改變了原變數的值；如下範例所示。

```
1  int a = 5, b = 10;
2  int* ptr;
3
4  ptr = &a;
5  *ptr = 8;   //a=8
6  ptr = &b;
7  *ptr += a;  //b=18
```

Example 16　指標與動態記憶體配置　16-5

程式碼第 1-2 行宣告 1 個整數指標 ptr，以及宣告 2 個整數變數 a 與 b，其初始值分別等於 5 與 10；假設此 3 個變數在記憶體中的位址分別爲 100、110 與 120。第 4 行取出變數 a 的位址，並儲存於指標 ptr；因此，ptr 等於 110，如下圖左所示。第 5 行將數值 8 設定給指標 *ptr，意即將數值 8 設定給指標 ptr 所指位址的內容，因此會覆蓋原來的值 5，所以變數 a 的值被修改爲 8；如下圖右所示。

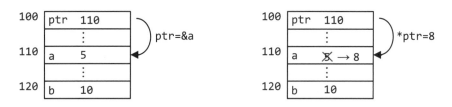

程式碼第 6 行將變數 b 的位址設定給指標 ptr；因此，指標 ptr 從原先指向變數 a 的位址，改指向變數 b 的位址；如下圖左所示。第 7 行將變數 a 累加到 *ptr；意即將變數 a 累加給指標 ptr 所指位址的內容，因此會將原來的值 10 加上 8，所以變數 b 的值被修改爲 18；如下圖右所示。

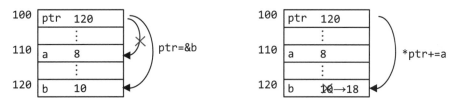

執行結果

讀者輸出變數 a、b 與指標 ptr 的位址，會與本書的輸出結果不同；請依照讀者電腦輸出的位址爲依據。輸出結果的第 3 行可以發現 ptr 所儲存的值就是變數 a 的位址；因此，第 4 行指標所指位址內的值便是變數 a 的值 5。當改變指標所指位址內的值，視同改變了變數 a 的值；如第 5 行變數 a 的值已經被更改爲 8。第 8 行指標 ptr 已經重新指向了變數 b 的位址，因此 ptr 的值等於變數 b 的位址。第 10 行將指標 ptr 所指向的位址的值加上變數 a，因此變數 b 等於 18。

```
 1 a 的位址：003BF864
 2 ptr 的位址：003BF84C
 3 ptr 所儲存的值：003BF864
 4 ptr 所指位址內的值：5
 5 a 的值：8
 6 b 的位址：003BF858
 7 ptr 的位址：003BF84C
 8 ptr 所儲存的值：003BF858
 9 ptr 所指位址內的值：10
10 b 的值：18
```

程式碼列表

```cpp
1  #include <iostream>
2  using namespace std;
3
4  int main()
5  {
6      int a = 5, b = 10;
7      int* ptr = NULL;
8
9      ptr = &a;
10     cout << "a 的位址：" << &a << endl;
11     cout << "ptr 的位址：" << &ptr << endl;
12     cout << "ptr 所儲存的值：" << ptr << endl;
13     cout << "ptr 所指位址內的值：" << *ptr << endl;
14     *ptr = 8;
15     cout << "a 的值：" << a << endl;
16
17     //------------------------------------------------
18     ptr = &b;
19     cout << "b 的位址：" << &b << endl;
20     cout << "ptr 的位址：" << &ptr << endl;
21     cout << "ptr 所儲存的值：" << ptr << endl;
22     cout << "ptr 所指位址內的值：" << *ptr << endl;
23     *ptr = *ptr + a;
24     cout << "b 的值：" << b << endl;
25
26     system("pause");
27 }
```

程式講解

1. 程式碼第 1-2 行引入 iostream 標頭檔與宣告使用 std 命名空間。

2. 程式碼第 6 行宣告 2 個整數變數 a 與 b，初始值分別為 5 與 10。第 7 行宣告整數指標 ptr，初始值等於 NULL。

3. 程式碼第 9 行將變數 a 的位址設定給指標 ptr。

4. 程式碼第 10-11 行使用求址運算子 "&" 分別顯示變數 a 與指標 ptr 在記憶體中的位址。

5. 程式碼第 12-13 行則分別顯示指標 ptr 的值，以及指標 ptr 所指向位址的內容 *ptr。

Example 16　指標與動態記憶體配置　16-7

6. 程式碼第 14 行將數值 8 設定給指標 ptr 所指位置的內容；因此，變數 a 的值會被更改為 8。第 15 行顯示變數 a 的值，其值等於 8。

7. 程式碼第 18 行將變數 b 的位址設定給指標 ptr；因此，指標 ptr 從原先指向變數 a 的位址，改指向變數 b 的位址。

8. 程式碼第 19-20 行使用求址運算子 "&" 分別顯示變數 b 與指標 ptr 在記憶體中的位址。

9. 程式碼第 21-22 行則分別顯示指標 ptr 的值，以及指標 ptr 所指向位址的內容 *ptr。

10. 程式碼第 23 行將變數 a 累加到 *ptr；意即將變數 a 累加給指標 ptr 所指位址的內容，因此會將原來的值 10 加上 8，所以變數 b 的值被修改為 18。第 24 行顯示變數 b 的值，其值等於 18。

16-2　指標與陣列

陣列可以視為是指標的另一種表現形式，所以陣列可以透過指標來操作。差別在於陣列一旦宣告之後，陣列的長度是無法再改變；而指標只是指向一塊記憶體空間的位址，並且這個指標可以重新再指向另一個記憶體空間。所以可以透過指標來存取不同的陣列，如此的方式可以讓程式變得有彈性。

↱ 練習 2：指標與陣列

有 1 個長度等於 4 的整數陣列 arr，其元素等於 11-14；並有 1 個指向陣列 arr 的整數指標 ptr。寫一程式完成以下操作。1. 先使用指標 ptr 顯示陣列 arr 的元素，2. 再使用指標 ptr 將陣列 arr 的所有元素加 1。3. 顯示陣列裡的每一個元素，看是否所有元素已經改變。4. 使用改變指標所指位址的方式，顯示陣列的所有元素。

▌ 解說

陣列是程式向作業系統索取的一塊連續的記憶體，而陣列名稱只是指向這塊記憶體開頭位址的一個稱呼，以方便程式使用陣列名稱來存取這塊記憶體。指標所儲存的也是記憶體的位址，透過這個記憶體指向真正儲存資料的地方。因此，指標的作用就如同陣列名稱，所以指標也能用於操作一維陣列。

指標與陣列位址

例如：整數陣列 arr 有 3 個元素，其值等於 11、12 與 13。並有一整數指標 ptr。則將陣列設定給指標的方式如程式碼第 4 行所示：

```
1  int arr[3] = { 11,12,13 };
2  int* ptr;
3
4  ptr = arr;
```

如下圖所示，陣列在記憶體中的位址從 200 開始的連續 12 個位元組，陣列的第 1 個元素的位址 &arr[0] 也等於 200，第 2 個元素的記憶體位址為 204，以此類推。而指標 ptr 本身則位於記憶體位址 100，所儲存的值是陣列 arr 的起始位址 200；換句話說，指標已經指向了陣列，所以可以把指標作為存取陣列的工具。

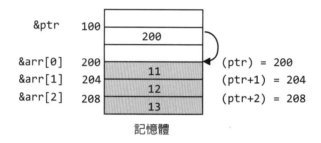

記憶體

ptr 的值等於 200，指向陣列 arr 的開頭位址，也是第 1 個元素的位址；陣列的第 2 個元素的位址則等於 ptr+1。因為指標 ptr 所儲存的是位址，陣列 arr 為整數型別，所以 ptr+1 其實是等於：

200 + 1 * sizeof(int)

由此可知 ptr+1 並不是數值運算，而是將 ptr 所指的位址，往下移動 1 個資料型別長度的位址：204。陣列的第 3 個元素的位址則等於 ptr+2：208

200 + 2 * sizeof(int)

指標與陣列元素

透過指標可以取得陣列、陣列裡每一個元素的位址，因此也能使用指標存取每個元素。指標前加上取值運算子 "*" 可以取得指標所指的位址裡的值，如下圖所示。

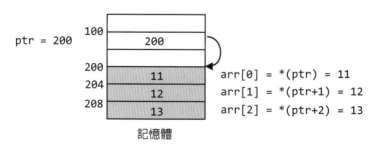

記憶體

Example 16　指標與動態記憶體配置　16-9

所以欲取得陣列 arr 的第 1 個元素的值 11：

```
*(ptr)
```

表示從指標 ptr 所指的位址 200 取出值（整數型別），也就等於 arr[0]。若要取出第 3 個元素值 13：

```
*(ptr+2)
```

表示從指標 (ptr+2) 所指的位址 208 取出值（整數型別），也就等於 arr[2]。請看如下程式：

```
1  *ptr+1
2  ptr++
3  ++*ptr
```

程式碼第 1 行由於運算子 "*" 的運算優先權大於 "+"；因此，此敘述等於 (*ptr)+1，即 *ptr 的值加 1，也等於 arr 陣列的第 1 個元素值加 1：11+1=12。

第 2 行將指標 ptr 的值加 1 後重新設定給指標 ptr，因此指標 ptr 不再指向 arr 的開頭，而是指向 arr 的第 2 個元素的位址，即 arr[1] 的位址，元素值等於 12。

程式碼第 3 行將 *ptr 的值以前置遞增運算子 "++" 加 1，即 arr=arr[1]+1，因此等於 13。

執行結果

```
11 12 13 14
12 13 14 15
12 13 14 15
```

程式碼列表

```
1  #include <iostream>
2  using namespace std;
3
4  int main()
5  {
6      int arr[4] = { 11,12,13,14 };
7      int* ptr=NULL;
8      int len;
9
10     ptr = arr;
```

```
11        len = sizeof(arr) / sizeof(int);
12
13        for (int i = 0; i < len; i++)
14            cout << *(ptr + i) << " ";
15
16        for (int i = 0; i < len; i++)
17            (*(ptr + i))++;
18
19        cout << endl;
20        for (int i = 0; i < len; i++)
21            cout << ptr[i] << " ";
22
23        cout << endl;
24        for (int i = 0; i < len; i++)
25        {
26            cout << *ptr << " ";
27            ptr++;
28        }
29
30        system("pause");
31  }
```

程式講解

1. 程式碼第 1-2 行引入 iostream 標頭檔與宣告使用 std 命名空間。

2. 程式碼第 6-8 宣告變數，第 6 行宣告整數陣列 arr，其值等於 11-14。第 7 行宣告整數指標 ptr，初始值等於 NULL。第 8 行宣告整數變數 len，用於儲存陣列的長度。

3. 程式碼第 10 行將陣列 arr 設定給指標 ptr，第 11 行計算陣列 arr 的長度，並儲存於變數 len。

4. 程式碼第 13-14 行使用 for 重複敘述，對指標 ptr 每次加上迴圈變數 i，使得指標的變化為：ptr、ptr+1、ptr+2 與 ptr+3；並使用取值運算子 "*" 取得這些位址內的值。

5. 第 16-17 行使用 for 重複敘述，對指標所指位址內的值加 1；例如：當迴圈變數 i 等於 2 時，*(ptr+2) 就等於 arr[2]；因此，(*(ptr+2))++ 就等於 arr[2]++。

6. 程式碼第 20-21 行使用 for 重複敘述顯示陣列 arr，檢查是否每個元素都被累加了 1。

7. 程式碼第 24-28 行使用 for 重複敘述透過改變指標 ptr 所指的位址，逐一指向陣列 arr 的每一個元素，並顯示其值。第 27 行使用 ptr++ 改變指標 ptr 所指的位址。

Example 16　指標與動態記憶體配置　16-11

16-3　指標與字串

指標可以用來操作陣列，而字串也是字元陣列；因此，指標也就能用於操作字串。至於 string 型別的字串也可以透過指標來操作，但處理過程略微不同。

指標與字元陣列字串

指標既然也可以用於表達陣列；因此，指標也可以用於宣告字串，如下所示：

```
1  char* str1 = "This is a book.";
2  char* str2 = { "Hello, 您好。" };
3  char c;
4
5  c = str1[2];
6  c = *(str1+2);
7  str1 = "Hello, Mary.";
```

程式碼第 1 行宣告字元指標型別的字串 str1，字串內容為 "This is a book."。第 2 行宣告另一種形式的字元指標字串 str2，字串內容為 "Hello, 您好。"。指標字串宣告之後，其用法就如同陣列一般，第 5 行將指標字串 str 的第 3 個字元 'i' 設定給字元 c。第 6 行與第 5 行的作用相同，只是第 6 行使用指標的方式取出第 3 個字元。第 7 行將指標 str 重新指向另一個字串 "Hello, Mary."；因此，原先的字串 "This is a book." 就會被丟棄，也就是說，指標 str1 現在所指的位址和原先所指的位址並不相同。

在 Visual Studio C++ 開發環境，使用字元指標 char＊宣告字串會出現錯誤，但在別的 C++ 開發環境不會有此情形；這是因為 Visual Studio C++ 開發環境認為使用 char＊指標宣告字串會有潛在的問題。要避免此錯誤的發生，有以下 3 種方法可以使用。

1. 使用 const char＊宣告指標字串，例如上述程式碼第 1、2 行可以改為：

```
1  const char* str1 = "This is a book.";
2  const char* str2 = { "Hello, 您好。" };
```

2. 先將字串強制轉型為 char＊，再設定給字元指標，例如上述程式碼第 1、2 行可以改為：

```
1  char* str1 = (char *)"This is a book.";
2  const char* str2 = { (char *)"Hello, 您好。" };
```

3. 修改專案屬性。從主功能表 [專案]>[**xxx 屬性 (P)**…]>[**組態屬性**]>[**C/C++**]>[**語言**]，將「一致性模式」選項設定為「否」。此處的 xxx 屬性是正在編輯專案名稱；例如：「ConsoleApplication1」。

指標與 string 型別的字串

C++ 的 string 型別的字串需要經過 c_str() 函式轉換才能設定給字元指標；並且需要特別注意 string 型別字串的容量；如下範例所示。

```
1  string str="Hi, Mary.";
2  char* ptr;
3
4  ptr = (char *)str.c_str();
5
6  *(ptr + 1) = 'e';
7
8  str = "1234567890123456";
```

程式碼第 1 行宣告 string 型別的字串 str，其內容等於 "Hi, Mary."。第 2 行宣告字元型別之指標 ptr。第 4 行將字串 str 使用 c_str() 方法，將 str 轉換為字元陣列，再設定給指標 ptr；此時指標 ptr 便指向了字串 str。

程式碼第 6 行透過指標 ptr 將字串 str 的第 2 個字元改成 'e'，則字串 str 便被修改為："He, Mary."。第 8 行將字串 str 的內容改成長度為 16 個字元的 "1234567890123456"；由於新的字串已經超過了字串 str 原先預設的容量 15，所以作業系統會在記憶體中重新找一個足夠存放新字串的空間，並將這個空間設定給字串 str。此時的字串 str 已經不是原來的字串 str（因為指向新、舊字串的記憶體位址不同），而指標 ptr 所指向的位址是舊的字串的位址；因此，此時的指標 ptr 和字串 str 已經是 2 個完全不一樣的獨立字串，不會有任何的關聯。

📤 練習 3：指標與字串

有 1 個字元指標字串 str1，其值等於 "This is a book."，1 個字元陣列字串 str2，其值等於 "How is Ted?"。另外還有 1 個 string 型別的字串 str3 以及 1 個字元指標 ptr。寫一程式完成以下操作。

1. 顯示字串 str1 的第 3 個字元。
2. 將字串 str2 設定給指標 ptr、顯示 str2 與 ptr 的位址。使用指標的方式，將字串 str2 的 "Ted" 改成 "Joe"。
3. 將字串 "11111" 設定給指標 ptr，並顯示指標 ptr 與字串 str2 的位址與內容。
4. 將字串 str3 設定給指標 ptr。顯示字串 str3[0] 與指標 ptr 的位址。
5. 將指標 ptr 的第 4-7 的位址，分別設定為以下 4 個字元：N、a、c 與 y。

Example 16　指標與動態記憶體配置　16-13

解說

有一指標 ptr，當指標 ptr 指向字串之後，要顯示字串的內容以及指標所指之位址，如下程式碼所示。程式碼第 1 行顯示指標所指的字串，第 2 行則是顯示指標所指的位址。

```
1  cout << ptr << endl;
2  cout << (void*)ptr;
```

有一字元陣列的字串或 string 型別的字串 arr，要顯示字串 arr 的內容以及某個元素的位址，如下程式碼所示。程式碼第 1 行顯示字串 arr 的位址，第 2 行則是顯示字串 arr 的第 2 個字元的位址。

```
1  cout << &arr << endl;
2  cout << (void *)&arr[1];
```

執行結果

```
i
str2 位址：00000051E1AFF9C8
ptr 的位址：00000051E1AFF9C8
How is Joe?

ptr= 11111
str2= How is Joe?
ptr 的位址：00007FF7F40F0E20
str2 位址：00000051E1AFF9C8

str3[0] 的位址：00000051E1AFFA00
ptr 的位址：00000051E1AFFA00
Hi, Nacy.
```

程式碼列表

```
1  #include <iostream>
2  using namespace std;
3
4  int main()
5  {
6      char* str1 = "This is a book.";
7      char str2[] = "How is Ted?";
8      string str3 = "Hi, Mary.";
```

```
9        char* ptr;
10
11       cout << str1[2] << endl;
12
13       ptr = str2;
14       cout << "str2 位址：" << (void*)str2 << endl;
15       cout << "ptr 的位址：" << (void*)ptr << endl;
16       *(ptr + 7) = 'J';
17       *(ptr + 8) = 'o';
18       *(ptr + 9) = 'e';
19       cout << str2 << endl << endl;
20
21       ptr = "11111";
22       cout << "ptr= " << ptr << endl;
23       cout << "str2= " << str2 << endl;
24       cout << "ptr 的位址：" << (void*)ptr << endl << endl;
25       cout << "str2 位址：" << (void*)str2 << endl;
26
27       ptr = (char*)str3.c_str();
28       cout << "str3[0] 的位址：" << (void*)&str3[0] << endl;
29       cout << "ptr 的位址：" << (void *)ptr << endl;
30
31       *(ptr + 4) = 'N';
32       *(ptr + 5) = 'a';
33       *(ptr + 6) = 'c';
34       *(ptr + 7) = 'y';
35       cout << str3 << endl << endl;
36
37       system("pause");
38  }
```

程式講解

1. 程式碼第 1-2 行引入 iostream 標頭檔與宣告使用 std 命名空間。

2. 程式碼第 6-9 行宣告變數。第 6 行宣告字元指標字串 str1，其值等於 "This is a book."。第 7 行宣告字元陣列字串 str2，其值等於 "How is Ted?"。第 8 行宣告 string 型別的字串，其值等於 "Hi, Mary."。第 9 行宣告字元指標 ptr。

3. 程式碼第 11 行顯示字元指標陣列的第 3 個字元。

4. 程式碼第 13 行將字串 str2 設定給指標 ptr；因此，當指標 ptr 或字串 str2 的內容改變時，都會對彼此造成相同的改變。第 14-15 行分別顯示字串 str2 與指標 ptr 的位址，所顯示出來的是相同的位址。第 16-18 行分別對於指標所指位址的第 7-9 位址

Example 16　指標與動態記憶體配置　16-15

的內容（字串的第 8-10 個字元），分別設定字元：J、o 與 e；因此，字串 str2 的內容也會變爲："How is Joe?"。

5. 程式碼第 21 行重新將指標 ptr 指向另一個字串 "11111"，第 22-23 行分別顯示指標 ptr 與字串 str2 的內容。第 24-25 行分別顯示指標 ptr 與字串 str2 的位址；因爲指標 ptr 已經指向新的字串，所以顯示出來的 2 個位址並不會一樣。

6. 程式碼第 27 行將字串 str3 的位址設定給指標 ptr，第 28-29 行分別顯示字串 str3 的字串開始的位址（str3[0]）與指標 ptr 的位址；所顯示出來的是相同的位址。

須注意：若第 28 行寫的是 (void*)&str3，則顯示的並不是眞正字串 str3 開始儲存字串資料的起始位址。因爲 string 型別的字串會先儲存一些必要的資訊資之後，才儲存字串資料。如下圖所示。

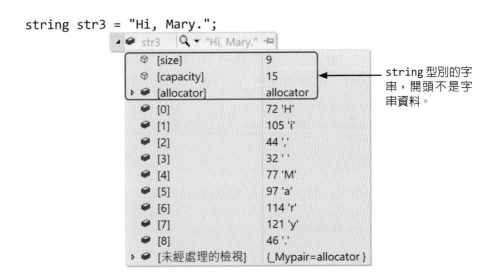

7. 程式碼第 31-35 行使用 N、a、c 與 y 這 4 個字元替換字串 str3 中的第 5-8 個字元。所以第 35 行顯示字串 str3 等於 "Hi, Nacy."。

16-4　動態記憶體配置

程式執行過程中會產生資料；如果事先知道這些資料的容量，則可以先宣告陣列變數，將產生的資料儲存於陣列。如果事先無法得知資料的容量，則便要利用動態記憶體配置，依據資料的型別配置所需求數量的記憶體（或稱爲記憶體空間、記憶體區塊），再將此塊經過配置的記憶體空間的位址設定給指標；之後便可經由此指標來存取式此塊記憶體空間的內容。

特別需要注意，動態配置的記憶體空間，使用完畢後一定要釋放，否則會造成此空間無法再被使用，造成記憶體空間的浪費。

C 所提供的記憶體配置函式

C++ 可以使用 C 或 C++ 所提供的記憶體配置函式；C 所提供的記憶體配置函式如下表所列。

函式	說明
alloc(a,b)	配置 a 個長度等於 b 的記憶體空間；回傳 void * 指標型別。a 與 b 為 size_t 型別。
malloc(a)	配置容量等於 a 的記憶體空間，回傳 void * 指標型別。a 為 size_t 型別。
realloc(a,b)	將已經配置的記憶體 a 的容量，重新調整為 b 容量；回傳 void * 指標型別。a 為 void * 指標型別，b 為 size_t 型別。
free(a)	釋放已經配置的記憶體空間 a，a 為指標型別。

alloc() 函式會將配置的記憶體空間內容全部設定為 0。配置的空間以位元組為單位，所以必須指定資料型別，這樣才能正確配置足夠的空間，若無法成功配置則回傳 NULL（即為 0）；如下範例所示。程式碼第 4 行配置 20 個 int 型別的記憶體空間（20×4=80 位元組），並設定給整數指標 ptr。第 11 行使用 _msize() 函式取得所配置的記憶體空間容量，並儲存至變數 size；size 等於 80。

```
1  int* ptr;
2  int size;
3
4  ptr = (int*)calloc(20, sizeof(int));
5
6  if (ptr == NULL)
7  {
8      記憶體配置失敗要做的事情；
9  }
10
11 size = _msize(ptr);
```

malloc() 則以位元組為單位，配置所要求的數量的記憶體空間；所以要自行計算需要配置多少位元組。如程式碼第 3 行，若要配置 20 個整數的空間，則 malloc() 函式需要傳入 20*sizeof(int) 當作引數；若無法成功配置則回傳 NULL。

```
1  int* ptr;
2
3  ptr = (int *)malloc(20 * sizeof(int));
4
5  if (ptr == NULL)
6  {
7      記憶體配置失敗要做的事情；
8  }
```

Example 16　指標與動態記憶體配置　16-17

realloc() 函式用於調整已經配置的記憶體空間的容量。此函式會呼叫 malloc() 函式重新配置記憶體空間；所以，若成功調整記憶體空間容量後，所回傳的記憶體位址並不一定會等於原來的記憶體位址。

如下程式碼所示：第 4 行配置 20 個整數型別的記憶體空間，並設定給指標 ptr。第 11 行先取得原先取得的記憶體空間的容量，第 12 行先將指標 ptr 設定給指標 ptrBackup，使得指標 ptrBackup 也指向已經配置的記憶體空間。第 13 行重新調整記憶體空間 ptr 的容量：增加 100 個整數型別的容量 100×4=400 位元組。第 15 行若調整記憶體空間失敗，則第 17 行使用 free() 函式釋放先前已經配置的記憶體空間 ptrBackup（因為記憶體空間調整失敗，所以指標 ptr 等於 NULL，因此指標 ptr 已經失效，無法被使用於釋放記憶體空間，所以只能靠 ptrBackup 指標來釋放原先配置的記憶體空間。）

```
1  int* ptr, * ptrBackup;
2  int size;
3
4  ptr = (int *)malloc(20 * sizeof(int));
5
6  if (ptr != NULL)
7  {
8      記憶體配置失敗要做的事情；
9  }
10
11 size = _msize(ptr);
12 ptrBackup = ptr;
13 ptr = (int*)realloc(ptr, size + (100 * sizeof(int)));
14
15 if(ptr==NULL)
16 {
17     free(ptrBackup);
18      記憶體配置失敗要做的事情；
19 }
```

free() 函式用於釋放 malloc()、alloc() 與 realloc() 函式所配置的記憶體空間；須特別注意，free() 函式若釋放尚未配置記憶體空間的指標，或是重複釋放已經釋放過記憶體空間的指標，都會造成錯誤。因此，在使用 free() 函式釋放記憶體空間的指標時，最好先判斷此指標是否有效（不等於 NULL）。並且，養成良好的寫程式習慣，記憶體空間的指標釋放之後，要隨即將此指標設為 NULL，表示此指標已經無效。

C++ 所提供的記憶體配置函式

C++ 所提供的記憶體配置的相關運算子為 new 與 delete。new 運算子用於配置記憶體空間，若配置不成功則回傳 0 或是擲出例外狀況。delete 運算子用於釋放已配置的記憶體空間；相同地，須注意不可以釋放尚未配置記憶體空間的指標，或是重複釋放已經釋放過記憶體空間的指標。new 運算子的語法如下所示：

指標 = new 資料型別 [數量];

這樣的宣告方式，形同宣告一維陣列。另一種宣告方式如下所示；這樣的方式形同宣告 1 個變數，只是改用動態記憶體配置的方式。其中，初始值可以省略。

指標 = new 資料型別 ([初始值]);

例如，配置 20 個整數型別的記憶體空間，也相當是一個長度等於 20 的整數陣列；如下所示。若使用 _msize(ptr) 來取得所配置的記憶體空間的容量，會得到 80 位元組。

```
1  int* ptr;
2
3  ptr = new int[20];
```

注意，若將程式碼第 3 行改為：

```
3  ptr = new int(20);
```

則執行結果完元不同：配置 1 個整數型別的記憶體空間，長度只有 4 個位元組，並將值設定為 20；這樣的方式形同宣告了 1 個整數變數，初始值等於 20。

當使用 new 配置記憶體空間失敗時，會傳回 0 或是擲出 std::bad_allc 例外狀況；例如：

```
1  int *ptr;
2
3  ptr = new int[100];
4  if (ptr == 0)
5  {
6      記憶體配置失敗要做的事情 ;
7  }
```

Example 16　指標與動態記憶體配置　16-19

或者使用 try…catch 敘述：

```
1  int *ptr;
2
3  try
4  {
5      ptr = new int[100];
6  }
7  catch (bad_alloc &e)
8  {
9      記憶體配置失敗要做的事情；
10 }
```

釋放 new 所配置的記憶體空間

使用 new 配置的記憶體空間，需使用 delete 運算子釋放。若配置的是陣列形式的記憶體空間，則使用 delete 的方式如下所示。程式碼第 7 行使用 delete 運算子以及符號 "[]"，表示要釋放陣列形式的記憶體空間 ptr。

```
1  int *ptr=0;
2
3  ptr = new int[100];
4
5      ⋮
6  if (ptr != 0)
7      delete [] ptr;
```

若是釋放一般的記憶體空間，則如下形式：第 7 行直接使用 delete 釋放所配置的記憶體 ptr。

```
1  int *ptr=0;
2
3  ptr = new int(20);
4
5      ⋮
6  if (ptr != 0)
7      delete ptr;
```

⤷ 練習 4：使用 new 與 delete 運算子

有 1 個整數指標 iptr 與 1 個 double 型別的指標 dptr。使用 new 分別配置 10 個空間給 iptr 與 dptr。寫一程式完成以下操作。

1. 顯示 iptr 與 dptr 的容量。
2. 將 iptr 的內容設定爲 1、2、…10。
3. 逐一將 iptr 的每個元素除以 3 後，儲存到 dptr 相對應的元素。

▌ 解說

此練習題要配置 2 個記憶體空間：iptr 與 dptr；在配置記憶體空間時有可能其中一個發生配置錯誤，但另外一個卻配置成功。無論是哪一個發生了配置錯誤，都需要釋放另外一個已經配置成功的記憶體空間，並結束程式。

▌ 執行結果

```
40, 80
0.333333, 0.666667, 1, 1.33333, 1.66667, 2, 2.33333, 2.66667, 3, 3.33333,
```

▌ 程式碼列表

```
1  #include <iostream>
2  using namespace std;
3
4  #define NUM 10
5
6  int main()
7  {
8      int* iptr=0;
9      double *dptr=0;
10
11     try
12     {
13         iptr = new int[NUM];
14         dptr = new double[NUM];
15
16         cout << _msize(iptr) << ", " << _msize(dptr) << endl;
17
18         for (int i = 0; i < NUM; i++)
19             iptr[i] = i + 1;
20
```

Example 16 指標與動態記憶體配置 16-21

```
21          for (int i = 0; i < NUM; i++)
22              dptr[i] = (float)iptr[i] / 3.0f;
23
24          for (int i = 0; i < NUM; i++)
25              cout << dptr[i] << ", ";
26      }
27      catch (bad_alloc & e)
28      {
29          cout << "error" << endl;
30      }
31
32      if (iptr != 0)
33          delete[]iptr;
34
35      if (dptr != 0)
36          delete[]dptr;
37
38      system("pause");
39 }
```

程式講解

1. 程式碼第 1-2 行引入 iostream 標頭檔與宣告使用 std 命名空間。第 3 行定義常數 NUM，表示要配置記憶體的容量。

2. 程式碼第 8-9 行分別宣告整數與 double 型別的指標 iptr 與 dptr，初始值為 0（即 是 NULL）。

3. 第 11-30 行為一個 try…catch 結構。try 區塊為第 12-26 行，catch 區塊為第 28-30 行。第 13-14 使用 new 運算子，分別配置 NUM 個容量的整數型別與 double 型別的記 憶體空間，並設定給指標 iptr 與 dptr。第 16 行分別顯示 iptr 與 dptr 所擁有的 容量，分別為 40 與 80。

4. 程式碼第 18-19 行以陣列的形式設定 iptr 的元素為：1、2、…10。

5. 程式碼第 21-22 行以陣列的形式，將 iptr 的每個元素除以 3 後，再儲存於 dptr 相 對應的算。第 24-25 行顯示 dptr 每個元素。

6. 若在第 13 或第 14 行配置記憶體空間失敗，則會執行第 29 行：顯示錯誤訊息。

7. 程式碼第 32-36 行檢查指標 iptr 與 dptr 是否不為 0，並釋放已配置的記憶體空間。

▌三、範例程式解說

1. 建立專案，程式碼第 1-3 行引入 iostream 與 time.h 標頭檔並宣告使用 std 命名空間。

```
1  #include <iostream>
2  #include <time.h>
3  using namespace std;
```

2. 開始於 main() 主函式中撰寫程式。程式碼第 7-8 行宣告變數，程式碼第 7 行宣告 2 個整數指標 ptr 與 ptrNum。第 8 行宣告長度等於 10 的整數陣列 numbers。

```
7  int* ptr=0, *ptrNum;
8  int numbers[10];
```

3. 程式碼第 10 行使用 srand() 函式初始化亂數種子。第 11-12 行使用 for 重複敘述以及 rand() 函式產生 10 個介於 1-10 的亂數，並儲存於陣列 numbers。第 14 行將此陣列 numbers 設定給指標 ptrNum。

```
10  srand((unsigned)time(NULL));
11  for (int i = 0; i < 10; i++)
12      numbers[i] = rand() % 10 + 1;
13
14  ptrNum = numbers;
```

4. 程式碼第 15-31 行為 try…catch 結構，第 15-26 行為 try 程式區塊，第 27-31 為 catch() 程式區塊。第 17 行使用 new 運算子配置 10 個長度的整數記憶體空間，並設定給指標 ptr。第 19-20 行使用 for 重複敘述將 ptrNum 裡的 10 個元素分別加上迴圈變數 i 後，再設定給指標 ptr 的第 i 個元素。第 22-23 使用 for 重複敘述，顯示 10 個儲存於指標 ptr 的元素。第 25 行使用 delete [] 釋放標 ptr 所配置的記憶體空間。

```
15  try
16  {
17      ptr = new int[10];
18
19      for (int i = 0; i < 10; i++)
20          *(ptr + i) = *(ptrNum + i);
21
22      for (int i = 0; i < 10; i++)
23          cout << *(ptr + i) << " ";
24
25      delete[] ptr;
26  }
```

Example 16　指標與動態記憶體配置　16-23

5. 若程式碼第 17 行配置記憶體空間失敗，便會執行第 28-31 行的 catch 程式區塊。第 29 行顯示錯誤訊息，第 30 行結束程式。

```
27  catch (bad_alloc & e)
28  {
29      cout << " 記憶體配置失敗 ";
30      exit(0);
31  }
32
33  system("pause");
```

重點整理

1. 動態配置的記憶體空間，一定要在程式結束之前釋放此記憶體空間；否則此空間就會變成無法被使用的閒置空間，造成記憶體空間的浪費。

2. 使用 malloc()、alloc() 函式配置記憶體空間，就必須使用 free() 函式釋放記憶體空間；若使用 new 運算子配置記憶體空間，就必須使用 delete 運算子放記憶體空間。

3. 經過 alloc() 與 malloc() 函式所配置所得到的記憶體空間並沒有型別（void *），所以還需要轉型為需要的資料型別後才能使用。

分析與討論

1. 培養好的寫作習慣：指標變數宣告之後通常會先設定為 NULL 或是 0，藉以表示此指標變數尚未賦予正確的內容。

2. 培養好的寫作習慣：指標變數的命名方式與一般變數相同，因此無法從名稱上分辨得出來。所以指標變數通常會以特別的方式命名。例如，有一種常被使用的命名方式是在變數名稱加上 "ptr"；例如：cptr、num_ptr、totalptr 等；讀者可以有自己習慣的命名方式。

3. 指標可以指向一維陣列，也能指向二維陣列。若有一個大小為 n×m 的二維整數陣列 arr，則指標 ptr 指向陣列 arr 後，要透過指標 ptr 存取第 i 列的第 j 行的元素的公式為（i、j 從 0 開始）：

    *(ptr + (n * i) + j);

如下範例所示，要透過指標取得第 1 列第 2 行元素的值（6）：

```
1  int arr[2][3] = { {1,2,3},{4,5,6} };
2  int* ptr = 0;
3  int v;
```

```
4
5  ptr = (int *)arr;
6
7  v = *(ptr + (3 * 1) + 2);
```

程式碼第 1 行宣告大小爲 2×3 的二維整數陣列 arr，第 5 行將陣列 arr 設定給指標
ptr。現在欲取出第 1 列第 2 行的元素，也就是從陣列的開頭開始，要先跳過一整個
第 0 列（1 列有 3 個元素）之後，再跳過第 1 列的前 2 個元素；因此，一共是跳過
3×1+2 個元素；所以第 7 行才會使用 *(ptr+(3*1)+2) 取出第 1 列的第 2 行的元素；
如下圖所示。

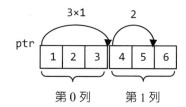

4. 指標配置記憶體空間之後，可以做爲一維陣列使用；因此，使用雙重指標（Double
   pointer）所配置的記憶體空間，就能做爲二維陣列使用。若要配置一個 2×3 的二維陣
   列，其元素值等於 { {1,2,3},{4,5,6} }，則如下範例所示。

程式碼第 1 行宣告整數雙重指標 ptr，第 2 行宣告整數變數 v，初始值等於 1。第 4
行先使用 new 運算子配置陣列的 2 個列；因爲每個列也是 1 個一維陣列，所以 new
所配置的資料型別爲 int *。因爲每個列有 3 個元，所以第 6-7 行則爲 2 個列分別再
配置 3 個整數空間。

程式碼第 9-11 行將數值 1-6 逐一設定給二維陣列 ptr 的元素。第 13-18 行顯示二維
陣列 ptr 的所有元素。第 20-21 行先釋放每個列的記憶體空間，第 23 行最後再釋放
2 個列的記憶體空間。

```
1   int** ptr = 0;
2   int v = 1;
3
4   ptr = new int*[2]; // 先配置 2 個列
5
6   for (int i = 0; i < 2; i++)   // 再配置每個列的 3 個空間
7       ptr[i] = new int[3];
8
9   for (int i = 0; i < 2; i++)
10      for (int j = 0; j < 3; j++)
11              ptr[i][j] = v++;
```

Example 16　指標與動態記憶體配置　16-25

```
12
13  for (int i = 0; i < 2; i++)
14  {
15      for (int j = 0; j < 3; j++)
16          cout << ptr[i][j] << " ";
17      cout << endl;
18  }
19
20  for (int i = 0; i < 2; i++) // 先釋放每列元素的記憶體空間
21      delete[] ptr[i];
22
23  delete[]ptr;   // 最後再釋放列所佔用的記憶體空間
```

程式碼列表

```
1  #include <iostream>
2  #include <time.h>
3  using namespace std;
4
5  int main()
6  {
7      int* ptr=0, *ptrNum;
8      int numbers[10];
9
10     srand((unsigned)time(NULL));
11     for (int i = 0; i < 10; i++)
12         numbers[i] = rand() % 10 + 1;
13
14     ptrNum = numbers;
15     try
16     {
17         ptr = new int[10];
18
19         for (int i = 0; i < 10; i++)
20             *(ptr + i) = *(ptrNum + i);
21
22         for (int i = 0; i < 10; i++)
23             cout << *(ptr + i) << " ";
24
25         delete[] ptr;
26     }
27     catch (bad_alloc & e)
```

```
28        {
29            cout << " 記憶體配置失敗 ";
30            exit(0);
31        }
32
33        system("pause");
34    }
```

本章習題

1. 輸入 2 整數 a 與 b，並使用指標 ptra 與 ptrb 分別指向 a 與 b。使用此 2 個指標進行以下運算：1. 將兩數相加、2. 將 b 累加 1，一共累加 10 次。

2. 輸入一字串並設定給一指標；使用此指標判斷輸入的字串是否為對稱字串。

3. 有一 string 型別的字串 str，其內容等於 "Hi, Mary."，並有一指標 ptr 指向字串 str。寫一程式完成以下操作：

   (1) 顯示 str 的容量後，將 str 的內容改為 "Hi, Mary. Go!"。

   (2) 顯示並比較 str、ptr、str[0] 的位址，並顯示 ptr 的內容。

   (3) 將 str 內容改為 "Hi, Mary. How are you?"，再顯示並比較 str、ptr、str[0] 的位址、顯示 ptr 的內容，觀察是否正確。

4. 先配置 100 個整數的記憶體空間給指標 ptr，並顯示其容量。再將此記憶體空間擴大 50 個整數型別的空間。

5. 宣告 string 型別的指標，並配置 3 個空間。連續輸入 3 個字串並儲存於此指標陣列；輸入完畢之後，顯示此 3 個輸入的字串。

Example 17 自訂函式：基本型

寫一程式，輸入 2 個整數。使用 4 個自訂函式 add()、sub()、mul() 與 div()，分別計算此 2 數相加、相減、相乘與相除，並顯示其計算結果。

▋ 一、學習目標

當程式越寫越複雜，或是程式碼越寫越多時，就會發現 3 件事情：1. 程式碼很長，不容易閱讀與理解。2. 許多相同的或是類似的程式片段反覆出現。3. 程式邏輯變得複雜，難以處理。此時，使用自訂函式（函數）便能解決上述的問題。

此外，多使用自訂函式也能讓程式的架構更模組化，容易維護。在開發大型系統、多人合作開發的系統，都會大量使用自訂函式；否則勢必會遇到難以分工、遇到開發無法進行下去的瓶頸。

由 C/C++ 所提供的函式（Procedure）通常稱爲標準函式、內建函式等稱呼；例如：字串轉整數的函式 atoi()、計算開平方根的函式 sqtr()、顯示資料的 printf() 函式等。沒有使用這些標準函式，應該很難完成一支程式。

撰寫程式過程中除了使用這些標準的函式之外，爲了程式的需求，我們也能依照函式的格式自行撰寫函式。爲了與 C/C++ 所提供的標準函式區別，自行撰寫的函式特別稱爲自訂函式（Customized procedure）。當所撰寫或提供的函式多到一定數量、或是這些函式分門別類提供不同的功能時，也可以稱之爲函式庫（Library）。

自訂函式根據程式撰寫的需求，大致上可以分爲幾種類型：

1. 基本型：使程式容易閱讀。
2. 回傳結果：處理呼叫者的委託工作，回傳處理結果。
3. 參數傳遞：須由呼叫者傳遞引數給自訂函式，才能執行後續的工作。

基本型的自訂函式只是簡化不易閱讀的程式敘述，使程式更容易閱讀；因此，基本型的自訂函式並沒有提供額外的功能。能回傳結果的自訂函式，通常會計算、提供處理的結果給呼叫者；因此，呼叫者必須使用變數儲存自訂函式的回傳結果。參數傳遞類型的自訂函式，需要依據自訂函式的需求傳遞引數給自訂函式，自訂函式才能使用接收的參數進行運算或處理。

二、執行結果

原始畫面如下圖左所示，一共有 5 個選項。輸入錯誤範圍的數字與非數字，都會顯示錯誤並重新輸入；如下圖右所示。

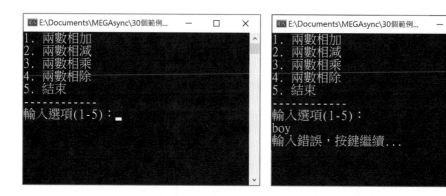

下圖左為 2 數相加的畫面，下圖右為 2 數相除的畫面。

17-1　建立自訂函式

完整的自訂函式語法如下所示。由函式的「回傳值型別」開始，接著是「函式名稱」、由小括弧組成的參數列：每個參數之間使用逗點隔開；若無參數則可以省略或以 void 代替。自訂函式的程式敘述則置於左右大括弧內。函式若有回傳值則以 return 關鍵字傳回回傳值；若無需要回傳執行結果，則可以省略。

```
[inline] [ 修飾字 ] 回傳值型別 函式名稱 ([ 參數 1，參數 2,…])
{
    程式碼敘述 ;
    [return 回傳值 ;]
}
```

Example 17　自訂函式：基本型　17-3

▷ `inline`

`inline` 關鍵字會告訴 C++ 的編譯器將此自訂函式的程式碼直接展開在呼叫自訂函式的地方（內嵌函式），而不是使用呼叫的方式執行自訂函式。通常使用 `inline` 的方式執行函式會加快執行的效率。

▷ 修飾字

修飾字用於定義此自訂函式的執行特性。例如 `static` 關鍵字表示此函式為靜態函式，`extern` 關鍵字表示此函式可供外部程式所使用。

▷ 呼叫者

呼叫函式的程式，稱之為呼叫者。例如由 `main()` 主函式呼叫 `printf()` 函式，則 `main()` 就是呼叫者。

函式呼叫與返回

如下圖所示，右邊為自訂函式 `add()`，左邊為呼叫自訂函式 `add()` 的呼叫者程式。當程式碼執行到第 2 行呼叫自訂函式 `add()`，此時便會跳至自訂函式 `add()` 去執行。當自訂函式 `add()` 執行結束之後，便會跳回呼叫者程式的第 3 行繼續往下執行。

```
1       :
2    add();          ──────────▶    自訂函式 add(){…}
3    cout << "OK";   ◀──────────
4       :
```

基本型自訂函式

一個基本型的自訂函式為：沒有回傳值、沒有參數的自訂函式；此類的函式通常只是為了增加程式的可閱讀性。其語法如下所示：

```
void 函式名稱 ([void])
{
    程式碼敘述 ;
}
```

函式的回傳值型別為 `void` 表示此函式並沒有回傳值。參數列可以省略，或使用 `void` 關鍵字，表示沒有參數。例如：宣告一個自訂函式 `add()`，此函式將 2 個整數 a 與 b 相加後顯示：

```
1  void add()
2  {
3      int a = 4, b = 5;
4
5      cout << a + b << endl;
6  }
```

自訂函式的位置

自訂函式可以放在程式的任何地方，但通常會放置在標頭檔、常數定義與宣告命名空間之後；如下所示。

```
1  #include <iostream>
2  using namespace std;
3  #define NUM 5
4
5  撰寫自訂函式的地方；
6
7  int main()
8  {
9  }
10
11 撰寫自訂函式的地方；
```

自訂函式雖然可以放置在程式的任意地方，但必須出現呼叫者之前。例如：在 main() 函式中呼叫自訂函式 add()；如下所示。程式碼第 11 行呼叫自訂函式 add()，因此主函式 main() 便是呼叫者；所以自訂函式 add() 必須寫在 main() 主函式之前：如程式碼第 5-7 行。

```
1  #include <iostream>
2  using namespace std;
3  #define NUM 5
4
5  void add()
6  {
7  }
8
9  int main()
10 {
11     add();
12 }
```

Example 17　自訂函式：基本型　17-5

函式原型宣告

若為了程式維護方便、個人撰寫程式習慣而不想把自訂函式寫在整支程式的前面,則必須在函式呼叫者之前,先撰寫自訂函式的原型宣告;視同先告知程式之後會有這個自訂函式的程式本體,否則會出現 C3861 錯誤:找不到識別項。函式原型宣告的位置如下所示:

```
1  #include <iostream>
2  using namespace std;
3  #define NUM 5
4
5  void add(); ◄──────── 自訂函式 add() 的原型宣告
6
7  int main()
8  {
9      add();
10 }
11
12 void add()
13 {
14 }
```

程式碼第 9 行在 main() 主函式中呼叫自訂函式 add();而程式碼第 12-14 行為 add() 自訂函式的程式本體,撰寫於呼叫者 main() 主函式之後。因此,在 main() 主函式之前必須先撰寫自訂函式 add() 的原型宣告,如程式碼第 5 行;如此程式執行時才不會發生錯誤。

↪ 練習 1:建立多個基本型自訂函式

寫一程式,選單上有 3 選項個:「1. 打招呼」、「2. 說再見」與「3. 結束」。選擇項目 1 後會顯示 "Hello, 你好。",選擇項目 2 後會顯示 "Good bye."。選單、「打招呼」與「說再見」使用自訂函式撰寫。並且,顯示選單之自訂函式放置於 main() 主函式之前,「打招呼」與「說再見」此 2 個自訂函式則放置於 main() 主函式之後。

▍解說

假設選單、「打招呼」與「說再見」此 3 個自訂函式的名稱分別為:showMenu()、sayHello() 與 sayGoodbye()。並且,依照題意自訂函式 showMenu() 放置於 main() 主函式之前,sayHello() 與 sayGoodbye() 此 2 個自訂函式則放置於 main() 主函式之後;整支程式的架構應如下所示:

```
1        ⋮
2   void sayHello();    //sayHello() 的函式原型宣告
3   void sayGoodbye(); //sayGoodbye() 的函式原型宣告
4
5   void showMenu()     //showMenu() 的程式本體
6   {
7   }
8
9   int main()
10  {
11  }
12
13  void sayHello()     //sayHello() 的程式本體
14  {
15  }
16
17  void sayGoodbye()   //sayGoodbye() 的程式本體
18  {
19  }
```

程式碼第 2-3 行分別是 sayHello() 與 sayGoodbye() 此 2 個自訂函式的原型宣告。第 5-7 行為 showMenu() 自訂函式的程式本體。第 13-15 行、第 17-19 行則分別是 sayHello() 與 sayGoodbye() 此 2 個自訂函式的程式本體。

執行結果

下圖左為原始畫面,顯示選單後等待使用者輸入選項編號。選擇項目 1 之後,顯示 "Hello, 你好。";如下圖右所示。

Example 17　自訂函式：基本型　17-7

選擇項目 2 之後，顯示 "Good bye."，如下圖所示。

程式碼列表

```cpp
1  #pragma warning(disable : 4996)
2  #include <iostream>
3  #include <conio.h>
4  using namespace std;
5
6  void sayHello();
7  void sayGoodbye();
8
9  //--------------------------
10 void showMenu()
11 {
12     system("cls");
13
14     cout << "1. 打招呼 " << endl;
15     cout << "2. 說再見 " << endl;
16     cout << "3. 結束 " << endl;
17     cout << " 輸入選擇 (1-3): ";
18 }
19
20 //--------------------------
21 int main()
22 {
23     int sel;
24
25     while (true)
26     {
27         showMenu();
28         cin >> sel;
29
30         switch (sel)
31         {
32             case 1: sayHello();
```

```
33                    break;
34
35              case 2: sayGoodbye();
36                    break;
37
38              case 3: exit(0);
39                    break;
40
41              default:
42                    cout << " 輸入錯誤，按鍵繼續 ...";
43                    while (!_kbhit());
44                    break;
45          }
46      }
47
48      system("pause");
49 }
50
51 //---------------------------
52 void sayHello()
53 {
54      cout << "Hello, 你好。" << endl;
55
56      cout << " 按鍵繼續 ...";
57      while (!_kbhit());
58 }
59
60 //---------------------------
61 void sayGoodbye()
62 {
63      cout << "Good bye." << endl;
64
65      cout << " 按鍵繼續 ...";
66      while (!_kbhit());
67 }
```

程式講解

1. 程式碼第 1 行取消取消編號 4996 的警告訊息。第 2-4 行引入 iostream、conio.h 標頭檔與宣告使用 std 命名空間。

2. 程式碼第 6-7 行為 sayHello() 與 sayGoodbye() 此 2 個函式的原型宣告。此 2 個自訂函式的程式本體位於呼叫函式 main() 之後，因此先宣告函式原型。

Example 17　自訂函式：基本型　17-9

3. 程式碼第 10-18 行爲自訂函式 showMenu()，用於顯示選單。第 12 行清除螢幕，第 14-16 行顯示 3 個選項。

4. 程式碼第 23 行宣告整數變數 sel，用於讀取使用者輸入的選項。第 25-46 行爲 while 無窮迴圈。第 27 行呼叫自訂函式 showMenu() 顯示選單，第 28 行讀取使用者輸入的選項，並儲存於變數 sel。

5. 程式碼第 30-45 行爲 switch…case 選擇敘述，根據 sel 的值執行不同的功能。第 32-33 行當 sel 等於 1，則呼叫自訂函式 sayHello()。第 35-36 行當 sel 等於 2，則呼叫自訂函式 sayGoodbye()。第 38-39 行當 sel 等於 3，則呼叫函式 exit() 結束程式。第 41-44 行當使用者輸入的選項超過範圍時，則顯示錯誤訊息，等待按任意鍵。

6. 程式碼第 52-58 行爲自訂函式 sayHello() 的程式本體，因爲置於呼叫函式 main() 之後，所以在第 6 行先宣告函式原型。

7. 程式碼第 61-67 行爲自訂函式 sayGoodbye() 的程式本體，因爲置於呼叫函式 main() 之後，所以在第 7 行先宣告函式原型。

17-2　程式模組化

把程式盡量予以模組化，是開發程式過程中很重要的步驟（程式模組與自訂函式的關係，請參考分析與討論的第 1 點）。所謂程式模組化，指的是開發程式過程中，盡量把關聯性高的程式敘述放在相同的自訂函式內，或是把會重複使用的程式片段寫成自訂函式。或是把過長的程式敘述，依照程式敘述的相關性，切割成數個部分；這些程式敘述若能獨立成爲數個自訂函式，就能呼叫這些自訂函式完成與原來程式相同的功能。

程式模組化之後，不僅容易閱讀與了解整個程式的架構，也容易分工開發程式。例如某 A 負責某些程式模組，某 B 則負責另外的程式模組；某 C 則負責將這些模組放入主程式的架構中。並且，程式模組化之後，也使得程式更容易修改與維護；例如要修改某項功能，則只要去這個自訂函式修改其程式即可，不需要影響到程式其餘的部分。

一個好的程式模組或自訂函式要做到內聚力高、耦合力低。也就是說自訂函式內的程式敘述都是高相關性；而不同的自訂函式彼此相關性很低。

🖈 練習 2：程式模組化

同練習 1，但連同顯示訊息、錯誤訊息的部分，也寫成自訂函式。

解說

此練習題，就是要做到讓主程式 main() 中，除非沒有必要寫成自訂函式的程式敘述之外，其餘都是呼叫自訂函式完成功能。

執行結果

下圖左為原始畫面，顯示選單後等待使用者輸入選項編號。選擇項目 1 之後，顯示 "Hello, 你好。"；如下圖右所示。

選擇項目 2 之後，顯示 "Good bye."，如下圖所示。

程式碼列表

```
1  #pragma warning(disable : 4996)
2  #include <iostream>
3  #include <conio.h>
4  using namespace std;
5
6  void showMenu();
7  void sayHello();
8  void sayGoodbye();
```

Example 17　自訂函式：基本型　　17-11

```
 9  void showErrMsg();
10  void showContMsg();
11
12  //----------------------------
13  int main()
14  {
15      int sel;
16
17      while (true)
18      {
19          showMenu();
20          cin >> sel;
21
22          switch (sel)
23          {
24              case 1: sayHello();
25                  break;
26
27              case 2: sayGoodbye();
28                  break;
29
30              case 3: exit(0);
31                  break;
32
33              default: showErrMsg();
34                  break;
35          }
36      }
37
38      system("pause");
39  }
40
41  //----------------------------
42  void showMenu(void)
43  {
44      system("cls");
45
46      cout << "1. 打招呼 " << endl;
47      cout << "2. 說再見 " << endl;
48      cout << "3. 結束 " << endl;
49      cout << " 輸入選擇 (1-3): ";
50  }
```

```
51
52  //--------------------------
53  void sayHello()
54  {
55      cout << "Hello, 你好。" << endl;
56      showContMsg();
57  }
58
59  //--------------------------
60  void sayGoodbye()
61  {
62      cout << "Good bye." << endl;
63      showContMsg();
64  }
65
66  //--------------------------
67  void showErrMsg()
68  {
69      cout << " 輸入錯誤，按鍵繼續 ...";
70      while (!_kbhit());
71  }
72
73  //--------------------------
74  void showContMsg()
75  {
76      cout << " 按鍵繼續 ...";
77      while (!_kbhit());
78  }
```

程式講解

1. 程式碼第 1 行取消取消編號 4996 的警告訊息。第 2-4 行引入 iostream、conio.h 標頭檔與宣告使用 std 命名空間。

2. 程式碼第 6-10 行宣告 5 個自訂函式的原型，比練習 1 多了 2 個自訂函式：showErrMsg() 與 showContMsg()，分別用於顯示錯誤訊息與顯示繼續操作的訊息。

3. 程式碼第 13-39 行為主程式 main()，可以看出整個程式架構大多都是呼叫自訂函式。程式碼第 15 行宣告整數變數 sel，用於讀取使用者輸入的選項。第 17-36 行為 while 無窮迴圈。第 19 行呼叫自訂函式 showMenu() 顯示選單，第 20 行讀取使用者輸入的選項，並儲存於變數 sel。

Example 17　自訂函式：基本型　17-13

4. 程式碼第 22-35 行為 switch…case 選擇敘述，根據 sel 的值執行不同的功能。第 24-25 行當 sel 等於 1，則呼叫自訂函式 sayHello()。第 27-28 行當 sel 等於 2，則呼叫自訂函式 sayGoodbye()。第 30-31 行當 sel 等於 3，則呼叫函式 exit() 結束程式。第 33-34 行當使用者輸入之選項超過範圍時，呼叫自訂函式 showErrMsg()。

5. 程式碼第 42-50 行為自訂函式 showMenu()，用於顯示選單。

6. 程式碼第 53-57 行為自訂函式 sayHello()。第 55 行顯示訊息之後，第 56 行再呼叫自訂函式 showContMsg()。

7. 程式碼第 60-64 行為自訂函式 sayGoodby()。第 62 行顯示訊息之後，第 63 行再呼叫自訂函式 showContMsg()。

8. 程式碼第 67-71 行為自訂函式 showErrMsg()。

9. 程式碼第 74-78 行為自訂函式 showContMsg()。

▌三、範例程式解說

1. 建立專案，程式碼第 1-3 行引入 iostream、conio.h 標頭檔與宣告使用 std 命名空間。

```
1  #include <iostream>
2  #include <conio.h>
3  using namespace std;
```

2. 程式碼第 5-11 行宣告自訂函式原型。自訂函式 menu() 用於顯示表單，add()、sub()、mul() 與 div() 分別執行 2 數相加、相減、相乘與相除的自訂函式。自訂函式 showErrMsg() 與 showContMsg() 分別為顯示錯誤訊息與顯示繼續執行的訊息。

```
5   void menu();
6   void add();
7   void sub();
8   void mul();
9   void div();
10  void showErrMsg();
11  void showContMsg();
```

3. 開始於 main() 主函式中撰寫程式。程式碼第 16-17 行宣告變數，字串 str 用於讀取使用者所輸入的選項，整數 sel 用於儲存從字串 str 轉型的整數。

```
16  int sel;
17  string str;
```

4. 程式碼第 19-57 行為 while 無窮迴圈。第 21 行先呼叫自訂函式 menu() 顯示選單。
   第 22 行讀取使用者輸入的選項。

   第 24-37 為 try…catch 區塊，用於判斷使用者所輸入的選項是否正確。第 26 行將
   字串 str 轉型為整數，並儲存於變數 sel；若此時發生轉型錯誤便會執行 catch()
   區塊。第 27-31 行判斷變數 sel 的範圍是否正確，若不正確則第 29-30 行呼叫自訂函
   式 showErrMsg() 顯示錯誤訊息，並略過其餘的程式敘述。第 33-37 行為 catch() 區
   塊，第 35-36 行呼叫自訂函式 showErrMsg() 顯示錯誤訊息，並略過其餘的程式敘述。

```
19  while (true)
20  {
21      menu();   // 顯示選單
22      cin >> str;
23
24      try
25      {
26          sel = atoi(str.c_str());
27          if (sel < 1 || sel>5)
28          {
29              showErrMsg();
30              continue;
31          }
32      }
33      catch(...)
34      {
35          showErrMsg();
36          continue;
37      }
```

5. 程式碼第 39-56 行為 switch…case 選擇敘述，根據變數 sel 的值分別執行相對應的
   功能。第 41-42 行為 2 數相加，呼叫自訂函式 add()。第 44-45 行為 2 數相減，呼叫
   自訂函式 sub()。第 47-48 行為 2 數相乘，呼叫自訂函式 mul()。第 50-51 行為 2 數
   相除，呼叫自訂函式 div()。第 54-55 行呼叫 exit() 函式，結束程式。

```
39      switch (sel)
40      {
41          case 1: add(); // 兩數相加
42              break;
43
44          case 2: sub(); // 兩數相減
```

Example 17　自訂函式：基本型　17-15

```
45                break;
46
47            case 3: mul();   // 兩數相乘
48                break;
49
50            case 4: div(); // 兩數相除
51                break;
52
53            case 5:
54                exit(0); // 結束
55                break;
56        }
57 }
58
59 system("pause");
```

6. 程式碼第 63-74 行為自訂函式 menu() 的程式本體，用於顯示表單。

```
63 void menu()
64 {
65     system("cls");
66
67     cout << "1. 兩數相加 " << endl;
68     cout << "2. 兩數相減 " << endl;
69     cout << "3. 兩數相乘 " << endl;
70     cout << "4. 兩數相除 " << endl;
71     cout << "5. 結束 " << endl;
72     cout << "------------" << endl;
73     cout << " 輸入選項 (1-5)：";
74 }
```

7. 程式碼第 76-86 行為自訂函式 add() 的程式本體，用於執行 2 數相加。當顯示 2 數相加的結果之後，第 85 行呼叫自訂函式 showContMsg()，顯示繼續執行的訊息。

```
76 void add()
77 {
78     int a, b, c;
79
80     cout << " 輸入相加的兩數（使用空白隔開）：";
81     cin >> a >> b;
82     c = a + b;
83
```

```
84        cout << a << "+" << b << "= " << c << endl;
85        showContMsg();
86   }
```

8. 程式碼第 89-99 行爲自訂函式 sub() 的程式本體，用於執行 2 數相減。第 98 行呼叫自訂函式 showContMsg()，顯示繼續執行的訊息。

```
89   void sub()
90   {
91       int a, b, c;
92
93       cout << " 輸入相減的兩數（使用空白隔開）: ";
94       cin >> a >> b;
95       c = a - b;
96
97       cout << a << "-" << b << "= " << c << endl;
98       showContMsg();
99   }
```

9. 程式碼第 102-112 行爲自訂函式 mul() 的程式本體，用於執行 2 數相乘。第 111 行呼叫自訂函式 showContMsg()，顯示繼續執行的訊息。

```
102  void mul()
103  {
104      int a, b, c;
105
106      cout << " 輸入相乘的兩數（使用空白隔開）: ";
107      cin >> a >> b;
108      c = a * b;
109
110      cout << a << "*" << b << "= " << c << endl;
111      showContMsg();
112  }
```

10. 程式碼第 115-126 行爲自訂函式 div() 的程式本體，用於執行 2 數相除。第 125 行呼叫自訂函式 showContMsg()，顯示繼續執行的訊息。

```
115  void div()
116  {
117      int a, b;
118      float c;
119
```

Example 17　自訂函式：基本型　17-17

```
120        cout << " 輸入相除的兩數 ( 使用空白隔開 )：";
121        cin >> a >> b;
122        c = (float)a / (float)b;
123
124        cout << a << "/" << b << "= " << c << endl;
125        showContMsg();
126  }
```

11. 程式碼第 129-133 行為自訂函式 showErrMsg() 的程式本體，用於顯示輸入錯誤的訊息。第 132 行使用 while 重複敘述與 _kbhit() 函式來讀取任意按鍵。

```
129  void showErrMsg()
130  {
131        cout << " 輸入錯誤，按鍵繼續 ...";
132        while (!_kbhit());
133  }
```

12. 程式碼第 136-140 行為自訂函式 showContMsg() 的程式本體，用於顯示繼續執行的訊息。第 139 行使用 while 重複敘述與 _kbhit() 函式來讀取任意按鍵。

```
136  void showContMsg()
137  {
138        cout << " 按鍵繼續 ..." << endl;
139        while (!_kbhit());
140  }
```

重點整理

1. 函式與函數（Function）在本質上並不相同：前者偏向程式敘述與邏輯處理，後者偏向數學運算。但是撰寫過程中此 2 者往往是兼備的；所以在程式設計的討論上並沒有特別的去區分此 2 者。因此當提及函式或函數時，大部分的情況可以視為是相同的一件事情。

2. 基本型的自訂函式只是簡化不易閱讀的程式敘述，使程式更容易閱讀；因此，基本型的自訂函式並沒有提供額外的功能或是提升程式的效能。

分析與討論

1. 程式模組並不等於自訂函式。1 個程式模組包含 1 個或 1 個以上的自訂函式；換句話說，1 個最小的程式模組就是 1 個自訂函式。

程式碼列表

```
1  #include <iostream>
2  #include <conio.h>
3  using namespace std;
4
5  void menu();
6  void add();
7  void sub();
8  void mul();
9  void div();
10 void showErrMsg();
11 void showContMsg();
12
13 //-----------------------------
14 int main()
15 {
16     int sel;
17     string str;
18
19     while (true)
20     {
21         menu();   // 顯示選單
22         cin >> str;
23
24         try
25         {
26             sel = atoi(str.c_str());
27             if (sel < 1 || sel>5)
28             {
29                 showErrMsg();
30                 continue;
31             }
32         }
33         catch(...)
34         {
35             showErrMsg();
36             continue;
37         }
38
39         switch (sel)
40         {
```

Example 17　自訂函式：基本型　17-19

```
41              case 1: add(); // 兩數相加
42                  break;
43
44              case 2: sub(); // 兩數相減
45                  break;
46
47              case 3: mul();   // 兩數相乘
48                  break;
49
50              case 4: div(); // 兩數相除
51                  break;
52
53              case 5:
54                  exit(0); // 結束
55                  break;
56          }
57      }
58
59      system("pause");
60  }
61
62  //-----------------------------
63  void menu()
64  {
65      system("cls");
66
67      cout << "1. 兩數相加 " << endl;
68      cout << "2. 兩數相減 " << endl;
69      cout << "3. 兩數相乘 " << endl;
70      cout << "4. 兩數相除 " << endl;
71      cout << "5. 結束 " << endl;
72      cout << "------------" << endl;
73      cout << " 輸入選項 (1-5)：";
74  }
75  //---------------------------
76  void add()
77  {
78      int a, b, c;
79
80      cout << " 輸入相加的兩數 ( 使用空白隔開 )：";
81      cin >> a >> b;
82      c = a + b;
```

```
83
84        cout << a << "+" << b << "= " << c << endl;
85        showContMsg();
86  }
87
88  //---------------------------
89  void sub()
90  {
91        int a, b, c;
92
93        cout << " 輸入相減的兩數 ( 使用空白隔開 ) : ";
94        cin >> a >> b;
95        c = a - b;
96
97        cout << a << "-" << b << "= " << c << endl;
98        showContMsg();
99  }
100
101 //---------------------------
102 void mul()
103 {
104       int a, b, c;
105
106       cout << " 輸入相乘的兩數 ( 使用空白隔開 ) : ";
107       cin >> a >> b;
108       c = a * b;
109
110       cout << a << "*" << b << "= " << c << endl;
111       showContMsg();
112 }
113
114 //---------------------------
115 void div()
116 {
117       int a, b;
118       float c;
119
120       cout << " 輸入相除的兩數 ( 使用空白隔開 ) : ";
121       cin >> a >> b;
122       c = (float)a / (float)b;
123
124       cout << a << "/" << b << "= " << c << endl;
```

Example 17　自訂函式：基本型　17-21

```
125        showContMsg();
126  }
127
128  //----------------------------
129  void showErrMsg()
130  {
131        cout << " 輸入錯誤，按鍵繼續 ...";
132        while (!_kbhit());
133  }
134
135  //----------------------------
136  void showContMsg()
137  {
138        cout << " 按鍵繼續 ..." << endl;
139        while (!_kbhit());
140  }
```

本章習題

1. 本範例的練習 1，當輸入非數字時會發生錯誤。修改練習 1 的程式，防範此種錯誤發生。

2. 寫一程式，有 3 個選項：顯示現在時間、顯示今天日期與結束。選單、顯示現在時間、顯示今天日期皆使用自訂函式。

3. 寫一程式，顯示選單讓使用者選擇：1. 公分轉換為英吋、2. 公斤轉公噸。選單、單位轉換都使用自訂函式。

Example 18 自訂函式：回傳值

寫一攝氏溫度轉換為華氏溫度的程式，使用自訂函式處理輸入攝氏溫度、溫度轉換，以及回傳轉換後的結果。

▋ 一、學習目標

本範例學習自訂函式可以將資料回傳給呼叫者。上一個範例所學的自訂函式，只是為了把過長而不易閱讀的程式敘述，重新包裝為多個自訂函式，然後讓其他程式來呼叫使用。然而，一個自訂函式除了處理、運算，還要負責顯示結果，這樣的自訂函式並不符合好的模組化。

例如：在程式中呼叫負責計算 BMI 的自訂函式 getBMI()，當計算完畢後顯示結果為：" 王小明，BMI=20.25"；因此，自訂函式 getBMI() 應如下形式：

```
1  void getBMI()
2  {
3      float bmi; //計算後的 bmi 值
4      string name; // 姓名
5
6      讀取姓名、身高與體重;
7      計算 BMI;
8      cout << name << "，BMI=" << bmi;
9  }
```

程式中的另一處也需要計算 BMI，但要顯示這樣的結果："王小明，BMI=20.25，測量日期2020/09/15。"；那麼自訂函式 getBMI() 的第 8 行程式碼便要修改以符合輸出的訊息，並且還要建立另一個計算 BMI 的自訂函式，例如 getBMI_1()：

```
1  void getBMI_1()
   {
        ⋮            ⋮
8      cout << name << ", BMI=" << bmi << "，測量日期：" << date;
9  }
```

倘若程式中還需要計算 BMI，但又顯示另一種不同格式的訊息；如此一來，自訂函式 getBMI()
的設計方式便不再適用。因此，既然自訂函式 getBMI() 的主要目的是計算 BMI 值，則當計算
好 BMI 值之後，只要把 BMI 值回傳給呼叫者即可；至於要如何顯示訊息，就讓呼叫者自行處
理。如此的設計方式，可以讓自訂函式專心做該做的事情，增加自訂函式的重複使用率。

▌二、執行結果

如下圖左，輸入攝氏溫度，並輸出華氏溫度；如下圖右所示。自訂函式只負責讀取所輸入的
攝氏溫度，並轉換成華氏溫度；再將轉換後的結果回傳給呼叫者，由呼叫者自行顯示結果。

18-1　單個回傳值

具有回傳值的自訂函式的形式，如下範例：這是一個執行 2 數相加的自訂函式 add()，整數 a 與
b 相加之後的結果儲存於變數 sum。程式碼第 8 行使用 return 指令將變數 sum 回傳給呼叫者。

```
1  int add()
2  {
3      int a = 4, b = 4;
4      int sum;   // 儲存 2 數相加的結果
5
6      sum = a + b;
7
8      return sum;
9  }
```

函式的回傳值型別與
回傳資料的型別相同

有回傳值的自訂函式，其函式的回傳值型別與被回傳的資料型別需要相同；如程式碼第 4 行
變數 sum 的型別為 int，所以第 1 行自訂函式 add() 的回傳值型別也為 int。

然而，使用 return 指令只能回傳單 1 個資料或是變數。若要回傳多個資料時便要使用其他
的方式處理。

Example 18　自訂函式：回傳值　　18-3

📤 練習 1：公分轉英寸

寫一個輸入公分，轉換爲英吋的自訂函式；並回傳轉換後的結果。

解說

依照題意此自訂函式需要處理 3 件事情：讀取要轉換的公分、計算轉換後的英吋，並將英吋回傳給呼叫者。公分轉換爲英吋會產生浮點數，因此此自訂函式的回傳值型別也應爲浮點數（可使用 float 或 double 型別）；此自訂函式的形式如下所示：

```
1  double cmToInch()
2  {
3      double inch;   //計算之後的英吋
4
5      計算公分轉換爲英吋 ;
6
7      return inch;
8  }
```

程式碼第 1 行自訂函式 cmToInch() 的函式回傳型別爲 double 型別，第 3 行宣告 double 型別的變數 inch，用於儲存轉換之後的英吋。第 5 行進行公分轉爲英吋的計算，第 7 行使用 return 指令將變數 inch 回傳給呼叫者。

執行結果

```
輸入公分：12
轉換後等於：4.72441 英吋
```

程式碼列表

```
1  #include <iostream>
2  using namespace std;
3
4  double cmToInch();
5
6  int main()
7  {
8      double inch;
9
10     inch=cmToInch();
11     cout <<" 轉換後等於："<< inch << " 英吋 " << endl;
12
```

```
13      system("pause");
14  }
15
16  //---------------------------
17  double cmToInch()
18  {
19      double cm, inch;
20
21      cout << " 輸入公分：";
22      cin >> cm;
23      inch = cm / 2.54;
24
25      return inch;
26  }
```

程式講解

1. 程式碼第 1-2 行引入 iostream 標頭檔與宣告使用 std 命名空間。
2. 程式碼第 4 行宣告自訂函式 cmToInch() 的函式原型。
3. 程式碼第 8 行宣告浮點數變數 inch，作為接收自訂函式 cmToInch() 的回傳值。
4. 程式碼第 10 行呼叫自訂函式 cmToInch() 計算公分轉英寸，並將回傳結果儲存於變數 inch。
5. 程式碼第 11 行顯示轉換後的結果。
6. 程式碼第 17-26 行為自訂函式 cmToInch() 的程式本體。第 22 讀取輸入的資料並儲存於變數 cm，第 23 將公分 cm 轉換為英吋 inch。
7. 程式碼第 25 行使用 return 指令回傳變數 inch。

18-2　多個回傳值

使用 return 指令只能回傳一個資料，然而這樣的限制並不實用。因此，當需要由自訂函式回傳多筆資料時，便要利用其他的技巧：回傳指標形式的陣列、利用傳址或參考型別的參數。假設自訂函式 func() 要回傳 3 個 int 型別的資料，則自訂函式 func() 的形式、以及呼叫者如何接收此回傳的指標，如下所示。

程式碼第 1-7 行為自訂函式 func() 的程式本體，函式回傳值型別為整數指標 int*。程式碼第 3 行宣告欲回傳給呼叫者的整數指標 arr_ptr（不可直接宣告為陣列，請參考分析與討論的第 1 點），第 4 行使用 new 配置 3 個整數空間給指標 arr_ptr。接著把要回傳的資料儲存於指標 arr_ptr 的 3 個空間，最後第 6 行再使用 return 指令將此指標回傳給呼叫者。

Example 18　自訂函式：回傳值　18-5

```
1  int* func()
2  {
3      int* arr_ptr;
4      arr_ptr = new int[3];
5          ⋮
6      return arr_ptr;
7  }
8
9  int main()
10 {
11     int *ptr=0;
12          ⋮
13     ptr = func();
14
15     if (ptr != 0)
16     {
17          ⋮
18         delete[] ptr;
19     }
20          ⋮
21 }
```

程式碼第 9-21 行為 main() 主程式；第 11 行宣告整數指標 ptr，第 13 行呼叫自訂函式 func() 並將回傳值儲存於指標 ptr。第 15-19 行判斷若 ptr 不等於 0，表示指標 ptr 已經正確取得 func() 的回傳值，則可以執行所想要處理的工作。最後，第 18 行使用 delete 釋放指標 ptr 所佔有的記憶體空間。

↪ 練習 2：產生亂數

寫一自訂函式，產生 5 個介於 1-10 之間的亂數，並回傳產生的 5 個亂數。

▌ 解說

此練習題要求回傳 5 個數值，因此若要使用 return 指令回傳資料，則必須使用指標型別的陣列，將所產生的 5 個亂數儲存於此陣列，再用 return 指令回傳此陣列。

▌ 執行結果

```
7 3 9 4 10
```

程式碼列表

```cpp
1  #include <iostream>
2  #include <time.h>
3  using namespace std;
4
5  int* generate()
6  {
7      int* num=new int[5];
8
9      for (int i = 0; i < 5; i++)
10         num[i] = rand()%10 + 1;
11
12     return num;
13 }
14
15
16 int main()
17 {
18     int* ptr;
19     srand((unsigned)time(NULL));
20
21     ptr = generate();
22
23     if (ptr != 0)
24     {
25         for (int i = 0; i < 5; i++)
26             cout << ptr[i] << " ";
27
28         delete[]ptr;
29     }
30
31     system("pause");
32 }
```

程式講解

1. 程式碼第 1-3 行引入 iostream、time.h 標頭檔與宣告使用 std 命名空間。

2. 程式碼第 5-13 行為自訂函式 generate() 的程式本體，其函式回傳值型別為整數指標 int*。第 7 行宣告整數指標 num，並配置 5 個整數型別的空間。第 9-10 行使用 for 重複敘述產生 5 個介於 1-10 之間的亂數，並儲存於指標 num 所指的陣列空間。第 12 行使用 return 指令回傳指標 num。

Example 18　自訂函式：回傳值　18-7

3. 程式碼第 16-32 行爲 main() 主程式，第 18 行宣告整數指標 ptr，用於儲存呼叫自訂
函式 generate() 之後所回傳的資料。第 19 行呼叫 srand() 函式初始化亂數種子。

4. 程式碼第 21 行呼叫自訂函式 generate() 產生 5 個亂數，並將回傳的指標儲存於指
標 ptr。

5. 程式碼第 23-29 行判斷指標 ptr 是否不等於 0，表示指標 ptr 所指的是有效的內容。
第 25-26 使用 for 重複敘述顯示 ptr 所指向的 5 個亂數。

6. 程式碼第 28 行使用 delete 釋放指標 ptr 所佔有的空間。

三、範例程式解說

1. 建立專案，程式碼第 1-2 行引入 iostream 與宣告使用 std 命名空間。

```
1  #include <iostream>
2  using namespace std;
```

2. 程式碼第 4-13 行爲溫度轉換的自訂函式 C2F() 程式本體。第 6 行宣告 float 型別的
變數 c 與 f，分別用於儲存攝氏溫度與華氏溫度。第 9 行讀取輸入的攝氏溫度，並儲
存於變數 c。第 10 行計算華氏溫度，並儲存於變數 f。第 12 行使用 return 指令將
華氏溫度 f 回傳給呼叫者。

```
4  float C2F()
5  {
6      float c, f;
7
8      cout << "輸入攝氏溫度：";
9      cin >> c;
10     f = 32 + c * 1.8;
11
12     return f;
13 }
```

3. 開始於 main() 主函式中撰寫程式。第 17 行宣告浮點數 f，用於儲存呼叫自訂函式
C2F() 所回傳的資料。第 19 行呼叫自訂函式 C2F()，並將回傳值儲存於變數 f。第
20 行顯示華氏溫度 f。

```
15 int main()
16 {
17     float f;
18
```

```
19      f = C2F();
20      cout << " 華氏溫度 = " << f << endl;
21
22      system("pause");
23  }
```

重點整理

1. return 指令只能回傳 1 個資料給自訂函式的呼叫者；因此，若要使用 return 指令回傳多筆資料，則必須利用指標的特性：使用指標配置多個記憶體空間，再以陣列的方式儲存要回傳的多筆資料；最後使用 return 指令將此指標回傳給呼叫者。

分析與討論

1. 本範例 18-2 節中有提及在自訂函式中若要回傳多筆資料，可以使用陣列；但在宣告時不能直接在自訂函式中宣告陣列；例如：int　arr[3]，而必須使用指標的方式來宣告並配置所需要數量的記憶體空間，並當成陣列來使用。

    這是因為自訂函式結束時，所有的變數都會被釋放，因此一旦離開自訂函式後再也沒有 arr 這個變數。而若使用指標的方式配置記憶體空間，除非使用 delete 指令或是 free() 函式釋放指標所占有的空間，否則由指標所指向的記憶體空間便會一直留著。因此，將此指標回傳給呼叫者，便能存取這個記憶體空間內的資料。

程式碼列表

```
1  #include <iostream>
2  using namespace std;
3
4  float C2F()
5  {
6      float c, f;
7
8      cout << " 輸入攝氏溫度：";
9      cin >> c;
10     f = 32 + c * 1.8;
11
12     return f;
13 }
14
15 int main()
16 {
17     float f;
```

Example 18　自訂函式：回傳值　18-9

```
18
19     f = C2F();
20     cout << " 華氏溫度 = " << f << endl;
21
22     system("pause");
23  }
```

本章習題

1. 改寫範例 17，讓 2 數的相加、相減、相乘與相除都回傳計算結果。

2. 輸入 3 個學生的成績，寫一自訂函式回傳 3 位學生成績的總分與平均。

Example 19 自訂函式：參數傳遞

有 3 個成績儲存於陣列。寫一計算總分與平均的自訂函式：傳入此成績陣列，並計算總分與平均。計算之後的總分與平均，分別以傳址參數與參考參數的方式回傳。並且自訂函式回傳一個布林值：3 個成績都大於等於 60 分則回傳 true，否則回傳 false。

▌ 一、學習目標

本範例學習將資料傳入自訂函式，使得自訂函式依據所傳入的資料繼續執行其餘的操作。從範例 17 所介紹的基本型的自訂函式、範例 18 所介紹的自訂函式回傳值，此時的自訂函式裡的程式敘述已經趨向單純化：只做該做的工作，不處理多餘的事情。

然而，在自訂函式中讀取輸入資料的程式敘述，其實可以挪出去給呼叫者處理；如此一來自訂函式所負責處理的工作會更單純、更結構化，重複利用性更高。因為處理讀取輸入資料的過程還包含輸入錯誤的處理、例外處理、顯示錯誤訊息等；如果這些因素都考慮進去之後，把這些都寫進自訂函式裡，那麼自訂函式的內容將會冗長又雜亂。

對於呼叫者而言，傳入自訂函式的資料稱為引數（Argument）；對於自訂函式而言，接收由呼叫者傳入的資料稱為參數（Parameter）。雖然指的是相同的資料，但名稱卻不同。由引數傳遞方式的不同，C++ 還進一步區分為：傳值呼叫（Call by value）、傳址呼叫（Call by address）與參考呼叫（Call by reference）。了解並學會使用此 3 種傳遞引數的方式，對於進階的程式設計能力是很重要的一項目標。

▌ 二、執行結果

如下圖所示；執行後會將儲存有 3 個成績的陣列傳入自訂函式，並計算總分與平均。總分與平均，分別以傳址形式與參考形式的參數回傳給呼叫者。並且若 3 個成績全部及格，則自訂函式本身會回傳布林值 true，否則回傳 false。

19-1　參數傳遞

例如：有一個無回傳值的自訂函式 func()，接收一個 int 型別的參數 num 與一個 string 型別的參數 str；則自訂函式 func() 的形式如下所示：

```
1  void func(int sum, string str)
2  {
3      ⋮      第1個參數   第2個參數
4
5  }
```

在上述程式碼第 1 行自訂函式 func() 的參數列裡，宣告了 2 個參數：int 型別的參數 num 與一個 string 型別的參數 str。帶有參數的自訂函式，其函式原型宣告如下所示：

```
1  void func(int sum, string str);
2  void func(int a, string b);
3  void func(int, string);
```

這 3 種方式都正確的函式原型宣告。函式原型宣告裡只需要指定參數的資料型別即可，並不需要參數名稱，或是與函式的程式本體完全相同或不相同的參數名稱都可以。呼叫者呼叫此自訂函式 func() 時，也需傳入 2 個引數；如下所示。

```
1      ⋮
2  int total=70;
3
4  func(total, "Mary");
5
```

上述程式碼第 4 行呼叫自訂函式 func() 並傳入 1 個整數變數 total 以及 1 個字串 "Mary"。這 2 個引數符合自訂函式 func() 所需要的 2 個參數的資料型別：int 與 string，因此第 4 行是正確的呼叫自訂函式 func() 的方式。

參數預設引數

自訂函式的參數可以先設定預設值，稱為預設引數或是參數預設值。當呼叫自訂函式時若未傳入相對應的引數，自訂函式便會以參數的預設值作為此參數的值；如下所示。程式碼第 1 行為自訂函式 func() 的原型宣告；其中第 2 個參數 age 有指定預設值 0。程式碼的 3-6 行為自訂函式 func() 的程式本體，因為在第 1 行的函式原型中參數 age 已經設定了預設值，所以第 3 行的參數 age 便不可以再重複設定參數預設值。

Example 19　自訂函式：參數傳遞　19-3

```
1  void func(string, int age = 0);
2      ⋮
3  void func(string name, int age)
4  {
5      ⋮
6  }
```

若沒有宣告函式原型，則需要在自訂函式的程式本體中指定參數的預設值，如下所示。第 2
行在自訂函式 func() 的參數列中指定參數 age 的預設值等於 0。

```
1
2  void func(string name, int age = 0)
3  {
4      ⋮
5  }
```

當呼叫自訂函式 func() 的時候，若沒有傳入第 2 個引數，則自訂函式 func() 便會以第 2
個參數 age 的預設值作為參數的值，如下程式碼第 1 行所示。第 1 行程式碼呼叫自訂函式
func() 並且只傳入一個引數 " 王小明 "，而沒有傳入第 2 個引數；因此，自訂函式便會以參
數 age 的預設值 0 作為本身的值。

```
1  func(" 王小明 ");
2  func(" 眞美麗 ", 20);
```

程式碼第 2 行呼叫自訂函式 func() 並傳入 2 個引數 " 眞美麗 " 與 20，所以自訂函式
func() 的第 2 個參數 age 便會以所傳入的引數 20 作為本身的值。

須注意一點，某個參數設定預設值之後，此參數右邊的參數也必須設定預設值。換句話說，
只允許自訂函式的參數列中，參數預設值必須從最右邊的參數開始設定。例如，以下的參數
預設值是錯誤的設定方式：

```
1  void func(int a = 0, int b, int c)
2  {
3      ⋮
4  }
```

參數 a 設定了預設值，但參數 b 沒有設定預設值，所以錯誤。然而，當參數 b 設定了預設之
之後，參數 c 也必須設定預設值。以下是正確的設定方式：由最右邊的參數 c 開始設定預設
值，然後再往左的參數 b 設定預設值。

```
1  void func(int a, int b=0, int c=7)
2  {
3      ⋮
4  }
```

19-2　傳值呼叫

傳值呼叫的引數傳遞方式也是最一般的方式。呼叫者將引數傳入函式時，會複製一份相同的資料給函式；因此，雖然看起來是相同的內容，但卻是 2 份完全不同的資料；如下所示。

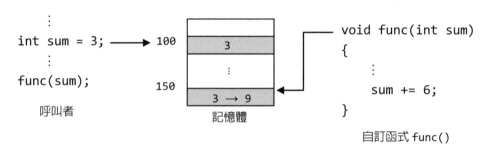

上圖左為呼叫者，宣告了 1 個整數變數 sum，其值等於 3；此變數位於記憶體位址 100 的地方。上圖右為自訂函式 func()，並帶有一個整數型別的參數 sum。

當呼叫者呼叫自訂函式 func() 並傳入引數 sum 時，作業系統會在記憶體中找到 1 個空間（位址 150），把變數 sum 的值複製到這個空間，並將此位址設定給自訂函式的參數 sum。由此可知，雖然呼叫者與自訂函式 func() 都有 1 個名稱、資料型別相同的變數 sum，但卻是 2 個完全獨立不相關的變數。當自訂函式 func() 把參數 sum 累加 6，是把位址 150 的內容加上 6；而呼叫者的變數 sum 並不會受影響。當自訂函式 func() 執行完畢離開後，記憶體位址 150 的空間便會被釋放並歸還給作業系統，自訂函式 func() 中的變數 sum 就不存在了。

所以使用傳值呼叫的方式呼叫函式，只是把引數拷貝一份給函式當作參數，無論參數的值有任何的變動，都不會影響到呼叫者原本傳入函式的引數。

📤 練習 1：計算 BMI- 傳值呼叫

寫一計算 BMI 之自訂函式，傳入身高（公分）與體重（公斤）此 2 個參數。計算 BMI 後並回傳 BMI 值。呼叫者接收回傳值後並顯示結果；例如："身高 160 公分， 體重 48 公斤，BMI=18.75"。

Example 19　自訂函式：參數傳遞　19-5

解說

雖然計算 BMI 的公式其身高的單位應為公尺，但最後輸出結果時的身高仍然以公分為單位。因此，沒有必要在傳入引數時，先將身高轉換為公尺；可以將身高傳入自訂函式之後再予以轉換為公尺。為了避免身高傳入自訂函式之後被轉換為公尺，而更改到原來的數值，所以可以採用傳值呼叫的方式傳遞引數。

執行結果

身高 160 公分 , 體重 48 公斤，BMI=18.75

程式碼列表

```
1  #include <iostream>
2  #include <math.h>
3  using namespace std;
4
5  float getBMI(float, float);
6
7  //---------------------------
8  int main()
9  {
10     float bmi;
11     float h = 160;
12     float w = 48;
13
14     bmi = getBMI(h,w);
15     cout << " 身高 "<<h<<" 公分 , 體重 "<<w<<" 公斤，BMI="<<bmi << endl;
16
17     system("pause");
18 }
19
20
21 //---------------------------
22 float getBMI( float h, float w)
23 {
24     float bmi;
25
26     h /= 100.0;
27     bmi = w / powf(h,2);
28
29     return bmi;
30 }
```

程式講解

1. 程式碼第 1-3 行引入 iostream、math.h 標頭檔與宣告使用 std 命名空間。因為計算 BMI 值會計算體重的平方；範例中使用 C++ 所提供的函式 powf() 來計算平方值，所以引入 math.h 標頭檔。

2. 程式碼第 5 行宣告用於計算 BMI 的自訂函式 getBMI() 的函式原型。其回傳值型別為 float，並帶有 2 個 float 型別的參數。

3. 程式碼第 10-12 行宣告 3 個浮點數 bmi、h 與 w；分別代表計算出來的 BMI 值、身高與體重。

4. 程式碼第 14 行呼叫自訂函式 getBMI()，傳入 2 個引數 h 與 w；回傳的 BMI 值儲存於變數 bmi。第 15 行顯示身高、體重與 BMI 值。由於此 2 個引數使用傳值呼叫的方式傳遞引數，即使在第 26 行改變了參數 h 的值，也不會影響 main() 主程式中變數 h 的值。

5. 程式碼第 22-30 行為自訂函式 getBMI() 的程式本體。函式回傳值型別為 float，並接受 2 個 float 型別的參數：h 與 w，分別代表身高與體重。

6. 由於傳入自訂函式 getBMI() 的身高是以公分為單位，所以在程式碼第 26 行先將身高除以 100，轉換為公尺為單位。參數 h 是以傳值呼叫的方式傳進 getBMI()，所以即使參數 h 的值被更改也不會影響原來傳遞進來的引數 h。第 27 行計算 BMI 值；其中函式 powf() 用於計算參數 h 的平方值。

7. 程式碼第 29 行將計算出來的 BMI 值回傳給呼叫者。

19-3　傳址呼叫

傳址呼叫可以彌補 return 指令只能回傳 1 個資料的缺點。透過指標的特性，將引數的位址傳遞到函式的參數；因此，此參數視同指標的作用：直接指向引數。所以當參數改變時，引數也會跟著改變。利用此方式，傳進函式的引數，若需要經過處理後得到新的結果；則可以不用透過 return 指令回傳此結果，只要利用傳址呼叫的方式傳遞引數即可。

傳址呼叫的語法分為呼叫者與自訂函式。假設有一個自訂函式，並帶有 1 個傳址呼叫的參數，則與一般函式的參數差別在於：使用傳址呼叫的參數使用的是指標的形式，即在參數名稱之前加上求值運算子 "*"；如下所示。

```
回傳值型別 函式名稱 ( 資料型別 * 參數 )
{
    ⋮
}
```

Example 19 自訂函式：參數傳遞 19-7

呼叫者在呼叫此自訂函式時，所傳入的引數是此引數的位址。例如：要將變數 a 以傳址呼叫的方式傳遞給自訂函式 func()，則呼叫自訂函式 func() 的形式如下所示：在變數 a 的前面加上求址運算元 "&"。

        func(&a);

例如：有 1 個無回傳值的自訂函式 func()，接收 1 個 int 型別的傳址呼叫的參數 b（就是 int 型別的指標 b）。在 main() 主程式中有 1 個 int 型別的變數 a，其值等於 4。並將變數 a 以傳址呼叫的方式傳遞給自訂函式 func()；如下圖左的程式碼所示。

由下圖右可以知道，變數 a 在記憶體的位址 100，而自訂函式 func() 的參數 b 則在記憶體位址的 200。當程式碼第 8 行呼叫自訂函式 func() 時，先取得變數 a 的位址 100，並將 100 傳遞給參數 b，所以參數 b 的值等於 100（變數 a 的記憶體位址）。

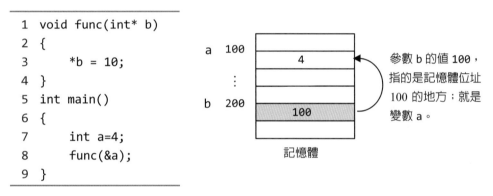

```
1  void func(int* b)
2  {
3      *b = 10;
4  }
5  int main()
6  {
7      int a=4;
8      func(&a);
9  }
```

因此，當執行程式碼第 3 行，將指標 b 所指位址內的內容更改為 10，其實就是將變數 a 的值更改為 10；如下圖所示。

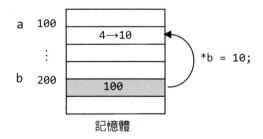

↪ 練習 2：計算 BMI- 傳址呼叫

寫一計算 BMI 之自訂函式，傳入身高（公分）與體重（公斤），並以傳址呼叫之方式取得計算後的 BMI 值。

▌ 解說

依題目的要求，計算所得到的 BMI 值要以傳址參數的方式處理；因此，就必須使用傳址呼叫的方法傳遞引數；而在計算 BMI 的自訂函式中，接收此引數的參數也必須宣告為指標的型別。

▌ 執行結果

```
BMI= 18.75
```

▌ 程式碼列表

```cpp
1  #include <iostream>
2  #include <math.h>
3  using namespace std;
4
5  void getBMI(float h, float w, float* bmi)
6  {
7      h /= 100.0;
8      *bmi = w / powf(h, 2);
9  }
10
11 int main()
12 {
13     float bmi;
14
15     getBMI(160, 48, &bmi);
16     cout << "BMI= " << bmi << endl;
17
18     system("pause");
19 }
```

▌ 程式講解

1. 程式碼第 1-3 行引入 iostream、math.h 標頭檔與宣告使用 std 命名空間。
2. 程式碼第 5-9 行為自訂函式 getBMI() 的程式本體，用於計算 BMI 值；並帶有 3 個參數。前 2 個參數為身高與體重，第 3 個參數為指標型別，用於儲存計算後的 BMI 值。第 7 行將公分為單位的身高，先轉換為公尺。第 8 行計算 BMI 值並儲存於指標

Example 19　自訂函式：參數傳遞　19-9

*bmi。因爲參數 bmi 是指標型別，所以也直接更改了原來的變數（第 13 行的變數 bmi）。

3. 程式碼第 13 行宣告 float 型別的變數 bmi，用於儲存計算後的 BMI 值。

4. 程式碼第 15 行呼叫自訂函式 getBMI()，並傳入身高 160 公分、體重 48 公斤，以及變數 bmi 的位址（傳址呼叫）。

5. 程式碼 16 第顯示身高、體重與 BMI 值。

19-4　參考呼叫

以參考呼叫的方式傳遞引數，不像是傳值呼叫的方式會複製一份引數的值給函式；而是讓函式的參數直接指向引數的記憶體位址。因此，使用參考呼叫的方式，函式中的參數比較像是引數的別名；如同王小明的暱稱是小明如此的稱呼。

假設自訂函式帶有 1 個參考呼叫的參數，其語法如下所示：在參數名稱之前加上 "&"。

```
回傳值型別　函式名稱 ( 資料型別 & 參數 )
{
    ⋮
}
```

呼叫者在呼叫此自訂函式時，所傳入的引數並不需要有任何的改變。例如：要將變數 a 以參考呼叫的方式傳遞給自訂函式 func()，則呼叫自訂函式 func() 的形式如下所示：

```
func(a);
```

例如：有 1 個無回傳值的自訂函式 func()，接收 1 個整數型別的參考呼叫的參數 b，如下圖右所示。在 main() 主程式中有 1 個整數變數 a，其值等於 4。並將變數 a 以參考呼叫的方式傳遞給自訂函式 func()；如下圖左的程式碼所示。

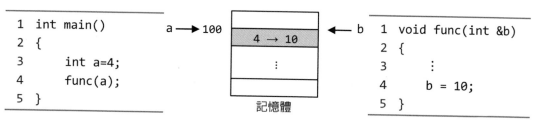

由上圖可以知道，變數 a 在記憶體的位址 100。當主程式 main() 執行到程式碼第 4 行呼叫自訂函式 func() 時，先取得變數 a 的位址 100，並將 100 傳遞給參數 b，而參數 b 也讓自己直接指向位址 100（變數 a 的記憶體位址）。

因此，當自訂函式 func() 執行程式碼第 4 行，將參數 b 設定為 10，其實就是將變數 a 的值更改為 10。

↪ 練習 3：計算 BMI- 參考呼叫

寫一計算 BMI 之自訂函式，傳入身高（公分）與體重（公斤），並以參考呼叫的方式取得計算後的 BMI 值。

▌解說

依照題目的要求，計算之後的 BMI 要以參考呼叫的方式取得，因此此自訂函式不需要有回傳值，所以回傳值型別為 void，並且要有 1 個參考型別的參數用於儲存計算後的 BMI。

▌執行結果

```
BMI= 18.75
```

▌程式碼列表

```
1  #include <iostream>
2  #include <math.h>
3  using namespace std;
4
5  void getBMI(float h, float w, float& bmi)
6  {
7      h /= 100.0;
8      bmi = w / powf(h, 2);
9  }
10
11 int main()
12 {
13     float bmi;
14     float h = 160;
15     float w = 48;
16
17     getBMI(h, w, bmi);
18     cout << "BMI= " << bmi << endl;
19
20     system("pause");
21 }
```

Example 19 自訂函式：參數傳遞 　19-11

程式講解

1. 程式碼第 1-3 行引入 iostream、math.h 標頭檔與宣告使用 std 命名空間。

2. 程式碼第 5-9 行為自訂函式 getBMI() 的程式本體，用於計算 BMI 值；並帶有 3 個參數。前 2 個參數為身高與體重，第 3 個參數為參考型別，用於儲存計算後的 BMI 值。第 7 行將公分為單位的身高，先轉換為公尺。第 8 行計算 BMI 值並儲存於參數 bmi。因為參數 bmi 是參考型別，所以也直接更改了原來的變數（第 13 行的變數 bmi）。

3. 程式碼第 13 行宣告 float 型別的變數 bmi，用於儲存計算後的 BMI 值。第 14-15 行宣告 float 型別的變數 h 與 w，分別表示身高與體重。

4. 程式碼第 17 行呼叫自訂函式 getBMI()，並傳入身高 h、體重 w，以及變數 bmi。

5. 程式碼 18 第顯示身高、體重與 BMI 值。

19-5 陣列傳遞

把陣列當成引數傳遞給函式的方法，與傳遞單個變數的方式不同。試想若是一個容量很大的陣列，以傳值呼叫的方式傳遞給函式，除了花費時間去複製一分相同大小的陣列給函式，還要花費拷貝陣列的時間，豈不是沒有效率又浪費記憶體空間。

所以傳遞陣列是自動以傳址呼叫的方式進行處理，只要將陣列的位址傳遞給函式即可。因此在函式裡對陣列參數所做的任何改變，也都會改變原來陣列的內容。

假設有 1 個沒有回傳值之自訂函式 func()，並有 1 個整數陣列之參數，則函式的原型宣告為：

```
void func(int[]);
```

因為指標也視同為陣列的另一種呈現方式，因此也能改以指標參數的形式：

```
void func(int *);
```

自訂函式 func() 的函式本體以及呼叫 func() 的範例如下所示。程式碼第 1-4 行為自訂函式 func() 的函式本體，陣列參數也能使用指標的形式：int *b。第 6-11 行為主程式 main()，第 10 行呼叫自訂函式 func()，並以陣列 a 當成引數。

```
1  void func(int b[]) // 也能使用指標的形式 void func(int* b)
2  {
3      ⋮
4  }
```

```
 5
 6  int main()
 7  {
 8      int a[5];
 9          ⋮
10      func(a);
11  }
```

⤷ 練習 4：分數調整

有 4 個分數 58、55、90、59 儲存於陣列。寫一自訂函式，傳入此分數陣列，並將大於等於 58 分但不及的分數調整為 60 分。

▌解說

自訂函式以陣列當成參數，是以傳址呼叫的方式處理。因此，在自訂函式中對陣列的處理都會改變原來陣列的內容。

▌執行結果

```
60 55 90 60
```

▌程式碼列表

```
 1  #include <iostream>
 2  using namespace std;
 3
 4  void func(int[], int);
 5
 6  int main()
 7  {
 8      int num[] = { 58,55,90,59 };
 9
10      func(num, 4);
11      for (int v : num)
12          cout << v << " ";
13
14      system("pause");
15  }
16
17  void func(int arr[], int num)
```

Example 19　自訂函式：參數傳遞　19-13

```
18  {
19      for (int i = 0; i < num; i++)
20          if (arr[i] >= 58 && arr[i] < 60)
21              arr[i] = 60;
22  }
```

程式講解

1. 程式碼第 1-2 行引入 iostream 標頭檔與宣告使用 std 命名空間。
2. 程式碼第 4 行為自訂函式 func() 的原型宣告，並帶有 2 個參數：1 個陣列與 1 個整數。
3. 程式碼第 8 行宣告整數陣列 num，其元素等於 58、55、90 與 59。
4. 程式碼第 10 行呼叫自訂函式 func()，並將陣列 num 與元素個數 4 當成引數。
5. 程式碼第 11-12 行使用 for 重複敘述顯示修改後的陣列 num。
6. 程式碼第 17-22 行為自訂函式 func() 的程式本體，並帶有 1 個陣列參數 arr 與 1 個整數參數 num，分別代表儲存分數的陣列，以及陣列的元素個數。
7. 程式碼第 19-21 行使用 for 重複敘述，判斷陣列裡的元素若大於等於 58 分並小於 60 分，則將此元素設定為 60。

19-6 main() 主函式與參數

main() 主函式除了是 C/C++ 程式的主程式（主函式），也是程式最早被執行的地方；並且可以帶有 2 個參數：1 個整數與 1 個字元指標的陣列。因此，當我們鍵入程式名稱執行程式時，也能直接在程式名稱之後鍵入參數；參數之間以空白隔開。

例如：在命令提是字元視窗之下執行 ConsolApplication1.exe 程式，並傳入數字 3 與文字 "Mary" 此 2 個參數：

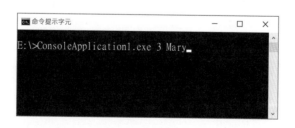

其實程式檔名本身也算是 1 個參數，所以實際上有 3 個參數。並且無論參數是數值或是文字，一律被視為是字元陣列（字元陣列形式的字串）；如下所示。

ConsoleApplication1.exe　　3　　Mary

第 0 個參數　　第 1 個參數　第 2 個參數

main() 主函式接收參數的形式如下範例。整數參數 argc 為參數的個數，字元指標陣列 argv 則儲存每一個參數的內容。2 個參數的名稱不一定要使用 argc 與 argv，參數名稱只要符合變數命名規則即可；只是通常會使用 argc 與 argv 此 2 個名稱。

```
int main(int argc, char* argv[])
{
        ⋮
    if(argc!= 正確的參數個數 )
    {
        ⋮
    }
        ⋮
}
```

通常程式一開始執行，會先判斷所輸入的參數個數是否正確（程式檔名也算 1 個參數），然後再依序取得所需要的參數內容。第 1 個參數是 argv[0]，所儲存的是程式的檔名；第 2 個參數儲存於 argv[1]，以此類推。每個參數都是字元陣列形式的字串，所以即使是輸入了數值，也需要自行轉換為相對應的數值資料型別。

⤷ 練習 5：讀取 main() 函式的參數

寫一計算 BMI 的程式，並使用命令提示字元視窗執行程式。輸入程式檔名時，也要輸入 2 個參數：身高（公分）與體重（公斤）；並設計自訂函式 getBMI() 用於計算並回傳 BMI 值。

▌解說

執行程式時也要同時輸入身高與體重；因此 main() 主函式會有 2 個參數。程式碼第 5-8 行先判斷是輸入的參數個數是否正確。身高儲存於參數 argv[1]，體重儲存於參數 argv[2]。此 2 個參數再使用 atof() 函式轉換為浮點數，並儲存於相對應的變數；如第 10-11 行程式敘述。

```
1  int main(int argc, char* argv[])
2  {
3      float bmi,h,w;   //BMI、身高與體重
4
5      if (argc !=3 )
6      {
7          ⋮
8      }
9
```

Example 19　自訂函式：參數傳遞　19-15

```
10      h = atof(argv [1]);
11      w = atof(argv [2]);
12           ⋮
13   }
```

執行結果

因為在執行程式時需同時輸入身高與體重，因此不方便由 Visual Studio 開發環境直接操作（其實是可以的，請參考分析與討論第 5 點。），需開啟命令提示字元視窗，並且切換至程式所在的目錄，才能執行程式。或是將執行的程式拷貝到比較容易切換目錄的地方，例如：硬碟的根目錄下；本練習將執行檔 ConsoleApplication1.exe 拷貝至硬碟 E 槽的根目錄。

若沒有輸入足夠的參數，例如只輸入身高，則顯示錯誤訊息並結束程式。

```
E:\>ConsoleApplication1.exe 160
沒有輸入身高與體重
```

輸入了身高與體重，則會計算並顯示 BMI 值。

```
E:\>consoleApplication1.exe 160 48
BMI=18.75
```

程式碼列表

```
1   #include <iostream>
2   #include <math.h>
3   using namespace std;
4
5   float getBMI(float h, float w)
6   {
7       float bmi;
8
9       h /= 100.0;
10      bmi = w / powf(h, 2);
11
12      return bmi;
13  }
14
15  int main(int argc, char* argv[])
16  {
17      float bmi,h,w;
```

```
18
19      if (argc !=3 )
20      {
21          cout << " 沒有輸入身高與體重 " << endl;
22          exit(0);
23      }
24
25      h = atof(argv[1]);
26      w = atof(argv[2]);
27      bmi = getBMI(h, w);
28
29      cout << "BMI=" << bmi << endl;
30
31      system("pause");
32 }
```

程式講解

1. 程式碼第 1-3 行引入 iostream、math.h 標頭檔與宣告使用 std 命名空間。

2. 程式碼第 5-13 行為自訂函式 getBMI() 的程式本體,傳入 2 個參數:身高 h 與體重 w,並回傳計算後的 BMI 值。由於傳入自訂函式 getBMI() 的身高是以公分為單位,所以在程式碼第 9 行先將身高除以 100,轉換為公尺為單位。第 10 行計算 BMI 值;其中函式 powf() 用於計算參數 h 的平方值。

3. 程式碼第 12 行將計算出來的 BMI 值回傳給呼叫者。

4. 程式碼第 15-32 行為 main() 主函式;第 15 行的 main() 主函式接收了 2 個參數,整數型別的 argc 與字元指標陣列 argv。身高儲存於 argv[1],體重則儲存於 argv[2]。

5. 程式碼第 19-23 行先判斷輸入的參數個數是否正確,若不正確則顯示錯誤訊息並結束程式。

6. 程式碼第 25-26 行將身高 argv[1] 與體重 argv[2] 分別轉型為浮點數,並儲存於變數 h 與 w。第 27 行呼叫自訂函式 getBMI(),將身高 w 與體重 h 作為引數,並將回傳值儲存於變數 bmi。

7. 程式碼第 29 行顯示 BMI 值。

Example 19　自訂函式：參數傳遞　19-17

19-7　函式多載

函式多載（Overloading）允許程式中有多個相同名稱的自訂函式，但其函式的簽名不相同。函式的簽名指的是：參數的個數與參數的資料型別。假設有一自訂函式 add() 執行 2 個整數相加的運算；因此，自訂函式 add() 應如下之形式：

```
1  void add(int a, int b)
2  {
3       ⋮
4  }
```

若現在要計算 2 個浮點數相加，則自訂函式 add() 便不能使用，因為 add() 所接收的 2 個參數其資料型別為 int 型別。因此，可以利用函式多載的方式，再替 2 個浮點數相加的運算寫一個 add() 自訂函式；如下所示：

```
5  void add(double a, double b)
6  {
7       ⋮
8  }
```

當呼叫自訂函式 func() 執行 2 數相加，如下程式碼所示。程式碼第 9 行呼叫自訂函式 add() 執行 2 個整數 3 與 5 相加，因為 3 與 5 是 2 個整數，因此會執行帶有 2 個 int 型別參數的自訂函式 add()；所以會執行第 1-4 行的自訂函式 add()。

```
 9  add(3, 5);
10  add(2.3, 1.2);
```

程式碼第 10 行呼叫自訂函式 add() 執行 2 個浮點數 2.3 與 1.2 相加，因為 2.3 與 1.2 是 2 個浮點數，因此會執行帶有 2 個 double 型別參數的自訂函式 add()；所以會執行第 5-8 行的自訂函式 add()。

這樣的方式便稱為多載，根據函式不同的簽名，可以設計有相同函式名稱，但接收不同參數的自訂函式。當呼叫自訂函式時，程式會根據所呼叫的自訂函式的簽名，去執行符合的那一個自訂函式。

↪ 練習 6：函式多載

設計執行數值相加之自訂函式 add()，可以接受 2 個整數之參數、可以接受 3 個整數之參數並回傳相加的結果，以及可以接受 2 個 double 型別之參數。寫一程式分別呼叫 3 次自訂函式 add()，並分別傳入以下引數：第 1 次：10 與 12，第 2 次：10、12 與 20，第 3 次：1.2 與 3.4。

解說

根據題意要求，此自訂函式必須設計成多載的形式，才能接收不同資料型別與個數的引數。並且依據呼叫自訂函式所傳入的引數，可以知道自訂函式 add() 有 3 種形式的多載：

第 1 種，接收 2 個整數：

```
5  void add(int a, int b)
6  {
7       ⋮
8  }
```

第 2 種，接收 3 個整數並回傳相加結果：

```
5  int add(int a, int b, int c)
6  {
7       ⋮
8  }
```

第 3 種，接收 2 個 double 型別的資料：

```
5  void add(double a, double b)
6  {
7       ⋮
8  }
```

執行結果

```
10+12=22
42
1.2+3.4=4.6
```

Example 19 自訂函式：參數傳遞 19-19

程式碼列表

```cpp
1  #include <iostream>
2  using namespace std;
3
4  void add(int a, int b)
5  {
6      cout << a << "+" << b << "=" << a + b << endl;
7  }
8
9  int add(int a, int b, int c)
10 {
11     return a + b + c;
12 }
13
14 void add(double a, double b)
15 {
16     cout << a << "+" << b << "=" << a + b << endl;
17 }
18
19 int main()
20 {
21     add(10, 12);
22     cout << add(10, 12, 20) << endl;
23     add(1.2, 3.4);
24
25     system("pause");
26 }
```

程式講解

1. 程式碼第 1-2 行引入 iostream 標頭檔與宣告使用 std 命名空間。

2. 程式碼第 4-7 行為自訂函式 add() 的程式本體，並接收 2 個 int 型別的參數 a 與 b。第 6 行顯示 2 個參數 a 與 b 的相加結果。

3. 程式碼第 9-12 行為自訂函式 add() 的程式本體，函式回傳型別為 int，並接收 3 個 int 型別的參數 a、b 與 c。第 11 行回傳參數 a、b 與 c 的相加結果。

4. 程式碼第 14-17 行為自訂函式 add() 的程式本體，並接收 2 個 double 型別的參數 a 與 b。第 16 行顯示 2 個參數 a 與 b 的相加結果。

5. 程式碼第 21-23 行分別呼叫自訂函式 add()。第 21 行呼叫自訂函式 add()，並傳入 2 個整數 10 與 12，因此會執行第 4-7 行的自訂函式 add()。第 22 行呼叫的自訂函式 add()，傳入 3 個整數 10、12 與 20，並接收回傳的結果；所以執行的是第 9-12 行的自訂函式 add()。第 23 行呼叫自訂函式 add()，並傳入 2 個浮點數 1.2 與 3.4，因此會執行第 14-17 行的自訂函式 add()。

19-8 巨集

前置處理命令 #define 除了作為定義常數之外，也能用來定義簡單的函數，稱之為巨集（Macro）。例如，使用 #define 定義一個計算平方值的函數 SQUARE，如下所示：

```
#define SQUARE(a) a*a
```

SQUARE() 巨集可以接收一個參數 a，計算 a×a 之後並回傳計算結果；例如以下範例：

```
1 int x = 5, y, z;
2
3 y = SQUARE(x);
4 cout << SQUARE(6) << endl;
5 z = SQUARE(x + 1);
```

程式碼第 1 行宣告 3 個整數變數 x、y 與 z，x 的初始值等於 5。第 3 行呼叫巨集 SQUARE，並傳入一個引數 x；因此第 3 行視同：

```
y = 5 * 5;
```

所以第 3 行 y 等於 25。第 4 行顯示 SQUARE(6)，因此視同：

```
cout << 6 * 6 << endl;
```

所以第 4 行會顯示 36。第 5 行呼叫巨集 SQUARE，並傳入一個引數 x+1，表示想要計算 6 的平方值。因此，第 5 行變數 z 的值應該會等於 36；然而，變數 z 的值卻等於 11；這是在設計巨集時很容易造成的錯誤。現在將引數 x+1 直接帶入巨集 SQUARE，以 x+1 取代巨集 SQUARE 的參數 a，如下所示：

$$\underbrace{x + 1}_{a} * \underbrace{x + 1}_{a} \rightarrow 5 + 1 * 5 + 1 \rightarrow 5 + 5 + 1 = 11$$

會造成上述的錯誤，是因為巨集並不知道參數 x+1 要視為一個整體，巨集只是很單純地將巨集的參數 a 置換為 x+1，所以才會造成上述的錯誤。因此，只要將巨集的參數加上 () 便可以解決這樣的錯誤；如下所示：

```
#define SQUARE(a) (a)*(a)
```

Example 19　自訂函式：參數傳遞　19-21

則程式碼第 5 行呼叫巨集 SQUARE，並將引數 x+1 傳入 SQUARE 巨集：

$$\underbrace{(x + 1)}_{a} * \underbrace{(x + 1)}_{a} \rightarrow 6 * 6 = 36$$

巨集除了處理簡單的運算之外，也能加上簡單的判斷敘述，例如，定義一個回傳 2 個數值中較大者之巨集 MAX：

```
#define MAX(a,b) ((a) > (b) ? (a) : (b))
```

此巨集判斷所接收的 2 個參數 a 與 b 中哪個比較大，並回傳較大的數值；因此，在程式中便可以呼叫巨集 MAX 取得 2 數中較大者，如下所示；程式碼第 3 行會顯示 8.6。

```
1  int x = 5, y = 8.6;
2
3  cout << MAX(x, y) << endl;
```

使用巨集需特別小心，因為巨集只是單純地把傳入的引數直接替換巨集中相對應的參數，所以往往會造成錯誤；例如：

```
1  int x = 5;
2
3  cout << SQUARE(x++) << endl;
4  cout << x << endl;
```

按照 x++ 的正常執行，應該是先把變數 x 傳遞給巨集 SQUARE 計算出結果之後，變數 x 本身再累加 1；所以程式碼第 3 行應該輸出 25，第 4 行則輸出 6；然而第 4 行卻輸出 7。這是因為當 x++ 傳入巨集 SQUARE 之後，展開如下所示之程式敘述：

$$\underbrace{(x++)}_{a} * \underbrace{(x++)}_{a} \rightarrow 5 * 5 = 25$$

因為 x++ 是 x 的後置遞增運算，所以會先計算 x 乘上 x，因此 5×5 得到 25；然後再執行 x 累加 1。巨集中有 2 個參數 a，因此也會執行 2 次的 x++，也就是 x 累加 1 執行 2 次，x 最後的值等於 7；所以第 4 行程式敘述輸出 x 等於 7。

再看另一種巨集容易發生的錯誤，例如：設計一個巨集 SWAP(a,b) 可以讓接收的 2 個整數參數交換其內容，如下所示。程式碼第 1 行定義了巨集 SWAP，並可接收 2 個參數。在巨集內若想分成多行程式敘述撰寫，可以使用 '\' 作為分行符號。

```
1  #define SWAP(a,b)\
2      int tmp=a;\
3      a = b;\
4      b=tmp;\
```

以下程式碼呼叫 SWAP 巨集交換變數的值。程式碼第 1 行宣告變數 x 與 y，初始值分別為 5 與 8。第 3-4 行判斷若 x 小於 y 則呼叫巨集 SWAP 將變數 x 與 y 交換；但是此程式無法通過 C++ 的編譯程式而發生錯誤。

```
1  int x = 5, y = 8;
2
3  if(x<y)
4      SWAP(x, y);
5
6  cout << x << endl;
7  cout << y << endl;
```

當把巨集 SWAP 展開到程式中，便能明顯發現錯誤的地方；如下所示。程式碼第 4 行屬於第 3 行 if 判斷敘述的程式區塊，第 4 行所宣告的變數 tmp 的有效範圍只有第 4 行；所以導致第 6 行的變數 tmp 沒有經過變數的宣告。

```
1  int x = 5, y = 8;
2
3  if(x<y)
4      int tmp=x;
5  x = y;
6  y=tmp;      ←── 變數 tmp 沒有經過變數宣告
7
8  cout << x << endl;
9  cout << y << endl;
```

只要在定義巨集時加上左右大括弧即可修正此種錯誤，如下所示。

```
1  #define SWAP(a,b){\
2      int tmp=a;\
3      a = b;\
4      b=tmp;\
5  }
```

Example 19　自訂函式：參數傳遞　19-23

練習 7：設計計算三角形面積之巨集

設計一個用於計算三角形面積的巨集。寫一程式，輸入三角形的底邊長度與高度，使用此巨集計算三角形的面積。

解說

計算三角形的面積需要三角形的底長與高度，因此計算三角形面積的巨集需要接收 2 個參數：三角形底長 b 與高度 h，才能計算三角形的面積。此外，若巨集所接收的底長與高度若小於 0，則應視為錯誤的資料；此時回傳三角形面積等於 0，表示所接收的資料錯誤。此計算三角形面積之巨集，可如下所示：

```
#define TRIANGLE(b,h) (((b)<0 || (h) <0)? 0: (h)*(b)/2.0)
```

執行結果

```
輸入三角形的底邊的長度：10.2
輸入三角形的高度：3.4
三角形面積 = 17.34
```

程式碼列表

```cpp
1  #include <iostream>
2  using namespace std;
3
4  #define TRIANGLE(b,h) (((b)<0 || (h) <0)? 0: (h)*(b)/2.0)
5
6  int main()
7  {
8      double base, height;
9
10     cout << " 輸入三角形的底邊的長度：";
11     cin >> base;
12
13     cout << " 輸入三角形的高度：";
14     cin >> height;
15
16     cout << " 三角形面積 = " << TRIANGLE(base, height) << endl;
17
18     system("pause");
19 }
```

程式講解

1. 程式碼第 1-2 行引入 iostream 標頭檔與宣告使用 std 命名空間。
2. 程式碼第 4 行使用 #define 定義計算三角形面積的巨集 TRIANGLE。
3. 程式碼第 8 行宣告 2 個 double 型別的變數 base 與 height，分別用於儲存三角形的底邊長與高度。
4. 程式碼第 10-11 行顯示提示輸入三角形的底邊長的訊息，讀取輸入的資料並儲存於變數 base。第 13-14 行顯示提示輸入三角形的高度的訊息，讀取輸入的資料並儲存於變數 height。
5. 程式碼第 16 行呼叫巨集 TRIANGLE 並傳入三角形的底邊長 base 與高 height，計算並顯示三角形的面積。

三、範例程式解說

1. 建立專案，程式碼第 1-2 行引入 iostream 標頭檔與宣告使用 std 命名空間。

```
1  #include <iostream>
2  using namespace std;
```

2. 程式碼第 4 行宣告自訂函式 func() 的原型，帶有 3 個參數，分別為：整數指標、浮點數指標與參考型別；並且回傳 string 型別的資料。

```
4  string func(int*, float*, float&);
```

3. 開始於 main() 主函式中撰寫程式，程式碼第 8-10 行宣告變數。第 8 行宣告儲存成績的一維陣列 score，其元素值等於 60、50 與 83。第 9 行宣告 2 個 float 型別的變數 sum 與 avg，分別代表總分與平均。第 10 行 string 型別的變數 str，用於接收從自訂函式 func() 回傳的資料。

第 12 行呼叫自訂函式 func()，並傳入變數 score、&sum 與 avg；分別是：傳址呼叫、傳址呼叫與參考呼叫。從自訂函式 func() 的回傳值儲存於變數 str。第 13-15 顯示總分、平均與全班是否及格的訊息。

```
 8  int score[3] = { 60,50,83 };
 9  float sum, avg;
10  string str;
11
12  str = func(score, &sum, avg);
13  cout << " 總分 = " << sum << endl;
```

Example 19　自訂函式：參數傳遞　19-25

```
14  cout << " 平均 = " << avg << endl;
15  cout << " 全班 " << str << endl;
16
17  system("pause");
```

4. 程式碼第 20-44 行爲自訂函式 func() 程式本體，並接受 3 個參數：整數指標 score、浮點數指標 sum 與浮點數參考型別 avg；分別接收來自於 main() 主函式裡宣告的陣列 score、變數 sum 與變數 avg。

第 22 行先將指標變數 sum 設定爲 0，第 23 行設定布林變數 fg 等於 true，表示預設爲全班都及格。第 26-27 行使用 for 重複敘述將陣列 score 內的元素加總，並儲存於指標變數 sum。第 29 行計算平均成績並儲存於變數 avg。

```
20  string func(int* score, float* sum, float& avg)
21  {
22      *sum = 0;
23      bool fg = true;
24      string str;
25
26      for (int i = 0; i < 3; i++)
27          *sum += score[i]; // 計算總分
28
29      avg = *sum / 3.0f;
```

5. 程式碼第 31-36 行使用 for 重複敘述逐一判斷在陣列 score 中是否有小於 60 分的分數；若有小於 60 分的分數，則將變數 fg 設定爲 flase，並離開 for 重複敘述。第 38-41 行判斷變數 fg 若等於 true，則將字串 str 設定爲 " 全班及格 "，否則將字串 str 設定爲 " 有人不及格 "；第 43 行回傳字串 str。

```
31      for(int i=0;i<3;i++)
32          if (score[i] < 60)
33          {
34              fg = false;
35              break;
36          }
37
38      if (fg)
39          str = " 全班及格 ";
40      else
41          str = " 有人不及格 ";
42
43      return str;
44  }
```

重點整理

1. 引數與參數的定義上雖然不同，但往往並沒有特別去區別此 2 者的差異。所以，也時常就以參數做為一般性的通稱。

2. 參數傳遞分為：傳值呼叫、傳址呼叫與參考呼叫。若引數只是做為參與運算，但不想被更改其值，則使用傳值呼叫。若欲利用參數傳遞的方式改變原來的引數，則可以使用傳址呼叫或是參考呼叫。

3. 巨集所使用的參數名稱，不要和程式中的變數名稱相同，否則會造成混淆以及產生非預期的運算結果。

4. 巨集的參數只是單純地將所傳入的引數展開並取代參數，所以很容易造成失誤。

5. 設計巨集之後要先做測試，避免造成錯誤的輸出結果，但卻認為正確無誤。

分析與討論

1. 傳址呼叫與參考呼叫雖然都能透過參數改變原來的引數，但 2 者的運作方式並不相同；可以把參考呼叫視為是一種更簡化版的傳址呼叫。使用傳址呼叫的參數，其參數本身是 1 個指標，佔有記憶體空間。而使用參考呼叫的參數，其參數本身是直接指向原來的引數，其實是相同的記憶體空間，所以參數並不額外佔有記憶體空間。

2. 當資料很大時，若要將此資料以傳值呼叫的方式傳遞給函式，則不僅花費時間也浪費記憶體空間。此時便可以使用傳址呼叫或是參考呼叫的方式，只傳遞資料的位址，並透過此位址存取相同的資料。

3. 傳遞多維陣列也是經常使用的形式；假設有一個沒有回傳值的自訂函式 func()，並有 1 個二維陣列的參數，陣列大小為 2×3，則宣告函式的原型：

   ```
   void func(int[][3]);
   ```

   函式原型中的陣列參數型別，只需指明陣列第二維（行）的大小即可。自訂函式 func() 的程式本體則如下所示；陣列參數也只需指明陣列第二維（行）的大小即可。

   ```
   1  void func(int arr[][3]) // 參數為二維陣列 arr
   2  {
   3        :
   4  }
   ```

4. 巨集可以視為一個簡單的自訂函式，而且不需要有函式原型宣告、指定函式回傳值型別、使用 return 回傳資料等，所以很方便使用。然而，巨集也容易發生設計上的錯誤，再加上巨集其實是直接展開在程式敘述中，因此巨集並不適合撰寫太過於複雜的程式敘述與運算。

Example 19　自訂函式：參數傳遞　19-27

5. 若需要在 VS IDE 中執行程式時附加參數；可以如下設定。於主功能表選擇 [**專案 (P)**]>[**xxx 屬性 (P…)**] 開啓「屬性頁」，其中 **xxx** 爲專案的名稱。於「屬性頁」的左邊欄選擇選擇 [**組態屬性**]>[**偵錯**] 項目，並於其右邊欄位的 [**命令引數**] 鍵入參數；例如：需要鍵入 2 個參數（以空白隔開）："王小明 " 與 19，則如下所示。

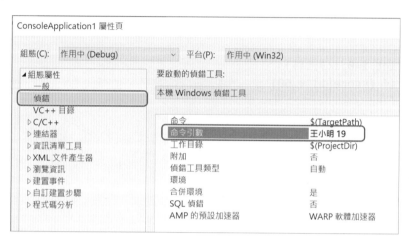

程式碼列表

```cpp
1  #include <iostream>
2  using namespace std;
3
4  string func(int*, float*, float&);
5
6  int main()
7  {
8      int score[3] = { 60,50,83 };
9      float sum, avg;
10     string str;
11
12     str = func(score, &sum, avg);
13     cout << " 總分 = " << sum << endl;
14     cout << " 平均 = " << avg << endl;
15     cout << " 全班 " << str << endl;
16
17     system("pause");
18 }
19
20 string func(int* score, float* sum, float& avg)
21 {
```

```
22        *sum = 0;
23        bool fg = true;
24        string str;
25
26        for (int i = 0; i < 3; i++)
27            *sum += score[i]; // 計算總分
28
29        avg = *sum / 3.0f;
30
31        for(int i=0;i<3;i++)
32            if (score[i] < 60)
33            {
34                fg = false;
35                break;
36            }
37
38        if (fg)
39            str = " 全班及格 ";
40        else
41            str = " 有人不及格 ";
42
43        return str;
44  }
```

本章習題

1. 寫一函式，傳入日期與時間的字串，拆解此字串後，使用陣列回傳年、月、與日。

2. 同第 2 題，使用傳址的方式回傳年、月與日。

3. 寫一程式，呼叫自訂函式動態產生 5×5 之二維陣列、於陣列中填滿 1-25 之亂數，並回傳此二維陣列。

4. 修改第 3 題，自訂函式沒有回傳值。將 5×5 的為二維陣列傳遞給自訂函式，在自訂函式中產生介於 1-25 的亂數填滿此二維陣列；並在呼叫者程式顯示此二維陣列的內容。

5. 修改範例 11 的本章習題第 3 題，將表單、新增資料、顯示資料、計算各科平均、計算學生總分都改寫為自訂函式。

6. 使用函式多載，寫一個用於計算三角形面積的自訂函式；傳入三角形的底邊長與高度，回傳三角形的面積，並且自訂函式的參數需要有預設值。

7. 設計一個巨集，用於回傳 3 個數中的最大者。

Example 20

變數有效範圍

使用靜態變數寫一存款、提款的程式。程式中有一自訂函式負責存款、提款與顯示餘額。自訂函式中存款的金額以靜態變數表示。

一、學習目標

變數範圍（Variable scope）也可稱為變數有效範圍、變數等級或變數活動範圍等；皆指相同的一件事情：程式中變數宣告的位置不同，其有效的範圍也不相同。

談及變數範圍的討論可以有不少的觀點，但在寫程式時的實際運用上，卻可以很簡單又明瞭。依據變數範圍的角度，C++ 的變數大致上可以分為全域變數、區域變數與區塊變數（這只是概略的分法，並不是最正確的方式）。此 3 者的變數範圍為：

> 全域變數 ＞ 區域變數 ＞ 區塊變數

此變數範圍的關係表示：宣告成全域的變數，可以在整支程式都能使用，直到程式結束為止。宣告為區域的變數，只能在自己的區域內使用；一旦離開自己的程式區域，此變數就無效。在區塊內的變數則只能在區塊內使用；一旦離開自己的程式區塊，此變數就無效。

更正確的說法是：各種的變數一旦離開自己的範圍，都會被釋放並歸還其所佔用的記憶體空間給作業系統。全域變數離開自己的範圍也表示程式結束，當然變數就會無效。而區域與區塊變數也是相同的道理，離開了自己的範圍，當然也表示此段程式碼已經執行結束，當然變數就會無效了。

二、執行結果

下圖左為選單的畫面。欲存款則輸入 1，並接著輸入存款的金額；如下圖右所示。

欲提款則輸入 2，再輸入提款的金額；如下圖左所示。下圖右為顯示餘額的畫面。

 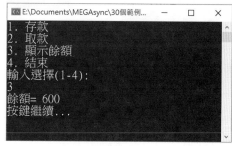

20-1　全域、區域與區塊變數

此 3 種變數大致上有一定的宣告位置。全域變數通常宣告在主函式 main() 與自訂函式之外；換句話說就是不宣告在任何函式、程式區塊之內。區域變數則通常宣告在函式之內，例如：自訂函式中所宣告的變數、參數。區塊變數則是在更小範圍內的程式碼區塊中宣告；例如在 if…else 判斷敘述、switch…case 選擇敘述、for 或 while 重複敘述中所宣告的變數等。

　　　全域變數：宣告於任何函式之外；通常在宣告在所有函式之前。
　　　區域變數：函式的參數、宣告於函式之內但不在程式區塊內的變數。
　　　區塊變數：宣告於函式中的程式區塊之內的變數。

變數有效範圍

以整數變數為例，此 3 種變數的位置大致如下列範例程式所示。程式碼第 4、19 行宣告變數 g1 與 g2，因為宣告在所有函式之外，所以屬於全域變數；並可讓整支程式使用。第 21 行自訂函式 func() 的參數 l2 是區域變數，第 8、23 行在函式中宣告的變數 l1 與 l3 也是區域變數。

程式碼第 10-15 行為 for 重複敘述；因此，第 10 行的迴圈變數 b1，以及在 for 重複敘述區塊內宣告的變數 b2，都是區塊變數。離開了 for 重複敘述的區塊之後，變數 b1 與 b2 無法再被使用；因此，第 16 行就會發生錯誤。第 14 行把全域變數 g2 設定給區域變數 l1，但在第 14 行之前都沒有變數 g2 的宣告，一直到第 19 行才宣告變數 g2；因此，第 14 行會發生錯誤。

```
1  #include <iostream>
2  using namespace std;
3
4  int g1;                 // 全域變數：整支程式都有效。
```

Example 20　變數有效範圍　20-3

```
 5
 6  int main()
 7  {
 8      int l1;                  // 區域變數：只在 main() 函式有效。
 9
10      for (int b1 = 1; b1<10;b1++)   // 區塊變數：只在 for 迴圈區塊內有效。
11      {
12          int b2 = 1;      // 區塊變數：只在 for 迴圈區塊內有效。
13          l1 = g1;         // 正確，因為 g1 為全域變數。
14          l1 = g2;         // 錯誤，因為 g2 尚未宣告。
15      }
16      l1 = b1;             // 錯誤，變數 b1 已經無效。
17  }
18
19  int g2;                  // 全域變數：從程式碼第 21 行之後有效。
20
21  void func(int l2)     // 區域變數：只在 func() 函式內有效。
22  {
23      int l3;              // 區域變數：只在 func() 函式內有效。
24
25      l3 = g2;             // 正確，因為 g2 為全域變數
26      while (true)
27      {
28          int b3;          // 區塊變數：只在 while 迴圈區塊內有效。
29      }
30      l2 = b3;             // 錯誤，變數 b3 已經無效
31  }
```

程式碼第 26-29 行為 while 重複敘述，並且在其程式區塊內宣告了變數 b3；所以變數 b3 為區塊變數；變數 b3 一旦離開了 while 重複敘述區塊便會失效。所以，第 30 行會發生錯誤，因為此時變數 b3 已經無效。

變數可視範圍

再看一個例子。下列範例程式有 2 個函式 func() 與 main()，程式碼第 4 行宣告了全域變數 a，其值等於 5。第 13 行在主函式 main() 中也宣告了區域變數 a，其值等於 10。第 17 行在 if 區塊內也宣告了區塊變數 a，其值等於 8。

```
 1  #include <iostream>
 2  using namespace std;
 3
 4  int a = 5;                   // 全域變數，整支程式都有效。
```

```
 5
 6  void func()
 7  {
 8      cout << a << endl;    // 變數 a 為程式碼第 4 行所宣告的全域變數：5。
 9  }
10
11  int main()
12  {
13      int a = 10;               // 區域變數，只在 main() 函式內有效。
14
15      if(...)
16      {
17          int a = 8;            // 區塊變數，只在 if 區塊內有效。
18
19          cout << a;            // 變數 a 為程式碼第 17 行所宣告的區塊變數：8。
20      }
21
22      cout << a;                // 變數 a 為程式碼第 13 行所宣告的區域變數：10。
23      system("pause");
24  }
```

雖然這 3 個變數的名稱都相同，但是可視範圍卻不一樣。程式碼第 17 行宣告的變數 a，其變數有效範圍為第 16-20 行；因此，第 19 行所顯示變數 a 的值等於 8。

第 13 行所宣告的變數 a 的可視範圍則是整個 main() 函式，但排除第 16-20 行的區塊（因為這區塊是第 17 行變數 a 的可視範圍）；因此，第 22 行所顯示變數 a 的值等於 10。

第 4 行所宣告的全域變數 a，其可視範圍為整支程式（但排除第 13、17 行 2 個變數 a 的可視範圍）。因此，雖然第 6-9 行的自訂函式 func() 於其中並沒有宣告變數 a，第 8 行要顯示變數 a 的值，便是全域變數 a；所以第 8 行會顯示變數 a 的值等於 5。

練習 1：變數可視範圍

一程式內有 2 個自訂函式 func1() 與 func2()；其函式回傳值型別都是 int 型別。宣告 1 個 int 型別的全域變數 a，其值等於 5。在自訂函式 func1() 內宣告 1 個 int 型別的變數 a，初始值等於 10；並將變數 a 累加 10 後回傳給呼叫者。在自訂函式 func2() 內將變數 a 累加 5 後回傳給呼叫者。在主程式 main() 中呼叫此 2 個自訂函式，並顯示各自的回傳值。

Example 20　變數有效範圍　20-5

解說

自訂函式 func1() 中宣告了整數變數 a，則此變數為區域變數；因此變數可視範圍為整個 func1() 函式。所以在自訂函式 func1() 所有關於變數 a 的運算，都是針對這個區域變數 a。

在自訂函式 func2() 中並沒有宣告任何變數，但卻要將變數 a 累加 5。因此，在自訂函式 func2() 中的變數 a 指的是全域變數 a，因為全域變數的可視範圍為整支程式，有效範圍也是整支程式。

執行結果

```
func1()'s a=20
func2()'s a=10
```

程式碼列表

```
1  #include <iostream>
2  using namespace std;
3
4  int a = 5;
5
6  int func1()
7  {
8      int a = 10;
9
10     a += 10;
11     return a;
12 }
13
14 int func2()
15 {
16     a += 5;
17     return a;
18 }
19
20 int main()
21 {
22     cout << "func1()'s a=" << func1() << endl;
23     cout << "func2()'s a=" << func2() << endl;
24
25     system("pause");
26 }
```

程式講解

1. 程式碼第 1-2 行引入 iostream 標頭檔與宣告使用 std 命名空間。
2. 程式碼第 4 行宣告全域的整數變數 a，初始值等於 5。
3. 程式碼第 6-12 行為自訂函式 func1() 的程式本體。第 8 行宣告整數變數 a，初始值等於 10；此變數為區域變數，有效範圍與可視範圍為整個 func1() 函式。第 10 行將變數 a 累加 10，因此變數 a 的值等於 20；第 11 行回傳變數 a。
4. 程式碼第 14-18 行為自訂函式 func2() 的程式本體；第 16 行將變數 a 累加 5。因為在自訂函式 func2() 中沒有宣告變數 a；因此第 16 行所指的變數 a，便是第 4 行所宣告的全域變數 a；累加之後變數 a 的值等於 10。第 17 行回傳變數 a。
5. 程式碼第 20-26 為主函式 main() 的程式本體；第 22-23 分別呼叫自訂函式 func1() 與 func2()，並顯示其回傳值。

練習 2：全域變數

輸入 3 個成績，並計算總分與平均。輸入分數、計算總分與平均分別使用自訂函式處理。此 2 個自訂函式無回傳值也沒有傳入參數。

解說

依照題意，處理輸入資料以及負責計算總分與平均的此 2 個自訂函式，沒有函式回傳值也沒有參數；則儲存成績的陣列以及儲存總分與平均的變數，便要宣告為全域變數；如此才能讓整支程式內的所有的函式存取。

執行結果

```
輸入 3 個成績（使用空白隔開）: 90 89 84
總分 = 263
平均 = 87.6667
```

程式碼列表

```
1  #include <iostream>
2  using namespace std;
3
4  int score[3];
5  int sum;
6  float avg;
7
```

Example 20　變數有效範圍　20-7

```
 8  void add()
 9  {
10      cout << " 輸入 3 個成績 ( 使用空白隔開 ) : ";
11      cin >> score[0] >> score[1] >> score[2];
12  }
13
14  void getSum_Avg()
15  {
16      sum = 0;
17      for (int v : score)
18          sum += v;
19
20      avg = sum / 3.0f;
21  }
22
23  int main()
24  {
25      add();
26      getSum_Avg();
27
28      cout << " 總分 = " << sum << endl;
29      cout << " 平均 = " << avg << endl;
30
31      system("pause");
32  }
```

程式講解

1. 程式碼第 1-2 行引入 iostream 標頭檔與宣告使用 std 命名空間。

2. 程式碼第 4-6 行宣告全域變數：整數陣列 score、整數變數 sum 與浮點數 avg；分別表示 3 個成績、總分與平均。

3. 程式碼第 8-12 行為自訂函式 add() 的程式本體，此自訂函式用於輸入 3 個成績。第 10 行顯示輸入成績的提示訊息，第 11 行讀取輸入的 3 個成績，並分別儲存於陣列元素 score[0]-score[2]。

4. 程式碼第 14-21 行為自訂函式 getSum_Avg() 的程式本體，此函式用於計算總分與平均。第 17-18 行使用 for 重複敘述將 3 個成績累加於變數 sum，第 20 行計算平均並儲存於變數 avg。

5. 第 25-26 行分別呼叫自訂函式 add() 與 getSum_Avg()，第 28-29 行分別顯示總分與平均。雖然在主函式 main() 內並沒有宣告任何變數，但因為第 5-6 行所宣告的變數 sum 與 avg 屬於全域變數，因此也能在 main() 主函式中使用。

20-2　靜態變數、外部變數

變數除了有不同的有效範圍與可視範圍之外，還可以設定為靜態或是外部變數。靜態變數宣告之後，其所占的記憶體空間會被保留，一直到程式結束才會被釋放。所以若將區域變數宣告為靜態，則即使離開了函式之後其值也會被保留；等到此函式再次被呼叫時，此靜態變數的值便可以繼續使用。

外部變數主要有 2 種用途：變數延後宣告、使用外部程式的全域變數。比較大型的應用程式或是軟體系統通常是由許多的程式原始碼所組成；在開發的時候也是以專案的形式來維護，所以不會只有一支程式原始碼。（目前本書所探討的都是一支程式原始碼組成一支程式，是最簡單的程式專案。）因此，在不同程式原始碼之間傳遞資料的方法，除了使用函式回傳值、參數傳遞之外，還可以利用外部變數。

外部變數

外部變數的宣告方式與一般變數宣告相同，但是在資料型別之前加上修飾字："extern"。例如：宣告一個外部的整數變數 sum，如下所示。

```
extern int sum;
```

須注意，"extern" 修飾字只是表示：這個變數的宣告在其他地方。所以上述程式敘述並不是宣告變數 sum，只是告知使用 sum 的程式敘述：

> 變數 sum 宣告在程式的其他地方，所以有用到變數 sum 的程式敘述就予以先不理會變數 sum 是否有效。

所以，當整支程式都沒有真正宣告變數 sum，或是參與專案的其他程式原始碼中也沒有宣告全域變數 sum 時，就會發生錯誤。例如以下範例：

左邊的程式碼第 9 行使用到變數 a，但在第 13 行才宣告全域變數 a；所以第 9 行會發生錯誤。而右邊的程式碼第 7 行先使用 "extern" 修飾字宣告了整數變數 a，雖然真正變數 a 的宣告在第 13 行，但第 9 行就可以使用變數 a 而不發生錯誤。

Example 20　變數有效範圍　20-9

```
1  #include <iostream>              1  #include <iostream>
2  using namespace std;            2  using namespace std;
3                                    3
4  int main()                       4  int main()
5  {                                5  {
6      int b;                       6      int b;
7                                    7      extern int a;
8                                    8
9      b = a;                       9      b = a;
10     cout << b;                   10     cout << b;
11 }                                11 }
12                                   12
13 int a = 6;                       13 int a = 6;
14                                   14
15 void func()                      15 void func()
16 {                                16 {
17 }                                17 }
```

靜態變數

使用 "static" 修飾字修飾的變數稱為靜態變數。無論是全域、區域或是區塊的變數，宣告為靜態變數之後，一直到程式結束時才會釋放其所占用的記憶體空間。利用此特性可以讓函式內的區域或是區塊變數，雖然離開了函式或是程式區塊之後，此變數然仍然可以繼續使用；當再次執行函式或是進入程式區塊時，此變數不會重新初使化，並且原先的值會被保留下來。

如下範例所示，第 1 次呼叫左邊的自訂函式 func1() 後，變數 a 被設定為 0，並且將 a 累加 10；因此，a 的值等於 10；當離開自訂函式 func1()，變數 a 所占有的記憶體空間會被釋放，所以不再有變數 a。第 2 次呼叫自訂函式 func1()，變數 a 再次被初始化，並設定為 0、累加 10，所以 a 的值仍然等於 10。執行結束離開自訂函式 func1()，變數 a 所佔的空間再次被釋放。無論自訂函式 func1() 執行多少次，這樣結果反覆發生。

再觀察右邊的自訂函式 func2()，程式碼第 3 行使用 "static" 修飾字宣告了變數 a，初始值等於 0。當第 1 次呼叫自訂函式 func2()，並執行第 5 行將變數累加 10，所以變數 a 等於 10。當離開自訂函式 func()2，變數 a 所占有的記憶體空間不會被釋放，所以 a 的值會被保留下來。第 2 次呼叫自訂函式 func2() 時，並不會執行第 3 行重新宣告變數 a、也不會重新設定 a 等於 0；此時的變數 a 的值是上次的執行結果 10。因此再次執行第 5 行將變數 a 累加 10，其結果會等於 20。執行多少次的自訂函式 func2()，變數 a 的值就會被累加 10 這麼多次；變數 a 的值等於 10、20、…。

```
1  void func1()          1  void func2()
2  {                     2  {
3      int a = 0;        3      static int a = 0;
4                        4
5      a += 10;          5      a += 10;
6  }                     6  }
```

練習 3：靜態區域變數

寫一自訂函式 func()，於其中宣告 1 個靜態的整數變數 a，初始值等於 0。接著將變數 a 累加 10，並顯示累加的結果。於 main() 主函式中連續呼叫 func() 自訂函式 5 次並觀察其輸出的結果。

解說

在函式中宣告的變數屬於區域變數，有效範圍只在此函式之內。因此，當函式執行結束後，於函式中所宣告的變數便會釋放其所占的記憶體空間，變數將不再存在。然而此練習題要在函式中宣告的是靜態變數；因此，即使函式執行結束後此變數也不會消失。所以可預期自訂函式 func() 執行 5 次的輸出結果是：10、20、…50。

執行結果

```
a= 10
a= 20
a= 30
a= 40
a= 50
```

程式碼列表

```
1  #include <iostream>
2  using namespace std;
3
4  void func()
5  {
6      static int a = 0;
7
8      a += 10;
9      cout << "a= " << a << endl;
10 }
11
```

Example 20　變數有效範圍　20-11

```
12  int main()
13  {
14      for (int i = 0; i < 5; i++)
15          func();
16
17      system("pause");
18  }
```

程式講解

1. 程式碼第 1-2 行引入 iostream 標頭檔與宣告使用 std 命名空間。

2. 程式碼第 4-10 行為自訂函式 func() 的程式本體。第 6 行宣告靜態的整數變數 a，初始值等於 0。第 8 行將變數 a 累加 10，第 9 行顯示累加的結果。

3. 程式碼第 12-18 為主函式 main()。第 14-15 行使用 for 重複敘述執行 5 次的自訂函式 func()。

三、範例程式解說

1. 建立專案，程式碼第 1-3 行引入 iostream、conio.h 標頭檔與宣告使用 std 命名空間。

```
1  #include <iostream>
2  #include <conio.h>
3  using namespace std;
```

2. 程式碼第 6-15 行為自訂函式 showMenu() 的程式本體，第 10-14 行顯示選單項目。

```
6  void showMenu(void)
7  {
8      system("cls");
9
10      cout << "1. 存款 " << endl;
11      cout << "2. 取款 " << endl;
12      cout << "3. 顯示餘額 " << endl;
13      cout << "4. 結束 " << endl;
14      cout << " 輸入選擇 (1-4): ";
15  }
```

3. 程式碼第 18-42 行為自訂函式 func()，用於處理存款、提款與顯示於餘額。函式回傳型別為 bool；函式回傳值預設為 true，當提款不成功則回傳 false。自訂函式 func() 帶有 2 個參數；第 1 個參數 sel 為功能選項，第 2 個參數 amount 為存款或是提款的金額。第 20 行宣告靜態的整數變數 money，用於表示存款的餘額；初始值等於 0。第 21 行宣告布林變數 fg，預設值等於 true；當提款失敗時會被設定為 false。第 23-39 行為 switch…case 選擇敘述，根據參數 sel 分別執行：存款、提款與顯示餘額。第 25-27 行為存款的部分，第 26 行將現有的存款餘額加上存款的金額。

```
18  bool func(int sel, int amount)
19  {
20      static int money = 0;
21      bool fg = true;
22
23      switch (sel)
24      {
25          case 1:
26              money += amount;
27              break;
```

第 29-34 行為提款的部分，第 30-33 行為 if…else 判斷敘述；第 30-31 行判斷若存款餘額不足以提款的金額，則將變數 fg 設定為 false，否則第 33 行將存款餘額減去提款的金額。第 36-38 行為顯示存款餘額的部分，第 37 行顯示存款餘額。第 41 行回傳變數 fg，用以表示存款或提款是否成功。

```
29          case 2:
30              if (money - amount < 0)
31                  fg = false;
32              else
33                  money -= amount;
34              break;
35
36          case 3:
37              cout << " 餘額 = " << money << endl;
38              break;
39      }
40
41      return fg;
42  }
```

4. 開始於 main() 主函式中撰寫程式。程式碼第 46 行宣告變數 sel，用於儲存使用者所輸入的選項。第 47 行宣告變數 amount，表示存款或是取款的金額。第 49-75 為一個 while 無窮迴圈，其中第 51 行顯示功能選單，第 52 行讀取使用者輸入的選項，並儲存於變數 sel。第 54-72 行為 switch…case 選擇敘述，根據變數 sel 分別執行不同的功能。

Example 20 變數有效範圍 20-13

第 56-62 行為存款與提款的部分。第 58 行顯示提示訊息，第 59 行讀取輸入的金額，並儲存到變數 amount。第 60 行呼叫自訂函式 func()，並將選項 sel 與金額 amount 當成引數。若自訂函式 func() 的回傳值等於 false，則 61 行顯示餘額不足的訊息。

第 63-64 行為顯示餘額部分；呼叫自訂函式 func() 並傳入選項 sel 與 0 當成引數。顯示餘額並不需要第 2 個引數，但為了符合自訂函式 func() 的參數格式，因此就隨意傳了一個值 0 當成第 2 個引數。

```
46  int sel;
47  int amount;
48
49  while (true)
50  {
51      showMenu();
52      cin >> sel;
53
54      switch (sel)
55      {
56          case 1:
57          case 2:
58              cout << " 輸入金額 : ";
59              cin >> amount;
60              if (!func(sel, amount))
61                  cout << " 存款餘額不足，";
62              break;
63          case 3:  func(sel,0);
64              break;
```

第 66-67 行呼叫 exit(0) 結束程式。第 69-71 行若輸入錯誤的選項，則顯示錯誤訊息。第 73-74 行顯示訊息並等待使用者按任意鍵繼續執行 while 無窮迴圈。

```
66          case 4: exit(0);
67              break;
68
69          default:
70              cout << " 輸入錯誤，";
71              break;
72      }
73      cout << " 按鍵繼續 ...";
74      while (!_kbhit());
75  }
76
77  system("pause");
```

重點整理

1. 若要讓某個變數能在所有的函式中都能使用，則將此變數宣告為全域變數。
2. 在有多支原始碼的專案中，可以使用 extern 修飾字修飾全域變數，表示此變數來自於專案中的其他的 C++ 程式；藉此達到跨不同的程式原始碼的變數共用。
3. 若以 "static" 修飾字修飾區域變數，則當函式結束之後此變數的值也不會消失。

分析與討論

1. 以 "extern" 修飾的變數，有變數延後宣告的作用；所以可在程式的任意處宣告全域變數，然後在函式中先以 "extern" 修飾此全域變數，便可以直接使用此全域變數。然而，對於一個嚴謹的程式架構，並不樂見這樣的程式撰寫方式：在整支程式的任意位置宣告全域變數。除了容易造成除錯困難之外，也使得程式難以閱讀與維護。如果是一個多人合作的程式開發案，更會增加分工合作的困難。

程式碼列表

```cpp
1  #include <iostream>
2  #include <conio.h>
3  using namespace std;
4
5  //--------------------------
6  void showMenu(void)
7  {
8      system("cls");
9
10     cout << "1. 存款 " << endl;
11     cout << "2. 取款 " << endl;
12     cout << "3. 顯示餘額 " << endl;
13     cout << "4. 結束 " << endl;
14     cout << " 輸入選擇 (1-4): ";
15 }
16
17 //------------------------
18 bool func(int sel, int amount)
19 {
20     static int money = 0;
21     bool fg = true;
22
23     switch (sel)
24     {
25         case 1:
```

Example 20　變數有效範圍　　20-15

```
26              money += amount;
27              break;
28
29          case 2:
30              if (money - amount < 0)
31                  fg = false;
32              else
33                  money -= amount;
34              break;
35
36          case 3:
37              cout << "餘額 = " << money << endl;
38              break;
39      }
40
41      return fg;
42  }
43
44  int main()
45  {
46      int sel;
47      int amount;
48
49      while (true)
50      {
51          showMenu();
52          cin >> sel;
53
54          switch (sel)
55          {
56              case 1:
57              case 2:
58                  cout << "輸入金額 : ";
59                  cin >> amount;
60                  if (!func(sel, amount))
61                      cout << "存款餘額不足，";
62                  break;
63              case 3:  func(sel,0);
64                  break;
65
66              case 4: exit(0);
67                  break;
```

```
68
69              default:
70                  cout << " 輸入錯誤，";
71                  break;
72          }
73          cout << " 按鍵繼續 ...";
74          while (!_kbhit());
75      }
76
77      system("pause");
78  }
```

本章習題

1. 改寫本範例，存款的餘額使用全域變數。

2. 使用靜態變數寫四則運算的程式。程式中有一自訂函式負責加、減、乘與除的運算；自訂函式中運算的結果以靜態變數表示。步驟：先選擇做何種運算，再輸入 1 個數字對運算結果進行運算。

三、深入篇

Example
21

列舉

寫一程式，挑選衣服的顏色、輸入數量之後計算購衣的金額。衣服有 3 種顏色：藍、黃與白色，單價分別為 330、300 與 280 元。衣服的顏色使用列舉表示。

▌一、學習目標

列舉（Enum 或 Enumeration）是以文字的方式來表達一群相關的數值，使得在表示數值的時候更直觀且具意義性。

例如：在撰寫程式的時候，欲表達星期一至星期日，通常會使用數字 1-7；數字 1 表示星期一、數字 2 表示星期二，星期日則使用數字 7 表示。又或者：功能選單裡的新增、修改、刪除等功能，在程式中的 switch…case 敘述裡則使用數字 1、2、3 等來表示使用者選擇了不同的功能。

如果星期一至星期日能使用 Monday、Tuesday、Wednesday 等文字表示；新增、修改、刪除的功能可以使用 ADD、MIDIFY、DELETE 等文字表示，這樣不僅使得程式更容易閱讀也讓程式邏輯更有意義。

二、執行結果

下圖左為初始畫面。輸入衣服顏色的編號、購買的件數後顯示購衣總金額；如下圖右所示。

21-1 傳統的列舉

定義列舉

傳統的列舉指的是 C 或是 C++ 11 版本一般的寫法。列舉語法由關鍵字 enum 開始,接著是列舉的名稱。列舉的內容在左右大括弧裡面,每一項內容稱為列舉常數;多個列舉常數使用逗點 "," 隔開,並且每個列舉常數可以各自設定其值;如下所示。如果沒有設定值,則預設會從 0 開始:第 1 個列舉常數等於 0、第 2 個列舉常數等於 1,以此類推。

> enum 列舉名稱 { 列舉常數 1[= 數值], 列舉常數 2[= 數值],… };

列舉常數只能為文字(命名方式與變數相同),不能為數值、字串、字元等基本資料型別。例如,定義 1 個名稱為 EM 的最簡單的列舉:

```
1  enum EM { SPRING, SUMMER, AUTUMN, WINTER };
```

程式碼第 1 行定義了列舉 EM,共有 4 個列舉常數:SPRING、SUMMER、AUTUMN 與 WINTER。以下為錯誤的列舉定義:

```
2  enum EM1 { "SPRING", "SUMMER", "AUTUMN", "WINTER" };
3  enum EM2 { 11, 12, 13, 14 };
4  enum EM3 { 'A', 'B', 'C', 'D' };
5  enum EM4 { 12A, 12B, 14C };
```

程式碼第 2-5 行的列舉定義錯誤的原因如下:第 2 行使用字串定義列舉常數、第 3 行使用數值定義列舉常數、第 4 行使用字元定義列舉常數、第 5 行使用數字開頭的文字作為列舉常數的名稱。

設定列舉常數的值

列舉中的列舉常數其實代表某個數值,只是改使用文字來表達更易於理解。列舉常數有幾種設定值的方式:預設值、起始值、各別設定;分別如下說明。

▷ 預設值

定義列舉時若沒有替列舉常數設定各別的值,則以預設值 0 開始:第 1 個列舉常數等於 0、第 2 個列舉常數等於 1,以此類推;如下所示:

Example 21　列舉　21-5

此行程式敘述定義了 EM 列舉，並有 4 個列舉常數：SPRING、SUMMER、AUTUMN 與 WINTER；因爲並沒有替列舉常數設定各別的值，所以這 4 個列舉常數的預設值分別爲：0、1、2 與 3。

▷ 起始值

列舉內只要有任何 1 個列舉常數設定數值之後，其後沒有設定值的列舉常數，便會以此值遞增下去作爲自己的值；如下所示。列舉 EM 的第 1 個列舉常數 SPRING 的值等於 3，因此其後的 3 個列舉常數 SUMMER、AUTUMN 與 WINTER 的值則分別爲 4、5 與 6。

```
enum EM { SPRING = 3, SUMMER, AUTUMN, WINTER };
               │           │         │         │
               ▼           ▼         ▼         ▼
               3           4         5         6
```

再舉另一個例子：列舉 EM 的列舉常數 AUTUMN 的值設定爲 10，如下所示。則由於前 2 個列舉常數 SPRING 與 SUMMER 沒有設定值；因此，此 2 個列舉常數的值以預設值 0 與 1 設定之。因爲第 3 個列舉常數 AUTUMN 設定了數值等於 10，因此下一個列舉常數 WINTER 便會以 10 遞增 1 作爲自己的值；因此，列舉常數 WINTER 的值等於 11。

```
enum EM { SPRING, SUMMER, AUTUMN = 10, WINTER };
               │        │         │            │
               ▼        ▼         ▼            ▼
               0        1        10           11
```

▷ 各別設定

定義列舉時可以替列舉常數設定各別的值，如下所示：

```
enum EM { SPRING = 20, SUMMER = 11, AUTUMN = 7, WINTER = 15 };
               │            │            │            │
               ▼            ▼            ▼            ▼
               20           11           7            15
```

此行程式敘述定義了列舉 EM，並替 4 個列舉常數各自設定了值。所以列舉常數 SPRING、SUMMER、AUTUMN 與 WINTER 的值分別爲：20、11、7 與 15。

⤷ 練習 1：取得列舉常數的值

有一列舉 EM，其列舉常數的順序爲：SPRING、SUMMER、AUTUMN、WINTER；並且 AUTUMN 的值等於 10。寫一程式輸入一整數，使用 switch…case 比對輸入的整數並顯示列舉 EM 的值。

▌ 解說

依照題意 switch…case 選擇敘述的比對常數值應爲 SPRING、SUMMER、AUTUMN 與 WINTER。並且如果輸入的整數等於這些列舉常數，便顯示列舉常數的值。而列舉 EM 的 4 個列舉常數值分別爲：0、1、10 與 11。

執行結果

```
輸入一個整數 (-1：結束 )：1
SUMMER= 1
輸入一個整數 (-1：結束 )：11
WINTER= 11
```

程式碼列表

```cpp
1  #include <iostream>
2  using namespace std;
3
4  enum EM { SPRING, SUMMER, AUTUMN = 10, WINTER };
5
6  int main()
7  {
8      int val;
9
10     while (true)
11     {
12         cout << " 輸入一個整數 (-1：結束 )：";
13         cin >> val;
14
15         switch (val)
16         {
17             case SPRING: cout << "SPRING= " << SPRING << endl;
18                 break;
19
20             case SUMMER: cout << "SUMMER= " << SUMMER << endl;
21                 break;
22
23             case AUTUMN: cout << "AUTUMN= " << AUTUMN << endl;
24                 break;
25
26             case WINTER: cout << "WINTER= " << WINTER << endl;
27                 break;
28
29             case -1: exit(0);
30                 break;
31
32             default: cout << " 輸入錯誤 " << endl;
33                 break;
```

Example 21　列舉　21-7

```
34          }
35      }
36      system("pause");
37  }
```

程式講解

1. 程式碼第 1-2 行引入 iostream 標頭檔與宣告使用 std 命名空間。
2. 程式碼第 4 行定義列舉 EM，其列舉常數為：SPRING、SUMMER、AUTUMN 與 WINTER；並且 AUTUMN 的值等於 10。
3. 程式碼第 8 行宣告整數變數 val，作為使用者輸入的整數值。
4. 程式碼第 10-35 行為 while 無窮迴圈。第 12-13 行顯示輸入提示、讀取使用者輸入的值，並儲存於變數 val。
5. 程式碼第 15-34 行為 switch…case 選擇敘述，並使用列舉 EM 的列舉常數作為比對常數值。根據輸入的值 val 逐一比對 SPRING、SUMMER、AUTUMN 與 WINTER；如果變數 val 的值等於這些列舉常數，則顯示相對應的列舉常數。若輸入的值等於 -1 則呼叫函式 exit() 結束程式。

列舉變數與數值變數的轉換

列舉常數雖然使用文字表示，但其實是一個數值；因此，可以與數值型別的變數彼此互相轉換。例如下列範例：

程式碼第 1 行定義一個列舉 EM，其列舉常數為：SPRING、SUMMER、AUTUMN、WINTER；其值等於 0、1、2 與 3。第 3 行宣告 3 個列舉變數：em1-em3，第 4 行宣告 2 個整數變數 a 與 b；a 的值等於 2。

```
 1  enum EM { SPRING, SUMMER, AUTUMN, WINTER };
 2      ⋮
 3  EM em1,em2,em3;
 4  int a=2,b;
 5
 6  em1 = SPRING;
 7  em2 = (EM)a;
 8  em3 = WINTER;
 9  b = em3;
10  a += em3;
```

第 6 行將列舉常數 SPRING 設定給列舉變數 em1，所以 em1 等於數值 0。第 7 行將變數 a 轉型後再設定給列舉變數 em2，所以 em2 的值等於 2。第 8-9 行先將列舉常數 WINTER 設定給列舉變數 em3，再將列舉變數 em3 設定給變數 b，所以變數 b 等於 3。第 10 行將列舉變數 em3 累加至變數 a，因此變數 a 的值等於 5。

練習 2：選水果

有一列舉 Fruit，用於表示水果：蘋果、橘子、葡萄與芒果。寫一程式，輸入喜歡的水果代號之後，顯示所選擇的水果名稱。例如：選擇了蘋果，則顯示 " 您選擇了蘋果 "。

解說

使用者所輸入水果的編號是 1 個整數變數，列舉 Fruit 的列舉常數也是 1 個數值，所以可以彼此進行 if...else 邏輯比較，也能透過轉型將一般的數值變數設定給列舉變數，並進行算數運算；如此，在整個程式的邏輯上可以維持一致性。

並且本練習題將不使用 switch…case 選擇敘述的方式去比對列舉常數；以及示範經由列舉常數去讀取陣列裡的元素。

執行結果

```
輸入一種水果：(1) 蘋果 (2) 橘子 (3) 葡萄 (4) 芒果 (-1) 結束：1
您選擇了蘋果
輸入一種水果：(1) 蘋果 (2) 橘子 (3) 葡萄 (4) 芒果 (-1) 結束：4
您選擇了芒果
輸入一種水果：(1) 蘋果 (2) 橘子 (3) 葡萄 (4) 芒果 (-1) 結束：-1
```

程式碼列表

```
1  #include <iostream>
2  using namespace std;
3
4  enum Fruit { Apple, Orange, Grape, Mango, End=-1 };
5  string fruitNames[] = { " 蘋果 "," 橘子 "," 葡萄 "," 芒果 " };
6
7  int main()
8  {
9      Fruit fut;
10     int val;
11
12     while (true)
```

Example 21 列舉 21-9

```
13      {
14              cout << " 輸入一種水果：(1) 蘋果 (2) 橘子 (3) 葡萄 (4) 芒果 (-1) 結束："；
15              cin >> val;
16
17              if (val != -1 && (val<Apple || val>Mango))
18              {
19                      cout << " 輸入錯誤 " << endl;
20                      continue;
21              }
22
23              if (val == -1)   // 選擇結束程式
24                      fut = (Fruit)val;
25              else
26                      fut = (Fruit)(val-1);
27
28              if (fut == End)
29                      exit(0);
30              else
31                      cout << " 您選擇了 " << fruitNames[fut] << endl;
32      }
33      system("pause");
34 }
```

程式講解

1. 程式碼第 1-2 行引入 iostream 標頭檔與宣告使用 std 命名空間。

2. 第 4 行定義列舉 Fruit，其列舉常數等於：Apple、Orange、Grape、Mango 與 End。列舉中只有前 4 個列舉常數是水果，但特意安排了 1 個非水果名稱的 End 列舉常數，並且其值設定為 -1；此列舉常數 End 作為結束程式時所需要輸入的值。第 5 行宣告了字串型別的一維陣列 fruitNames，其元素為水果名稱的字串。

3. 程式碼第 9 行宣告了 1 個列舉變數 fut，作為使用者所挑選的水果名稱。第 10 行宣告變數 val，儲存使用者所輸入的水果代號。

4. 程式碼第 12-32 行為 while 無窮迴圈，第 14-15 行顯示提示訊息、讀取使用者所輸入的水果代號，並儲存於變數 val。第 17-21 行先排除不正確的輸入值：不等於 -1、1-4。

5. 第 23-26 行判斷若是變數 val 等於 -1，則直接將變數 val 轉型為列舉型別並設定給列舉變數 fut；否則將變數 val 先減去 1 之後，再設定給列舉變數 fut。

　　　如此將變數 val 分開處理的原因在於輸入 -1 表示結束程式，而數值 -1 與其他的列舉常數的值並無連續關係。此外，陣列元素的索引位置、列舉常數的預設數值都從 0 開始，但使用者所輸入的水果代號是從 1 開始，因此需要將變數 val 的值先減去 1，以符合陣列的起始索引位置和列舉常數的預設起始值。

6. 程式碼第 28-31 行判斷若列舉變數等於 End，則結束程式；否則根據列舉變數 fut 的值顯示相對應於陣列 fruitNames 中的水果名稱。

21-2　新式的列舉

C++ 11 版本開始提供了新的列舉型別：「enum class」。與原先的列舉有著相同的功能，但提供了更安全與明確的列舉處理方式。

例如以下例子：程式碼第 4-5 行定義 2 個列舉 EM1 與 EM2，分別表示季節與食物。第 9-10 行宣告了 2 個列舉 seasons 與 food，其值分別為 SUMMER 與 FRUIT；如下所示。

```cpp
1  #include <iostream>
2  using namespace std;
3
4  enum EM1 { SPRING, SUMMER, AUTUMN, WINTER };   // 季節
5  enum EM2 { MEAT, FRUIT, VEGETABLE, EGG };      // 食物
6
7  int main()
8  {
9      EM1 seasons = SUMMER;
10     EM2 food = FRUIT;
11
12     if (seasons == food)
13     {
14         cout << " 兩者相同 ";
15     }
16  }
```

程式碼第 12-15 行判斷列舉變數 seasons 是否等於列舉變數 food，如果相等則顯示 " 兩者相同 "。因為列舉常數 SUMMER（夏天）與 FRUIT（水果）的值都是 1；因此第 12 行判斷敘述的結果為 true 並顯示：" 兩者相同 "。雖然執行結果並無錯誤，但是從理解上來說，夏天會等於水果也是很奇怪事情。

再舉另一種情形，如下範例：若有 2 個列舉定義 EColor 與 ESafety，分別用於表示顏色與安全等級。2 個列舉中各自都有 RED 這個列舉常數，分別代表紅色與危險；如程式碼第 4-5 行所示。

Example 21 列舉 21-11

```
1  #include <iostream>
2  using namespace std;
3
4  enum EColor { RED, GREEN, BLUE };
5  enum ESafety { RED, ORANGE, YELLOW, GREEN };
6
7  int main()
8  {
9      EColor colors;
10
11     colors = RED;  ◄──────── 發生錯誤
12 }
```

程式碼第 9 行宣告 EColor 型別的列舉變數 colors，第 11 行將列舉變數設定為 RED 列舉常數，此時會發生錯誤；因為 C++ 編譯器無法分辨這個 RED 列舉常數指的是列舉 Ecolor 還是屬於 Esafety。

因此，C++ 11 版本所提出的列舉類別使用強制型別的方式避免諸如此類的問題；列舉類別的定義語法如下所示：在關鍵字 enum 之後多加了關鍵字 class；其餘的定義方式皆與傳統的列舉相同。

　　　　enum class 列舉名稱 { 列舉常數 1[= 數值], 列舉常數 2[= 數值],… };

例如：

```
enum class EColor { RED, GREEN, BLUE };
enum class ESafety { RED, ORANGE, YELLOW, GREEN };
```

在把列舉常數設定給列舉類別變數時，則需要指明所屬的列舉類別；如下所示：程式碼第 1 行宣告 1 個 EColor 型別的列舉變數 col1，其值等於列舉常數 RED，並且在列舉常數 RED 的前面要加上所屬的列舉類別：EColor。第 2 行為錯誤的變數宣告；因為列舉變數 col2 的型別為 EColor 列舉，但卻把 ESafety 列舉的常數 RED 設定給列舉變數 col2。

```
1  EColor col1 = EColor::RED;
2  EColor col2 = ESafety::RED;  // 錯誤
```

⤴ 練習 3：挑選季節

定義一個四季的列舉類別。寫一程式，輸入喜歡的季節代號，使用 switch…case 選擇敘述比對所輸入的季節代號，並顯示所選擇的季節。

▌解說

定義季節的列舉類別如下所示，因為使用的是列舉類別，所以使用關鍵字：" enum class "。

```
enum class Seasons { Spring = 1, Summer, Autumn, Winter };
```

假設輸入的季節代號為變數 sel，則使用 switch…case 選擇敘述比對所輸入的季節代號，應如下之架構所示：

```
1  switch ((Seasons)sel)
2     {
3         case Seasons::Spring:
4                :
5             break;
6
7         case Seasons::Summer:
8                :
9             break;
10               :
11    }
```

程式碼第 1 行的季節代號 sel 也必須轉型為正確的列舉型別才能進行比對。並且，第 3、7 行的比對常數 Spring 與 Summer 也都必須加上列舉型別 Seasons 才行。

▌執行結果

輸入季節的代號之後，會顯示所選擇的季節；如下所示。

```
輸入喜歡的季節：(1) 春季 (2) 夏季 (3) 秋季 (4) 冬季：3
您選擇了秋天
```

▌程式碼列表

```
1  #include <iostream>
2  using namespace std;
3
4  enum class Seasons { Spring = 1, Summer, Autumn, Winter };
5
```

Example 21 列舉 21-13

```
6  int main()
7  {
8      int sel;
9
10     cout << " 輸入喜歡的季節：(1) 春季 (2) 夏季 (3) 秋季 (4) 冬季：";
11     cin >> sel;
12
13     switch ((Seasons)sel)
14     {
15         case Seasons::Spring:
16             cout << " 您選擇了春天 " << endl;
17             break;
18
19         case Seasons::Summer:
20             cout << " 您選擇了夏天 " << endl;
21             break;
22
23         case Seasons::Autumn:
24             cout << " 您選擇了秋天 " << endl;
25             break;
26
27         case Seasons::Winter:
28             cout << " 您選擇了冬天 " << endl;
29             break;
30
31         default:
32             cout << " 輸入錯誤 " << endl;
33             break;
34     }
35
36     system("pause");
37 }
```

程式講解

1. 程式碼第 1-2 行引入 iostream 標頭檔與宣告使用 std 命名空間。

2. 程式碼第 4 行定義列舉類別 Seasons，列舉常數為：Spring、Summer、Autumn 與 Winter，並且列舉常數 Spring 的初始值等於 1；因此，此 4 個列舉常數的值等於：1、2、3 與 4。

3. 程式碼第 8 行宣告整數變數 sel，用於儲存使用者所輸入的季節代號。第 10-11 行顯示輸入提示訊息，並讀取使用者所輸入的季節代號。

4. 程式碼第 13-34 行為 switch…case 選擇敘述，並將變數 sel 轉型為列舉 Seasons 型別之後，逐一與 4 個列舉常數比較。第 15-17 行為選擇了 Seasons::Spring，第 19-21 行為選擇了 Seasons::Summer，第 23-25 行為選擇了 Seasons::Autumn，第 27-29 行則是選擇了 Seasons::Swinter。

▌三、範例程式解說

1. 建立專案，程式碼第 1-2 行引入 iostream 與宣告使用 std 命名空間。

```
1  #include <iostream>
2  using namespace std;
```

2. 程式碼第 4 行定義列舉類別 COLOR，其列舉常數為：Blue、Yellow 與 White；並且列舉常數 Blue 的初始值等於 1。因此，此 3 個列舉常數的值分別等於：1、2 與 3。

```
4  enum COLOR { Blue=1, Yellow, White };
```

3. 開始於 main() 主函式中撰寫程式。程式碼第 8 行宣告 3 個整數變數：sel、num 與 total，分別代表衣服的顏色、購買衣服件數與總金額。第 10-11 行顯示衣服顏色的訊息，並將所輸入的顏色代號儲存於變數 sel。第 13-14 行顯示購賣件數的提示，以及將輸入的件數儲存於變數 num。

```
8   int sel,num,total=0;
9
10  cout << " 輸入衣服的顏色：(1) 藍色 (2) 黃色 (3) 白色：";
11  cin >> sel;
12
13  cout << " 購買件數：";
14  cin >> num;
```

4. 根據衣服的顏色代號 sel，逐一尋找對應的顏色常數，並計算購衣總金額。第 18-20 行為藍色衣服，第 22-24 行為黃色衣服，第 26-28 為白色衣服。第 31 行顯示購買衣服的金額。

```
16  switch (sel)
17  {
18      case Blue:
19          total = num * 330;
20          break;
21
```

Example 21　列舉　21-15

```
22        case Yellow:
23            total = num * 300;
24            break;
25
26        case White:
27            total = num * 280;
28            break;
29  }
30
31  cout << " 一共 " << total << " 元 " << endl;
32  system("pause");
```

重點整理

1. 列舉將數值以文字表示，使之更容易理解。
2. 列舉常數可以視為數值，因此可與數值資料進行邏輯比對與算術運算。
3. 新式的列舉稱為列舉類別，提供列舉更安全的使用方式。

程式碼列表

```
1  #include <iostream>
2  using namespace std;
3
4  enum COLOR { Blue=1, Yellow, White };
5
6  int main()
7  {
8      int sel,num,total=0;
9
10     cout << " 輸入衣服的顏色：(1) 藍色 (2) 黃色 (3) 白色 : ";
11     cin >> sel;
12
13     cout << " 購買件數 : ";
14     cin >> num;
15
16     switch (sel)
17     {
18         case Blue:
19             total = num * 330;
20             break;
21
22         case Yellow:
```

```
23                total = num * 300;
24                break;
25
26          case White:
27                total = num * 280;
28                break;
29      }
30
31      cout << " 一共 " << total << " 元 " << endl;
32      system("pause");
33  }
```

本章習題

1. 有一餐館，星期一、二打 85 折，星期三、四打打 9 折，星期五、六打 95 折，星期日不打折。寫一程式，使用列舉表示星期一至星期日；輸入一星期中哪天要去餐廳，並顯示當天的打折折扣。

2. 使用列舉類別表示上、下、左、右 4 個按鍵。寫一程式，當按上、下、左、右按鍵時，分別顯示：" 向上移動 "、" 向下移動 "、" 向左移動 "、" 向右移動 "。當按 'Q' 或 'q' 則結束程式。

Example

22

結構

使用結構表示一電影票的訂票資訊：電影名稱、購票種類與場次時間。寫一簡單之訂票程式：輸入電影名稱、購票種類與場次時間之後，顯示訂票資訊。訂票與顯示訂票資訊使用自訂函式，並分別使用傳址與傳值呼叫的方式傳遞訂票資訊結構。

一、學習目標

結構（Struct）將一組相關的變數包裝在一起，並且成為自訂的資料型別；透過這樣的資料組織方式，使得這組變數變得更容易了解與存取。例如，宣告以下 3 個變數：

```
1  int ID;
2  string name;
3  int score;
```

整數變數 ID、字串變數 name 與整數變數 score 此 3 個變數若沒有經過額外的說明，並不知道這是 1 筆學生的資料，包含了 3 個欄位：學生的學號、姓名與成績資料。若是使用結構的方式將這 3 個變數重新包裝：

```
1  struct Student_Data   // 定義學生資料的結構
2  {
3      int ID;           // 結構成員：整數變數 ID
4      string name;      // 結構成員：字串變數 name
5      int score;        // 結構成員：整數變數 score
6  };
```

這是一個記錄學生資料的結構，結構名稱為 Student_Data；並且結構裡包含了 3 個資料成員：整數型別的變數 ID、字串型別的變數 name，以及整數型別的變數 score。即使沒有特別對結構內的這 3 個成員做說明，從結構的名稱就知道這是有關於學生的資料。

除此之外，在存取結構內的成員時也變得更具體化、減少誤植的可能性。例如，替學生瑪莉設定她的資料，如下所示：

```
1  Student_Data Mary;
2
3  Mary.ID = 109001;        // 設定瑪莉的學號
4  Mary.name = " 瑪莉 ";     // 設定瑪莉的姓名
5  Mary.score = 90;         // 設定瑪莉的成績
```

由上述的程式敘述，可以很具體又清楚：第 1 行宣告了瑪莉的結構變數 Mary，第 3-5 行分別設定變數 Mary 的學號：109001、姓名：瑪莉與成績：90 分。

並且，若是要將學號、姓名與成績傳遞給函式時，只需要傳遞這個結構變數給函式，而不用傳遞原本學號、姓名與分數這 3 個變數；當需要傳遞的變數增加時，結構更顯得方便多了。因此，結構可以說是將一組看似無關的變數，透過包裝之後使得這些變數更具有意義；並且在操作上更顯得具體化與方便。

二、執行結果

下圖左爲選單的畫面。下圖右則是「購票」的畫面：分別輸入電影代號、票種代號與場次時間的代號，最後按 y 或 Y 確定訂票資訊。

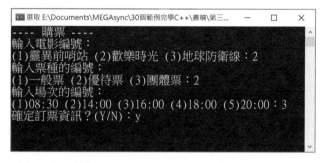

下圖爲「列印電影票」的畫面：顯示電影名稱、票的種類以及場次的時間。

Example 22　結構　22-3

22-1　定義與宣告結構

定義結構的語法如下所示。修飾字可以是 extern 或是 static，表示這個結構是外部宣告的結構或是靜態型別的結構。關鍵字 struct 之後接了結構名稱，左右大括弧即為結構本身。結構裡面的資料稱為成員；包含了變數的宣告，可以直接設定預設值，也能將變數宣告為 static 靜態型別。在定義結構之後，也可以直接宣告結構變數並設定結構變數的初始值。

```
[ 修飾字 ] struct 結構名稱
{
    [static] 資料型別  變數名稱 [= 預設值 ];
        ⋮
}[ 變數 1[={ 初始值 ,…}], 變數 2[={ 初始值 ,…}],…];
```

宣告結構

以學生資料為例，若學生資料包含 3 個欄位：學號、姓名與成績，則以結構的形式定義學生資料的結構 Student_Data 如下所示：

```
1  struct Student_Data    // 定義學生資料的結構
2  {
3      int ID;            // 結構成員：整數變數 ID
4      string name;       // 結構成員：字串變數 name
5      int score;         // 結構成員：整數變數 score
6  };
```

定義結構之後，也能直接宣告結構變數。如下所示，直接宣告結構 Student_Data 型別的變數 stut1 與 stut2。

```
1  struct Student_Data
2  {
3      int ID;
4      string name;
5      int score;
6  } stut1, stut2;   // 宣告 2 個結構變數：stut1 與 stut2
```

或者，在之後需要時才以變數宣告的方式宣告結構變數；如下所示：

```
Student_Data stut1, stut2;
```

設定結構初始值

定義結構時也能設定結構成員的預設值；例如：

```
1  struct Student_Data
2  {
3      int ID=-1;
4      string name = "NoName";
5      int score = -1;
6  };
```

有時會透過設定結構成員非正常範圍的預設值；因此，若在讀取結構變數內的成員時，得到這些預設值，便可以立即知道此結構變數尚未設定正常的內容。定義結構並宣告變數之後，也能直接設定其初始值；如下所示：

```
1  struct Student_Data
2  {
3      int ID;
4      string name;
5      int score;
6  } stut = { 109001," 王小明 ",90 };
```

或者，宣告結構變數之後，設定其初始值；如下所示：

```
1  Student stut = { 109001," 王小明 ",90 };
```

讀取結構變數內的成員，需使用 "." 運算子；例如，顯示變數 stut 的 name 成員：

```
    cout << stut.name;
```

上述程式敘述會輸出 " 王小明 "。

↪ 練習 1：使用結構定義學生資料

學生資料有以下欄位：學號、姓名與 3 科成績。宣告 1 個結構變數並設定其初始值、顯示結構變數的內容。學號以 109001、109002、109003、⋯之順序編排。

▌ 解說

此學生資料的欄位中包含了：3 科成績；實際的情況會更複雜。真實的學生資料中的成績至少會有不同學年的選修、必修，還有是否及格、重修等；單是科目就不只 3 科，所以不適合以 1 個成績使用 1 個變數來表示，而是使用陣列來表示多科成績會更恰當。此學生資料的結構，大致上會是如下的形式：

Example 22 結構   22-5

```
1  struct 結構名稱
2  {
3      int ID;              // 學號
4      string name;     // 姓名
5      int score[3];        //3 科成績
6  };
```

執行結果

學號：109001
姓名：王小明
3 科成績：80 90 95

程式碼列表

```
1  #include <iostream>
2  using namespace std;
3
4  struct Student
5  {
6      int ID;
7      string name;
8      int score[3];
9  };
10
11  int main()
12  {
13      Student stut = { 109001," 王小明 ",{80,90,95} };
14
15      cout << " 學號：" << stut.ID << endl;
16      cout << " 姓名：" << stut.name << endl;
17      cout << "3 科成績：";
18      for (int i = 0; i < 3; i++)
19          cout << stut.score[i] << " ";
20
21      cout << endl;
22      system("pause");
23  }
```

█ 程式講解

1. 程式碼第 1-2 行引入 iostream 標頭檔與宣告使用 std 命名空間。
2. 程式碼第 4-9 行定義學生資料的結構 Student；第 6-8 行包含了 3 個結構成員：整數變數 ID、字串變數 name 與整數陣列 score[3]；分別代表學號、姓名與 3 科成績。
3. 程式碼第 13 行宣告 Student 結構型別的變數 stut，並設定初始值：學號 109001、姓名為王小明、3 科成績為 80、90 與 95。
4. 程式碼第 15-19 行顯示變數 stut 的成員：ID、name 與 score；因為 score 是 1 個長度等於 3 的一維陣列，所以使用 for 重複敘述顯示其每個元素。

設定結構的成員

若未在定義或是宣告結構變數之時，同時設定初始值，則結構變數內的成員便需要逐一設定其值；如下所示。程式碼第 1 行宣告 Student_Data 結構型別的變數 stut，第 3-5 行逐一設定變數 stut 內的每一個成員的值。

```
1  Student_Data stut;
2
3  stut.ID = 109001;
4  stut.name = " 王小明 ";
5  stut.score = 90;
```

若是由鍵盤讀取使用者輸入的資料，其形式也與一般的變數無異，例如：讀取由鍵盤輸入的姓名。

```
1  cin >> stut.name;
```

別名（Alias）宣告：using 與 typedef

除了定義結構時可以同時宣告結構變數，或是另外使用結構的名稱宣告變數；也可以為結構設定別名，再使用別名來宣告結構變數。

有 2 種方法可以替結構設定別名：typedef 與 using（只有 C++ 可使用）；如下所示。程式碼第 1-4 行為結構 Student_Data 的定義，第 6 行使用 typedef 定義 Student_Data 的別名為 stut_score，第 7 行則是使用 using 定義 Student_Data 的另一個別名為 StutScore。接著第 11、12 行分別使用這 2 種別名宣告結構變數 stut1 與 stut2。

Example 22 結構 22-7

```
1  struct Student_Data
2  {
3        ⋮
4  };
5
6  typedef Student_Data stut_score;
7  using StutScore = Student_Data;
8
9  int main()
10 {
11     stut_score stut1;
12     StutScore stut2;
13        ⋮
14 }
```

練習 2：存取學生資料結構

如同練習 1，但由使用者輸入學生的資料。

解說

設定資料給結構成員的方式，無異於一般變數的設定方式；例如：學生資料結構的變數為 stut，則設定學生 3 科成績的分數如下所示：

```
1  stut.score[0] = 90;
2  stut.score[1] = 80;
3  stut.score[2] = 93;
```

執行結果

```
輸入學號 (109001, 109002,...)：109001
輸入姓名：王小明
輸入 3 個分數 ( 使用空白隔開 )：90 80 93
--------------------
學號：109001
姓名：王小明
3 科成績：90 80 93
```

▌ 程式碼列表

```cpp
1  #include <iostream>
2  using namespace std;
3
4  struct Student
5  {
6      int ID;
7      string name;
8      int score[3];
9  };
10
11 using stutScore = Student;
12
13 int main()
14 {
15     stutScore stut;
16
17     cout << "輸入學號 (109001, 109002,...) : ";
18     cin >> stut.ID;
19     cout << "輸入姓名 : ";
20     cin >> stut.name;
21     cout << "輸入 3 個分數 ( 使用空白隔開 ) : ";
22     cin >> stut.score[0] >> stut.score[1] >> stut.score[2];
23
24     cout << "--------------------" << endl;
25     cout << "學號 : " << stut.ID << endl;
26     cout << "姓名 : " << stut.name << endl;
27     cout << "3 科成績 : ";
28     for (int i = 0; i < 3; i++)
29         cout << stut.score[i] << " ";
30
31     cout << endl;
32     system("pause");
33 }
```

▌ 程式講解

1. 程式碼第 1-2 行引入 iostream 標頭檔與宣告使用 std 命名空間。

2. 程式碼第 4-9 行定義學生資料的結構 Student；第 6-8 行包含了 3 個結構成員：整數變數 ID、字串變數 name 與整數陣列 score[3]；分別代表學號、姓名與 3 科成績。

3. 程式碼第 11 行使用 using 指令定義 Student 的別名：stutScore。

Example 22　結構　22-9

4. 程式碼第 15 行使用結構的別名 stutScore 宣告了結構變數 stut。

5. 程式碼第 17-22 行分別讀取使用者所輸入的學號、姓名與 3 科成績。

6. 程式碼第 24-29 行顯示變數 stut 的成員：ID、name 與 score；因爲 score 是 1 個長度等於 3 的一維陣列，所以使用 for 重複敘述顯示其每個元素。

22-2　傳遞結構

把結構當成引數傳遞給函式，預設是以傳值呼叫的方式傳遞給函式；也就是拷貝一份結構的值給函式。然而，當結構的容量很大時，使用傳值呼叫的方式傳遞結構，變得耗時也讓浪費記憶體空間；因此，也能採用傳址呼的方式來傳遞結構。

須注意一點，在 Visual Studio C++ 的開發環境中，結構在傳遞給自訂函式之前，結構中的第一個成員必須先設定值，否則傳遞給函式時會出現錯誤；請參考分析與討論的第 4 點。

傳遞結構：傳值呼叫

傳值呼叫是結構預設的傳遞方式，例如：要將結構變數 stut 傳遞給一個自訂函式 func()，如下所示。

程式碼第 1-4 行定義結構 Student_Data，第 6-9 行爲自訂函式 func() 的程式本體，帶有 1 個 Student_Data 結構型別的參數 param。第 13 行宣告 Student_Data 型別的變數 stut，第 15 行呼叫自訂函式 func()，並將結構 stut 當成引數。

```
1   struct Student_Data
2   {
3           ⋮
4   };
5
6   void func(Student_Data param)  ◀──────  接收 Student_Data 結構
7   {                                        型別的參數 param。
8           ⋮
9   }
10
11  int main()
12  {
13      Student_Data stut;
14          ⋮
15      func(stut);  ◀────  傳遞 Student_Data 結構
16  }                      型別的引數 stut。
```

練習 3：傳遞結構 - 傳值呼叫

接續練習 2，將顯示資料的部分改由自訂函式 showData() 處理，並將結構變數當成引數傳遞給自訂函式 showData()。

解說

依照題意，用於顯示結構變數內容的自訂函式 showData()，應接收 1 個 stutScore 結構型別的參數。而在主函式 main() 中也會呼叫此自訂函式 showData() 並將所宣告的結構變數當成引數，傳遞給自訂函式 showData()；整個程式的大致架構如下所示：

```
1  void showData(stutScore stut)
2  {
3        ⋮
4  }
5
6  int main()
7  {
8        stutScore stut;
9            ⋮
10       showData(stut);
11 }
```

執行結果

```
輸入學號 (109001, 109002,...)：109001
輸入姓名：王小明
輸入 3 個分數 ( 使用空白隔開 )：90 80 95
------------------
學號：109001
姓名：王小明
3 科成績：90 80 95
```

程式碼列表

```
1  #include <iostream>
2  using namespace std;
3
4  struct Student
5  {
6      int ID;
7      string name;
```

Example 22 結構 22-11

```
 8      int score[3];
 9  };
10
11  using stutScore = Student;
12
13  //--------------------------------------------
14  void showData(stutScore stut)
15  {
16      cout << "-------------------" << endl;
17      cout << "學號：" << stut.ID << endl;
18      cout << "姓名：" << stut.name << endl;
19      cout << "3科成績：";
20      for (int i = 0; i < 3; i++)
21          cout << stut.score[i] << " ";
22  }
23
24  //--------------------------------------------
25  int main()
26  {
27      stutScore stut;
28
29      cout << "輸入學號 (109001, 109002,...)：";
30      cin >> stut.ID;
31      cout << "輸入姓名：";
32      cin >> stut.name;
33      cout << "輸入 3 個分數 ( 使用空白隔開 )：";
34      cin >> stut.score[0] >> stut.score[1] >> stut.score[2];
35
36      showData(stut);
37
38      cout << endl;
39      system("pause");
40  }
```

▌程式講解

1. 程式碼第 1-2 行引入 iostream 標頭檔與宣告使用 std 命名空間。

2. 程式碼第 4-9 行定義學生資料的結構 Student；第 6-8 行包含了 3 個結構成員：整數變數 ID、字串變數 name 與整數陣列 score[3]，分別代表學號、姓名與 3 科成績。

3. 程式碼第 11 行使用 using 指令定義 Student 的別名：stutScore。

4. 程式碼第 14-22 行為自訂函式 showData() 的程式本體,帶有一個 stutScore 結構型別的參數 stut。第 16-21 行顯示參數 stut 的成員:ID、name 與 score;因為成員 score 是 1 個長度等於 3 的一維陣列,所以使用 for 重複敘述顯示其每個元素。

5. 程式碼第 27 行使用結構的別名 stutScore 宣告了結構變數 stut。

6. 程式碼第 29-34 行分別讀取使用者所輸入的學號、姓名與 3 科成績。

7. 程式碼第 36 行呼叫自訂函式 showData(),並將結構變數 stut 當成引數。

傳遞結構:傳址呼叫

結構本身或結構所宣告的變數的容量很大時,若仍然使用傳值呼叫的方式將結構傳遞給函式,則不僅花費時間也浪費記憶體空間。或者,結構變數本身希望透過參數傳遞的方式改變其內容,此時便可以將結構變數以傳址呼叫的方式傳遞給函式,如下範例所示。

如同一般的傳址呼叫的方式,程式碼第 8 行在自訂函式 func() 所接收的結構參數前面加上求值運算子 "*",並第 19 行呼叫自訂函式 func() 時,在所傳入的結構引數前面加上求址運算子 "&"。

```
1  struct Student_Data
2  {
3      int ID;
4      string name;
5      int score;
6  };
7
8  void func(Student_Data *param)   ◄────── 在參數 param 前加
9  {                                        上求值運算子 "*"
10     param->ID = 109001;
11     (*param).name = " 王小明 ";
12     (*param).score = 90;
13 }
14
15 int main()
16 {
17     Student_Data stut;
18         ⋮
19     func(&stut);   ◄────── 使用求址運算子 "&"
20 }                          傳遞 stut 的位址
```

而在自訂函式中,存取結構參數的成員有 2 種不同的方式,如程式碼第 10-12 行。

Example 22 結構 22-13

▷ 使用 "->" 運算子

存取指標型別的結構的成員，可以使用 "->" 運算元：

　　　　結構變數 -> 成員

例如，程式碼第 10 行設定學生的學號：

```
10  param->ID = 109001;
```

▷ 使用指標變數的形式

存取指標型別的結構的成員，可以先把結構變數當成指標變數，再以 "." 運算子存取其成員，如下所示：

　　　　(* 結構變數). 成員

因為 "." 的運算優先權比 "*" 高，所以結構變數需要加上小括弧。例如，程式碼第 11 與 12 行設定學生的姓名與分數：

```
11  (*param).name = " 王小明 ";
12  (*param).score = 90;
```

此 2 種方式都能夠存取以傳址呼叫的結構變數的成員。至於選擇哪種方式並沒有一定的原則；端視讀者撰寫程式的習慣方式。

↪ 練習 4：傳遞結構 - 傳址呼叫

接續練習 3，將輸入資料的部分改由自訂函式 addData() 處理，並將結構變數以傳址呼叫的方式傳遞給自訂函式 addData()。

▍解說

依照題意，用於處理輸入學生資料的自訂函式 addData()，應接收 1 個指標型別的 stutScore 結構參數。而在主函式 main() 中也會呼叫此自訂函式 addData() 並將所宣告的結構變數的位址當成引數，傳遞給自訂函式 addData()。在自訂函式 addData() 中，因為所傳入的是指標型別的結構參數，所以使用 "->" 運算子來存取結構成員，如下述程式碼敘述第 4 行所示；整個程式的大致架構如下所示：

```
1  void addData(stutScore *stut)   // 以 "*" 接收參數 stut
2  {
3        ⋮
4      cin >> stut->score;   // 使用 "->" 存取結構的成員
5  }
6
7  int main()
8  {
9      stutScore stut;
10        ⋮
11     addData(&stut);   // 以 "&" 傳遞 stut 的位址
12  }
```

執行結果

```
輸入學號 (109001, 109002,...)：109001
輸入姓名：王小明
輸入 3 個分數 ( 使用空白隔開 )：90 80 95
-------------------
學號：109001
姓名：王小明
3 科成績：90 80 95
```

程式碼列表

```
1  #include <iostream>
2  using namespace std;
3
4  struct Student
5  {
6      int ID;
7      string name;
8      int score[3];
9  };
10
11 using stutScore = Student;
12
13 //-------------------------------------------
14 void showData(stutScore stut)
15 {
16     cout << "-------------------" << endl;
```

Example 22　結構　22-15

```cpp
17        cout << "學號：" << stut.ID << endl;
18        cout << "姓名：" << stut.name << endl;
19        cout << "3 科成績：";
20        for (int i = 0; i < 3; i++)
21            cout << stut.score[i] << " ";
22    }
23
24    //-------------------------------------------
25    void addData(stutScore * stut)
26    {
27        cout << " 輸入學號 (109001, 109002,...)：";
28        cin >> stut->ID;
29        cout << " 輸入姓名：";
30        cin >> stut->name;
31        cout << " 輸入 3 個分數 ( 使用空白隔開 )：";
32        cin >> stut->score[0] >> stut->score[1] >> stut->score[2];
33    }
34
35    //-------------------------------------------
36    int main()
37    {
38        stutScore stut;
39
40        addData(&stut);
41        showData(stut);
42
43        cout << endl;
44        system("pause");
45    }
```

程式講解

1. 程式碼第 1-2 行引入 iostream 標頭檔與宣告使用 std 命名空間。

2. 程式碼第 4-9 行定義學生資料的結構 Student；第 6-8 行包含了 3 個結構成員：整數變數 ID、字串變數 name 與整數陣列 score[3]，分別代表學號、姓名與 3 科成績。

3. 程式碼第 11 行使用 using 指令定義 Student 的別名：stutScore。

4. 程式碼第 14-22 行為自訂函式 showData() 的程式本體，帶有一個 stutScore 結構型別的參數 stut。第 16-21 行顯示參數 stut 的成員：ID、name 與 score；因為成員 score 是 1 個長度等於 3 的一維陣列，所以使用 for 重複敘述顯示其每個元素。

5. 程式碼第 25-33 行為自訂函式 addData() 的程式本體，接收一個 stutScore 結構型別的指標參數 stut。第 27-32 行分別讀取使用者所輸入的學號、姓名與 3 科成績。

6. 程式碼第 38 行使用結構的別名 stutScore 宣告了結構變數 stut。

7. 程式碼第 40 行呼叫自訂函式 addData()，並將結構變數 stut 的位址當成引數。

8. 程式碼第 41 行呼叫自訂函式 showData()，並將結構變數 stut 當成引數。

22-3　傳遞結構陣列

22-2 節所討論的是傳遞 1 個結構給函式的情形；若將結構宣告成為陣列變數，並傳遞此結構陣列給函式，也是經常會遇到的情況。如同傳遞陣列的原理，把結構陣列當成引數傳遞給函式，其所預設的傳遞方式也是傳址呼叫。結構陣列只是以結構作為資料型別的陣列，既然是陣列，則通常是用來儲存比較大量的資料。所以，若使用傳值呼叫的方式傳遞結構陣列，就會花費時間以及浪費記憶體空間；因此，以傳址呼叫的方式傳遞結構陣列會比較合適。

例如：要將一個長度等於 2 的結構陣列變數 stut 傳遞給一個自訂函式 func()，如下所示。

```
1   struct Student_Data
2   {
3       ⋮
4   };
5
6   void func(Student_Data param[])
7   {
8       ⋮
9   }
10
11  int main()
12  {
13      Student_Data stut[2];
14          ⋮
15      func(stut);
16  }
```

程式碼第 1-4 行定義結構 Student_Data，第 6-9 行為自訂函式 func() 的程式本體，帶有一個 Student_Data 結構型別的參數 param[]；因為此參數是陣列形式，所以加上了 "[]"。第 13 行宣告 Student_Data 型別的陣列變數 stut，陣列長度等於 2。第 15 行呼叫自訂函式 func()，並將結構 stut 當成引數。第 6 行自訂函式的參數，也能改以指標的方式宣告；如下所示：

Example 22　結構　22-17

```
6  void func(Student_Data *param)
```

此外，因為傳遞結構陣列是採用傳址呼叫的方式，所以在自訂函式 func() 中對參數 param 所做的任何改變，都會直接影響到原來的變數 stut。

↪ 練習 5：傳遞結構陣列

使用結構定義學生資料。學生資料有以下欄位：學號、姓名與 3 科成績。學生一共有 3 位，寫一程式可以新增與顯示學生的資料。學號以 109001、109002、109003 之順序編排，新增與顯示學生資料的功能以自訂函式處理，並將學生資料結構的變數作為引數傳遞。

▌ 解說

因為學生有 3 位，所以用此學生結構所宣告的變數應為陣列的形式。並且以陣列傳遞的方式，將此結構陣列傳遞給新增與顯示學生資料的自訂函式。若學生資料的結構為 Student，新增與顯示學生資料的自訂函式分別為 addData() 與 showData()，則程式的架構大致如下所示：

```
1  struct Student
2  {
3        ⋮
4  };
5
6  void showData(Student stut[])
7  {
8        ⋮
9  }
10
11 void addData(Student *stut)
12 {
13        ⋮
14 }
15
16 int main()
17 {
18     Student stut[3];
19        ⋮
20     addData(stut);
21     showData(stut);
22 }
```

程式碼第 1-4 行為學資料的結構定義 Student。第 6-9 行為自訂函式 showData( ) 的程式本體，並帶有一個陣列形式的結構參數 stut。第 11-14 行為自訂函式 addData( ) 的程式本體，並帶有一個陣列形式的結構參數 stut。第 18 行宣告 Student 結構型別的陣列變數 stut，陣列長度等於 3。第 20-21 行分別呼叫自訂函式 addData( ) 與 showData( )，並把陣列變數 stut 作為引數。

▌ 執行結果

```
輸入學號 (109001, 109002,...)：109001
輸入姓名：王小明
輸入 3 個分數 ( 使用空白隔開 )：78 80 92
輸入學號 (109001, 109002,...)：109002
輸入姓名：真美麗
輸入 3 個分數 ( 使用空白隔開 )：90 81 60
輸入學號 (109001, 109002,...)：109003
輸入姓名：李小強
輸入 3 個分數 ( 使用空白隔開 )：80 87 82
-------------------
學號：109001, 姓名：王小明 , 3 科成績：78 80 92
學號：109002, 姓名：真美麗 , 3 科成績：90 81 60
學號：109003, 姓名：李小強 , 3 科成績：80 87 82
```

▌ 程式碼列表

```cpp
 1  #include <iostream>
 2  using namespace std;
 3  #define STUT_NUM 3
 4
 5  struct Student
 6  {
 7      int ID;
 8      string name;
 9      int score[3];
10  };
11
12  //-----------------------------------------
13  void showData(Student stut[])
14  {
15      cout << "-------------------" << endl;
16      for (int i = 0; i < STUT_NUM; i++)
17      {
```

Example 22 結構   22-19

```
18          cout << " 學號：" << stut[i].ID << ", ";
19          cout << " 姓名：" << stut[i].name << ", ";
20          cout << "3 科成績：";
21          for (int j = 0; j < 3; j++)
22              cout << stut[i].score[j] << " ";
23
24          cout << endl;
25      }
26  }
27
28  //-------------------------------------------
29  void addData(Student* stut)
30  {
31      for (int i = 0; i < STUT_NUM; i++)
32      {
33          cout << " 輸入學號 (109001, 109002,...)：";
34          cin >> stut[i].ID;
35          cout << " 輸入姓名：";
36          cin >> stut[i].name;
37          cout << " 輸入 3 個分數 ( 使用空白隔開 )：";
38          cin >> stut[i].score[0] >> stut[i].score[1] >> stut[i].score[2];
39      }
40  }
41
42  //-------------------------------------------
43  int main()
44  {
45      Student stut[STUT_NUM];
46
47      addData(stut);
48      showData(stut);
49
50      cout << endl;
51      system("pause");
52  }
```

程式講解

1. 程式碼第 1-3 行引入 iostream 標頭檔與宣告使用 std 命名空間；並定義常數 STUT_NUM 用來表示學生的總人數。

2. 程式碼第 5-10 行定義學生資料的結構 Student；第 7-9 行包含了 3 個結構成員：整數 變數 ID、字串變數 name 與整數陣列 score[3]，分別代表學號、姓名與 3 科成績。

3. 程式碼第 13-26 行為自訂函式 showData() 的程式本體，並帶有 1 個陣列形式的結構參數 stut；此自訂函式用於顯示學生資料。因為學生一共有 STUT_NUM 這麼多位，所以第 16-25 行使用 for 重複敘述，逐一顯示每一位學生的學號、姓名與 3 科成績。

4. 程式碼第 29-40 行為自訂函式 addData() 的程式本體，並帶有一個 Student 型別的指標參數 stut；此自訂函式用於讀取所輸入的學生資料。因為學生一共有 STUT_NUM 這麼多位，所以第 31-39 行使用 for 重複敘述，逐一讀取所輸入的每一位學生的學號、姓名與 3 科成績。

5. 程式碼第 45 行宣告 Student 結構型別的陣列變數 stut，陣列長度等於 STUT_NUM。第 47-48 行分別呼叫自訂函式 showData() 與 addData()，並以結構陣列變數 stut 作為引數。

22-4　從函式回傳結構

結構可以由函式回傳給呼叫者；意即在函式中宣告結構，並設定好其內容之後再回傳給呼叫者接收。有 2 種方法可讓函式回傳結構，並且操作方式不同。第 1 種是直接回傳在函式中宣告的結構變數，此種方式比較簡單。第 2 種方式利用動態記憶體配置；因此，可以隨時配置容量不同的結構陣列，再將此結構的指標回傳給呼叫者接收。此種方式比較有彈性，但處理過程也相對比較麻煩。

回傳固定大小的結構

由函式回傳結構的範例，如下所示。程式碼第 1-4 行為結構 Student_Data 的定義。第 6-11 行為自訂函式 func()，回傳值型別為 Student_Data 型別；並且在第 8 行宣告 1 個結構變數 sd，第 10 行使用 return 將結構變數 sd 回傳給呼叫者。而在主函式 main() 中，程式碼第 15 行宣告了 Student_Data 型別的結構變數 stut，第 17 行呼叫自訂函式 func()，並將函式所回傳的結構儲存於結構變數 stut。

```
 1  struct Student_Data
 2  {
 3        ⋮
 4  };
 5
 6  Student_Data func()
 7  {
 8       Student_Data sd;
 9          ⋮
10       return sd;
```

Example 22　結構　22-21

```
11  }
12
13  int main()
14  {
15      Student_Data stut;
16          ⋮
17      stut = func();
18
19  }
```

使用此種方式接收回傳的結構，其實程式碼第 8 行與第 15 行這 2 個結構變數在一開始時是 2 個獨立的變數。當執行到程式敘述第 10 行，因為要回傳的是結構，所以只會回傳結構的位址；而此時第 17 行原先的結構變數 stut 便捨棄原來的資料，轉而接收由自訂函式 dunc() 所回傳的結構的位址。

各位讀者可以顯示呼叫自訂函式 func() 之前與之後的結構變數 stut 的位址，以及顯示第 8 行的結構變數 sd 的位址，更可以了解這一個過程。例如：欲顯示在自訂函式 func() 中結構變數 sd 的位址：

```
cout << &sd << endl;
```

回傳結構指標

此種方法使用的是動態記憶體配置的方式，在函式中宣告結構指標、配置好記憶體空間，最後再回傳此結構指標，如下範例所示。

程式碼第 1-4 行為結構 Student_Data 的定義。第 6-12 行為自訂函式 func()，回傳值型別為 Student_Data 的指標型別；並且在第 8 行宣告 1 個 Student_Data 型別的指標變數 sd。第 10 行使用 new 配置記憶體空間給指標變數 sd，第 11 行使用 return 將指標變數 sd 的位址回傳給呼叫者。

```
1  struct Student_Data
2  {
3      ⋮
4  };
5
6  Student_Data* func(void)
7  {
8      Student_Data* sd = NULL;
9          ⋮
10     sd = new Student_Data();  // 也可以寫成：sd = new Student_Data;
```

```
11        return sd;
12   }
13
14   int main()
15   {
16        Student_Data *stut;
17
18        stut = func();
19          ⋮
20        delete stut;
21   }
```

在主函式 main() 中，程式碼第 16 行宣告 Student_Data 型別的指標變數 stut，第 18 行呼叫自訂函式 func() 並取得回傳的位址，再儲存於指標變數 stut。因為第 16 行所宣告的結構變數 stut 是一個指標變數；因此，當不再使用此指標變數時，要釋放所佔用的記憶體空間，如程式碼第 20 行所示。

回傳結構陣列的指標

前面 2 種所介紹的都是回傳 1 個結構；然而當資料量變多時，將資料儲存於結構陣列並回傳給呼叫者才是最合適的方法。為了能根據所需求的結構數量回傳結構陣列，因此需要在函式中動態配置所需數量的記憶體空間，如此的作法會比回傳固定大小的結構陣來得更有彈性；如下範例所示。

程式碼第 1-4 行為結構 Student_Data 的定義。第 6-12 行為自訂函式 func()，回傳值型別為 Student_Data 的指標型別，並帶有一個整數參數 num；此參數表示要配置的結構數量。第 8 行宣告 1 個 Student_Data 型別的指標變數 sd，第 10 行使用 new 配置 num 個記憶體空間給指標變數 sd，第 11 行使用 return 將指標變數 sd 的位址回傳給呼叫者。

```
1   struct Student_Data
2   {
3        ⋮
4   };
5
6   Student_Data* func(int num)
7   {
8        Student_Data* sd = NULL;
9          ⋮
10       sd = new Student_Data[num];
11       return sd;
```

Example 22　結構　22-23

```
12  }
13
14  int main()
15  {
16      Student_Data* stut;
17
18      stut = func(3);   // 配置長度等於 3 的結構陣列
19          ⋮
20      delete []stut;
21  }
```

在主函式 main() 中，程式碼第 16 行宣告 Student_Data 型別的指標變數 stut，第 18 行呼叫自訂函式 func()，並傳入所需要配置的結構數量 3；再將回傳的位址的儲存於指標變數 stut。當不再使用此指標變數時，要釋放所佔用的記憶體空間。指標變數 stut 所指的是 1 個陣列的空間；因此，使用 delete 指令釋放指標變數 stut 時需加上 "[]"，如程式碼第 20 行所示。

⤷ 練習 6：回傳結構陣列

與練習 5 同，但儲存 3 筆學生的結構陣列，由自訂函式產生。新增與顯示學生資料的功能以自訂函式處理，並將學生資料的結構陣列作為引數傳遞。

▌ 解說

依照題意的需求，儲存 3 位學生的結構陣列是在自訂函式中產生，然後回傳給主函式 main()，再由主函式 main() 去呼叫新增和顯示學生資料的自訂函式，並將結構陣列當成引數。

▌ 執行結果

```
輸入學號 (109001, 109002,...)：109001
輸入姓名：王小明
輸入 3 個分數（使用空白隔開）：78 80 92
輸入學號 (109001, 109002,...)：109002
輸入姓名：真美麗
輸入 3 個分數（使用空白隔開）：90 81 60
輸入學號 (109001, 109002,...)：109003
輸入姓名：李小強
輸入 3 個分數（使用空白隔開）：80 87 82
------------------
學號：109001, 姓名：王小明，3 科成績：78 80 92
學號：109002, 姓名：真美麗，3 科成績：90 81 60
學號：109003, 姓名：李小強，3 科成績：80 87 82
```

程式碼列表

```cpp
1  #include <iostream>
2  using namespace std;
3  #define STUT_NUM 3
4
5  struct Student
6  {
7      int ID;
8      string name;
9      int score[3];
10 };
11
12 //------------------------------
13 Student * stutAlloc()
14 {
15     Student * stut = NULL;
16
17     stut = new Student [STUT_NUM];
18     return stut;
19 }
20
21 //-----------------------------------
22 void showData(Student stut[])
23 {
24     cout << "-------------------" << endl;
25     for (int i = 0; i < STUT_NUM; i++)
26     {
27         cout << "學號：" << stut[i].ID << ", ";
28         cout << "姓名：" << stut[i].name << ", ";
29         cout << "3 科成績：";
30         for (int j = 0; j < 3; j++)
31             cout << stut[i].score[j] << " ";
32
33         cout << endl;
34     }
35 }
36
37 //---------------------------------------
38 void addData(Student * stut)
39 {
40     for (int i = 0; i < STUT_NUM; i++)
41     {
```

Example 22　結構　22-25

```
42          cout << " 輸入學號 (109001, 109002,...)：";
43          cin >> stut[i].ID;
44          cout << " 輸入姓名：";
45          cin >> stut[i].name;
46          cout << " 輸入 3 個分數 ( 使用空白隔開 )：";
47          cin >> stut[i].score[0] >> stut[i].score[1] >> stut[i].score[2];
48       }
49    }
50
51    //---------------------------------------------
52    int main()
53    {
54       Student *stut;
55
56       stut = stutAlloc();
57       addData(&stut[0]);
58       showData(stut);
59
60       cout << endl;
61       delete[] stut;
62
63       system("pause");
64    }
```

程式講解

1. 程式碼第 1-3 行引入 iostream 標頭檔與宣告使用 std 命名空間；並定義常數 STUT_NUM 用來表示學生的總人數。

2. 程式碼第 5-10 行定義學生資料的結構 Student；第 7-9 行包含了結構的 3 個成員：整數變數 ID、字串變數 name 與整數陣列 score[3]，分別代表學號、姓名與 3 科成績。

3. 程式碼第 13-19 行為自訂函式 stutAlloc() 的程式本體，回傳值型別為 Student 型別的指標；此自訂函式用於產生儲存學生資料的結構陣列，並將此結構陣列回傳給呼叫者。第 15 行宣告 Student 型別的指標變數 stut，第 17 行使用 new 配置 STUT_NUM 個 Student 型別的結構，並儲存於指標變數 stut；第 18 行回傳指標變數 stut。

4. 程式碼第 22-35 行為自訂函式 showData() 的程式本體，並帶有一個陣列形式的結構參數 stut；此自訂函式用於顯示學生資料。因為一共有 STUT_NUM 這麼多位學生，所以第 25-34 行使用 for 重複敘述，逐一顯示每一位學生的學號、姓名與 3 科成績。

5. 程式碼第 38-49 行為自訂函式 addData() 的程式本體，並帶有一個 Student 型別的指標參數 stut；此自訂函式用於讀取所輸入的學生資料。因為一共有 STUT_NUM 這麼多位學生，所以第 40-48 行使用 for 重複敘述，逐一讀取所輸入的每一位學生的學號、姓名與 3 科成績。

6. 程式碼第 54 行宣告 Student 結構型別的指標變數 stut。第 56 行呼叫自訂函式 stutAlloc() 配置 STUT_NUM 位學生資料的結構陣列，並將回傳的位址儲存於指標變數 stut。第 57-58 行分別呼叫自訂函式 showData() 與 addData()，並以結構陣列變數 stut 作為引數；須注意第 57 行傳遞指標變數的方式。

三、範例程式解說

1. 建立專案，程式碼第 1-4 行引入 iostream、time.h、conio.h 標頭檔與宣告使用 std 命名空間。

```
1  #include <iostream>
2  #include <time.h>
3  #include <conio.h>
4  using namespace std;
```

2. 程式碼第 6-8 宣告全域變數；宣告 3 個一維陣列 movies、ticketType 與 times，分別代表電影名稱、電影票種類與場次的時間。

```
6  string movies[] = { " 靈異前哨站 "," 歡樂時光 "," 地球防衛線 " };
7  string ticketType[] = { " 一般票 "," 優待票 "," 團體票 " };
8  string times[] = { "08:30","14:00","16:00","18:00","20:00" };
```

3. 程式碼第 10-15 行為結構 _Ticket 的定義，包含了 3 個字串成員：type、movie 與 time，分別代表電影票種類、電影名稱與場次時間。第 17 行使用 using 替結構 _Ticket 定義別名 TICKET。第 18 行宣告 1 個布林變數 fgOrder，用於表示是否已經完成了訂票。

```
10  struct _Ticket
11  {
12      string type;   // 電影票的總類
13      string movie;  // 電影名稱
14      string time;   // 時間
15  };
16
17  using TICKET = _Ticket;
18  bool fgOrder;   // 是否已經完成訂票
```

Example 22 結構 22-27

4. 第 21-28 行為自訂函式 showMenu()，用於顯示功能選單。一共有 3 個功能：購票、列印電影票與結束。

```
21  void showMenu()
22  {
23      system("cls");
24      cout << "1. 購票 " << endl;
25      cout << "2. 列印電影票 " << endl;
26      cout << "3. 結束 " << endl;
27      cout << " 輸入選擇 (1-3): ";
28  }
```

5. 程式碼第 31-44 行為自訂函式 printTicket()，並帶有 1 個 TICKET 型別的參數 ticket；此函式用於顯示購票的資訊。第 34-38 行先判斷變數 fgOrder 是否不等於 true，表示尚未完成購票的程序；則顯示提示訊息並返回呼叫者。第 41-43 行分別顯示電影名稱 ticket.movie、購票種類 ticket.type 與場次時間 ticket.time。

```
31  void printTicket(TICKET ticket)
32  {
33      system("cls");
34      if (!fgOrder)
35      {
36          cout << " 尚未訂票 ";
37          return;
38      }
39
40      cout << "[[  強強電影院  ]]" << endl;
41      cout << " 電影：" << ticket.movie << endl;
42      cout << " 票種：" << ticket.type << endl;
43      cout << " 場次：" << ticket.time << endl;
44  }
```

6. 程式碼第 47-87 行為自訂函式 orderTicket()，並帶有 1 個 TICKET 型別的指標參數 ticket；因此，此自訂函式使用傳址呼叫的參數傳遞方式。第 49 行宣告整數變數 sel，用於讀取使用者所輸入的資料。首先第 53 行先將變數 fgOrder 設定為 false，表示尚未完成訂票程序。

第 56-57 行顯示電影的名稱、讀取使用者所輸入的電影編號，並儲存於變數 sel。第 58-62 行判斷如果輸入的編號 sel 不正確，則顯示錯誤訊息並返回呼叫者。若輸入正確的電影編號，則第 63 行從陣列 movies 取出電影的名稱，並儲存於結構的成員 ticket->movie。

```
47   void orderTicket(TICKET *ticket)
48   {
49       int sel;
50       char yn;
51
52       system("cls");
53       fgOrder = false; // 訂票尚未完成
54       cout << "---- 訂票 ----" << endl;
55
56       cout<<" 輸入電影編號：\r\n(1) 靈異前哨站 (2) 歡樂時光 (3) 地球防衛線 : ";
57       cin >> sel;
58       if (sel < 1 || sel>3)
59       {
60           cout << " 輸入錯誤 ";
61           return;
62       }
63       ticket->movie = movies[sel-1];
```

第 65-66 行顯示電影票的種類、讀取使用者所輸入的票種編號，並儲存於變數 sel。
第 67-71 行判斷如果輸入的編號 sel 不正確，則顯示錯誤訊息並返回呼叫者。若輸入
正確的票種編號，則第 72 行從陣列 ticketType 取出票種的名稱，並儲存於結構的
成員 ticket->type。

```
65       cout << " 輸入票種的編號：\r\n(1) 一般票 (2) 優待票 (3) 團體票 : ";
66       cin >> sel;
67       if (sel < 1 || sel>3)
68       {
69           cout << " 輸入錯誤 ";
70           return;
71       }
72       ticket->type = ticketType[sel-1];
```

第 74-75 行顯示場次的時間、讀取使用者所輸入的場次編號，並儲存於變數 sel。
第 76-80 行判斷如果輸入的編號 sel 不正確，則顯示錯誤訊息並返回呼叫者。若輸
入正確的場次編號，則第 81 行從陣列 times 取出場次的時間，並儲存於結構的成員
ticket->time。

Example 22　結構　22-29

```
74        cout<<" 輸入場次的編號 :\r\n(1)08:30 (2)14:00 (3)16:00 (4)18:00 (5)20:00 : ";
75        cin >> sel;
76        if (sel < 1 || sel>5)
77        {
78            cout << " 輸入錯誤 ";
79            return;
80        }
81        ticket->time = times[sel - 1];
```

第 83-84 行顯示確認的訊息，讀取使用者所輸入的資料並儲存於變數 yn。第 85-86 行判斷若輸入的資料等於小寫 'y' 或大寫 'Y'，表示已經完成了購票的程序；因此，將變數 fgOrder 設定為 true。

```
83        cout << " 確定訂票資訊？ (Y/N) : ";
84        cin >> yn;
85        if (yn == 'y' || yn=='Y')
86            fgOrder = true;
87  }
```

7. 開始於 main() 主函式中撰寫程式。程式碼第 91 行宣告整數變數 sel，用於儲存使用者所輸入的功能編號。第 92 行宣告 TICKET 型別的變數 mTicket，用於儲存購票的資訊。第 94-119 為 while 敘述的無窮迴圈，第 96 行呼叫自訂函式 showMenu() 顯示選單，第 97 行讀取使用者所輸入的選項編號並儲存於變數 sel。第 99-115 行為 switch…case 選擇敘述，根據變數 sel 的值執行相對應的功能。

第 101-103 行為選擇了「購票」的功能；因此，呼叫自訂函式 orderTicket()，並傳入變數 mTicket 的位址（傳址呼叫）作為引數。第 105-107 行為選擇了「列印電影票」的功能；因此，呼叫自訂函式 printTicket()，並傳入變數 mTicket（傳值呼叫）作為引數。第 109-110 行為選擇了「結束」的功能；因此，呼叫函式 exit() 結束程式。第 112-114 行為輸入範圍之外的選項。第 117-118 行顯示提示訊息，並使用 while 重複敘述與 _kbhit() 函式等待按鍵後繼續執行。

```
91  int sel;
92  TICKET mTicket;
93
94  while (true)
95  {
96      showMenu();
97      cin >> sel;
98
```

```
99      switch (sel)
100     {
101         case 1:
102             orderTicket(&mTicket);
103             break;
104
105         case 2:
106             printTicket(mTicket);
107             break;
108
109         case 3: exit(0);
110             break;
111
112         default:
113             cout << " 輸入錯誤，";
114             break;
115     }
116
117     cout << " 按鍵繼續 ...";
118     while (!_kbhit());
119 }
120
121 system("pause");
```

重點整理

1. 結構定義通常放在全域變數的位置；如此才能被整支程式所使用。
2. 傳遞結構給函式的預設方式為傳值呼叫。
3. 在函式內所宣告或是動態配置的結構，可以回傳給呼叫者。若是使用動態配置的結構，當不再使用時必須釋放所佔用的記憶體空間。

分析與討論

1. 結構中也能包含其他的結構；如下範例。程式碼第 1-4 行為結構 AAA 的定義，第 6-10 行為另一個結構 BBB 的定義；並且第 9 行有一個 AAA 結構的成員變數 a1。

```
1 struct AAA
2 {
3     ⋮
4 };
5
6 struct BBB
```

Example 22　結構　22-31

```
 7  {
 8          ⋮
 9      AAA a1;
10  };
```

2. 結構中的成員若有指標變數，則存取此指標變數的方式略有不同；如下範例所示。程式
   碼第 4-8 行為結構 TEST 的定義，其中有 2 個成員：整數變數 a 與整數指標變數 ptr。

   程式碼第 12 行宣告 TEST 結構型別的變數 st，以及指標變數 ptrSt；第 13 行宣告 1
   個整數變數 b，初始值等於 10。第 15 行將變數 st 的位址設給指標變數 ptrSt，所
   以指標 ptrSt 所做的任何改變都會改變變數 st。

   第 17 行將變數 b 的位址設定給結構 st 的指標變數 ptr；因此 st.ptr 便指向變數
   b。第 18 行將結構 st 的指標變數 ptr 所指的位址的內容設定為 100；因此，變數 b
   的值也等於 100。

   第 21 行將結構指標 ptrSt 的成員 a 設為 50，因為結構指標 ptrSt 指向結構 st，所
   以結構 st 的成員 a 也會變成 50。第 24 行將結構指標 ptrSt 的指標變數 ptr，其所
   指的位址的內容改為 200。因為結構指標 ptrSt 指向結構 st，而結構 st 的指標變
   數 ptr 又指向變數 b；因此，變數 b 的值也等於 200。

```
 1  #include <iostream>
 2  using namespace std;
 3
 4  struct TEST
 5  {
 6      int a;
 7      int* ptr;
 8  };
 9
10  int main()
11  {
12      TEST st, *ptrSt;
13      int b = 10;
14
15      ptrSt = &st;      // 指標 ptrSt 指向結構 st
16
17      st.ptr = &b;      // 結構 st 的指標變數 ptr 指向變數 b
18      *st.ptr= 100;     // 變數 b 也會變成 100
19      cout << "b= " << b << endl;
20
```

```
21        ptrSt->a = 50;   // 結構 st 的成員 a 也會變成 50
22        cout << "st.a= " << st.a << endl;
23
24        *ptrSt->ptr = 200; // 變數 b 也等於 200
25        cout << "b= " << b << endl;
26
27        system("pause");
28    }
```

3. 22-3 節中使用動態記憶體配置的方式，配置結構或是結構陣列。為了簡化示範的程式敘述，配置記憶體後並沒有檢查是否配置成功；在實際開發程式時則建議必須檢查是否記憶體配置成功；否則容易造成程式出錯。

4. 在 Visual Studio C++ 的開發環境中，結構在傳遞給自訂函式之前，結構中的第一個成員必須先設定值，否則傳遞給函式時會出現錯誤；如下範例所示。程式碼第 4-8 行為結構 AAA 的定義，其中包含 2 個整數成員 a 與 b。第 10-13 行為自訂函式 func()，並帶有一個結構型別的參數 param。第 17 行宣告 AAA 結構型別的變數 st，第 19 行將變數 st 的成員 a 設定為 10。第 20 行呼叫自訂函式 func()，並傳入結構變數 st。

若沒有程式碼第 19 行，則在程式執行時第 20 行會發生錯誤；錯誤訊息為：「使用了未初始化的區域變數 'st'」。這是因為 Visual Studio C++ 為了預防結構尚未設定好內容，就被傳入函式中使用，因而造成錯誤的結果。在不同的 C++ 開發環境不一定會發生相同的錯誤；例如：Dev-C++、CodeBlocks 便不會發生錯誤。

為了避免這樣的麻煩，可以在定義結構時，順便給予每個成員變數預設值。如此一來，既可以避免上述的錯誤發生，也能透過結構成員的預設值知道此結構尚未設定正確的內容。

```
1  #include <iostream>
2  using namespace std;
3
4  struct AAA
5  {
6      int a;
7      int b;
8  };
9
10 void func(AAA param)
11 {
12      ⋮
```

Example 22　結構　22-33

```
13  }
14
15  int main()
16  {
17      AAA st;
18
19      st.a = 10;   // 沒有此行程式敘述，則在程式執行時第 19 行會發生錯誤。
20      func(st);
21          ⋮
22  }
```

程式碼列表

```
1   #include <iostream>
2   #include <time.h>
3   #include <conio.h>
4   using namespace std;
5
6   string movies[] = { " 靈異前哨站 "," 歡樂時光 "," 地球防衛線 " };
7   string ticketType[] = { " 一般票 "," 優待票 "," 團體票 " };
8   string times[] = { "08:30","14:00","16:00","18:00","20:00" };
9
10  struct _Ticket
11  {
12      string type;   // 電影票的總類
13      string movie; // 電影名稱
14      string time;   // 時間
15  };
16
17  using TICKET = _Ticket;
18  bool fgOrder;   // 是否已經完成訂票
19
20  //----------------------------------------
21  void showMenu()
22  {
23      system("cls");
24      cout << "1. 購票 " << endl;
25      cout << "2. 列印電影票 " << endl;
26      cout << "5. 結束 " << endl;
27      cout << " 輸入選擇 (1-3): ";
28  }
29
```

```
30  //----------------------------------------
31  void printTicket(TICKET ticket)
32  {
33      system("cls");
34      if (!fgOrder)
35      {
36          cout << " 尚未訂票 ";
37          return;
38      }
39
40      cout << "[[  強強電影院   ]]" << endl;
41      cout << " 電影：" << ticket.movie << endl;
42      cout << " 票種：" << ticket.type << endl;
43      cout << " 場次：" << ticket.time << endl;
44  }
45
46  //----------------------------------------
47  void orderTicket(TICKET *ticket)
48  {
49      int sel;
50      char yn;
51
52      system("cls");
53      fgOrder = false; // 訂票尚未完成
54      cout << "---- 購票 ----" << endl;
55
56      cout<<" 輸入電影編號：\r\n(1) 靈異前哨站 (2) 歡樂時光 (3) 地球防衛線：";
57      cin >> sel;
58      if (sel < 1 || sel>3)
59      {
60          cout << " 輸入錯誤 ";
61          return;
62      }
63      ticket->movie = movies[sel-1];
64
65      cout << " 輸入票種的編號：\r\n(1) 一般票 (2) 優待票 (3) 團體票：";
66      cin >> sel;
67      if (sel < 1 || sel>3)
68      {
69          cout << " 輸入錯誤 ";
70          return;
71      }
```

Example 22　結構　22-35

```
72        ticket->type = ticketType[sel-1];
73
74        cout<<" 輸入場次的編號：\r\n(1)08:30 (2)14:00 (3)16:00 (4)18:00 (5)20:00：";
75        cin >> sel;
76        if (sel < 1 || sel>5)
77        {
78            cout << " 輸入錯誤 ";
79            return;
80        }
81        ticket->time = times[sel - 1];
82
83        cout << " 確定訂票資訊？(Y/N)：";
84        cin >> yn;
85        if (yn == 'y' || yn=='Y')
86            fgOrder = true;
87 }
88
89 int main()
90 {
91        int sel;
92        TICKET mTicket;
93
94        while (true)
95        {
96            showMenu();
97            cin >> sel;
98
99            switch (sel)
100           {
101           case 1:
102               orderTicket(&mTicket);
103               break;
104
105           case 2:
106               printTicket(mTicket);
107               break;
108
109           case 3: exit(0);
110               break;
111
112           default:
113               cout << " 輸入錯誤，";
```

```
114                break;
115            }
116
117            cout << " 按鍵繼續 ...";
118            while (!_kbhit());
119        }
120
121        system("pause");
122    }
```

本章習題

1. 學生健康基本資料上有以下基本資料：姓名、年紀、體重（公斤）、身高（公分）。設計一個結構表示這些資料。

2. 承第 1 題，學生共有 3 位，使用別名來宣告此一學生健康基本資料的結構；並且撰寫自訂函式用於新增資料、顯示資料。

3. 修改第 2 題，新增一項功能：依照體重或是身高做排序。

4. 修改第 2 題，呼叫顯示資料的功能時，使用參數傳遞的方式，將學生健康基本資料傳遞給顯示功能的自訂函式。

5. 修改第 2 題，呼叫增加資料的功能時，使用參數傳遞的方式，將學生健康基本資料傳遞給增加資料的自訂函式。

6. 修改第 3 題，將所有的功能都使用自訂函式處理，並將學生健康基本資料傳遞給自訂函式。

Appendix A

下載與安裝
Visual Studio C++

市面上有許多開源（Open source）的 C/C++ 整合開發環境（Integrated development environment: IDE）可以使用，常被使用的例如 Dev-C++、Code::Block、Eclipse、Microsoft Visual Studio 等，而在 Mac 上則是普遍使用 Xcode；這些都各有其優點。選擇一個適合自己工作的整合開發環境，不僅能減少開發程式的時間，並且能夠減少程式開發過程中的各種麻煩；例如：程式維護、除錯、程式執行時期的資源追蹤等；尤其是對於大型的開發專案維護更是顯得有利。

選擇一個合適的整合開發環境通常會用下列條件來做為考量：是否有持續在維護、是否提供友善的介面與完整的工具、是否跨平台、使用普及性、執行速度是否快速等；這些條件都會直接影響使用者在開發程式時的習慣與便利性。

Dev-C++ 與 Code::Block 都是方便且簡易上手的開發環境，但由 Dev-C++ 已經很久沒有更新，甚至都不知道是否會有後續版本；因此，無法再適用於持續不斷更新的 C/C++ 版本。再加上使用介面的設計也已經老舊，已經無法符合現在程式開發環境的大趨勢與業界進行大型系統開發所需；而 Code::Block 也是面臨相同的問題。因此，為了程式學習的長久打算，還是選擇一款有持續維護與更新的整合開發環境會比較適合。

Visual Studio IDE 由 Microsoft 公司所開發，除了支援至 C++ 17 版本之外，並且其 Community 版本可供免費使用，因此也已經成為了大部分業界與學校學習程式語言的開發環境首選。讀者可由在網路上搜尋〝 Visual Studio 2019 〞下載，或由以下網址下載：

https://visualstudio.microsoft.com/zh-hant/vs/

進入網站後，點選「下載 Visual Studio」並選擇「Community」版本下載，如下圖所示。

下載完成後，執行此安裝檔。接著會先下載必要的檔案，如下圖左所示。請按「繼續」按鈕下載檔案；下載檔案需要一段時間，如下圖右所示。

下載完畢之後接著會開啟安裝畫面。在 [**工作負載**] 頁面請勾選「使用 C++ 的桌面開發」，如下圖所示。

切換到 [**語言套件**] 標籤選，可以勾選想要安裝的語言介面；本例勾選了繁體中文與英文，如下圖所示。

再切換到 [**安裝位置**] 頁面，在此頁面可以自行設定安裝 Visual Studio C++ 的路徑，預設是安裝在電腦硬碟 C 槽；如不想變動便可省略此步驟。最後點選右下角的「安裝」按鈕，開始進行 Visual Studio C++ 安裝。

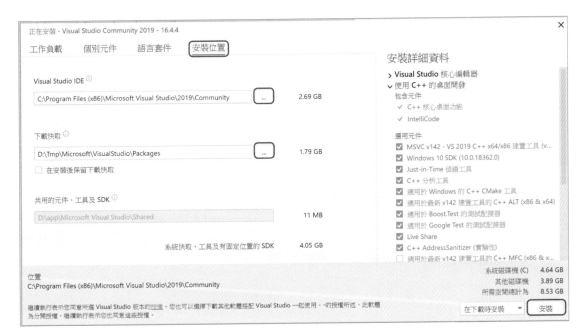

接著開始下載需要的檔案以及進行安裝，需要等待一段時間；如下圖所示。

安裝好之後，便可以見到如下的畫面，則表示安裝完成。

Appendix B

建立第一支程式

- ■ B-1 使用 Visual Studio C++ 建立程式
- ■ B-2 C++ 程式架構

B-1 使用 Visual Studio C++ 建立程式

使用 Visual Studio C++ 建立的程式是以專案的方式處理。獨立程式指的是只有單獨一支 C++ 程式；而專案指的是包含了一支或一支以上的程式所組合而成的較大型程式或系統。因此，當您所撰寫程式並不太複雜時，或是寫一些小型的系統或是專題，可以只使用獨立程式進行開發。但若是多人合作進行開發的系統，或是需要將程式或系統的功能以模組化的方式處理，以利於之後的維護、再利用與更新，則使用專案進行開發才是較佳的選擇。當然，即使只有一支程式，也是能夠使用專案的形式建立，並不會有任何不妥之處。

建立 C++ 專案

開啓 Visual Studio IDE，畫面左側爲曾經使用過的專案檔，可以直接點選後開啓。右邊的「開啓專案或解決方案 (P)」用於開啓儲存過的專案；請點選「建立新的專案 (N)」。

進入建立新專案頁面，點選 C++ 的「主控台應用程式」，並點選右下角的「下一步」按鈕。

接著進入到「設定新的專案」頁面。[**專案名稱 (N)**] 與 [**解決方案名稱 (M)**] 通常會一樣，但也能自行重新命名。[**位置**] 則是此專案儲存的地方。這些項目都能自行修改。請按右下方的「建立」按鈕建立新的專案。

剛建立專案後的畫面如下所示。中間為程式碼編輯視窗，右上為方案總管。在方案種管裡可以看得到此專案的所有檔案。工具列裡是常被使用的功能，這些功能也能在功能表裡找得到。工具列上有一個「▶ 本機 Windows 偵錯工具」的按鈕，按此按鈕或 F5 可以執行並偵錯程式。

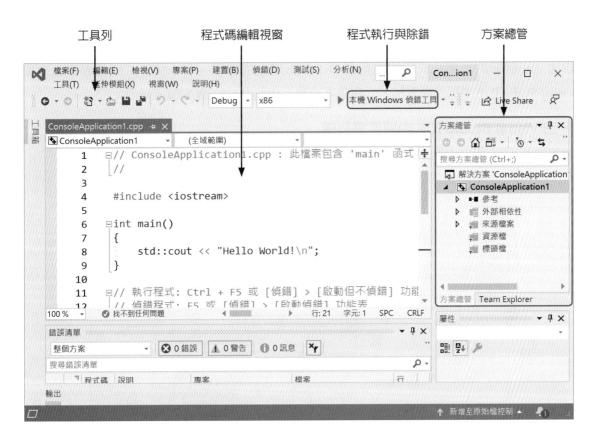

在方案總管視窗裡，可以看得到專案的名稱，以及目前正在編輯的程式碼；如下圖所示。若要儲存專案，擇點選主功能表 [**檔案**]>[**全部儲存**]，或是點選工具列上的 🖫 按鈕。關閉專案，則點選主功能表 [**檔案**]>[**關閉方案**]。

請儲存此專案之後著再關閉此專案，最後關閉 Visual Studio C++。

編譯與執行程式

請建立一個新的專案，或開啟在附錄 B-1 節所建立的專案。有 2 種方式開啟專案：1. 從 Visual Studio IDE 中開啟專案檔，2. 由檔案總管直接開啟 C++ 專案檔。

▶ 由 Visual Studio IDE 中開啟專案檔

開啟 Visual Studio IDE 後，點選 [**開啟專案或解決方案**]，再選擇專案檔即可開啟專案。

▶ 由檔案總管開啟專案檔

開啟檔案總管找到儲存專案的目錄，並在專案檔「ConsoleApplication1.sln」上按兩下滑鼠左鍵開啟此專案，如下圖所示。

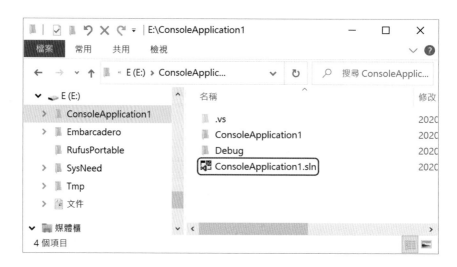

在程式碼編輯視窗裡已經載入了專案預設的樣板程式碼，如下所示。

```
1   // ConsoleApplication1.cpp : 此檔案包含 'main' 函式。程式會於該處開始執行及結束執行。
2   //
3
4   #include <iostream>
5
6   int main()
7   {
8       std::cout << "Hello World!\n";
9   }
10
11  // 執行程式: Ctrl + F5 或 [偵錯] > [啟動但不偵錯] 功能表
12  // 偵錯程式: F5 或 [偵錯] > [啟動偵錯] 功能表
13
14  // 開始使用的提示:
15  //   1. 使用 [方案總管] 視窗，新增/管理檔案
16  //   2. 使用 [Team Explorer] 視窗，連線到原始檔控制
17  //   3. 使用 [輸出] 視窗，參閱組建輸出與其他訊息
18  //   4. 使用 [錯誤清單] 視窗，檢視錯誤
19  //   5. 前往 [專案] > [新增項目]，建立新的程式碼檔案，或是前往 [專案] > [新增現有項目]，
20  //   6. 之後要再次開啟此專案時，請前往 [檔案] > [開啟] > [專案]，然後選取 .sln 檔案
21
```

程式碼編輯視窗內一共有 20 行敘述，但第 1-2 行、第 11-20 行是註解，並不是程式碼，因此予以刪除，以免妨礙閱讀程式碼；真正的程式碼只剩以下這幾行，如下圖所示。往後書中的範例皆會先刪除這些註解，以方便閱讀程式碼。

```
1   #include <iostream>
2
3   int main()
4   {
5       std::cout << "Hello World!\n";
6   }
```

接著執行程式。程式執行須經過 3 個階段：

　　編譯 → 連結 → 執行

點選主功能表 [**偵錯 (D)**]>[**開始偵錯 (G)**]，或是按 F5；也可以點選工具列上的「本機 Windows 偵錯工具」按鈕，接著程式開始編譯與連結。當編譯與連結完成後會自動執行程式；因此，會彈出 Console 視窗，顯示執行結果；如下圖所示。

專案經過了編譯與連結兩個步驟,若程式碼無任何錯誤就會產生執行檔(.exe)。而執行步驟便是執行這支 .exe 檔案;也可以直接在檔案總管裡用滑鼠點選兩下此執行檔的檔名執行此執行檔,不用再透過開啓 Visual Studio IDE 來執行。並且,此執行檔也能在其他 Windows 平台的電腦上執行。

開啓檔案總管,並展開專案檔資料夾,裡面還有一個 [Debug] 資料夾,在此資料夾裡有一支與專案名稱一樣的執行檔,這支就是此專案所產生的執行檔;如下圖所示。[Debug] 資料夾內的檔案若刪除了,可以再執行一次專案,這些檔案又會重新產生。

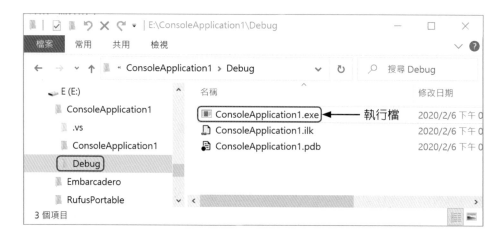

B-2 C++ 程式架構

載入範例 01 專案。下圖是一個最簡單的 C++ 程式,執行後會在螢幕上顯示 "Hello, C++"。此 C++ 程式包含了:標頭檔、命名空間、註解、C++ 主函式、程式敘述與函式回傳值。

```
1    /*
2         這是一個最簡單的C++程式                多行註解
3    */
4    #include <iostream>                         標頭檔
5
6    using namespace std;                         命名空間
7
8    int main()                                   主函式(程式進入點)
9    {
10       //在螢幕上顯示"Hello, C++"               單行註解
11       cout << "Hello, C++" << endl;            程式敘述
12
13       return(0);                               函式回傳值
14   }
```

註解（Comment）

註解並不被視為程式敘述，通常用於說明或註解程式的內容。程式碼寫完一段時間之後，或是程式碼很長，若沒有多使用註解說明程式敘述的用意、解釋計算方式、注意事項等，對於日後程式碼的維護會變得困難，又難以理解當時寫程式碼的想法。註解又分為 2 種形式：單行註解與多行註解。須注意，Visual Studio IDE 無法使用巢狀註解；即在多行註解中再包含其他的多行註解。

▷ 單行註解

在雙斜線 "//" 之後的文字，會被視為註解，如上述程式碼第 10 行。其語法如下所示。

```
// 註解的文字
```

又例如下列 2 行程式碼：

```
int a;      // 宣告整數變數 a
a = 3;      // 將 a 的值設定為 3
```

此 2 行程式碼在其後面直接寫上註解，表示程式碼的用途。

▷ 多行註解

在 "/*" 與 "*/" 之間的文字，都會被視為註解。當註解很多時，使用單行註解便會顯得麻煩，此時使用多行註解會更方便。多行註解的語法如下所示。多行註解並沒有一個固定的形式，只要記得在 "/*" 與 "*/" 之間的所有文字都會被視為註解；例如：

```
/* 註解的文字 */
```

或是

```
/* ---------------
      註解的文字
   ------------------*/
```

標頭檔（Header file）

C++ 有很多的標準函式可供使用，或者自行撰寫的函式也可以供其他程式使用。記錄這些函式定義的檔案就稱為標頭檔。當程式中要使用這些函式時，必須先引入這些函式定義的標頭檔才行，其語法如下所示。

```
#include < 標頭檔名稱 >
```

例如：

```
#include <cmath>
```

或是：

```
#include <math.h>
```

這 2 個標頭檔都是定義數學運算相關的函式庫，cmath 是 C++ 所使用的數學運算的標頭檔，而 math.h 則是 C 所使用的數學運算的標頭檔；兩者並無差別。此敘述表示要引入有關於數學運算的函式，如果沒有引入此標頭檔，則例如絕對值運算的函式 abs() 就無法被使用。

通常引入標頭檔的敘述都是寫在程式一開始的地方。如果是引用非 C++ 標準函式庫的標頭檔時，例如自己開發的函式，則括住標頭檔名稱的 <> 要改為 ""，其語法如下所示。

```
#include " 標頭檔名稱 "
```

例如：

```
#include "D:\MyApp\header.h"
```

表示要引入位於硬碟 D 槽的 MyApp 目錄裡的 header.h 標頭檔。

命名空間（Namespace）

當在程式中使用到其他不同的程式裡所定義的相同名稱的函式、變數或類別時，會造成混淆；而命名空間便是一個可以解決此問題的機制。例如 A、B 兩個函式庫，都有一個叫做 add() 的函式，則 A 可以將 add() 函式放置於 spaceA 命名空間，而 B 函式庫可以將其 add() 函式放置於 spaceB 命名空間裡，則下列程式碼片段：

```
using namespace spaceA;
    ⋮
add();
```

表示使用的是 A 函式庫的 add() 函式。若不使用命名空間，而要指定使用 B 函式庫的 add() 函式，則需在函式名稱之前加上命名空間的名稱，如下所示。

```
spaceB::add();
```

C++ 程式常使用 cout 物件將資料顯示到螢幕上，此物件位於 C++ 的 std 命名空間裡。如果沒使用命名空間，則程式碼第 11 行將改寫為如下形式；由此可知使用命名空間會使得程式敘述變得更簡潔。

```
std::cout << "Hello, C++" <<std::endl;
```

主函式 main()

main() 函式是 C++ 程式的主函式，也是程式最早被執行的地方，其語法如下所示。

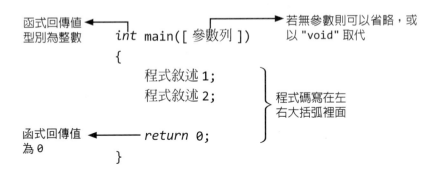

main() 函式的回傳值型別為整數，所以最後一行程式碼才會是 return 0；0 的意思表示程式正常結束（也可以不加 return 0 敘述）。函式可以帶有參數，如果沒有任何參數便可以省略不寫，或是以 "void" 取代，如下圖左所示。執行 Console 模式下的程式，顯示執行結果之後 Console 視窗會自動關閉，導致來不及看到顯示的結果；因此通常會加上 system("pause") 命令，等待使用者按一下任何鍵後才關閉 Console 視窗；如下圖右所示。

```
int main(void)
{



    return 0;
}
```

```
int main(void)
{


    system("pause");
    return 0;
}
```

程式區塊

左右大括弧形成一個程式區塊，程式碼便是寫在程式區塊中，程式碼又可稱為程式敘述，每一行程式敘述以分號 ";" 作為結束，否則 C++ 編譯器會視為錯誤。

前置處理指令

前置處理指令並不是程式碼的一部分，而是針對 C++ 編譯器所使用的指令。C++ 編譯器根據不同的前置處理指令，會有不同的處理方式。例如 #include 指令用來載入標頭檔；#define 指令用來定義巨集。前置處理指令不需要加上分號 ";" 作為程式敘述的結束。

建置模式

Visual Studio C++ 分為 2 種的建置模式：x86 與 x64，如果開發的程式有需要在 64 位元的電腦或是系統上執行，則可以選擇 x64 模式；否則一般可選擇 x86 模式就行了。

此外，可以選擇 Debug 模式或是 Release 模式。Debug 模式之下可以執行中斷除錯的功能，並且會在程式編譯時加入除錯的資訊。因此，在程式資料夾中會產生「Debug」目錄，編譯後的程式執行檔就是放於此目錄中；如下圖所示。如果確定程式已經沒有錯誤了，便可以選擇 Release 模式，如此程式中就不會加入除錯的資訊。

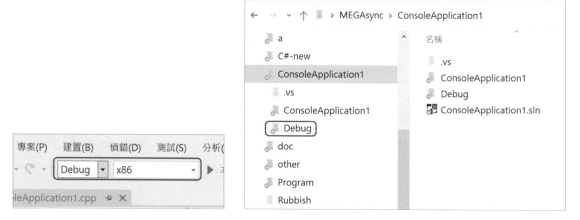

若選擇了 x64 的編譯模式，則會在程式的資料夾中產生「x64 的目錄」，並於其下再產生一個「Debug」的子目錄，編譯後的程式執行檔就是放於此目錄中；如下圖所示。

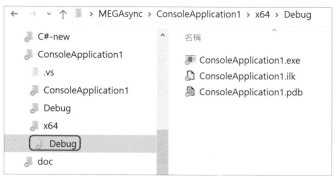

Appendix C

Visual Studio C++ 除錯

在撰寫程式時，最常發生的錯誤就是語法錯誤（Syntax error），語法錯誤就是所撰寫的程式敘述不符合 C++ 所規定的語法所產生的錯誤。例如：大小寫錯誤、變數名稱寫錯、程式敘述結尾忘了加上分號、函式寫法錯誤等；有太多的情形會發生語法錯誤。

語法錯誤與除錯

請載入範例 01 專案並執行，會發現程式因為發生錯誤而中斷，除了在下方的 [錯誤清單] 視窗會出現錯誤訊息，用滑鼠按 2 下 [錯誤清單] 視窗中錯誤的訊息，也能跳至發生錯誤的程式碼；如下圖所示。

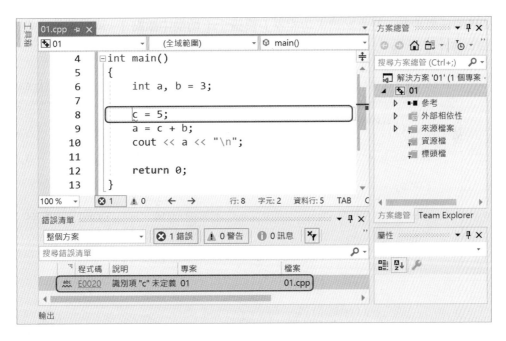

此錯誤訊息：「識別項 "c" 未定義」表示變數 c 沒有在程式中宣告就直接使用。因此，將第 6 行程式敘述加上宣告整數變數 c，即修正為：

int a, b=3, c;

再重新編譯與執行後程式便能正常執行，得到輸出結果如下圖所示。

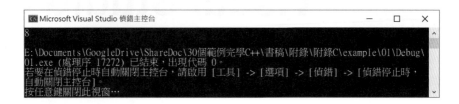

除錯功能

程式執行時，若遇到設有中斷點（Break point）的程式敘述時會暫停執行，並等待後續的處理。中斷點是程式除錯過程中經常被使用的技巧；在懷疑有錯誤的程式敘述設定中斷點，並予以追蹤後續的程式碼、顯示變數的值、檢查程式敘述是否符合預想的結果等。

建立中斷點

載入範例 02 專案，並在程式碼第 8 行的行號 "8" 左邊按一下，如下圖左所示。滑鼠所按之處會以紅色圓點標記，表示此行程式碼建立了中斷點；如下圖右所示。也可以將滑鼠停在第 8 行程式碼的任何地方，接著點選主功能表 [**偵錯**]>[**切換中斷點**]（或是按 F9）也能建立中斷點；只要在編號 "8" 左邊再按一下即可移除中斷點。

```cpp
1    #include <iostream>
2    using namespace std;
3
4    int main()
5    {
6        int a, b = 3, c;
7
8        c = 5;
9        a = c + b;
10       cout << a << "\n";
11
12       return 0;
13   }
```

```cpp
1    #include <iostream>
2    using namespace std;
3
4    int main()
5    {
6        int a, b = 3, c;
7
8        c = 5;
9        a = c + b;
10       cout << a << "\n";
11
12       return 0;
13   }
```

逐步執行

設定好中斷點之後，便可以按工具列上的「▶ 本機 Windows 偵錯工具」按鈕，開始執行並偵錯。程式會開始執行一直遇到中斷點便停止執行。中斷點上會出現一個橘色的箭頭，表示接下來要執行的程式敘述；如下圖左所示。此時可以按工具列的 ♦ [**逐步執行**] 按鈕（或是按 F11）以手動的方式逐行執行程式碼，藉以觀察程式碼執行的順序是否與原先的設定一樣。

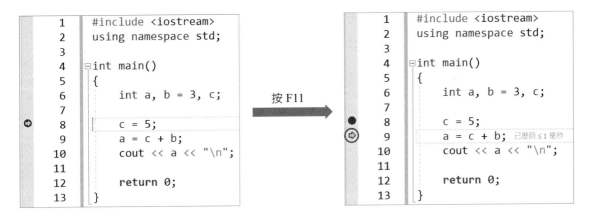

每當按一次 F11 進行逐步執行，程式只會執行一行（橘色箭頭表示正要執行，但還沒執行的程式敘述）。因此要執行完第 10 行程式敘述，則需要按 3 次的 F11；如下圖所示。

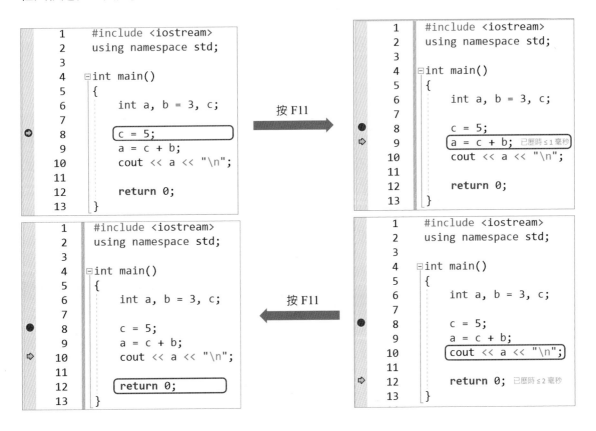

繼續執行

在除錯的過程中,隨時可以按工具列的「▶ 繼續 (C)」按鈕以正常的方式繼續執行程式;若遇到下一個中斷點時仍然會中斷程式的執行。

如下圖所示,在程式碼第 8 與第 12 行分別設置中斷點,按 [除錯] 執行後程式會停止在第 8 行,如下圖左所示。接著按「▶ 繼續 (C)」則程式繼續執行第 9、10 行,並在遇到第 12 行的中斷點時中斷執行並等待,如下圖右所示。

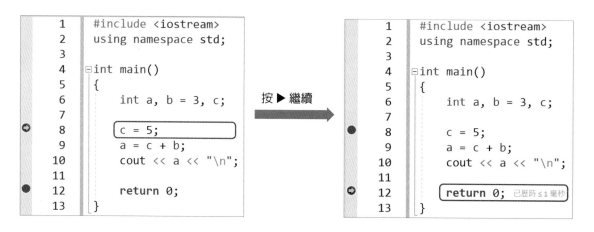

停止偵錯

在偵錯的過程中,隨時可以按工具列的「■ 停止偵錯」按鈕(或是 Shift+F5)停止執行與偵錯。

新增監看式

在除錯的過程中,可以觀察、修改變數的值,這是一項很實用又方便的功能。請先中斷程式執行並移除所有中斷點後,重新在程式碼第 8 行設立中斷點,接著按 F5 開始除錯。程式遇到第 8 行的中斷點便會中斷執行,點選主功能表 [偵錯 (D)]>[快速監看式 (Q)](或是 Shift+F9)會彈出 [新增監看式] 對話框,請輸入變數 c,表示要監看變數 c 的情形;在除錯視窗便會出現變數 c 目前的值;如下圖右所示。

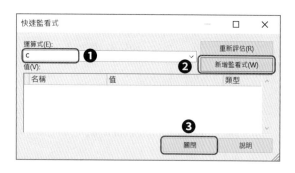

目前變數 c 的值並沒有任何意義；接著按 F11 讓程式執行第 8 行。程式碼第 8 行將數值 5 設定給變數 c，因此在除錯的視窗可看到變數 c 的值變成了 5；如下圖所示。

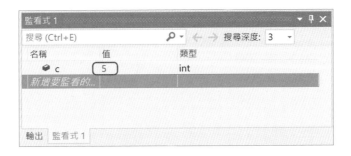

除錯模式下也能臨時修改變數的值。首先在監看式視窗上的變數 c 欄位上按滑鼠左鍵 2 下，直接輸入新值 8，則變數 c 的值立刻從 5 被修改成為 8；如下圖所示。

除此之外，在偵錯模式之下還有很多的資訊可以查看；例如：主功能表 [**偵錯 (D)**]>[**視窗 (W)**]>[**區域變數 (L)**] 可以開啟目前程式中所有的區域變數的值，如下所示。

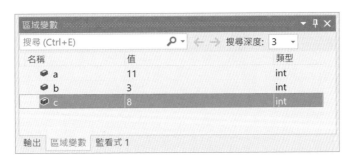

這些資訊需要讀者自行嘗試，才能知道哪些資訊視窗對自己在程式偵錯時有所幫助。

Appendix D 常用資料型別與基本運算

- D-1 變數與常數
- D-2 常用資料型別
- D-3 資料型別轉換
- D-4 基本運算
- D-5 C++ 保留字

D-1 變數與常數

在撰寫程式時一定會用到變數與常數,如同數學計算式裡會用到變數與數值是一樣的情形。變數與常數都需占用電腦記憶體空間,變數用於儲存使用者輸入的資料,也儲存程式執行時所產生的資料。而常數則是一般的文字資料、數值資料。透過變數與常數的運算,程式才能夠處理事情並且完成工作。

常數

常數(Constant)是一個固定的值,一經宣告之後就不會再改變;例如:

> 4、-5、7.25、'A'、"Hello"、0x16

這些都是常數,又稱為字面常數(Literal constant),因為它們只有值而沒有名稱用來稱呼它們。除了字面常數之外,還有以下 2 種定義常數的方式:#define 與 const 修飾字,這 2 種方式宣告的常數可以有名稱。

數值類常數

數值類的常數即為一般的數字,例如:

> 12、-62、5、3.14F、5.0L、2.3、0x16、011

第 4-6 三個數值稱為浮點數,即帶有小數的數值。在數值後面加 "F" 或 "f",表示這是一個 float 型別的浮點數。在數值後面加 "L" 或 "l",表示這是一個 long 型別的浮點數。若在浮點數後面都未加上修飾字,則表示這是一個 double 型別的浮點數,如第 6 個數值 2.3。第 3 個數值 5 是整數,但是第 5 個數值 5.0L 是浮點數,這點需要留意。

以 "0x" 或是 "0X" 開頭的數值，表示這是以 16 進位表示的數值，例如第 7 個數 0x16，此數值等於十進位的 22。若以 "0" 開頭的數值，表示這是以 8 進位表示的數值，例如最後一個數 011，此數值等於十進位的 9。

字元類的常數

字元類型的常數，例如：

> 'A'、'@'、"Hello"、'2'

如同前 2 個字元常數，其長度等於 1，並且使用一對單引號。第 3 個是字串並使用一對雙引號，並不是字元；但對於 C/C++ 而言，字串是字元的集合：數個字元集合在一起。C/C++ 的字串有 2 種形式：字元陣列與 string 類別（請參考範例 14）。

布林值常數

布林常數只有 2 種值：

> true、false

分別表示 " 真 " 與 " 非真 "。因此，只要二元形式的資料，例如：是 - 不是、對 - 錯、好 - 不好等諸如此類的形式，都適合使用布林值來表示。

#define

使用巨集指令 #define 定義常數的語法如下所示。

> #define 常數名稱　常數值

通常 #define 用來定義一個不可以被改變的值。例如：圓周率是固定的值，不需要也不可以被改變，因此就適合用 #define 來宣告，例如定義圓周率 π 的值如下所示。

> #define PI　3.14159

上述定義了一個名稱為 PI 的常數。#define 是一個巨集形式的前置處理指令，並不屬於程式敘述，所以結尾並不加分號 ";"。當程式在編譯時，會把程式裡面所有的 PI 置換成數值 3.14159。之所以在程式中使用 PI 而不直接使用常數 3.14159 的優點，在於當 PI 值有所改變時，只要到定義 PI 的敘述去修改其值就行了，而不是逐行程式碼去修改此數值。

const 修飾字

以 const 修飾字修飾的變數，其值無法被更改；因此若要確保變數在程式中不會被修改，則可以使用 const 修飾字。

const 修飾字與 #define 在程式編譯的過程並不相同，但其作用是一樣的；使用 const 宣告常數的語法如下所示。

> const 變數型別 變數名稱 數值；

例如：

> const float PI 3.14159;

上述宣告了一個以 const 修飾的浮點數變數 PI，其值等於 3.14159。此敘述為程式碼，所以需要在結尾加上分號 ";"。

⤴ 練習 1

有一圓形其半徑等於 5 公分，計算其面積與周長。

▌ 講解

圓面積的公式為圓周率 PI 乘以半徑的平方，圓周長的公式為 2× 圓周率 × 半徑，因此：

> 圓面積 = PI × 5 × 5;
> 圓周長 = 2 × PI × 5;

▌ 輸出結果

```
圓的面積 =78.5397
圓的周長 =31.4159
```

▌ 撰寫程式碼

1. 建立空的 C++ 專案檔，專案檔名稱為 01。
2. 撰寫以下程式碼。在 main() 主函式之前，程式碼第 2 行宣告使用 std 命名空間，第 3 行使用 #define 定義常數 PI，其值等於 3.14159，用於表示圓周率。

```
1  #include <iostream>
2  using namespace std;
3  #define PI 3.14159
4
5  int main()
6  {
7      const float CPI = 3.14159f;
8      cout << " 圓的面積 =" << PI * 5 * 5 << "\n";
9      cout << " 圓的周長 =" << 2 * CPI * 5;
```

```
10
11     system("pause");
12     return 0;
13 }
```

在 main() 主函式中，程式碼第 7 行宣告了一個以 const 修飾的浮點數變數 CPI，其值等於 3.14159f，一樣是用於表示圓周率。第 8 行示範使用 #define 宣告的常數 PI 計算圓的面積，並顯示於螢幕。第 9 行示範使用 const 修飾的常數變數 CPI 計算圓的周長，並顯示於螢幕。

▌分析與討論

經由 #define 所定義的常數通常在程式的開頭就會一併全部定義好，以供後續程式碼使用。雖然說經過 #define 所定義的常數無法變更，其實可以取消原先的定義之後，再予以重新定義；如下程式碼片段所示。第 1 行定義了常數 PI，第 10 行取消 PI 的定義，第 11 行重新定義 PI 的值等於 5。

```
 1 #define PI 3.14159
   ⋮
10 #unfed PI
11 #define PI 5
```

雖然可以這樣重新定義常數，但若非很熟練或是有必要如此做，否則很容易在反覆的定義、重新定義之下，造成程式碼不容易閱讀與維護。

▌變數

變數用於儲存使用者所輸入的資料，以及儲存程式執行中所產生、運算的資料。程式語言的變數有不同的資料型別，例如：整數、浮點數、字元等，不同的資料型別的使用方式與能儲存的值域不相同；就如不同大小與形狀的盒子，其容量與放置的物品也不同。所以針對不同的資料應該宣告合適的資料型別的變數加以儲存。

使用變數需要先行宣告，宣告的方式如下所示。

　　　[修飾字] 資料型別 變數名稱 [= 初始值];

例如，以下各種合法的宣告方式：

```
1 int a;
2 int b = 5, c;
3 const float f = 3.4f;
4 static char d = 'A';
```

程式碼第 1 行宣告了一個整數變數，其名稱為 a。第 2 行宣告了 2 個整數變數：b 與 c，並且 b 的初始值等於 5；相同型別的變數可以宣告在同一行程式敘述，並以逗點 "," 隔開。第 3 行宣告了一個使用 const 修飾的浮點數 f，其初始值等於 3.4f。第 4 行宣告了 1 個使用 static 修飾字修飾的字元變數 d，初始值等於 'A'。

C++ 宣告變數時常使用的修飾字為：short、long、static、const、unsigned、signed 等。short 用來修飾整數型別，long 用於修飾整數型別與 double 型別的浮點數。用 unsigned 修飾的變數不帶正負號，即只有正值，好處是值域變得更大。用 signed 修飾字的變數可以有正負值；但一般變數都帶有正負值，所以不會特別去使用 signed 這個修飾字。

變數命名方式

變數命名只能使用大小寫字母、數字、_（底線），並且變數名稱不能以數字開頭，也不能使用 C++ 的保留字（例如：int、float、for 等；參考附錄 D-5），並且區分字母大小寫；不同的整合開發環境也會有自己特定的保留字，這些保留字也都不能拿來命名變數。例如：以整數變數為例，宣告一變數用於表示書本的數量，以下都是合法的變數命名方式。

```
1  int NumBook, numBook;
2  int NumberOfBook;
3  int num_book;
4  int iNumBook1;
```

第 1 行的 2 個變數使用代表性的單字串接在一起，是很清楚的表達方式；此 2 個變數雖然只有第 1 個字母大小寫不一樣，仍然被視為是 2 個不相同的變數。第 2 行變數的名稱雖然合法但稍嫌太長，在撰寫時顯得麻煩。第 3 行程式碼使用底線連接 2 個字，是很清楚的表達方式。第 4 行的第一個字母 "i" 可用於表示此變數是整數型別，這也是很常被使用的命名方式。以下是不合法的變數命名方式。

```
1  int 1numbook;
2  int 書本的數量 ;
3  int @book_number@;
4  int double;
```

第 1 行的變數名稱使用數字開頭，因此不是合法的變數名稱。第 2 行使用中文當成變數名稱，因此也不合法（在 Visual Studio IDE 是合法的變數名稱）。第 3 行使用特殊字元 "@"，因此也不是合法的變數名稱。第 4 行使用 C++ 的保留字 "double" 當成變數名稱，因此也是不正確的變數名稱。

D-2　常用資料型別

宣告變數需要指定資料型別，例如：宣告整數型別的變數 num、宣告浮點數型別的變數 temp 等。有些資料型別是經常被使用：整數型別、浮點數型別、字元型別與布林型別；因此也稱之為基本資料型別。

▌整數型別（Integer）

整數型別區分為有號數（singed）與無號數（unsigned）、短整數（short）與長整數（long）。有號數即是有區分正負數，無號數則為正數；通常有號數不會特別使用 singed 修飾字去標明，因為 signed int 和 int 是一樣的。其不同整數型別的值域如下所示。

宣告型別	長度（Byte）	值域
short	2	-32768 ~ 32767
unsigned short	2	0 ~ 65535
int	4*	-2,147,483,648 ~ 2,147,483,647
unsigned int	4*	0 ~ 4,294,967,295
long int	4	-2,147,483,648 ~ 2,147,483,647
unsigned long int	4	0 ~ 4,294,967,295
long long int	8	-9,223,372,036,854,775,808 ~ 9,223,372,036,854,775,807
unsigned long long int	8	0 ~ 18,446,744,073,709,551,615

＊註：在 16 位元的系統，整數只有 2 bytes。

了解不同資料型別的值域，能才不至於產生溢位（Overflow）的錯誤結果。例如：將數值 60000 設定給一個 short 的變數。因為 short 型別的變數其值域只能到 32767，而 60000 已經超過了此範圍，因此會產生錯誤；如下程式碼所示。程式輸出的結果 s 並不是等於 60000，而是 -5536；這便是已經超過變數所能接受的最大值域所產生的錯誤結果。

```
 1  #include <iostream>
 2
 3  int main()
 4  {
 5      short s;
 6
 7      s = 60000;
 8      std::cout << s;
 9      system("pause");
10      return 0;
11  }
```

浮點數（Floating point）

浮點數可以視為帶有小數的資料型別，並且依照精準度又可分為以下 2 種：float、double，分別稱之為單精度浮點數與倍精度浮點數（雙精度浮點數）。double 型別還可以使用 long 修飾字，稱為長倍經度浮點數，某些系統可以分配 10 個位元組給 long double 型別的變數。浮點數的合法宣告如下所示。

```
1  float ft = 12.3456;
2  double de = 12.34567;
3  long double ld = 12.34567;
```

浮點數的值域如下表所示。

宣告型別	長度（Byte）	值域
float	4	$\pm1.17\times10-38$ ~ $\pm3.4\times1038$
double	8	$\pm2.2\times10-308$ ~ $\pm1.7\times10308$
long double	8	*

＊註：有些系統 long double 與 double 的值域相同，有的系統 long double 比 double 有更大的值域。

C++ 有預設的小數顯示長度；因此，若沒有指定足夠顯示小數的長度，則在顯示小數時會無法完整地顯示；如下範例所示。

```cpp
1  #include <iostream>
2  #include <iomanip>
3  using namespace std;
4
5  int main()
6  {
7      float ft = 12.3456;
8      double de = 12.34567;
9      long double ld = 12.34567;
10
11     cout << ft << "\n";
12     cout << de << "\n";
13     cout << setprecision(7) << ld << "\n"; // 顯示 7 位數
14     system("pause");
15     return 0;
16 }
```

上述程式輸出結果為：

```
ft= 12.3456
de= 12.3457
ld= 12.34567
```

程式碼第 12 行顯示 double 型別的變數 de 時，小數的部分並沒有完整地顯示出來。而在第 13 行因為有使用了 setprecision() 函式指定輸出 7 位的小數（整數位數、小數點以及小數位數一共 7 位，並且自動會四捨五入），因此 long double 型別的變數 ld 便完整地顯示出來了。要使用 setprecision() 函式需引用標頭檔 iomanip，如第 2 行所示。

字元型別（Character）

字元的長度為 1 個位元組，以一對單引號括住此字元，並區分有號數與無號數；以下為合法的字元宣告。

```
1  char c1 = 'A';
2  char c2 = '@';
3  char c3 = 65;
```

第 3 行程式碼宣告了一個字元變數 c3，其值等於 65。因為此變數是字元型別，所以雖然其值等於 65，但會被解釋為 ASCII 碼值的 65，也就是等於 'A'。因此，變數 c1 與 c3 其實是一樣的。以下為不合法的字元宣告。

```
1  char c1 = A;
2  char c2 = 'AB';
3  char c3 = ' 我 ';
4  char c4 = "A";
```

第 1 行沒有使用一對單引號括住字元 A。第 2 行的 'AB' 是 2 個位元組。第 3 行的中文字 " 我 " 長度為 2 個字元。第 4 行使用的是雙引號，所代表的是字串而不是字元。字元的值域如下表所示。

宣告型別	長度（Byte）	值域
char	1	-128 ~ 127
unsigned char	1	0 ~ 255

字元雖然用於儲存大小寫的英文字母、數字、特殊符號，由於字元也有值域，所以也可以拿來做為數值的運算；例如下列程式碼片段，則所得到的輸出結果是字元 B。

```
1  char c1 = 'A';
2
3  c1 = c1 + 1;
4  std::cout << c1;
```

逸出字元（Escape character）

逸出字元又稱為跳脫字元，這些字元不按照字面上的字元輸出，而是有特定的意義。例如：'\n' 會在顯示資料的時候換到下一列；'\r' 表示按了 Enter 鍵。以下為常被使用的逸出字元。

逸出字元	說明
\a	使電腦發出預設的聲音
\b	倒退一格
\f	跳頁
\r	按 Enter
\t	水平跳格
\v	垂直跳格
\\	顯示 \
\"	顯示 "
\'	顯示 '

反斜線 "\" 被當成逸出字元的一部分，因此要顯示 "\" 時便要使用 "\\"，則第 2 個反斜線便會被當成是一般的字元顯示到螢幕上。若要顯示雙引號或是單引號，也是如此的作法；例如：

cout << "\" 小明，早安 \"";

此程式敘述會顯示：

" 小明，早安 "

布林型別（Boolean）

布林型別的變數只有 2 種值：true、false；分別表示 " 真 " 與 " 非真 "，因此適合用於表示只有 2 種狀態的事情。例如開關的狀態：開 - 關、成績狀態：及格 - 不及格。true 的值等於 1，而 false 的值等於 0；布林變數的宣告方式如下所示。

```
1  bool fg = true;
2  bool fg1;
3
4  fg1 = false;
```

第 1 行宣告了布林型別的變數 fg，並同時給予初始值 true。第 2 行宣告了布林型別的變數 fg1，並於第 4 行再設定其值等於 false。

D-3 資料型別轉換

不同的資料型別的變數或資料在進行運算時必須型別相同，否則會產生錯誤或是不可預期的結果出現；例如下列程式碼的運算：

```
1  int a = 58;
2  float avg;
3
4  avg = a/4;
5  cout << avg;
```

運算的結果不是預期的 14.5 而是 14。這是因為電腦程式無法確切判斷不同型別的資料在運算過程中，該如何處理其型別不同的問題。因此我們必須在資料或變數的運算中，適時地告訴程式該如何處理資料或是變數型別的轉換（Type conversion）。

資料型別的轉換有 2 種形式：隱含轉型（Implicit conversion）與明確轉型（Explicit conversion），明確轉型也可稱為強制轉型。

隱含轉型

隱含轉型是由 C++ 編譯器自行判斷是否該進行轉型，通常是值域小的型別的資料或變數，設定給值域大的變數時所發生自動轉型，以避免損失資料的精準度。例如：把一個 int 型別的變數，設定給一個 float 型別的變數；如下程式所示。

```
1  int a = 58;
2  float f;
3
4  f = a + 7.25;
5  cout << f;
```

因為 float 的值域比 int 的值域大，因此 a 會自動轉型為 float 型別之後再和 7.25 相加，最後再設定給變數 f；因此運算結果等於 65.25。

所以我們可以歸納出一個原則：

數值型別的變數或資料，設定給另一種數值型的變數時，會進行隱含轉型

要注意，當值域大的型別的數值或變數指定給值域小的型別的變數時，會產生溢位的問題。

明確轉型

當 C++ 編譯器不知道該如何處理變數或是資料的轉型問題時，就該由自己處理資料轉型的問題。例如以下的例子：

```
1  int a = 58;
2  float avg;
3
4  avg = (float)a/(float)4;
5  cout << avg;
```

由於在第 4 行的運算式中，a 和 4 的前面各加了 (float)，先將 a 和 4 明確轉型為 float 型別，因此 2 個浮點數運算的結果自然也會是浮點數。但如果是如下列的程式碼：

```
1  int a = 58;
2  float avg;
3
4  avg = (float)(a/4);
5  cout << avg;
```

由於小括弧具有計算的優先權，因此第 4 行的運算式會先計算 a÷4 的結果（運算結果等於 14），然後再將此結果轉型為 float（14 轉型後變成 14.0）；所以所得到的運算結果也是錯誤的。相同地，也需要注意明確轉型所會發生的溢位問題。

數值轉型為字串

除了數值的資料型別之間的轉型之外，在程式執行的過程中還會處理其他型別的資料。這些資料的轉換，很常被使用到的是數值資料與字串之間的轉換。通常會有以下 3 種轉型方式：轉型函式（函數）、std::to_string() 函式、sprintf() 函式

轉型函式

可透過由 C 或 C++ 所提供的轉型函式來進行轉換；以下是數值資料轉為字串時常被使用的轉型函式。

函式	說明
itoa(a,b,c)	將以 c 為基底的數值 a，轉換為 b 的字串。a、c 為整數，b 為一維字元陣列。
_itoa_s(a,b,c,d)	比 itoa() 更安全的版本。將以 d 為基底的數值 a，轉換為 b 的字串；c 為 b 的長度。a、c、d 為整數，b 為一維字元陣列。
gcvt(a,b,c)	將 b 位數的浮點數 a 轉換為字串 c；小數部分會自動四捨五入。a 為 double 型別的浮點數，b 為整數，c 為一維字元陣列。
_gcvt_s(a,b,c,d)	比 gcvt() 更安全的版本。將 d 位數的浮點數 c 轉換為字串 a；b 為 a 的長度，小數部分會自動四捨五入。a 為一維字元陣列，c 為 double 型別的浮點數，b、d 為整數。
ltoa(a,b,c)	把長整數 a 轉為以 c 為基底的字串 b。a 為 long int 型別，c 為整數，b 為一維字元陣列。
ltoa_s(a,b,c,d)	比 ltoa() 更安全的版本。把長整數 a 轉為以 d 為基底的字串 b；c 為 b 的長度。a 為 long int 型別，c、d 為整數，b 為一維字元陣列。
_i64toa(a,b,c)	將以 c 為基底的數值 a，轉換為 b 的字串。a 為 long long int 型別，c 為整數，b 為一維字元陣列。
_i64toa_s(a,b,c)	比 i64toa () 更安全的版本。將以 d 為基底的數值 a，轉換為 b 的字串；c 為 b 的長度。a 為 long long int 型別，c、d 為整數，b 為一維字元陣列。

這些轉型函數，基底可為 8、10 與 16 進位，其相對應的基底值為 8、10 與 16。轉型函式 itoa()、gcvt() 與 ltoa() 在某些特殊的狀況之下會發生錯誤，因此才有相對應的安全版本被提出來，分別是：_itoa_s()、_gcvt_s() 與 _ltoa_s()。對於 unsigned 的資料，ltoa() 與 _i64toa() 也有相對應的函式：ltoa_s() 與 _i64toa_s()。這些函式的安全版本，也都有相同針對 unsigned 型別的轉型函式。

對於數值轉型爲寬字串（wchar_t 型別），所有的安全版本的轉型函式也都有相對應的函
式，以 itoa() 函式爲例，如下所示。即把轉型函式名稱中的 "a" 更改爲 "w" 便是寬字元版
本的轉型函式。

一般字元版本	寬字元版本
_itoa_s()	_itow_s()

在 Visual Studio C++ 中使用 itoa()、gcvt() 與 ltoa() 函式會出現 C4996 編號的警告，因
此可以使用相對應的安全版本函式處理數值轉字串。如果還是想使用此 3 個函式，則可以在
程式碼第 1 行加上此前置命令：

```
#pragma warning(disable : 4996)
```

或者也可以對整個專案進行設定；如下設定步驟。選擇主功能表 [專案]>[…屬性]，開啓
屬性頁視窗。展開 [組態屬性] 後，在 [C/C++] 標籤下的 [所有選項] 裡有一項目「停用
特定警告」；如下圖所示。

選擇 <編輯…> 後會開啟「停用特定警告」對話框,如下所示。輸入 4996 之後按「確定」按鈕關閉對話框。回到專案屬性頁視窗後,再按「確定」按鈕完成設定。

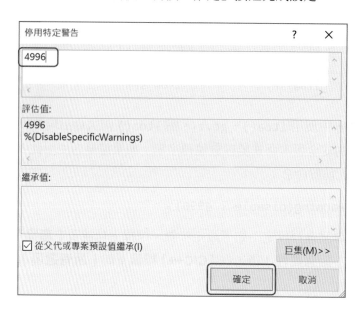

使用 std::to_string() 函式

C++ 11 版本開始,數值資料可以使用 std::to_string() 函式轉換為字串,使用方式如下所示;對於寬字串則提供了 std::to_wstring() 轉型函式。

```
1  #include <iostream>
2  #include <string>
3
4  string str;   // 宣告 string 型別的字串變數
5  :
6
7  str=std::to_string(12.34);
```

程式碼第 2 行引入了標頭檔 string,因此第 4 行才能使用 string 字串型別宣告變數。第 7 行將浮點數 12.34 透過 to_string() 函式轉型為字串並儲存於變數 str。

使用 sprintf() 函式

sprintf() 函式除了可以讓數值資料轉型為字串之外,還提供了格式化字串;對於浮點數而言便可以控制整數部分與小數部分的位數,sprintf() 的使用方式如下所示。

sprintf(一維字元陣列 , " 格式化字串 ", 變數或資料);

以下列舉例常被使用的字串轉換方式。

```
1   char str[15];
2
3   sprint(str,"%d", 123);
4   sprint(str,"%f", 12.345);
5   sprint(str,"%5.2f", 12.345);
```

第 1 行宣告一個長度爲 15 個字元的字元陣列 str，其陣列的長度需要能容納數值轉換之後的長度。第 3 行使用格式化字串 "%d" 將整數 123 轉換爲字串。第 4 行使用格式化字串 "%f" 將浮點數 12.345 轉換爲字串。第 5 行使用格式化字串 "%5.2f" 將浮點數 12.345 轉換爲字串；並且指定包含小數點的輸出位數共 5 位數，小數部分爲 2 位數；小數部分過長則會自動四捨五入。

📤 練習 2

使用轉型函式、std::to_strig() 與 sprintf() 函式，將整數 58、整數 12345678900、浮點數 12.3456 分別轉型爲字串。

▌講解

整數 58 可用 itoa() 與 sprintf() 函式進行字串轉換，而整數 12345678900 由於超過了 int 型別的值域，所以需使用 _i64toa() 函式。浮點數則分別使用 gcvt()、std::to_string() 與 sprintf() 函式進行字串轉換。

▌輸出結果

```
使用 itoa()：58
使用 sprintf() 表示 16 進位：3A
使用 gcvt()：12.35
使用 _i64toa()：12345678900
使用 to_string()：12.345600
使用 sprintf() 表示浮點數：12.346
```

▌撰寫程式碼

1. 建立空的 C++ 專案檔，專案檔名稱爲 02。
2. 撰寫以下程式碼。程式碼第 1 行取消 4996 警告提示，第 2-3 行分別引入 iostream 與 string 標頭檔，第 4 行宣告使用 std 命名空間。

```
1  #pragma warning(disable : 4996)
2  #include <iostream>
3  #include <string>
4  using namespace std;
```

3. 接著在 main() 主函式裡撰寫以下程式碼。程式碼 8-10 行宣告變數。第 9 行宣告了長度等於 15 的字元陣列 str。第 10 行宣告字串型別的變數 str1。

```
 8  int a;
 9  char str[15];
10  string str1;
```

4. 程式碼第 12 行使用 itoa() 函式將 58 轉型為字串，並儲存於 str。第 13 行為使用 _itoa_s() 函式的範例。第 14 行輸出轉換後的結果，第 16 行使用 sprintf() 函式與格式化字串 "%X"，將數值 58 以 16 進位的方式轉換為字串。

```
12  itoa(58, str, 10);
13  //_itoa_s(58,str,sizeof(str),10);
14  cout << " 使用 itoa()：" << str << endl;
15
16  sprintf(str, "%X", 58);
17  cout << " 使用 sprintf() 表示 16 進位：" << str << endl;
```

5. 程式碼第 19 行使用 gcvt() 函式將浮點數 12.3456 轉型為字串，並限制輸出 4 位輸出位數（不包含小數點），因此小數部分會被自動四捨五入。第 23 行使用 _i64toa() 函式將 long long int 型別的整數 123456578900 轉型為字串。

```
19  gcvt(12.3456, 4, str);
20  //_gcvt_s(str, sizeof(str), 12.3456, 4);
21  cout << " 使用 gcvt()：" << str << endl;
22
23  _i64toa(12345678900, str, 10);
24  //_i64toa_s(12345678900, str ,sizeof(str),10);
25  cout << " 使用 _i64toa()：" << str << endl;
```

6. 程式碼第 27 行使用 to_string() 函式將浮點數 12.3456 轉型為字串，第 30 行則使用 sprintf() 函式，並指定格式化字串 "%7.3f"；包含小數點一共輸出 7 位數，並指定小數部分只能有 3 位數，因此會自動四捨五入。

```
27  str1 = to_string(12.3456);
28  cout << " 使用 to_string()："<<str1 << endl;
29
30  sprintf(str, "%7.3f", 12.3456);
31  cout << " 使用 sprintf() 表示浮點數：" << str << endl;
32
33  system("pause");
34  return(0);
```

程式碼列表

```
1   #pragma warning(disable : 4996)
2   #include <iostream>
3   #include <string>
4   using namespace std;
5
6   int main()
7   {
8       int a;
9       char str[15];
10      string str1;
11
12      itoa(58, str, 10);
13      //_itoa_s(58,str,sizeof(str),10);
14      cout << " 使用 itoa()：" << str << endl;
15
16      sprintf(str, "%X", 58);
17      cout << " 使用 sprintf() 表示 16 進位：" << str << endl;
18
19      gcvt(12.3456, 4, str);
20      //_gcvt_s(str, sizeof(str), 12.3456, 4);
21      cout << " 使用 gcvt()：" << str << endl;
22
23      _i64toa(12345678900, str, 10);
24      //_i64toa_s(12345678900, str ,sizeof(str),10);
25      cout << " 使用 _i64toa()：" << str << endl;
26
27      str1 = to_string(12.3456);
28      cout << " 使用 to_string()："<<str1 << endl;
29
30      sprintf(str, "%7.3f", 12.3456);
31      cout << " 使用 sprintf() 表示浮點數：" << str << endl;
32
33      system("pause");
34      return(0);
35  }
```

字串轉型為數值

字元陣列型別的字串

字元陣列型別的字串，使用轉型函式將字串轉型為數值；常被使用的轉型函式如下所示。

函式	說明
atoi(a)	將字串 a 轉換為整數。回傳值為 int 型別，a 為一維字元陣列。
_atoi64(a)	將字串 a 轉換為整數，回傳值為 __int64 型別之整數，a 為一維字元陣列。
atof(a)	將字串 a 轉換成雙精度浮點數。回傳值為 double 型別，a 為一維字元陣列。
atol(a)	將字串 a 轉換為長整數。回傳值為 long 型別，a 為一維字元陣列。
atoll(a)	將字串 a 轉換為 long long 整數。回傳值為 long long 整數，a 為一維字元陣列。
_atoi_l(a,b)	比 atoi() 更安全的版本。使用地區 b 的代碼將字串 a 轉為整數。回傳值為 int 型別，b 為 _locale_t 型別。
_atof_l(a,b)	比 atof() 更安全的版本。將字串 a 轉換成雙精度浮點數。回傳值為 double 型別，a 為一維字元陣列，b 為 _locale_t 型別。
_atol_l(a,b)	比 atol() 更安全的版本。將字串 a 轉換為長整數。回傳值為 long 型別，a 為一維字元陣列，b 為 _locale_t 型別。
_atoll_l(a,b)	比 atoll() 更安全的版本。將字串 a 轉換為 long long 整數。回傳值為 long long 型別，a 為一維字元陣列，b 為 _locale_t 型別。

其中，__int64 資料型別即為 long long 資料型別。對於寬字元 wchar_t 型別的字串，也有相對應的轉型函式。例如一般字串版的 atoi() 函式，對照到寬字元版就是 wtoi() 函式；也就是把函式名稱的 "a" 改成 "w" 就行了。

每個轉型函式所提供的更安全的版本，例如 _atoi_l()，其第 2 個參數是地區設定，型別為 _locate_t，使用方式如下範例。

```
1  #include <iostream>
2  #include <locale>
3
4  int a;
5
6  a = _atoi_l("58", _create_locale(LC_ALL, "zh-TW"));
```

上述程式碼第 6 行將字串 "58" 轉型為整數 58，並使用台灣地區的代碼 "zh-TW"。如不需要特別指定地區，則使用 NULL 取代地區代碼也可以。其中 _create_locale() 函式用於建立地區，要使用此函式需要引入標頭檔 locale。

↪ 練習 3

使 用 轉 型 函 式 atoi()、_atoi64() 與 atof()，分 別 將 字 串 "58"、"12345678900"、"12.345" 轉型為整數與浮點數。

▌ 講解

字串 "58" 可用 atoi() 轉型為整數。而字串 "12345678900" 若轉為整數後，其超過了 int 型別的值域，所以必須使用 _atoi64() 函式進行轉換。字串 "12.345" 轉型為數值之後則為浮點數，所以使用 atof() 函式進行轉換。

▌ 輸出結果

```
使用 atoi()：58
使用 _atoi64()：12345678900
使用 atof()：12.345
```

▌ 撰寫程式碼

1. 建立空的 C++ 專案檔，專案檔名稱為 03。
2. 程式碼第 1-2 行，引入必要的標頭檔 iostream 與宣告命名空間 std。

```
1  #include <iostream>
2  using namespace std;
```

3. 接著在 main() 主函式裡撰寫以下程式碼。程式碼 6-9 行宣告變數。第 6-7 行分別宣告 int 與 long long 型別的變數 a 與 lla。第 8 行宣告 float 型別之浮點數變數 f，第 9 行使用 string 型別宣告一字串變數 str1，其內容等於字串 "58"。

```
6  int a;
7  long long lla;
8  float f;
9  string str1 = "58";
```

4. 程式碼第 11 行使用 atoi() 函式將字串 str1 轉型為整數,並儲存於變數 a。由於 atoi() 函式所能轉型的字串其型別為一維的字元陣列,因為變數 str1 為 string 型別的字串,因此先使用 string 類別的函式 c_str() 將 str1 先轉型為一維字元 陣列。第 14 行使用 _atoi64() 函式將字串 "12345678900" 轉型後並儲存於變數 lla。第 17 行則使用 atof() 函式將字串 "12.345" 轉型後並儲存於變數 f。

```
11  a=atoi(str1.c_str());
12  cout << " 使用 atoi():" << a << endl;
13
14  lla = _atoi64("12345678900");
15  cout << " 使用 _atoi64():"<<lla<<endl;
16
17  f = atof("12.345");
18  cout << " 使用 atof():" << f << endl;
19
20  system("pause");
```

▌ 分析與討論

程式在進行編譯時,程式碼第 17 行會出現警告的訊息:

'=': 將 'double' 轉換為 'float',由於類型不同,可能導致資料遺失

這是因為函式 atof() 的回傳值為 double 型別,而變數 f 為 float 型別;將一個 double 型別的數值指定給一個值域比較小的 float 型別的變數,有可能會產生溢位的問題。如果確認轉型之後不會產生溢位的問題,則可以忽略此警告訊息。或者使用明確轉型,便不會再出現警告訊息,如下所示。

```
17  f = (float)atof("12.345");
```

▌ 程式碼列表

```
1  #include <iostream>
2  using namespace std;
3
4  int main()
5  {
6      int a;
7      long long lla;
8      float f;
9      string str1 = "58";
```

```
10
11      a=atoi(str1.c_str());
12      cout << " 使用 atoi()：" << a << endl;
13
14      lla = _atoi64("12345678900");
15      cout << " 使用 _atoi64()："<<lla<<endl;
16
17      f = atof("12.345");
18      cout << " 使用 atof()：" << f << endl;
19
20      system("pause");
21  }
```

string 類別的字串轉型函式

C++ 的 string 類別的字串提供更方便的字串操作（參考範例 14），因此使用 string 型別宣告的字串可以使用以下的轉型函式將字串轉型為數值。

函式	說明
stoi(a[,*b,c])	將以 c 為進位基底的字串 a，轉型為 10 進位整數，回傳值為整數。b 為 size_t 的指標型別，記錄第一個未轉換的字元的索引值。
stod(a[,*b])	將字串 a 轉型為 double 數值。b 為 size_t 的指標型別，記錄第一個未轉換的字元的索引值。
stof(a[,*b])	將字串 a 轉型為 float 數值。b 為 size_t 的指標型別，記錄第一個未轉換的字元的索引值。
stol(a[,*b,c])	將以 c 為進位基底的字串 a，轉型為 long 型別的整數，回傳值為整數。b 為 size_t 的指標型別，記錄第一個未轉換的字元的索引值。
stold(a[,*b])	將字串 a 轉型為 long double 型別的整數，回傳值為整數。b 為 size_t 的指標型別，記錄第一個未轉換的字元的索引值。
stoll(a[,*b,c])	將以 c 為進位基底的字串 a，轉型為 long long 型別的整數，回傳值為整數。b 為 size_t 的指標型別，記錄第一個未轉換的字元的索引值。
stoul(a[,*b,c])	將以 c 為進位基底的字串 a，轉型為 unsigned long 型別的整數，回傳值為整數。b 為 size_t 的指標型別，記錄第一個未轉換的字元的索引值。
stoull(a[,*b,c])	將以 c 為進位基底的字串 a，轉型為 unsigned long long 型別的整數，回傳值為整數。b 為 size_t 的指標型別，記錄第一個未轉換的字元的索引值。

使用 string 類別的轉換函式需引入 iostream 與 string 標頭檔，並且可以使用 std 命名空間。上述有些轉型函式可以指定字串要以哪種進位基底作為轉換，可以指定的進位基底有 10、16 與 8 進位基底。上表中所有的轉型函式皆可以接收一個 size_t 指標型別的參數，此參數用來記錄欲被轉換為數值的字串中，從哪個字元開始無法被轉換；若不需要知道此資訊，可以設定為 NULL 或是 nullptr。以下為一些轉型函式的使用範例。

```cpp
1  #include <iostream>
2  #include <string>
3  using namespace std;
4
5  int main()
6  {
7      int i1,i2;
8      double d;
9      long long int ll;
10     string str = "021";
11     string str2 = "12.345";
12     size_t st;
13
14     i1 = stoi(str);
15     cout << i1 << endl;
16
17     i2 = stoi("1f",&st,16);
18     cout << i2 <<", "<< st <<endl;
19
20     d = stod(str2,NULL);
21     cout << d << endl;
22
23     ll = stoll("1234567890", nullptr);
24     cout << ll << endl;
25 }
```

上述程式碼第 14 行使用 stoi() 函式將字串 str 轉換為整數；雖然 str 的內容為 "021"，但 stoi() 函式會自動將 "0" 去除，因此轉換後得到數值 21。第 17 行將字串 "1f" 以 16 進位的方式轉換為 10 進位整數；因此會得到 31。

若第 17 行以 10 進位的方式轉換，結果會得到 1。因為字串 "1f" 的第 2 個字元 "f" 無法以 10 進位轉換；因此只能將 "1" 進行轉換，所以得到數值 1。並且 st 等於 1，因為字元 "f" 在字串中的索引位置為 1。第 20-21 行與第 23-24 行分別使用 stod() 與 stoll() 函式將字串轉型為 double 與 long long 型別的數值。

D-4　基本運算

C++ 提供了以下的運算式：算術運算（Arithmetic expression）、邏輯運算（Logical expression）與關係運算（Relational expression）。一條運算式包含了運算子（Operand）與運算元（Operator），例如以下 3 條運算式：

```
y = a + 5
if(a > 5)
y = b++
```

其中，y、a、b、5 為運算元，而 =、>、++ 則為運算子。

運算子

C++ 的運算子有以下類別：算術運算子、邏輯運算子、關係運算子、條件運算子與複合運算子。而算術運算子又分為 2 類：一般運算子與位元運算子。

算術運算子（Arithmetic operator）

算術運算子用來處理一般的數學運算；又可分為一般運算子與位元（Bitwise）運算子，如下表所示。

	符號	說明	範例		結果
一般運算子	+	加法運算	a = b + 6		
	-	減法運算	a = b - 6		
	*	成法運算	a = b * 6		
	/	除法運算	a = b / 6		
	%	求餘數運算	a = 5 % 3		2
	++	遞增運算	前置遞增 a = ++b	後置遞增 a = b++	
	--	遞減運算	前置遞減 a = --b	後置遞減 a = b--	
位元運算子	&	AND 運算	a = 6 & 3		2
	|	OR 運算	a = 6 | 3		7
	!	NOT 運算	a = !b		
	^	XOR 運算	a = 6 ^ 3		5
	>>	右移運算	a = 8 >> 1		4
	<<	左移運算	a = 1 << 2		4

遞增運算子會將變數本身加 1 或是減 1，並且分為前置與後置兩種；例如以下程式碼：

```
1  #include <iostream>
2
3  int main()
4  {
5      int a = 5;
6      int b, c;
7
8      b = ++a;
9      a = 5;
10     c = a++;
11
12     std::cout << b << c << std::endl;
13     system("pause");
14 }
```

程式碼第 5 行宣告一整數變數 a 並且初始值等於 5。第 8 行的運算結果 b 等於 6，第 9 行將 a 重新設定為 5，而第 10 行的運算結果 c 等於 5。第 8 行的 ++a 會先將 a 加 1 之後再設定給 b，因此 b 等於 6。第 10 行的 a++ 則是先將 a 設定給 c 之後，a 本身再加 1；因此 c 等於 5。

關係運算子（Relational operator）

關係運算子用於關係運算式，用來表達 2 個運算元的關係；此 2 個運算元可以是變數、運算式、數值等形式。關係運算式的運算結果只有 true 和 false 此 2 種情形；例如：

x > 5

上式中，">" 即為關係運算子。若 x 大於 5 則運算結果等於 true，否則等於 false。關係運算子如下表所示。

符號	說明	範例	結果
==	等於	5 == 6	false
>	大於	5 > 6	false
<	小於	5 < 6	true
!=	不等於	5 != 6	true
>=	大於等於	5 >= 5	true
<=	小於等於	6 <= 5	false

關係運算子 "==" 與指派運算子 "=" 並不相同。"==" 用於判斷 2 個運算元的關係，而 "=" 是將右邊的運算元設定給左邊的運算元。例如：

```
x = 6 + 5
```

此運算式是把指派運算子 "=" 右邊的運算元 6+5 的結果設定給左邊的運算元 x，因此 x 等於 11。而下列運算式：

```
x == 5
```

此運算式是使用關係運算子 "==" 判斷 x 是否等於 5，其運算結果為 true 或是 false。

條件運算子（Conditional operator）

條件運算子可以組合多個關係運算式進行判斷，如下表所示。

符號	說明	範例	結果
||	OR 運算，只要連接的 2 個運算式其中一個為 true	(5 > 4) || (6 > 8)	true
&&	AND 運算，只要連接的 2 個運算式都必須為 true	(5 > 4) && (6 > 8)	false

如表中之範例，運算式 (5>4) 之結果為 true，另一個運算式 (6>8) 之結果為 false；因此使用 "||" 將此 2 個運算式做運算時，便得到 true。若是使用 "&&" 做運算，其結果為 false。

複合運算子（Compound operator）

複合運算子即是將指派運算子 "=" 與另外一個運算子結合，例如將 "+" 與 "=" 結合，形成複合運算子 "+="。複合運算子只是簡化運算式的書寫形式，但並不會改變運算結果；因此，是否使用複合運算子則視個人的程式碼撰寫習慣。例如：

```
x = x + 5
y = y & 4
```

此 2 行運算式若使用複合運算子，則改寫後的運算式如下所示。此外，須留意遞增 "++" 與遞減 "--" 運算子沒有複合運算子的形式。

```
x += 5
y &= 4
```

運算優先順序

運算式中若有一個以上的運算子時,便要考慮這些運算子的計算優先順序,否則運算結果會出現錯誤;運算子的計算優先順序如下表所示。

優先順序	運算子
高　　　　　　　↓　　　　　　　低	()、[]、.、->、後置遞增 / 遞減
	sizeof()、前置遞增 / 遞減
	*、/、%
	+、-
	<<、>>
	<、>、<=、>=
	==、!=
	&
	^
	|
	&&
	||
	=
	複合運算子

若多個運算子之優先順序相同,則依照由左至右的順序計算。例如,有一運算式:先將 2 加上 3 後再左旋 1,將此結果乘以 2,最後再除以 2 加 2。將此運算列式如下:

```
2 + 3 << 1 * 2 / 2 + 2
```

若按照上述運算式計算,其結果等於 40;但這卻不是預設的計算結果。按照運算的優先順序,則正確的運算式應如下所示;此運算式之結果等於 5。

```
((2 + 3) << 1) * 2 / (2 + 2)
```

D-5　C++ 保留字

在撰寫程式時一定會用到變數與常數，如同數學計算式裡會用到變數與數值是一樣的情形。變數與常數都需占用電腦記憶體空間，變數用於儲存使用者輸入的資料，也儲存程式執行時所產生的資料。而常數則是一般的文字資料、數值資料。透過變數與常數的運算，程式才能夠處理事情並且完成工作。

下表所列的單字為 C++ 所使用的保留字（關鍵字），不能被用來宣告為變數的名稱。

and	const_cast	if	register	typedef
and_eq	default	inline	reinterpret_cast	typeid
asm	delete	int	return	typename
auto	do	long	short	union
bitand	double	mutable	signed	unsigned
bitor	dynamic_cast	namespace	sizeof	using
bool	else	new	static	virtual
break	enum	not	static_cast	void
case	explicit	not_eq	struct	volatile
catch	export	operator	switch	wchar_t
char	false	or	template	while
class	float	or_eq	this	xor
compl	for	private	throw	xor_eq
const	friend	protected	true	
continue	goto	public	try	

Appendix E 初學者常見 Q&A

程式設計的初學者，或是正要學習程式設計的人，面對眾多的程式語言不免有些疑惑；例如：該學習何種程式語言？要學多久才？

對於諸如此類的問題，以下將筆者多年的經驗，以 Q&A 的方式回答。當然，這是經驗之談，不代表絕對的客觀。

Q1. 學習程式語言，是在學什麼？

筆者認為學習程式設計，學的是對一件事情的邏輯思考與發展解決問題的方法。把一件事情，以系統性的分析、找出問題的癥結點、設計解決方法，最後以程式語言完成實作；而我們只是透過「程式語言」這項工具來做這些學習；當然學得夠專精，也能當成是一種工作。

這樣的觀念也確實在這幾年被驗證了。對於全球資訊業有影響的國家，諸如：美國、英國，鄰近的日本、韓國，也陸續在這幾年以國家教育當局的角度，去規劃了從幼稚園、小學、中學、…、大學，一直到社會人士的邏輯思維教材。台灣的起步比較慢，但也有不少相關的民間組織開始投入資源與努力。

Q2. 應該學什麼程式語言？

剛想跨入程式設計的人，或是程式設計的老手，不免曾有這樣的疑慮：「應該學什麼程式語言？」要回答這個問題，應該重新修正此問題：「行業別有偏好的程式語言嗎？」

程式設計是實用性的科學，而目前常用的程式語言，少說也有十幾種。因此，通常是以產業別來區分，而學校通常是以學院或是系科別來區分那些程式語言比較合適學習。例如：硬 / 韌體業者，因為要求效能的因素，常會採用 C 或 C++ 語言。而上游軟體業者，則喜歡開發容易、維護容易的 VB、C++、C# 等程式語言。而 web 產業採用的程式語言更是多樣化：PHP、Python、Ruby 等。還有多媒體業者、電玩遊戲產業、行動裝置產業，所偏好採用的程式語言又不盡相同了。因此，並沒有哪個語言最厲害的問題，而是不同的應用領域，會採用相對有優勢的程式語言進行開發。

Q3. 要學習 C++ 程式語言最新的版本嗎？

目前最新的 C++ 版本已經發展到 C++ 20，後續還補強了一些模組或函式庫；但實際上我們並不是很介意是否使用最新版本的 C++，甚至為了維護舊的程式或系統，而故意使用舊版的 C++。因為程式語言是只是工具，熟練工具固然很重要，但更重要的是透過程式語言培養系統性的邏輯思考能力，以及解決問題的方法。

一支好的程式貴於內容寫了些什麼、使用什麼方法來解決問題、效率是否良好、是否穩定等；並不是使用最新版本，或是使用最新、最好的整合開發環境，就會讓所寫的程式變得更厲害。

Q4. 聽說 C/C++ 程式語言很難學習

常被使用於各種領域的程式語言多達十多種以上，不同的程式語言有其特性，所以適合使用在某些領域。C/C++ 也是一樣，所以並沒有所謂的好學或不好學的問題。掌握了該種程式語言的特性，使用正確的方式學習程式設計，以及有一本合適的教材，循序漸進地學習，相信您會得心應手。

Q5. 需要學多種程式語言嗎？

如果程式設計是你的工作的工具，那麼答案是：「是的，這是目前的情形。」雖然有程式語言平台開發商發展跨平台的程式開發環境，確實有不錯的成效，也有很多的應用被導入在不同的產業，但其開發過程與遇到的問題，也是挺麻煩的，也常常無解；所以只好又多學一種程式語言。但是跨系統平台、跨程式語言的開發平台趨向成熟這是指日可待。

Q6. 學一種新的程式語言的時間需要很久嗎？

剛開始是需要較長的時間，但是不同的程式語言彼此的差異，通常是語法、函式庫用法不同。所以一種程式語言學精熟之後，再學別的程式語言所花的時間會縮短很多。在業界的程式設計老手，被交付一項必須用自己不熟悉的程式語言開發時，大多都是邊學邊開發，1-3 個月案子結束時，也學了一種新的程式語言了。

Q7. 學習程式語言，需要很好的數學能力嗎？

當然不需要。資訊領域很廣，所以不是所有的資訊領域都要數學能力很好。我們常看到市售的程式設計書籍，裡面的範例有一定的比例是數學題目，所以讓大家誤以為學習程式語言和數學息息相關（其背後原因是一大誤會）。也因為如此，讓很多初學者望而卻步，或是因為無法了解這些數學題目，而失去信心和興趣。

也因此，這本書里除了必要的加減乘除運算之外，不提及數學；藉此讓初學者能夠平穩、有信心的學習程式語言。

Q8. 寫程式的重點是什麼？

「正確」，這絕對是首要的重點。程式寫得再好，但輸出結果不正確，就失去了意義。例如有一套導航系統，畫面漂亮又人性化，執行速度也很快，但唯一缺點就是常常會導航錯誤的路線；那麼，顧客會買單嗎？

先有正確性之後，次要的重點就是執行效率。一般使用的桌上型電腦、筆電，其實都是屬於高效率的機器；日常生活中的很多設備，例如：嵌入式系統、簡單設備、行動裝置等，其運算效能都遠遠不及桌上型電腦與筆電。有些硬體工業，在設備操作時更是要求精準的時脈；因此效率當然是寫程式的重點之一。

Q9. 因為寫程式，所以長時間坐著、雙眼盯著螢幕，對身體有影響嗎？

這也是當然的，絕對對身體沒有好處。至於長期與 3C 產品為伴會對身體造成那些壞處、或是要怎麼照顧身體，這些資訊應該很多，請讀者自行參考。

Q10. 學了程式之後不知道要做什麼？

這就如同一些不專業的記者，專挑看起來遊手好閒的人問：「念大學有用嗎？」答案可想而知。所以這個問題，要反問自己：「為什麼要學程式設計？」、「有認真學習嗎？」。當然，如果沒學好，自己有責任之外，教學者也是有一半的責任。

Q11. 把程式設計書本都讀懂了，程式設計能力就會變厲害？

很遺憾，如果抱有這樣的期待，那麼您可要失望了。既然是「教本」所以只是讓初學者具備基礎或是實作的能力。程式設計的領域太廣又很專業，實在是無法以一本書就能讓讀者融會貫通，變成專家；所以市面上才會有所謂的：初階、進階、實用、應用實例、實戰經驗等的書籍出現。

另外還有一個重要的因素：經驗。經驗不容易用文字寫成書籍表達，例如：程式除錯。除錯對於撰寫程式是這麼的重要但卻又難以條列成規則；的確是仰賴經驗。因此，程式設計能力要進步，除了精熟書本內容之外，多寫大型程式是有很有幫助的。

國家圖書館出版品預行編目資料

30 個範例學會 C++：由基礎到專業的養成教
材/彭建文編著. -- 初版. -- 新北市：全華圖
書股份有限公司, 2021.05
　　面；　　公分
ISBN 978-986-503-742-0(平裝附光碟片)

1.C++(電腦程式語言)
312.32C　　　　　　　　　　110006442

30 個範例學會 C++：

由基礎到專業的養成教材(附範例光碟)

作者 / 彭建文

發行人 / 陳本源

執行編輯 / 鍾佩如

封面設計 / 盧怡瑄

出版者 / 全華圖書股份有限公司

郵政帳號 / 0100836-1 號

印刷者 / 宏懋打字印刷股份有限公司

圖書編號 / 06473007

初版一刷 / 2021 年 05 月

定價 / 新台幣 580 元

ISBN / 978-986-503-742-0

全華圖書 / www.chwa.com.tw

全華網路書店 Open Tech / www.opentech.com.tw

若您對本書有任何問題，歡迎來信指導 book@chwa.com.tw

臺北總公司(北區營業處)
地址：23671 新北市土城區忠義路 21 號
電話：(02) 2262-5666
傳真：(02) 6637-3695、6637-3696

南區營業處
地址：80769 高雄市三民區應安街 12 號
電話：(07) 381-1377
傳真：(07) 862-5562

中區營業處
地址：40256 臺中市南區樹義一巷 26 號
電話：(04) 2261-8485
傳真：(04) 3600-9806(高中職)
　　　(04) 3601-8600(大專)

歡迎加入

全華會員

● 會員獨享

　會員享購書折扣、紅利積點、生日禮金、不定期優惠活動…等。

● 如何加入會員

　掃 QRcode 或填妥讀者回函卡直接傳真 (02) 2262-0900 或寄回，將由專人協助登入會員資料，待收到 E-MAIL 通知後即可成為會員。

如何購買 全華書籍

1. 網路購書

　全華網路書店「http://www.opentech.com.tw」，加入會員購書更便利，並享有紅利積點回饋等各式優惠。

2. 實體門市

　歡迎至全華門市（新北市土城區忠義路 21 號）或各大書局選購。

3. 來電訂購

　(1) 訂購專線：(02) 2262-5666 轉 321-324
　(2) 傳真專線：(02) 6637-3696
　(3) 郵局劃撥（帳號：0100836-1 戶名：全華圖書股份有限公司）
　※ 購書未滿 990 元者，酌收運費 80 元。

OpenTech.com.tw 全華網路書店

全華網路書店 www.opentech.com.tw
E-mail: service@chwa.com.tw

※ 本會員制如有變更則以最新修訂制度為準，造成不便請見諒。

讀者回函卡

掃 QRcode 線上填寫 ▶▶

姓名：　　　　　　　　　生日：西元　　　年　　　月　　　日　性別：□男 □女

電話：（　　　）　　　　　　　　　　手機：

e-mail：　　　　　　　　　　　　　　　　　　　　　　　　　　　（必填）

通訊處：□□□□□

學歷：□高中・職　□專科　□大學　□碩士　□博士

職業：□工程師　□教師　□學生　□軍・公　□其他

學校／公司：　　　　　　　　　　　　　　　　科系／部門：

· 需求書類：

□A. 電子 □B. 電機 □C. 資訊 □D. 機械 □E. 汽車 □F. 工管 □G. 土木 □H. 化工 □I. 設計

□J. 商管 □K. 日文 □L. 美容 □M. 休閒 □N. 餐飲 □O. 其他

· 本次購買圖書為：　　　　　　　　　　　　　　　　　書號：

· 您對本書的評價：

封面設計：□非常滿意　□滿意　□尚可　□需改善，請說明

內容表達：□非常滿意　□滿意　□尚可　□需改善，請說明

版面編排：□非常滿意　□滿意　□尚可　□需改善，請說明

印刷品質：□非常滿意　□滿意　□尚可　□需改善，請說明

書籍定價：□非常滿意　□滿意　□尚可　□需改善，請說明

整體評價：請說明

· 您在何處購買本書？

□書局　□網路書店　□書展　□團購　□其他

· 您購買本書的原因？（可複選）

□個人需要　□公司採購　□親友推薦　□老師指定用書　□其他

· 您希望全華以何種方式提供出版訊息及特惠活動？

□電子報　□DM　□廣告（媒體名稱　　　　　　　　　）

· 您是否上過全華網路書店？（www.opentech.com.tw）

□是　□否　您的建議

· 您希望全華出版哪方面書籍？

· 您希望全華加強哪些服務？

感謝您提供寶貴意見，全華將秉持服務的熱忱，出版更多好書，以饗讀者。

填寫日期：　　　／　　　／

註：數字零，請用 Ø 表示，數字 1 與英文 L 請另註明並書寫端正，謝謝。

2020.09 修訂

親愛的讀者：

感謝您對全華圖書的支持與愛護，雖然我們很慎重的處理每一本書，但恐仍有疏漏之處，若您發現本書有任何錯誤，請填寫於勘誤表內寄回，我們將於再版時修正，您的批評與指教是我們進步的原動力，謝謝！

全華圖書　敬上

勘　誤　表

書　號			作　者
頁　數	行　數	書　名	
		錯誤或不當之詞句	建議修改之詞句

我有話要說：（其它之批評與建議，如封面、編排、內容、印刷品質等⋯⋯）